核电厂维修人员通用技能培训教材

仪控维修

中核核电运行管理有限公司　组织编写

中国原子能出版社

图书在版编目（CIP）数据

核电厂维修人员通用技能培训教材. 仪控维修 / 中核核电运行管理有限公司组织编写. —北京：中国原子能出版社，2020.11（2024.7 重印）
ISBN 978-7-5221-0959-6

Ⅰ. ①核… Ⅱ. ①中… Ⅲ. ①核电厂–自动化仪表–控制系统–维修–技术培训–教材 Ⅳ. ①TM623

中国版本图书馆 CIP 数据核字（2020）第 191327 号

核电厂维修人员通用技能培训教材　仪控维修

出版发行　中国原子能出版社（北京市海淀区阜成路 43 号　100048）
责任编辑　刘东鹏
装帧设计　赵　杰
责任校对　冯莲凤
责任印制　赵　明
印　　刷　中煤（北京）印务有限公司
经　　销　全国新华书店
开　　本　787 mm×1092 mm　1/16
印　　张　28.5
字　　数　712 千字
版　　次　2020 年 11 月第 1 版　2024 年 7 月第 2 次印刷
书　　号　ISBN 978-7-5221-0959-6　　**定　价**　**196.00 元**

网址：http://www.aep.com.cn　　**E-mail：atomep123@126.com**
发行电话：010-88828678
版权所有　侵权必究

核电厂维修人员通用技能培训教材

仪控维修

编审委员会

主　任	邹正宇			
副主任	朱晓斌	刘崇都	吴炳泉	董军成
委　员	王孔钊	王晓波	方幼君	卢才华
	叶丹萌	朱　磊	孙国忠	李厚文
	吴小海	吴明亮	邹俊磊	张世敏
	周瑞东	郑建华	费志松	徐宏明
	盛建华	韩光辉	蒲晓彬	樊鹏飞
编　者	王　波	冯　薇	朱　磊	李万辉
	李显俊	张　洁	罗良盖	金　涛
	贾小强	倪凯军	徐　波	唐湘涛
	黄平儿	盛建新	焦允站	廖明军
审　者	卫毓卿	王浩钧	方幼君	方金土
	卢才华	朱　磊	杨　克	张　兵
	金国强	胡四光	姜向平	彭小蓟
	廖明军			

出版前言

为保障入职核反应堆维修新员工获得应对正常工况和紧急情况所需的基本工作技能和技术水平，中核核电运行管理有限公司维修领域各处室和综合培训处在完成维修通用技能培训科目编制和教学实施工作的基础上，继续推动了《维修通用技能培训教材》仪控合订本的出版工作。

《维修通用技能培训教材》仪控合订本中所有科目于 2014 年编制完成。2015 年开始面向维修领域新员工在入厂培训后进行教学实施，并纳入中核核电运行管理有限公司各维修处室的岗位培训清单。《维修通用技能培训教材》仪控合订本的所属科目在维修领域的新员工技能培训工作中起到了“提高维修技能水平、保障机组安全生产”的作用。为了更好发挥维修通用技能培训教材的作用，配合核电厂维修领域工作的顺利有序开展，便于培训部门有效地组织培训，正确引导学员通过培训、学习，提高自身素质和能力，中核核电运行管理有限公司综合培训处组织印刷出版《维修通用技能培训教材》仪控合订本。

《维修通用技能培训教材》仪控合订本内容紧扣维修领域新入职仪控员工所迫切需要掌握的基本仪控维修相关技能；通过对核电厂共性通用仪控设备知识学习和基本操作技能演练，从而达到可以对核电厂共性通用仪控设备进行辨识；通过对核电厂共性仪控设备基本操作演练，正确认识岗位上仪控设备的基本操作方法，进而具备核电厂仪控维修人员对现场设备检修的基本能力。

《维修通用技能培训教材》仪控合订本包含 20 个部分，涵盖核电厂共性仪控通用设备的理论知识和基本操作技能。其中第一部分 磁翻板式液位计、第三部分 空气减压阀检查、第十部分 电磁阀的检查、第十一部分 指针式压力表检查、第十二部分 热套管铂热电阻检查、第十三部分 热电阻温度变送器检查校验、第十四部分 电容式压力变送器 1151 校验、第十五部分 使用手操泵（高压）由金涛负责编写，第二部分 可编程指示控制器由罗良盖、金涛负责编写，第四部分 西门子 S7-300PLC 介绍和应用由唐湘涛、冯薇、徐波负责编写，第五部分 温度测量回路搭建、第六部分 热工闭环控制系统、第七部分 PT878 型超声波流量计使用、第十九部分 仪表弯管和Swagelok接头、Parker接头的安装由罗良盖负责编写，第八部分 使用 375 通讯器由焦允站负责编写，第九部分 智能压力变送器 3051 检查和校验由冯薇、倪凯军、张洁负责编写，第十六部分 时间继电器校验、第十七部分 横河无纸记录仪使用由李万辉负责编写，第十八部分 使用 HIOKI 记录仪由李万辉、黄平儿负责编写，第二十部分 基于 IA 平台的 DCS 系统由冯薇、盛建新负责编写。各部分内容涵盖核电厂工艺系统中涉及维修管辖的共性化仪控设备基本维修技能。

《维修通用技能培训教材》仪控合订本的编制出版，凝聚着编、审、校、排、印及组织管理人员的大量辛勤劳动和心血，同时得到了相关部门的大力支持和热情帮助，在此表示深深地谢意！

《维修通用技能培训教材》仪控合订本中如有不妥之处，恳请批评指正。

中核核电运行管理有限公司

出版前言

目　　录

第一部分　磁翻板式液位计

第二部分　可编程指示控制器

第三部分 空气减压阀检查

第四部分 西门子 S7-300PLC 介绍和应用

第五部分 温度测量回路搭建

第六部分 热工闭环控制系统

第七部分 PT878 型超声波流量计

第八部分　使用 375 通讯器

第九部分　智能压力变送器 3051 检查和校验

第十部分 电磁阀的检查

第十一部分 指针式压力表检查

第十二部分 热套管铂热电阻检查

第十三部分 热电阻温度变送器检查校验

第十四部分 电容式压力变送器 1151 校验

第十五部分 使用手操泵（高压）

第十六部分 时间继电器校验

第十七部分　横河无纸记录仪使用

第十八部分　使用 HIOKI 记录仪

第十九部分　仪表弯管和 Swagelok 接头、Parker 接头的安装

第二十部分　基于 IA 平台的 DCS 系统

第一部分　磁翻板式液位计

第一章　操作准备

1.1　原理描述

磁翻板液位计原理如下：磁翻板液位计根据浮力原理和磁性耦合作用（磁性浮子的磁力）研制而成。当被测容器中的液位升降时，液位计本体管中的磁性浮子也随之升降，浮子内的永久磁钢通过磁耦合传递到磁翻板指示器，驱动红、白翻板翻转 180°，当液位上升时翻板由白色转变为红色，当液位下降时翻板由红色转变为白色，指示器的红白交界处为容器内部液位的实际高度，从而实现液位清晰的指示。磁翻板液位计本体为不锈钢。

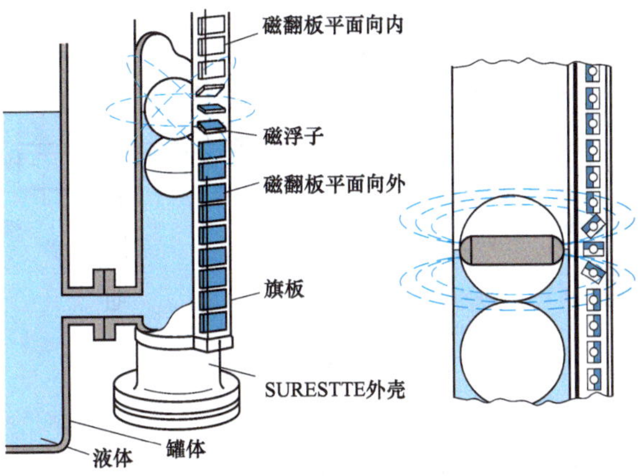

图 1-1　磁翻板工作原理图

1.2　特点

1）适用范围广、安装形式多样，适合任何介质的液位、界面的测量。

2）被测介质与指示结构完全隔离，密封性能好，防泄露、适应高压、高温、腐蚀条件下的液位测量，可靠性高。

3）集现场指示、远传变送、报警控制开关于一体且可自由调整，功能齐全。

4）双色指示带夜光、连续直观、醒目、测量范围大，观察方向可任意改变且其指示功能无须另外供电，即使电力供应发生故障，液位观测也不会受到影响。

5）耐振动性能好，能适应液位波动大的情况下工作。

6）结构简单，安装方便，维护费用低。

7）带磁钢校正器，现场随意校调。

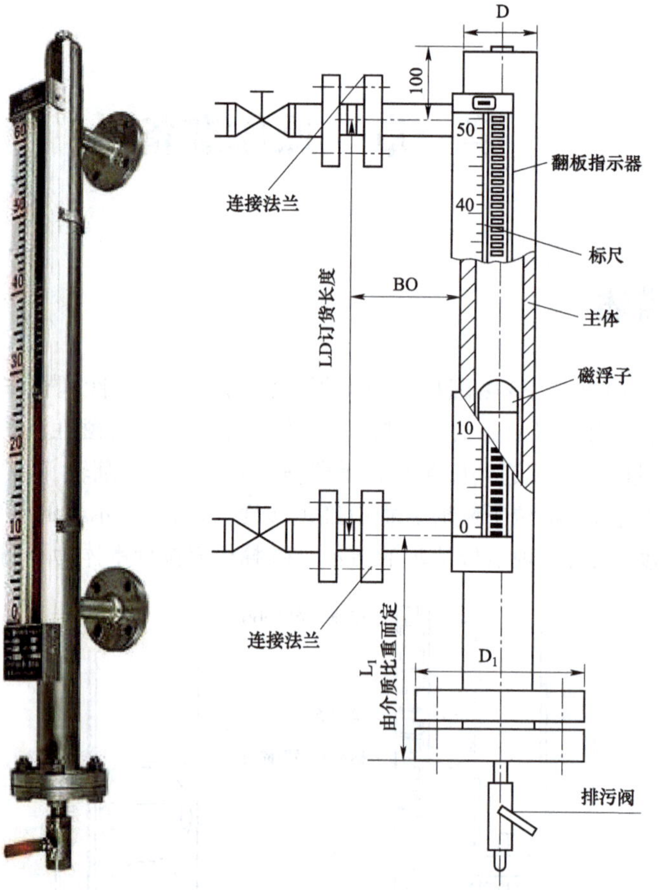

图 1-2　磁翻板液位计结构剖析图

1.3　磁翻板液位计使用维护注意事项

1）本体周围不容许有导磁物质接近，禁用铁丝固定，否则会影响磁翻板液位计的正常工作；

2）磁翻板液位计安装必须垂直，磁翻板液位计与容器引管间应装有球阀，便于检修和清洗；

3）介质内不应含有固体杂质或磁性物质，以免对浮子造成卡阻；

4）打开底法兰，装入磁性浮子（注意：重端/带磁性一端向上，不能倒装）；

5）应根据介质情况，不定期清洗主导管清除杂质；

6）对超过一定长度（普通型＞3 m、防腐型＞2 m）的液位计，需增加中间加固法兰或耳攀作固定支撑，以增加强度和克服自身重量；

7）磁翻板液位计的安装位置，应避开或远离物料介质进出口处，避免物料流体局部区域的急速变化，影响液位测量的准确性；

8）当配有远传配套仪表时需做到如下几条：a）应使远传配套仪表紧贴液位计主导管，并用不锈钢抱箍固定（禁用铁质）；b）远传配套仪表上感应面应面向和紧贴主导管；c）远传配套仪表零位应与液位计零位指示处在同一水平线上；d）远传配套仪表与显示仪表或工控机之间的连线最好单独穿保护管敷设或用屏蔽二芯电缆敷设；e）接线盒进线孔敷设后，要求密封良好，以免雨水、潮气等侵入而使远传配套仪表不能正常工作，接线盒在检修或调试完成后应及时盖上。

9）如用户自行采用伴热管路时，必须选用非导磁材料，如紫铜管等，伴热温度根据介质情况确定；

10）应先打开上部引管阀门，然后缓慢开启下部阀门，让介质平稳进入主导管（运行中应避免介质急速冲击浮子，引起浮子剧烈波动，影响显示准确性），观察磁性红白球翻转是否正常，然后关闭下引管阀门，打开排污阀，让主导管内液位下降，据此方法操作三次，确属正常，即可投入运行（腐蚀性等特殊液体除外）；

11）使用前应先用校正磁铁将零位以下的小球置成红色，其他球置成白色。

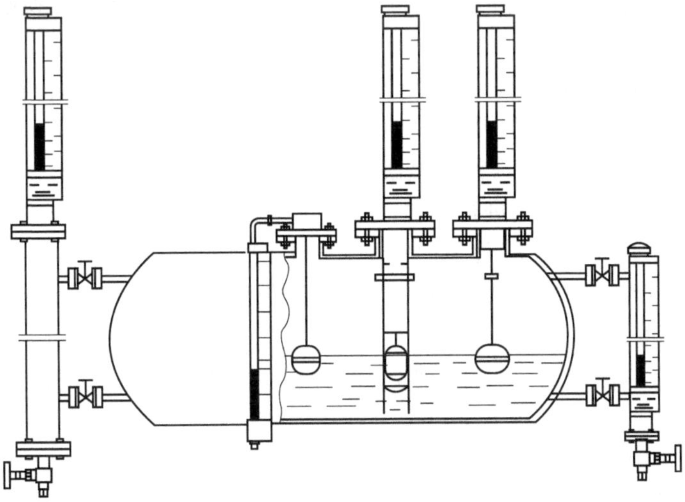

图 1-3 磁翻板液位计安装示意图

1.4 常规磁翻板液位计的操作

以常规磁翻板液位计（不含远传报警、显示功能）为例，磁翻板液位计的操作主要包括：隔离、维修、投运，这三种常规操作，它的基本操作要点（以常规磁翻板液位计预防性维修工作为例）如下：

(1) 隔离磁翻板液位计

1) 确认工作对象:根据工作任务描述的设备名称和编码,确认正确的工作对象;

2) 确认被测容器/液体的当前状态:确认被测容器/液体的压力、温度等状态,以确认在后续的工作中应当注意的操作要求及工业安全等,下述的基本操作要点以被测容器/液体为常温、常压状态;

3) 读取磁翻板液位计的当前液位值:每片磁翻板的两个表面的颜色一般是一面红色、另一面白色,当液位上升时翻板由白色转变为红色,当液位下降时翻板由红色转变为白色,指示器的红白交界处为容器内部液位的实际高度;

4) 关闭下部引管阀门:根据工作任务描述的设备名称和编码,确认该磁翻板液位计对应的下部引管阀门后,再进行操作;

5) 缓慢打开排污阀,让主导管内液位排空:排除液体时,必须使用容器进行收集或用引流管引流到指定的地漏/地坑中;

6) 关闭上部引管阀门:根据工作任务描述的设备名称和编码,确认该磁翻板液位计对应的上部引管阀门后,再进行操作;

(2) 磁翻板液位计维修

1) 拆除磁翻板液位计底部与排污阀的连接法兰:根据磁翻板液位计安装示意图(图 1-3)中的安装方式,连接法兰的拆除位置可根据现场具体安装方式而定;

2) 抽出磁浮子进行清洗;检查磁浮子,若有锈蚀破裂等问题,应更换磁浮子,抽出磁浮子的方法应根据现场具体磁浮子的装配方式而定;

3) 清洗浮筒的内壁:根据磁翻板液位计的具体结构制定清洗方法;若磁翻板液位计上部(图 1-2 磁翻板液位计结构剖析图"D"处)有可拆卸的螺栓(排气使用),可从此处接入符合要求的冲洗液(如:除盐水等),再回装磁翻板液位计底部与排污阀的连接法兰(浮筒内无磁浮子),打开排污阀,对浮筒内壁进行冲洗;

4) 回装干净完好的磁浮子:注意磁浮子装入方向,常规的装入方向为重端/带磁性一端向上(具体情况应按照所使用的磁翻板液位计安装使用手册的要求来安装),不能倒装,否则会造成液位指示不准;

5) 回装磁翻板液位计底部与排污阀的连接法兰:确认法兰连接紧固,无泄漏;

6) 关闭排污阀;

(3) 投运磁翻板液位计

1) 确认磁翻板液位计完好:确认法兰连接紧固,无泄漏;

2) 确认零位以下的小球成红色,其他球成白色:使用校正磁铁;

3) 打开上部引管阀门:根据工作任务描述的设备名称和编码,确认该磁翻板液位计对应的上部引管阀门后,再进行操作;

4) 缓慢开启下部引管阀门:根据工作任务描述的设备名称和编码,确认该磁翻板液位计对应的下部引管阀门后,再进行操作;缓慢开启下部引管阀门,可防止介质急速冲击浮子,引起浮子剧烈波动,影响显示;

5) 关闭下引管阀门,打开排污阀,让主导管内液位下降:排除液体时,必须使用容器进行收集或用引流管引流到指定的地漏/地坑中;

6) 据第 17 步骤方法操作三次,确认磁翻板液位计指示正常:与隔离磁翻板液位计前读

取的数值(操作要点 3)进行比对,若被测容器在维修期间未进行过给排水操作,投运后的磁翻板液位值应与隔离前读数基本一致;

7) 确认工作完成,清理工作现场:工完料净。

1.5 模拟体准备

模拟体位于技能培训中心,模拟体处于可用状态。检查模拟体是否有损坏,核实可否正常动作,以确保教学过程的顺利实施。

1.6 辐射防护准备

模拟体位于技能培训中心,无辐射风险。

1.7 工业安全准备

按照工业安全规定执行,所有人员穿戴劳动保护用品。具体的工业安全准备需根据现场环境而确定,但基本的工业安全需要准备。所有人员必须佩戴安全帽、防砸鞋、工作服和手套等。检修场地使用警示带进行围栏,确保工作过程中无非工作人员进入。

1.8 配合人员准备

需仪控人员配合教员。

1.9 场地准备

清理场地,确保检修场地无其他异物;合理分配场地,确保工具、设备的合理分布,方便检修;在场地外围布置警示带。

第二章　操作实施

2.1　操作实施

工前会记录表(示例)见表 2-1。

表 2-1　工前会记录表

<table>
<tr><td colspan="4">工作内容:</td><td>工单号:</td></tr>
<tr><td colspan="2">电厂:</td><td>机组:</td><td>系统:</td><td>工作地点:</td></tr>
<tr><td colspan="3">设备编码:</td><td colspan="2">工作负责人/项目负责人:</td></tr>
<tr><td colspan="5">一、工作负责人/项目负责人会前需要确认的事项:</td></tr>
<tr><td></td><td colspan="4">☐ 维修工作包完整齐全
☐ 工具和备品备件齐全
☐ 风险分析全面
☐ 安全措施正确完备并已落实到位
☐ 隔离边界明确
☐ 工作票证齐全
☐ 工作组成员精神状态良好
☐ 个人防护用品和安全用具齐全
☐ 水、电、气、汽源情况检查,确认工作期间对这些源的使用便利性和安全性</td></tr>
<tr><td colspan="5">二、工作负责人/项目负责人向工作组成员交代以下事项:</td></tr>
<tr><td></td><td colspan="4">☐ 工作目的、工作对象、工作范围、工作地点
☐ 工作组成员分工
☐ 工作风险分析及预防性措施</td></tr>
<tr><td colspan="5">三、工作负责人/项目负责人与工作组成员讨论并记录以下事项:</td></tr>
<tr><td></td><td colspan="4">程序关键步骤、高风险步骤提示及预防性措施:</td></tr>
<tr><td></td><td colspan="4">以往同类工作经验反馈:</td></tr>
<tr><td></td><td colspan="4">其他事项:</td></tr>
<tr><td colspan="5">声明:
本人已参加此次工前会,已清楚工前会的内容及要求,并保证在工作实施过程中严格遵守和执行。
工作组成员签名/日期:</td></tr>
</table>

说明:

1. 工作负责人/项目负责人负责组织并主持召开工前会并记录。
2. 开工前工前会记录表必须填写完成,未完成填写或现场无工前会记录表不准开工。
3. 工作组全体成员在了解工前会全部内容和要求,并同意工前会声明后签字。
4. 工前会记录表中确认项目涉及的就打"√",没有涉及的打"×"。
5. 工前会中讨论记录事项空间不足可在背面记录,没有涉及的请填写"无"。

实际步骤见表 2-2。

表 2-2 实际步骤

序号	操作步骤	操作要求	工器具	测评标准	备注
1	确认工作对象	自检/互检确认工作对象		自检/互检确认工作对象	
2	确认被测容器的当前状态	1. 确认被测容器的当前状态 2. 确认磁翻板液位计的当前状态		1. 确认被测容器的当前状态 2. 确认磁翻板液位计的当前状态	
3	确认磁翻板液位计完好	确认磁翻板液位计完好		确认磁翻板液位计外观完好	
4	确认零位以下的小球成红色,其他球成白色	确认零位	校正磁钢	确认零位以下的小球成红色,其他球成白色(用校正磁钢调整)	
5	打开上部引管阀门	打开上部引管阀门		打开上部引管阀门,阀门全开后回转 1/4 圈	
6	缓慢开启下部阀门	缓慢开启下部阀门		缓慢开启下部阀门,阀门全开后回转 1/4 圈	
7	关闭下引管阀门,打开排污阀,让主导管内液位下降,确认磁翻板液位计工作正常	反复关闭下引管阀门,打开排污阀,让主导管内液位升/降,确认浮子无卡涩		通过反复关闭下引管阀门,打开排污阀,让主导管内液位升/降,确认浮子无卡涩	
8	确认磁翻板液位计指示	磁翻板液位计指示正确		磁翻板液位计指示值与实际液位相符	
9	确认工作完成,清理工作现场	工完料净		模拟实施	

2.2 关键点

在进行磁翻板液位计投运过程中,为了保证工作顺利进行,必须注意如下的关键点:

1) 本体周围不容许有导磁物质接近(距离液位计周围 200 mm 范围内不得有励磁铁件及其他磁性物质,否则会影响液位计正常工作);

2) 禁用铁丝固定;

3) 确认零位以下的小球成红色,其他球成白色(用校正磁铁调整);

4) 应先打开上部引管隔离阀,再缓慢开启下部引管隔离阀;

5) 通过反复关闭下引管阀门,打开排污阀,让主导管内液位升/降,确认浮子无卡涩。

6) 引管隔离阀全开后,应回转 1/4 圈。

第三章　故障检查和处理

常见故障现象、判断方法、原因分析和故障排除方法见表 3-1。

表 3-1　常见故障现象、判断方法、原因分析和故障排除方法

序号	故障现象	判断方法	故障原因分析	故障排除方法
1	液位计指示不动(不随容器液位升降变化)	关闭下引管阀门，打开排污阀，确认主导管内液位是否下降	浮筒内壁/浮子有污垢，造成卡涩	清洗浮筒内壁和浮子
2	液位计指示不准	取出浮子(关闭下引管阀门，打开液位计下部法兰)，确认是否有漏或破损	浮子破损	更换浮子
3	液位计指示不准	取出浮子(关闭下引管阀门，打开液位计下部法兰)，确认浮子是否装反	浮子装反	按正确的安装方向，重新安装浮子

第四章 操作结束

4.1 工后会

工后会是对整个工作的过程的回顾以及必要的经验反馈。维修工后会记录表(示例)见表 4-1。

表 4-1 维修工后会记录表

工作内容：				工单号：
电厂：		机组：	工作负责人/项目负责人：	
计划完工时间：			实际完工时间：	
序号		检查项目	检查结果	异常情况记录
一、工作回顾	1	工作许可证已归还	□ 是 □ 否	
	2	检修现场清理完成	□ 是 □ 否	
	3	设备标牌清晰无损伤	□ 是 □ 否	
	4	检修任务达到预期结果	□ 是 □ 否	
	5	试验设备和工器具已归还	□ 是 □ 否	
二、经验反馈	6	工期安排合理	□ 是 □ 否	
	7	工作人员配置充足	□ 是 □ 否	
	8	工作文件准备充分	□ 是 □ 否	
	9	工作人员的检修技能满足要求	□ 是 □ 否	
	10	规程、图纸需要升版	□ 是 □ 否	
	11	库存备件需要补充	□ 是 □ 否	
	12	更换下来的旧部件需要利旧翻新维修	□ 是 □ 否	
	13	检修过程中出现预期外的现象和报警	□ 是 □ 否	
	14	提出缺陷单、QDR、状态报告等	□ 是 □ 否	
	15	编写良好实践、经验反馈	□ 是 □ 否	
	16	工作中需要协调、改进建议等	□ 是 □ 否	
三、其他事项	17			
工作组成员签名/日期：				

说明：

1. 工作负责人/项目负责人负责组织工后总结并记录。
2. 工后总结记录表中每一项都必须打“√”确认，不要遗漏。
3. 如有异常，请详细填写异常情况说明，以及后续处理方案。
4. 其他事项根据讨论情况记录，经讨论没有涉及的请填写“无”。
5. 工后总结结束后，全体工作人员签字确认。

4.2 评判

学员对磁翻板液位计投运过程进行阐述，并说明其中的关键点以及注意事项。教员对学员的陈述简要记录，根据阐述评判学员的掌握情况。教员指出学员阐述过程中的错误以及需要注意的事项，并且依据评判表，对学员的学习情况做出整体评判。

第五章　经验反馈

维修规程 98-60423-MP-1059A 需完善液位开关浮球连杆卡死的处理方法 CR20102555

1）事件描述

在执行工单 6021400(除氧器水箱液位开关标定)中,发现除氧器水箱 Magnetrol 厂家的 B35-PD20 型液位开关 1-64321-4412#1/1-64321-4412#2/1-64321-4411#2/1-64321-4411#1 (除氧器水箱液位开关)有大量污垢粘附在与液位浮球连接的铁套管外壁及铁套管的密封管内,导致浮球连杆卡死,开关无法标定。

以上问题在以往的检修中也出现过,维修规程 98-60423-MP-1059A(XB35-PD20 型液位开关的检查与校验)中没有处理该问题的指导。

2）原因分析及评价

经检查确认:除氧器水箱液位开关 PMP 要求每 1.5 年大修周期都必须做预防性维修,但检查了 104 大修工作包 WO-212640 发现:工作报告中没有关于液位开关清洗除垢的相关描述,推断应该没有拆除清洗。

维修规程 98-60423-MP-1059A 中第 9.4 步:液位开关的清洗除垢,已明确规定每次液位开关预防性维修时必须做此项工作。此状态报告所描述的遇到开关连杆卡死的现象,在以往的确发生过,但维修规程只是写明预防性措施(清洗除垢),避免此现象发生。而对于现场可能发生的各种缺陷情况(例如:卡死之后如何拆开)不可能一一列出具体的处理方法,因为现场的具体情况无法得知,这些只能依靠工作负责人自身所掌握的技能,以及设备工程师的指导来解决,如果还解决不了,只有整体更换。

第六章　习　题

6.1　填空题(每题 4 分)

1. 磁翻板液位计是根据浮力原理和________研制而成。

答:磁性耦合作用(磁性浮子的磁力)

2. 磁翻板液位计本体为________。

答:不锈钢

3. 磁翻板液位计使被测介质与指示结构________,密封性能好,防泄露、适应高压、高温、腐蚀条件下的液位测量,可靠性高。

答:完全隔离

4. 磁翻板液位计其指示功能________,即使电力供应发生故障,液位观测也不会受到影响。

答:无须另外供电

5. 磁翻板液位计本体周围不容许有________接近。

答:导磁物质

6. 磁翻板液位计禁用________固定。

答:铁丝

7. 投运磁翻板液位计前应确认零位以下的小球成________,其他球成________。

答:红色　白色

8. 磁翻板液位计投运时,应先打开________引管隔离阀,再缓慢开启________引管隔离阀。

答:上部　下部

9. 磁翻板液位计内的介质内不应含有________,以免对浮子造成卡阻。

答:固体杂质或磁性物质

10. 磁翻板液位计的安装位置,应避开或远离物料介质________,避免物料流体局部区域的急速变化,影响液位测量的准确性。

答:进/出口处

6.2　操作题(60 分)

试题:磁翻板液位计投运

鉴定点:磁翻板液位计的使用

1. 准备要求

考场准备:

(1) 试题名称:磁翻板液位计投运
(2) 本题分值:60
(3) 考核时间:15 min
(4) 考核形式:实操
(5) 设备设施准备

序号	名称	规格	单位	数量	备注
1	磁翻板液位计		台	1	磁翻板液位计和其测量的容器一套
2	仪用工具、校正磁铁		套	1	

考生准备:
无。
2. 考核要求
(1) 本题分值:60
(2) 考核时间:15 min
(3) 考核形式:实操
(4) 具体考核要求:磁翻板液位计投运步骤正确
(5) 否定项说明:无
3. 配分与评分标准:

序号	考核内容	考核要点	配分	评分标准	扣分	得分
1	磁翻板液位计投运前准备	根据《工前会议记录表》进行考核	5	1. 未明确工作目的、工作对象、工作范围,扣1分; 2. 未对工作组成员进行工作分工,明确工作地点及作业范围,扣1分; 3. 未明确工作风险分析及预防性措施,扣2分; 4. 其他,扣1分。		
2	磁翻板液位计投运前,现场确认	1. 工作对象; 2. 被测容器的当前状态; 3. 磁翻板液位计的当前状态	10	1. 未确认工作对象,扣4分; 2. 未确认被测容器的当前状态,扣4分; 3. 未确认磁翻板液位计完好,扣2分。		
3	磁翻板液位计投运	确认零位	5	未确认零位以下的小球成红色,其他球成白色(用校正磁钢调整),扣5分。		
		隔离阀开启顺序	10	未先打开上部引管隔离阀,再缓慢开启下部引管隔离阀,扣10分。		
		隔离阀操作规范	10	1. 未缓慢开启下部引管隔离阀,扣5分; 2. 引管隔离阀全开后,未回转1/4圈,扣5分。		

续表

序号	考核内容	考核要点	配分	评分标准	扣分	得分
3	磁翻板液位计投运	检查是否有漏点	5	未检查是否有漏点,扣5分。		
		确认液位计工作	5	未通过反复关闭下引管阀		
		正常		门,打开排污阀,让主导管内液位升/降,确认浮子无卡涩,扣5分。		
4	确认磁翻板液位计指示	磁翻板液位计指示正确	5	未确认磁翻板液位计指示值与实际液位相符,扣5分。		
5	确认工作完成,清理工作现场	工完料净	5	未工完料净,扣5分。		
否定项:无						
总分:						

评分人：　年　月　日　　　　核分人：　年　月　日

第二部分　可编程指示控制器

第一章　操作准备

1.1　功能描述

1.1.1　特点

1. 彩色 LCD 显示

具有彩色监视以及操作画面，输入和输出数值、各种常数以及集成控制功能都可以使用前面板上的按键自由切换。监视画面包括回路画面、趋势画面、报警画面以及指针画面。指针画面提供信息的方式与模拟指针提供信息的方式大致相同。

2. 故障安全功能

具有两个 CPU，即使其中的一个 CPU 出现故障时，也可以提供手动操作和显示。而且，由于仪表安装有独立于数字电路的硬手动电路，即便是在 CPU 所在的数字电路出现故障时，也可以继续进行手动控制输出。

3. AC/DC 两用电源，运行电压范围广，供给仪表的电源既可以是 AC(100 V)也可以是 DC(24 V)

4. 前面板为防尘防滴(符合 IP54 设计标准)。

5. 多种通信功能

可以安装以太网(Modbus/TCP)通信，串行接口通信(Modbus，PC-Link，以及 YS 协议)，以及 DCS-LCS 通信。

6. 控制功能以及多种运算功能、能够执行单回路控制、级联控制、选择控制以及可编程控制功能。

可执行诸如算术四则运算、逻辑运算、指数、对数、温度补偿和压力补偿等多种运算功能，以及点对点通信。(需要安装选配件 YSS1000 设定软件。)

7. I/O 点数

使用 YS1700 的扩展 I/O 端子可以使用多达 8 点的模拟输入，4 点的模拟输出，以及最多 14 点的 DI/O。

1.1.2 专业用语

1）PV：来自过程输入的测量值。

2）SV：作为控制目标的设定值。

3）MV：用于控制阀门等操作端的输出值。

4）PID 控制：基于三个参数动作的控制系统：比例(P)操作，积分(I)操作，微分(D)操作。

5）M 模式：在此模式当中，操作输出值是用手动方式进行操作的。

6）A 模式：在此模式当中，根据 YS1700 的设定值对 MV 进行自动控制。

7）C 模式：在此模式当中，根据外部的设定值对 MV 进行控制。

8）功能选择模式：具有预先安装的三种功能的模式(单回路模式，级联模式以及选择模式)。

9）可编程模式：在此模式当中，可进行输入/输出或者控制运算。

10）用户程序：使用 YSS1000 设定软件(作为选配件提供)创建的一种程序。

1.2 部件名称及操作

1.2.1 前面板部件名称

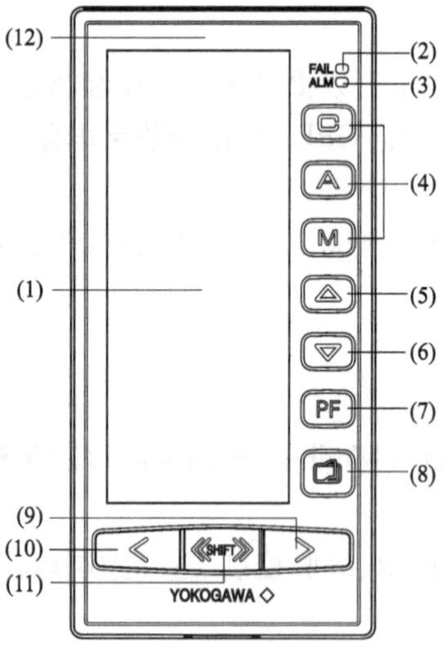

(1) 彩色LCD显示：120×320点
(2) 故障信号灯（LED：红色）
(3) 报警信号灯（LED：黄色）
(4) C模式键，A模式键，M模式键以及LED指示灯
(C：绿色，A：绿色，M：黄色)
(5) SV增大键
(6) SV减小键
(7) PF键以及LED指示灯
(8) 翻页键
(9) MV增大键
(10) MV减小键
(11) 快速切换键/SHIFT键
(12) 工位号标签（建议在此处粘贴标签）

▶ 关于各个部件功能，请参阅本说明书中的“常规操作的监视及控制（操作画面）”部分。

图 1-1 前面板部件名称

1.2.2 前面板的打开与关闭

1. 打开前面板

1）向上按住前面板的底部中央位置，将前面板向外轻拉，直到感觉遇到轻微阻力时为止,前面板将保持固定(如果同时按住前面板的顶部和底部,则可以更加平稳地打开前面板)。

2）向上推动前面板并在此位置上向外拉出。

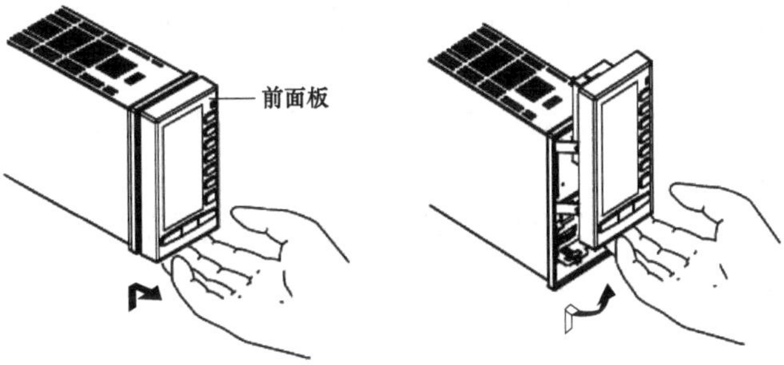

图 1-2　打开前面板

2. 关闭前面板

在前面板顶部的中心位置向下推动前面板。当感觉遇到轻微阻力时,停止下推。在此位置上将其向内滑动,当其滑动到位并发出“咔哒”一声,则表明已被锁定。

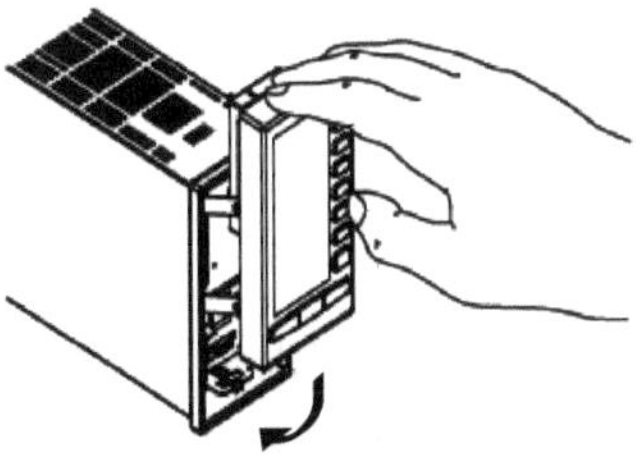

图 1-3　关闭前面板

3. 前面板部件作用

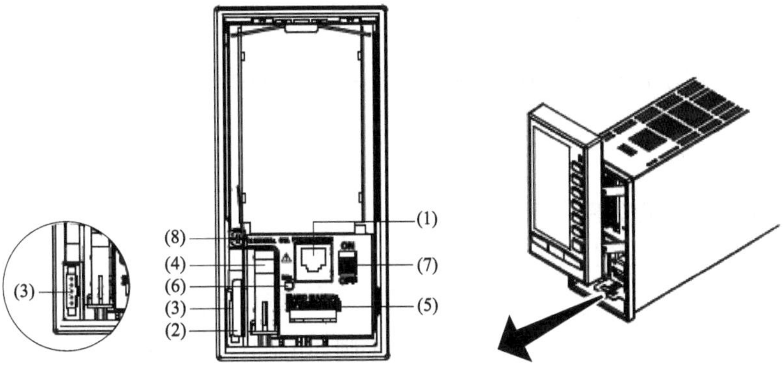

图 1-4　前面板部件

1）用于连接 PC(PROGRAMMER)的接线端子

这是一个通信电缆的接线端口，用于下载、上传、监视使用 YSS1000 设定软件设定的参数或用户程序。

关于 YSS1000：请参阅 YSS1000 设定软件/YS1700 可编程功能用户使用说明书(CD-ROM)

2）金属杆，触摸金属杆以减小静电。在用户向 YS110 接口上连接电线之前，先触摸金属杆。

3）连接 YS110 备用手动操作站的连接端口(MANUAL STA)。

4）内部元件放松杆。

5）硬手动操作轮(HARD MANUAL)用来手动控制输出的操作轮。

6）MV 平衡指示灯(BAL)(颜色：绿色)，当控制的输出值与硬手动元件的输出值相互吻合的时候，指示灯亮。

7）硬手动切换开关(ON/OFF)开关用于切换到使用硬手动操作轮设定的控制值(MV)。

8）内部元件固定螺钉。

1.3 基本操作

1.3.1 画面切换一览以及操作键

1. YS1700 具有下列 3 种画面组

1）运行画面组

控制运行过程中的运行模式切换，SV 设定以及 MV 操作的 LOOP 画面；显示 PV、SV 以及 MV 趋势的 TREND 画面；显示详细报警信息的 ALARM 画面；同时显示两个回路的(以一个回路为基础进行操作)LOOP 画面；以及在标尺盘上用指针显示 PV、SV 以及 MV 的 METER 画面。

2）整定画面组

包括用于设定以及显示诸如 PID 等控制参数的画面，以及用于监视输入/输出信号的画面。

3）工程画面组

包括用于设定控制器功能的画面，用于设定并显示各种寄存器以及各种表格的画面，用于设定输入规格的画面以及密码设定画面。

2. 画面显示操作

选择画面的操作流程如图 1-5 所示。

1）当仪表的电源接通时，出现运行画面。

2）持续按住切换键(《SHIFT》)的同时，每按一次翻页键(▣)，便切换一次画面。画面的内容按照运行画面、整定菜单画面以及工程菜单画面的顺序进行切换。在工程菜单画面之后再次出现运行画面。

注意:SHIFT 键+翻页键的操作(同时按住两键)表示在按住 SHIFT 键的状态下按翻页键。按与此相反的顺序进行操作不会使画面的内容发生改变。

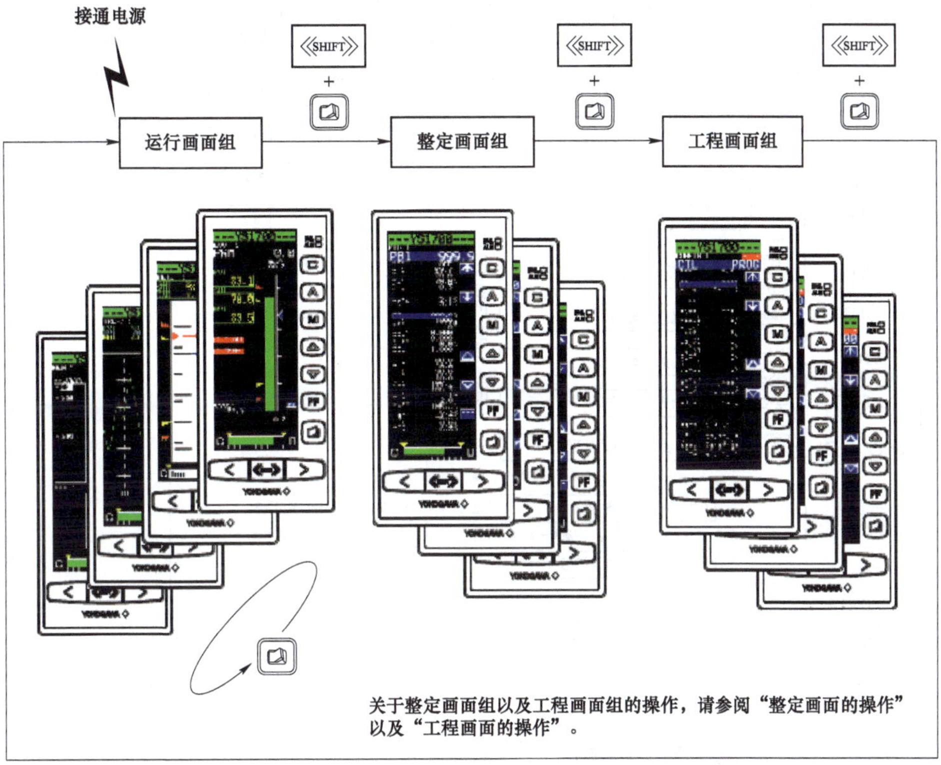

图 1-5 选择画面的操作流程

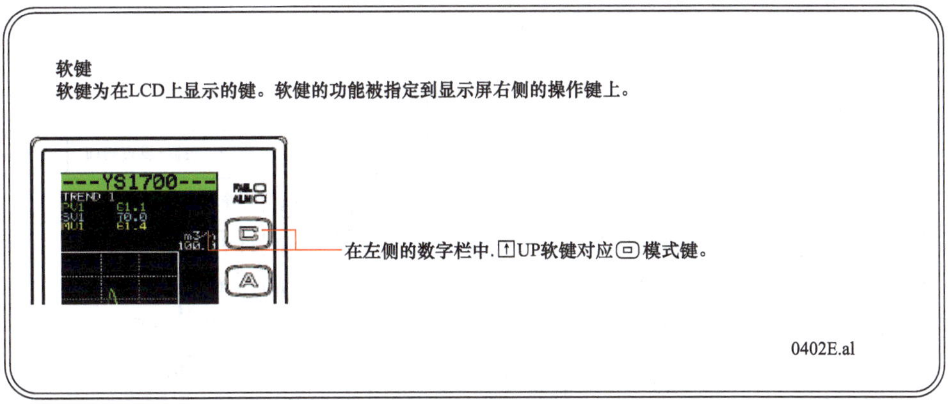

图 1-6 前面板软键

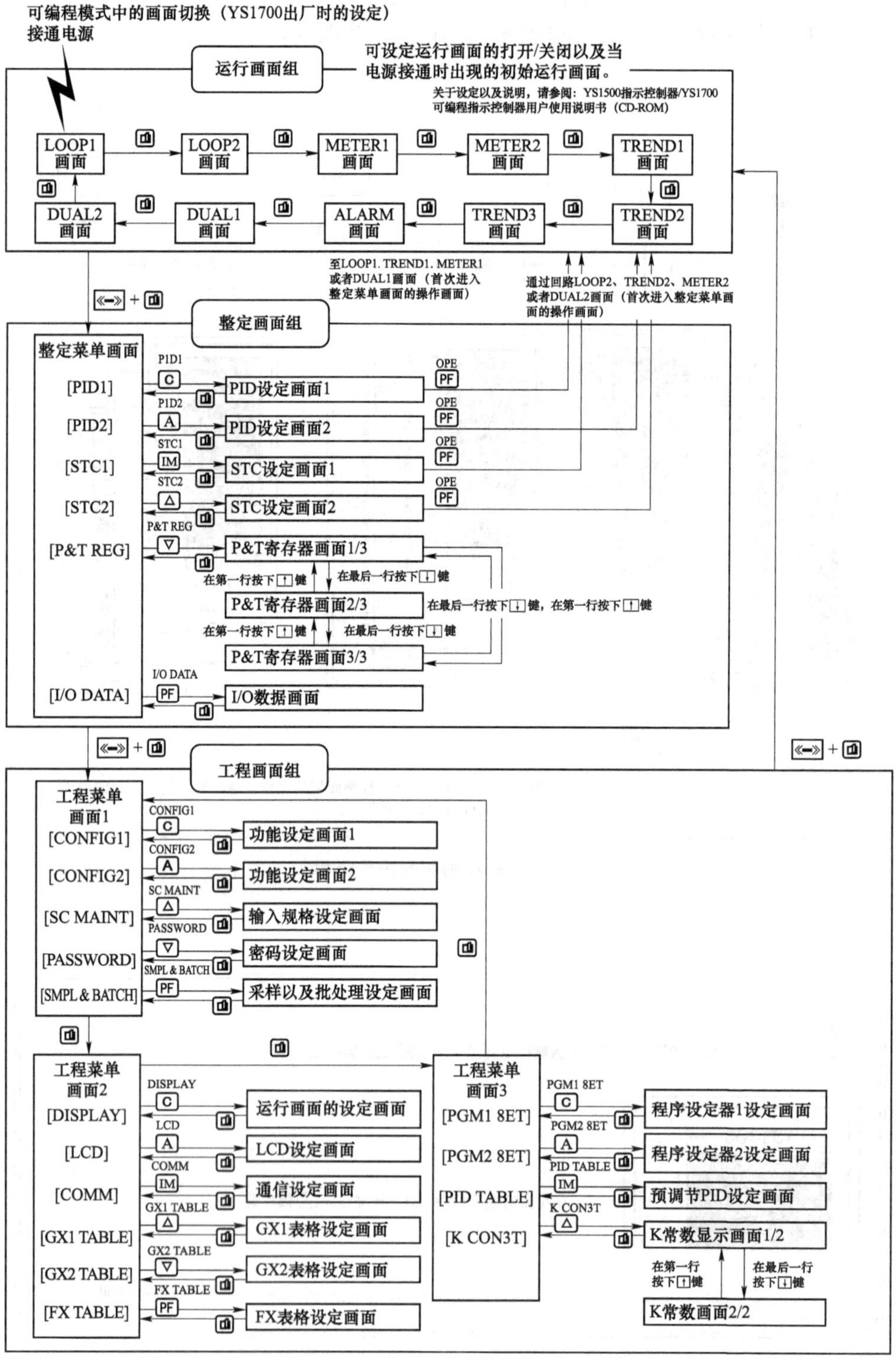

图 1-7 可编程模式中的画面切换

1.4　常规操作的监视及控制(操作画面)

1.4.1　运行画面的监视及操作

1. LOOP 画面

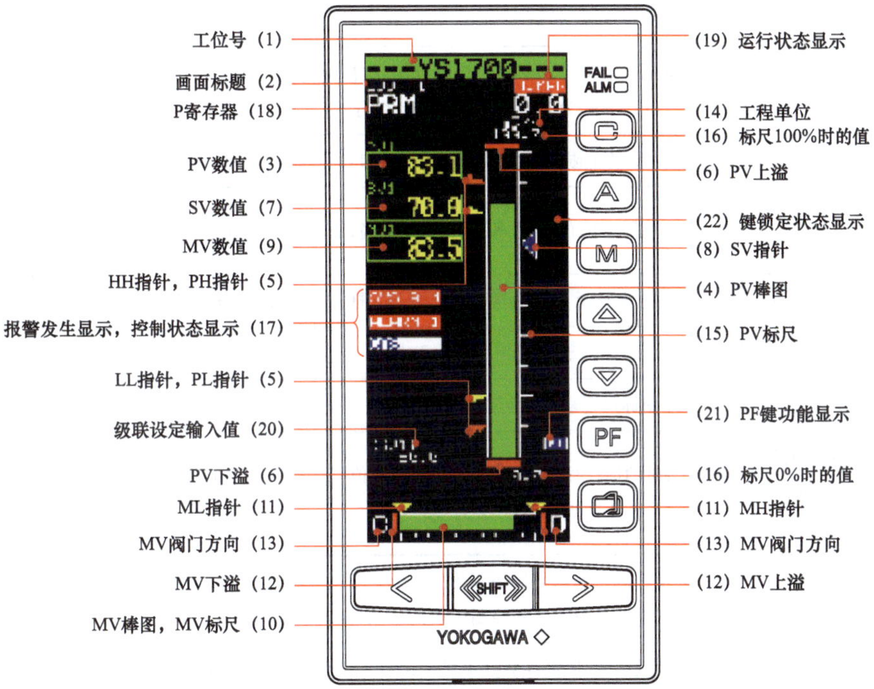

图 1-8　运行画面

表 1-1　YS1700 在 LOOP 画面的号码说明

号码	名称	说明
1	工位号	工位号由英数字符及符号组成，每回路最多可显示 12 位工位号。
2	画面标题	显示当前画面的标题。
3	PV 数值	显示用工程单位表示的 5 位有效数字的 PV 数值(包含符号和小数点为 7 位)。
4	PV 棒图	PV 数值以棒图显示，由 200 个像素点构成，并以 1 点(0.5%)为单位增大或减小。
5	PH、PL、HH 和 LL 指针	PH 值(PV 的上限报警设定值)以及 PL 值(PV 的下限报警设定值)是用三角形指针显示的，而 HH 值(PV 的上上限报警设定值)以及 LL 值(PV 的下下限报警设定值)是用两个重叠在一起的三角形指针显示的。如果 PV 数值低于 0%，则指针显示为 0%，当 PV 数值大于 100%时，指针显示为 100%。
6	PV 下溢和 PV 上溢	当 PV 数值低于 0%的时候，则显示 PV 下溢，而当 PV 数值超过 100%的时候，则显示 PV 上溢。

续表

<table>
<tr><th>号码</th><th>名称</th><th colspan="3">说明</th></tr>
<tr><td>7</td><td>SV 数值</td><td colspan="3">显示用工程单位表示的 5 位有效数字的 SV 数值(包含符号和小数点为 7 位)。</td></tr>
<tr><td>8</td><td>SV 指针</td><td colspan="3">SV 值是用三角形的指针显示的。指针的显示以 0.5%的分辨率为单位向上或者向下移动。如果 SV 值低于 0%,则指针显示为 0%,当 SV 值大于 100%时,指针显示为 100%。</td></tr>
<tr><td>9</td><td>MV 数值</td><td colspan="3">显示用%表示的 4 位有效数字的 MV 数值(包含符号和小数点为 6 位,小数点以后固定为 1 位)。</td></tr>
<tr><td>10</td><td>MV 棒图,MV 标尺</td><td colspan="3">MV 数值以棒图显示,由 80 个像素点构成,被分为 20 个显示块(5%)。色标的增加或者减小是以 1 个点(1.25%)为单位的,并显示 10 个分割(10%等份)的标尺。</td></tr>
<tr><td>11</td><td>MH、ML 指针</td><td colspan="3">MH 值(MV 的上限设定值)以及 ML 值(MV 的下限设定值)都用三角形的指针表示。</td></tr>
<tr><td>12</td><td>MV 下溢、MV 上溢</td><td colspan="3">当 MV 值低于 0%的时候,则显示 MV 下溢,而当 MV 值超过 100%的时候,则显示 MV 上溢。</td></tr>
<tr><td>13</td><td>MV 阀门方向</td><td colspan="3">MV 阀门方向显示为[C](关闭)或者[O](打开)。阀门的方向可以进行设定。</td></tr>
<tr><td>14</td><td>工程单位</td><td colspan="3">工程单位(UNIT)最多可以显示为 7 位。</td></tr>
<tr><td>15</td><td>PV 标尺</td><td colspan="3">PV 的棒图标尺显示最多可以分割为 10 个等份(10%等份)。</td></tr>
<tr><td>16</td><td>标尺 0%时的值,标尺 100%时的值</td><td colspan="3">标尺 0%时的值(SCL)以及标尺 100%时的值(SCH)都显示成用工程单位表示的 5 位有效数字(包含符号和小数点为 7 位)。</td></tr>
<tr><td>17</td><td>发生报警显示,控制状态显示</td><td colspan="3">报警以及控制状态都是用缩写形式显示。这些显示根据功能选择模式的控制器模式的不同,或者根据可编程模式中的控制模块的不同,而有所不同。</td></tr>
<tr><td>18</td><td>P 寄存器</td><td colspan="3">该显示被激活时,P 寄存器分别显示在第 1 回路以及第 2 回路画面上。该显示出现在可编程模式中。</td></tr>
<tr><td rowspan="10">19</td><td rowspan="10">状态显示</td><td colspan="3">显示控制器的运行状态。</td></tr>
<tr><td>显示</td><td>说明</td><td>显示的优先顺序</td></tr>
<tr><td>[POWER DOWN]</td><td>断电检测中。</td><td>1</td></tr>
<tr><td>[H.MAN]</td><td>硬手动切换开关为打开状态。</td><td>2</td></tr>
<tr><td>(无显示)</td><td>仪表运行中。</td><td rowspan="5">3</td></tr>
<tr><td>[STOP]</td><td>运行停止(比如工程画面功能设定时)</td></tr>
<tr><td>[TEST1]</td><td>试运行模式 1(仅在可编程模式中)</td></tr>
<tr><td rowspan="2">[TEST2]</td><td>试运行模式 2(仅在可编程模式中)</td></tr>
<tr><td>正在执行模拟程序。</td></tr>
<tr><td colspan="3"></td></tr>
<tr><td>20</td><td>级联设定输入值</td><td colspan="3">在级联模式下使用该仪表时,级联设定输入数值显示为用工程单位表示的 5 位有效数字表现的数值(包含符号和小数点为 7 位)。在可编程模式下不显示任何数值。</td></tr>
</table>

续表

<table>
<tr><th>号码</th><th>名称</th><th>说明</th></tr>
<tr><td>21</td><td>PF键功能显示</td><td>显示PF的键功能。功能选择模式下的PF键功能的显示与可编程模式下的键功能的显示不同。
1）功能选择模式
PF键功能使用 PF 键功能选择参数[PFKEY]来设定。
当 STC 模式的选择为“NOTOFF”并且“PF键已经被设定到 STC”时，功能显示变为[STC]。而在其他情况下，不会显示任何内容。
2）可编程模式
PF键功能可以在用户程序中进行指定。在可编程模式当中，功能显示变成[PF]。</td></tr>
<tr><td>22</td><td>键锁定状态显示</td><td>显示键锁定状态。
<table>
<tr><th>显示</th><th>说明</th></tr>
<tr><td>[ALLK]</td><td>C，A，以及M键，SV 增大以及减小（△，▽）键，MV 增大以及减小（<，>）键，以及PF键被锁定。</td></tr>
<tr><td>[MDLK]</td><td>C，A，以及M键被锁定。</td></tr>
<tr><td>[SVLK]</td><td>SV 增大以及减小（△，▽）键被锁定。</td></tr>
<tr><td>[MVLK]</td><td>MV 增大以及减小（<，>）键被锁定。</td></tr>
</table>
</td></tr>
</table>

表 1-2 在 YS1700 功能选择模式下的报警显示以及控制状态显示

控制器模式显示内容	单回路	级联	选择器
报警发生显示(注 1)	SYS-ALM STC-ALM ALARM-1	SYS-ALM STC-ALM ALARM-1 ALARM-2	SYS-ALM STC-ALM ALARM-1 ALARM-2
控制状态显示(注 2)	CAS，SPC，DDC BUA，BUM	CAS SPC，DDC BUA， BUM	CAS SPC，DDC BUA， BUM
控制子状态显示 1	EXT-MAN，EXT-AUT EXT-PMV，EXT-TRK	EXT-TRK， EXT-PMV	EXT-TRK， EXT-PMV
控制子状态显示 2	SV TRK，PV TRK	OPEN，CLOSE	SV2-RMT， SV2-LCL SEL1， SEL2
控制子状态显示 3	STC-ON，STC-DSP，ATSTUP	STC-ON， STC-DSP，ATSTUP	STC-ON，STC-DSP

注 1：仅在发生报警时才出现该显示。如果同时发生多个报警，则会显示多行。

注 2：仅当运行模式为级联控制（C 模式）时，显示 1 个项目。在自动控制（A 模式）或者手动控制（M 模式）中则不显示任何内容。

表 1-3　在 YS1700 可编程模式下的报警显示以及控制状态显示

控制模块显示项目	单回路(BSC1)	级联(CSC)	选择器(SSC)	双回路控制 (BSC1,BSC2)
报警发生显示(注 1)	SYS-ALM　STC-ALM ALARM-1	SYS-ALM STC-ALM ALARM-1 ALARM-2	SYS-ALM STC-ALM ALARM-1 ALARM-2	SYS-ALM STC-ALM ALARM-1 ALARM-2
控制状态显示(注 2)	CAS SPC,DDC BUA,BUM	CAS SPC,DDC BUA,BUM	CAS SPC,DDC BUA,BUM	CAS SPC,DDC BUA,BUM
控制子状态显示 1	None	None	None	None
控制子状态显示 2	None	OPEN,CLOSE	SV2-RMT SV2-LCL SEL1,SEL2 SEL-EXT	None
控制子状态显示 3	STC-ON STC-DSP ATSTUP	STC-ON STC-DSP ATSTUP	STC-ON STC-DSP	STC-ON STC-DSP ATSTUP

注 1:仅在发生报警时才出现该显示。如果同时发生多个报警,则会显示多行。

注 2:仅当运行模式为级联控制(C 模式)时,显示 1 个项目。在自动控制(A 模式)或者手动控制(M 模式)中则不显示任何内容。

表 1-4　缩写的含义

缩写	含义	缩写	含义
SYS-ALM	系统报警发生	SV TRK	正在跟踪 SV
STC-ALM	STC 报警发生	PV TRK	正在跟踪 PV
ALARM-1	第 1 回路程序报警发生	OPEN	(内部)级联打开
ALARM-2	第 2 回路程序报警发生	CLOSE	(内部)级联关闭
CAS	通过外部设定值输入,正在进行远程操作	SV2-RMT	第 2 回路的 SV2 远程设定
SPC	通过上层 SV,正在进行远程操作	SV2-LCL	第 2 回路的 SV2 本地设定
DDC	通过上层 MV,正在进行远程操作	SEL1	第 1 回路一侧的选择状态
BUA	转换为备用自动状态	SEL2	第 2 回路一侧的选择状态
BUM	转换为备用手动状态	SEL-EXT	外部信号选择状态
EXT-MAN	通过外部数字输入,切换到手动控制	STC-ON	正在进行 STC 控制
EXT-AUT	通过外部数字输入,切换到自动控制	STC-DSP	由 STC 来显示 PID 设定目标值
EXT-PMV	通过外部数字输入,正在输出预设的 MV	ATSTUP	正在进行 STC 自动启动
EXT-TRK	通过外部数字输入,正在跟踪输出		

2. LOOP 画面的操作

这一部分内容涵盖了在 LOOP 画面上执行各种设定以及操作的按键操作。

1）切换运行模式

[M]模式键：将运行模式切换到手动控制（M 模式）。

[A]模式键：将运行模式切换到自动控制（A 模式）。

[C]模式键：将运行模式切换到级联控制（C 模式）。

并且，当前运行模式相对应的运行模式键内部的 LED 的灯会点亮。

注意：如果一个级联输入信号为-6.3%以下，或者为 106.3%以上，则运行模式无法切换到 C 模式。

2）SV 设定操作

SV 设定键可以更改设定值（SV）。

运行模式为 A 模式以及 M 模式时有效。

[△]SV 增大键：增大 SV 数值。

[▽]SV 减小键：减小 SV 数值。

3）MV 操作

MV 操作键用来手动操作输出值（MV）。

当运行模式处于 M 模式时，该键可以执行操作指令。

[>]MV 增大键：增大 MV 数值。[<]MV 减小键：减小 MV 数值。并且，在按下[《SHIFT》]键（快速切换键/SHIFT 键）的同时，按下 MV 操作键，就会加快 MV 数值增大、减小的速度。

4）PF 键的功能

功能选择模式下的 PF 键功能与可编程模式下的 PF 键功能不同。

➢ 功能选择模式：

在功能设定画面 3（CONFIG3）上设定 PF 键的功能。有以下两种参数指定方法。

① 无功能：PF 键不具备功能。

② STC ON/OFF：PF 键可以打开或者关闭 STC 操作。

如果指定了 STC ON/OFF 功能，当 STC 处于打开的时候，PF 键内的 LED 灯会点亮。

➢ 可编程模式：

PF 键的功能先通过用户程序进行指定然后使用。PF 键内的 LED 可以通过用户程序打开/关闭。

5）对于级联控制，选择控制或者双回路控制，第 1 回路可以在 LOOP1 画面上进行操作，第 2 回路可以在 LOOP2 画面上进行操作。

1.4.2 METER 画面的监视及操作

1. METER 画面

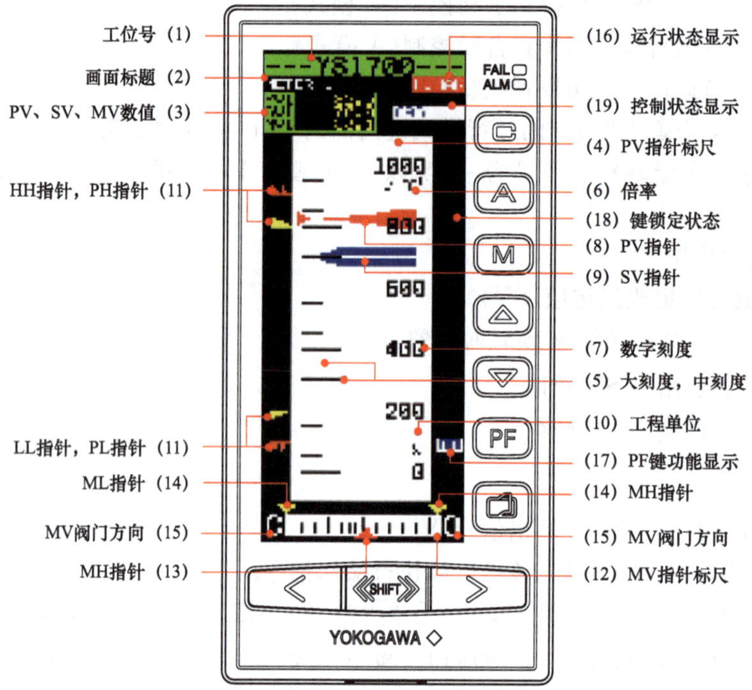

图 1-9 METER 画面

表 1-5 YS1700 在 METER 画面的号码说明

号码	名称	说明
1	工位号	与 Loop 画面相同，显示工位号。
2	画面标题	显示当前画面的标题。
3	PV、SV、MV 数值	显示 PV、SV、MV 数值。
4	PV 指针标尺	PV 指针标尺显示大刻度和中刻度、数字刻度、倍率以及工程单位。
5	大刻度，中刻度	根据标尺 0%的数值(SCL)以及标尺 100%时的数值(SCH)自动分配刻度，并显示大刻度和中刻度。
6	倍率	标尺的范围以 10 的幂(10^n)表示的刻度数字位数的范围。可以对幂的数值进行设定，但是这个数值也可以从标尺 0%时的数值到标尺 100%的数值之间进行自动指定。
7	数字刻度	数字刻度是在标尺 0%的数值(SCL)到标尺 100%的数值(SCH)之间进行自动指定的，显示于大刻度右侧中央位置。显示的数字位数为 3 位(当没有小数点时则为 4 位)
8	PV 指针	PV 数值由两个指针指示(指针标尺的左、右两侧)。指针的显示以 0.5%的分辨率为单位向上或者向下移动。
9	SV 指针	SV 数值由指针显示。指针的显示以 0.5%的分辨率为单位向上或者向下移动。

续表

<table>
<tr><th>号码</th><th>名称</th><th>说明</th></tr>
<tr><td>10</td><td>工程单位</td><td>工程单位(UNIT)最多可显示 7 位。</td></tr>
<tr><td>11</td><td>PH 指针,PL 指针,HH 指针,LL 指针</td><td>PH 值(PV 的上限报警设定值)以及 PL 值(PV 的下限报警设定值)由三角形指针显示,HH 值(PV 的上上限报警设定值)以及 LL 值(PV 的下下限报警设定值)由两个重叠在一起的三角形指针显示。</td></tr>
<tr><td>12</td><td>MV 指针标尺</td><td>MV 指针标尺上显示刻度。最左端的刻度为 0%的位置,而最右端的刻度为 100%的位置,标尺上的每一个等分为 5%。</td></tr>
<tr><td>13</td><td>MV 指针</td><td>MV 值由指针显示。由 80 个像素点构成,MV 指针以 1.25%的分辨率为单位增大或者减小。</td></tr>
<tr><td>14</td><td>MH、ML 指针</td><td>MH 值(MV 的上限设定值)以及 ML 值(MV 的下限设定值)用三角形指针显示。</td></tr>
<tr><td>15</td><td>MV 阀门方向</td><td>MV 阀门方向显示为[C](关闭)或者[O](打开)。阀门的方向可以进行设定。</td></tr>
<tr><td>16</td><td>运行状态显示</td><td>显示控制器的运行状态。
<table>
<tr><th>显示</th><th>说明</th><th>显示的优先顺序</th></tr>
<tr><td>[POWER DOWN]</td><td>断电检测中。</td><td>1</td></tr>
<tr><td>[H.MAN]</td><td>硬手动切换开关为打开状态。</td><td>2</td></tr>
<tr><td>(无显示)</td><td>仪表运行中。</td><td rowspan="5">3</td></tr>
<tr><td>[STOP]</td><td>运行停止(比如工程画面功能设定时)。</td></tr>
<tr><td>[EST1]</td><td>试运行模式 1(仅在可编程模式当中)。</td></tr>
<tr><td rowspan="2">[TEST2]</td><td>试运行模式 2(仅在可编程模式当中)。</td></tr>
<tr><td>正在执行模拟程序。</td></tr>
</table></td></tr>
<tr><td>17</td><td>PF 键功能显示</td><td>显示 PF 的键功能。功能选择模式下的 PF 键功能的显示与可编程模式下的键功能的显示不同。
1) 功能选择模式
PF 键功能使用 PF 键功能选择参数[PFKEY]来设定。当 STC 模式的选择为“非关闭”并且 PF 键已经设定到 STC 时,功能显示变为[STC]。而在其他情况下,不会显示任何内容。
2) 可编程模式
PF 键功能可以在用户程序中进行指定。在可编程模式当中,功能显示变成[PF].</td></tr>
<tr><td>18</td><td>键锁定状态</td><td>显示键锁定的状态。
<table>
<tr><th>显示</th><th>说明</th></tr>
<tr><td>[ALLK]</td><td>C,A,以及 M 键,SV 增大以及减小(△,▽)键,MV 增大以及减小(<,>)键,以及 PF 键被锁定。</td></tr>
<tr><td>[MDLK]</td><td>C,A,以及 M 键被锁定。</td></tr>
<tr><td>[SVLK]</td><td>SV 增大以及减小(△,▽)键被锁定。</td></tr>
<tr><td>[MVLK]</td><td>MV 增大以及减小(<,>)键被锁定。</td></tr>
</table></td></tr>
</table>

续表

号码	名称	说明
19	控制状态	控制状态是用缩写形式来显示的。控制状态根据功能选择模式中的控制器模式的不同,或者根据可编程模式中控制模块的不同而不同。

表 1-6 在 YS1700 功能选择模式下的控制状态显示

控制器模式显示项目	单回路	级联	选择
控制状态显示(注 1)	CAS SPC,DDC BUA,BUM	CAS SPC,DDC BUA,BUM	CAS SPC,DDC BUA,BUM
控制子状态显示 1(注 2)	EXT-MAN,EXT-AUT EXT-PMV,EXT-TRK	无	无
控制子状态显示 2(注 3)	SV TRK,PV TRK	OPEN,CLOSE	SV2-RMT,SV2-LCL SEL1, SEL2

表 1-7 在 YS1700 可编程模式下的控制状态显示

控制模块显示项目	单回路	级联	选择	双回路控制
控制状态显示(注 1)	CAS SPC,DDC BUA, BUM	CAS SPC,DDC BUA, BUM	CAS SPC,DDC BUA, BUM	CAS SPC,DDC BUA,BUM
控制子状态显示 1(注 2)	无	无	无	无
控制子状态显示 2(注 3)	无	OPEN,CLOSE	SV2-RMT SV2-LCL SEL1,SEL2, SEL-EXT	无

注 1:只有当运行模式为级联控制(C 模式)时,才显示控制模式。在自动控制(A 模式)或者手动控制(M 模式)中则不显示任何内容。

注 2:每个控制子状态发生时,就显示一个项目。不生成状态时,不显示任何内容。

注 3:总是显示其中的一个控制子状态。

表 1-8 缩写的含义

缩写	含义	缩写	含义
CAS	通过外部设定值输入,正在进行远程操作。	SV TRK	正在跟踪 SV
SPC	通过上层 SV,正在进行远程操作。	PV TRK	正在跟踪 PV
DDC	通过上层 MV,正在进行远程操作。	OPEN	(内部)级联打开
BUA	转换为备份自动状态。	CLOSE	(内部)级联关闭。
BUM	转换为备份手动状态。	SV2-RMT	第 2 回路的 SV2 远程设定。
EXT-MAN	通过外部数字输入,转换到手动控制。	SV2-LCL	第 2 回路的 SV2 本地设定。

续表

缩写	含义	缩写	含义
EXT-AUT	通过外部数字输入,转换到自动控制。	SEL1	第 1 回路一侧的选择状态。
EXT-PMV	通过外部数字输入,正在输出预设的 MV 数值。	SEL2	第 2 回路一侧的选择状态。
EXT-TRK	通过外部数字输入,正在跟踪输出。	SEL-EXT	外部信号选择状态。

2. METER 画面的操作

可在指针画面中进行以下 4 种操作:

1) 运行模式的切换操作

2) SV 的设定操作

3) MV 操作

4) PF 键操作

当画面标题显示为 METER1 时,可在第 1 回路中执行以上操作,当画面标题显示为 METER2 时,可在第 2 回路中进行以上操作。操作的方法与 LOOP 画面中的操作方法相同。

1.4.3 TREND 画面的监视和操作

1. TREND 画面

TREND 画面不但具有 LOOP 画面功能,还可显示 PV,SV,MV 等的趋势曲线。TREND1 画面可显示 PV1,SV1 以及 MV1 的趋势画面,TREND2 画面能够提供 PV2,SV2

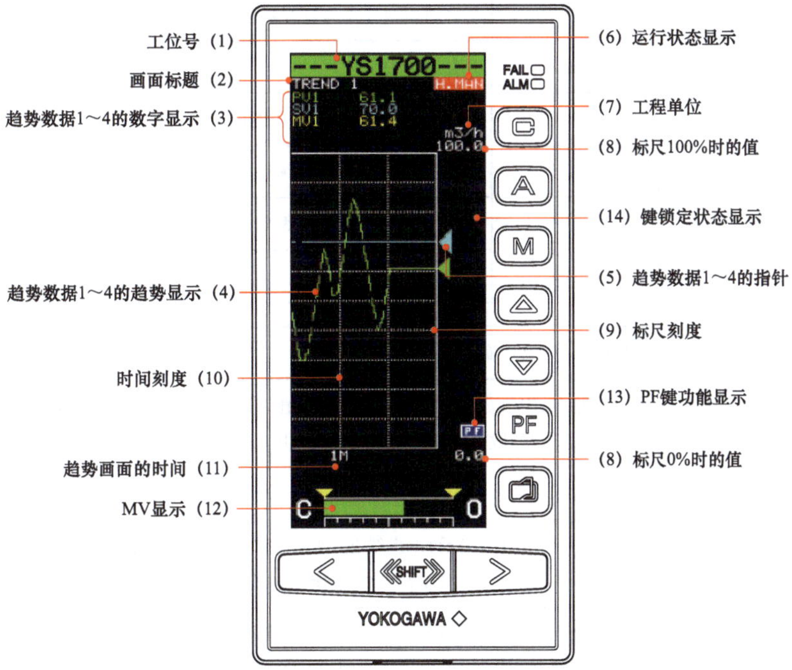

图 1-10　TREND 画面

以及 MV2 的趋势画面，TREND3 画面不但可从 PV1，PV2，SV1，SV2，MV1，MV2，X1，X2，X3，X4，X5，X6，X7，X8，Y1，Y2，Y3 以及 Y4 中选择任意 4 个数据进行显示。TREND 画面还可以进行显示数据的 ON/OFF 切换，但不显示已经发生的控制状态以及报警。

表 1-9 YS1700 在 TREND 画面的号码说明

<table>
<tr><th>号码</th><th>名称</th><th>说明</th></tr>
<tr><td>1</td><td>工位号</td><td>工位号由英数字符和符号组成，每回路可最多显示 12 位工位号。
TREND3 画面显示第 1 回路的工位号。</td></tr>
<tr><td>2</td><td>画面标题</td><td>显示当前画面的标题。</td></tr>
<tr><td>3</td><td>趋势数据 1～4 的数字显示</td><td>显示 PV，SV 以及 MV 的数值。
TREND3 画面，显示的是选定的 1～4 个数据的趋势曲线。</td></tr>
<tr><td>4</td><td>趋势显示</td><td>设定的趋势曲线的时间间隔被划分为 60 个等分，在一个等分时间内的 PV、SV 以及 MV 的数值沿一个参数的垂直方向显示出选定曲线的最小以及最大的数值。当相关的数值低于 0%或者超出 100%时，趋势曲线则只显示为 0%或者只显示为 100%。</td></tr>
<tr><td>5</td><td>趋势数据指针</td><td>PV，SV 以及 MV 的数值以及选定的数据都用三角形的指针进行显示。指针位置的显示以 0.5%的分辨率为单位向上或者向下移动。</td></tr>
<tr><td>6</td><td>运行状态显示</td><td>显示控制器运行状态。
<table>
<tr><th>显示</th><th>说明</th><th>显示的优先顺序</th></tr>
<tr><td>[POWER DOWN]</td><td>断电检测中。</td><td>1</td></tr>
<tr><td>[H.MAN]</td><td>硬手动切换开关为打开状态。</td><td>2</td></tr>
<tr><td>(无显示)</td><td>仪表运行中。</td><td rowspan="5">3</td></tr>
<tr><td>[STOP]</td><td>运行停止(如工程画面功能设定时)</td></tr>
<tr><td>[TEST1]</td><td>试运行模式 1(仅在可编程模式中)</td></tr>
<tr><td rowspan="2">[TEST2]</td><td>试运行模式 2(仅在可编程模式中)</td></tr>
<tr><td>正在执行模拟程序。</td></tr>
</table></td></tr>
<tr><td>7</td><td>工程单位</td><td>工程单位(UNIT)最多可显示 7 位。</td></tr>
<tr><td>8</td><td>标尺 0%时的值，标尺 100%时的值</td><td>每个回路上，PV 以及 SV 在标尺 0%时的值(SCL)以及标尺 100%时的值(SCH)显示为有效数字为五位的数值(包括符号和小数点共 7 位)。</td></tr>
<tr><td>9</td><td>标尺刻度</td><td>显示最多可被划分为 10 等份的(10%)标尺。而且，与刻度相对应的水平线以虚线显示。</td></tr>
<tr><td>10</td><td>时间刻度</td><td>时间刻度(用垂直线表示)以虚线在 60 点的位置上显示。如果标尺的刻度被划分为四个或者更多的等份，时间刻度在 30 点位置上也显示。</td></tr>
<tr><td>11</td><td>趋势画面的时间</td><td>显示趋势画面时间的设定值。趋势画面的范围为 90 点，时间范围在 60 点显示。所提供的趋势画面上，0 点位置为当前时间，而 90 点位置为最早过去的时间。一改变趋势画面时间范围，直到当前显示的数据就被清除。</td></tr>
</table>

续表

<table>
<tr><th>号码</th><th>名称</th><th>说明</th></tr>
<tr><td>12</td><td>MV 显示</td><td>显示 MV 棒图,MV 标尺,MH 指针,ML 指针,MV 下溢,MV 上溢以及 MV 阀门方向。显示的内容与 LOOP 画面的内容相同。</td></tr>
<tr><td>13</td><td>PF 键功能显示</td><td>显示 PF 的键功能。功能选择模式下的 PF 键功能的显示与可编程模式下的 PF 键功能的显示不同。
1) 功能选择模式
键功能使用 PF 键功能选择参数[PFKEY]来设定。当 STC 模式的选择为“非关闭”并且键已经设定到 STC 时,功能显示变为[STC]。而在其他情况下,不会显示内容。
2) 可编程模式
PF 键功能可以在用户程序中进行指定。在可编程模式当中,功能显示变成[PF].</td></tr>
<tr><td>14</td><td>键锁定状态显示</td><td>显示键锁定状态。
<table>
<tr><th>显示</th><th>说明</th></tr>
<tr><td>[ALLK]</td><td>C,A,以及 M 键,SV 增大/减小(△,▽)键,MV 增大/减小(<,>)键,以及 PF 键被锁定。</td></tr>
<tr><td>[MDLK]</td><td>C,A,以及 M 键被锁定。</td></tr>
<tr><td>[SVLK]</td><td>SV 增大/减小(△,▽)键被锁定。</td></tr>
<tr><td>[MVLK]</td><td>MV 增大/减小(<,>)键被锁定。</td></tr>
</table></td></tr>
</table>

2. TREND 画面的操作

可在 TREND1 以及 TREND2 画面上执行以下操作:

1) 显示的回路的运行模式切换
2) 显示的回路的 SV 设定操作
3) 显示的回路的 MV 操作
4) PF 键操作

可以在 TREND3 画面上进行下列操作:

1) MV1 操作
2) PF 键操作

操作的方法与 LOOP 画面相同。

下列表格列举了趋势数据 1～4 的显示内容。

	趋势 1 画面	趋势 2 画面	趋势 3 画面
趋势数据 1	PV1	PV2	使用 TRDS1 参数进行设定
趋势数据 2	SV1	SV2	使用 TRDS2 参数进行设定
趋势数据 3	MV1(注)	MV2(注)	使用 TRDS3 参数进行设定
趋势数据 4	无	无	使用 TRDS4 参数进行设定

注:当控制器模式设定为级联/选择模式时,显示 MV 数值。

1.4.4 ALARM 画面的监视和操作

1. ALARM 画面

ALARM 画面集中显示报警发生时的详细信息。可以使用户了解那些未经确认的报警以及事件。

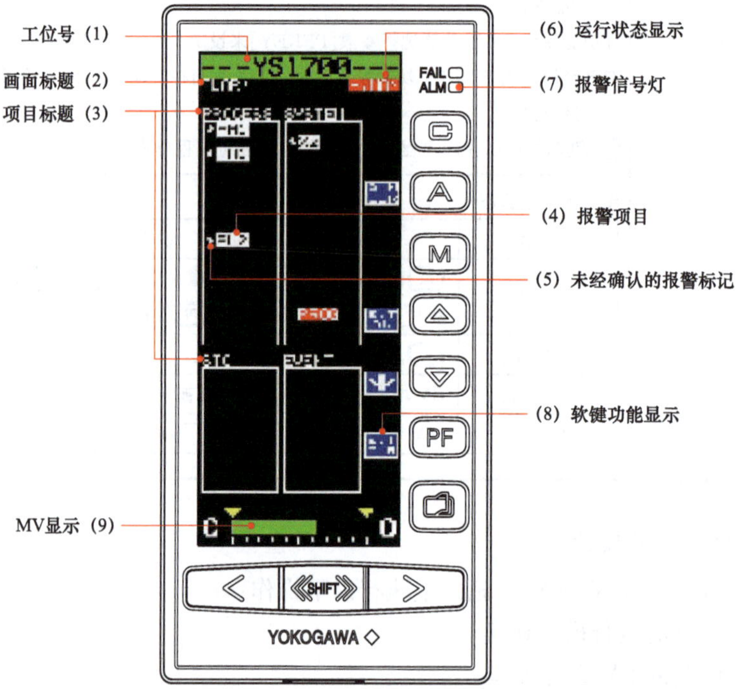

图 1-11 ALARM 画面

表 1-10 YS1700 在 ALARM 画面的号码说明

<table>
<tr><th>号码</th><th>名称</th><th colspan="2">说明</th></tr>
<tr><td>1</td><td>工位号</td><td colspan="2">显示第 1 回路的工位号。</td></tr>
<tr><td>2</td><td>画面标题</td><td colspan="2">显示当前显示画面的标题。</td></tr>
<tr><td rowspan="6">3</td><td rowspan="6">项目标题</td><td colspan="2">按类别显示已发生的报警及事件。分为以下 4 种类别：</td></tr>
<tr><td>显示</td><td>说明</td></tr>
<tr><td>[PROCESS]</td><td>过程报警</td></tr>
<tr><td>[STC]</td><td>STC 报警</td></tr>
<tr><td>[SYSTEM]</td><td>系统报警</td></tr>
<tr><td>[EVENT]</td><td>事件显示</td></tr>
</table>

续表

<table>
<tr><th>号码</th><th>名称</th><th>说明</th></tr>
<tr><td>4</td><td>报警项目</td><td>
报警项目有以下两种显示类型：
项目的红色背光灯显示：表示当前正在发生一个或几个报警。
项目的正常显示：表示过去发生的报警，当前已解除。
要显示的报警项目如下表所示：
过程报警
<table>
<tr><th>显示</th><th>说明</th><th>显示</th><th>说明</th></tr>
<tr><td>[PH1]</td><td>PV1 上限报警</td><td>[PH2]</td><td>PV2 上限报警</td></tr>
<tr><td>[PL1]</td><td>PV1 下限报警</td><td>[PL2]</td><td>PV2 下限报警</td></tr>
<tr><td>[HH1]</td><td>PV1 上上限报警</td><td>[HH2]</td><td>PV2 上上限报警</td></tr>
<tr><td>[LL1]</td><td>PV1 下下限报警</td><td>[LL2]</td><td>PV2 下下限报警</td></tr>
<tr><td>[DL1]</td><td>偏差 1 报警</td><td>[DL2]</td><td>偏差 2 报警</td></tr>
<tr><td>[VL1]</td><td>PV1 变化率报警</td><td>[VL2]</td><td>PV2 变化率报警</td></tr>
</table>
STC 报警
<table>
<tr><th>显示</th><th>说明</th><th>显示</th><th>说明</th></tr>
<tr><td>[SYS-ALM]</td><td>系统报警</td><td>[PWRDWN]</td><td>电源故障</td></tr>
<tr><td>[PVOVR]</td><td>PV 报警</td><td>[PBLMT]</td><td>PB 报警</td></tr>
<tr><td>[MVLMT]</td><td>MV 报警</td><td>[TILMT]</td><td>TI 报警</td></tr>
<tr><td>[OPERR]</td><td>运行故障</td><td>[TDLMT]</td><td>TD 报警</td></tr>
<tr><td>[IDERR]</td><td>无法识别</td><td>[RTALM]</td><td>RT 报警</td></tr>
</table>
系统报警
<table>
<tr><th>显示</th><th>说明</th></tr>
<tr><td>[X1]～[X8]</td><td>输入超出额定的范围
显示从 X1 到 X8 的已经分配给每个输入端子的寄存器名称。</td></tr>
<tr><td>[Y1]和[Y3]</td><td>输出打开(仅电流输出)显示 Y1 以及 Y3 的寄存器名称。</td></tr>
<tr><td>[CALC]</td><td>运算上溢(仅在 YS1700 可编程模式当中)</td></tr>
<tr><td>[OVER]</td><td>超过控制周期(仅在 YS1700 可编程模式当中)</td></tr>
<tr><td>[COMM]</td><td>RS-485 通信故障，DCS-LCS 通信故障，或者点对点通信故障</td></tr>
<tr><td>[ETHER]</td><td>以太网通信故障</td></tr>
<tr><td>[PTOP]</td><td>点对点通信故障</td></tr>
<tr><td>[PROG]</td><td>用户程序故障</td></tr>
<tr><td>[DATA]</td><td>YSS1000 写入不完全</td></tr>
<tr><td>[CALR]</td><td>调整检测故障</td></tr>
</table>
</td></tr>
</table>

续表

<table>
<tr><th>号码</th><th>名称</th><th>说明</th></tr>
<tr><td>4</td><td>报警项目</td><td>事件显示<table><tr><th>显示</th><th>说明</th></tr><tr><td>[EVENT1]～[EVENT5]</td><td>用户设定的事件 1 到事件 5</td></tr></table></td></tr>
<tr><td>5</td><td>未经确认的报警标记</td><td>对那些未经确认的报警，报警前面会加上[*]标记。</td></tr>
<tr><td>6</td><td>运行状态</td><td>显示控制器的运行状态。<table><tr><th>显示</th><th>说明</th><th>显示的优先顺序</th></tr><tr><td>[POWER DOWN]</td><td>断电检测中。</td><td>1</td></tr><tr><td>[H.MAN]</td><td>硬手动切换开关为打开状态。</td><td>2</td></tr><tr><td>（无显示）</td><td>仪表运行中。</td><td rowspan="5">3</td></tr><tr><td>[STOP]</td><td>运行停止（比如工程画面上设定时）</td></tr><tr><td>[TEST1]</td><td>试运行模式 1（仅在可编程模式中）</td></tr><tr><td rowspan="2">[TEST2]</td><td>试运行模式 2（仅在可编程模式中）</td></tr><tr><td>正在执行模拟程序。</td></tr></table></td></tr>
<tr><td>7</td><td>警信号灯</td><td>如果发生过程报警，STC 报警或者系统报警，灯会点亮。</td></tr>
<tr><td>8</td><td>软键功能</td><td>表明[ALM CLR]软键的功能已经被分配到[A]键上，[EVT ON]软键被分配到[△]键上，[↓]软键被分配到[▽]键上，而[EVT CLR]软键分配到[PF]键上。</td></tr>
<tr><td>9</td><td>MV 显示</td><td>显示 MV 棒图，MV 标尺，MH 指针，ML 指针，MV 下溢，MV 上溢以及 MV 阀门方向。显示的内容与 LOOP 画面的内容相同。</td></tr>
</table>

2. ALARM 画面的操作

可在 ALARM 画面上执行以下操作：

1） MV 操作（与 LOOP 画面相同）

2） 未经确认的报警/事件的确认

3） 再显示事件画面

- 未经确认的报警/事件的确认操作

报警的[ALM CLR]软键用来确认已经发生的报警。当按下该键时，将删除表明未确认的报警标记“*”并显示当前没有报警需要确认，从而表明这些报警已得到确认。

事件的[EVT CLR]软键用来确认已经发生的事件。当按下该键时，将删除表明未确认的事件标记“*”并显示当前没有事件需要确认，从而表明这些事件已得到确认。

- 事件画面再显示

使用[↓]软件键(▽键)浏览各事件行的内容,以选择想要查看的事件,然后按下[EVTON]软键(△键),以重新显示该事件。

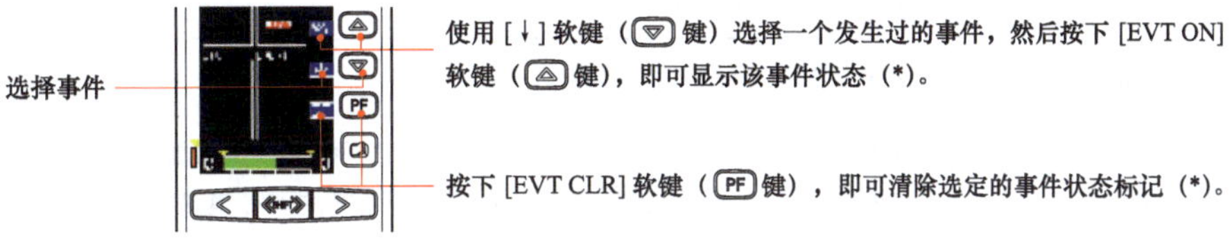

图 1-12　事件画面再显示

1.4.5　DUAL 画面的监视及操作

1. DUAL 画面

DUAL 画面有两个显示标题:DUAL1 和 DUAL2。同时显示两个回路上有关 PV,SV 以及 MV 的信息。第 1 回路的信息显示在左侧,第 2 回路的信息显示在右侧。

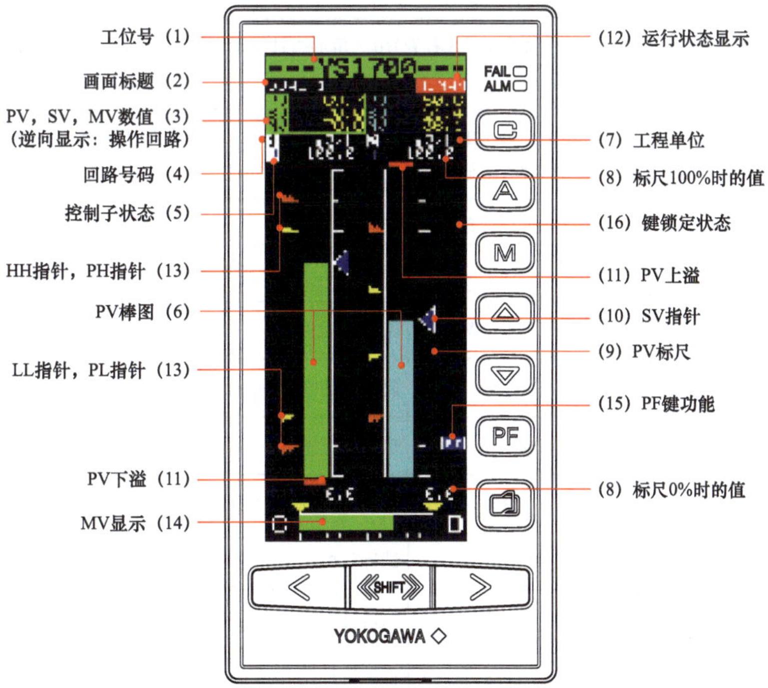

图 1-13　DUAL 画面

表 1-11　YS1700 在 DUAL 画面的号码说明

号码	名称	说明
1	工位号	DUAL1 画面时,显示第 1 回路工位号。DUAL2 画面时显示第 2 回路工位号。
2	画面标题	显示当前画面的标题。

续表

<table>
<tr><th>号码</th><th>名称</th><th>说明</th></tr>
<tr><td>3</td><td>PV,SV 以及 MV 数值</td><td>第 1 回路的 PV,SV 以及 MV 数值显示在左侧,而第 2 回路的 PV,SV 以及 MV 数值显示在右侧。反向显示的回路也可以进行操作。</td></tr>
<tr><td>4</td><td>回路号码</td><td>显示回路号码 1(左侧)、回路号码 2(右侧)。</td></tr>
<tr><td>5</td><td>控制子状态</td><td>控制子状态是用一个字符反转显示在回路号码下面。根据功能选择模式及可编程模式下的控制模块不同,子状态的显示如表 5.17。除这两种模式以外,都不会显示任何内容。</td></tr>
<tr><td>6</td><td>PV 棒图</td><td>PV1(左侧)以及 PV2(右侧)在棒图中显示,由 200 个像素点构成,并以一点(0.5%)为单位增大或者减小。</td></tr>
<tr><td>7</td><td>工程单位</td><td>工程单位 1(左侧)以及工程单位 2(右侧)最多可显示 7 位。</td></tr>
<tr><td>8</td><td>标尺 0%时的值,
标尺 100%时的值</td><td>SCL1,SCH1(左侧)以及 SCL2,SCH2(右侧)显示以工程单位表示的 5 位有效数字(包含符号和小数点为 7 位)。</td></tr>
<tr><td>9</td><td>PV 标尺</td><td>PV 标尺最多可以划分为 10 等份(10 等份)</td></tr>
<tr><td>10</td><td>SV 指针</td><td>SV1(左侧)以及 SV2(右侧)用三角形指针显示。指针以 0.5%的分辨率为单位向上或者向下移动。</td></tr>
<tr><td>11</td><td>PV 下溢和 PV 上溢</td><td>当 PV 值低于 0%的时候,则显示 PV 下溢(PV1 位于左侧,PV2 位于右侧),当 PV 数值超过 100%的时候,则显示 PV 上溢(PV1 位于左侧,PV2 位于右侧)。</td></tr>
<tr><td>12</td><td>运行状态显示</td><td>显示控制器运行状态。
<table>
<tr><th>显示</th><th>说明</th><th>显示的优先顺序</th></tr>
<tr><td>[POWER DOWN]</td><td>断电检测中。</td><td>1</td></tr>
<tr><td>[H.MAN]</td><td>硬手动切换开关为打开状态。</td><td>2</td></tr>
<tr><td>(无显示)</td><td>仪表运行中。</td><td rowspan="5">3</td></tr>
<tr><td>[STOP]</td><td>操作停止(比如工程画面设定时)。</td></tr>
<tr><td>[TEST1]</td><td>试运行模式 1(仅在可编程模式中)。</td></tr>
<tr><td rowspan="2">[TEST2]</td><td>试运行模式 2(仅在可编程模式中)。</td></tr>
<tr><td>正在执行模拟程序。</td></tr>
</table>
</td></tr>
<tr><td>13</td><td>PH、PL、HH 和 LL 指针</td><td>PH 值(PV 的上限报警设定值)以及 PL 值(PV 的下限报警设定值)用三角形指针显示,而 HH 值(PV 的上上限报警设定值)以及 LL 值(PV 的下下限报警设定值)用两个重叠在一起的三角形指针显示。</td></tr>
<tr><td>14</td><td>MV 显示</td><td>显示 MV 棒图,MV 标尺,MH 指针,ML 指针,MV 下溢,MV 上溢以及 MV 阀门方向。显示内容与 LOOP 画面相同。</td></tr>
</table>

续表

<table>
<tr><th>号码</th><th>名称</th><th>说明</th></tr>
<tr><td>15</td><td>PF键功能</td><td>显示PF的键功能。功能选择模式下的PF键功能的显示与可编程模式下的键功能的显示不同。
1) 功能选择模式
PF键功能使用 PF 键功能选择参数[PFKEY]来设定。当 STC 模式的选择为“非关闭”并且PF键设定到 STC 时，功能显示变为[STC]。在其他情况下，不会显示任何内容。
2) 可编程模式
PF键功能可以在用户程序中进行指定。
在可编程模式当中，功能显示变成[PF]。</td></tr>
<tr><td>16</td><td>键锁状态</td><td>显示键锁定的状态。
<table>
<tr><th>显示</th><th>说明</th></tr>
<tr><td>[ALLK]</td><td>C,A,以及M键，SV 增大/减小(△,▽)键，MV 增大/减小(<,>)键，以及PF键被锁定。</td></tr>
<tr><td>[MDLK]</td><td>C,A,以及M键被锁定。</td></tr>
<tr><td>[SVLK]</td><td>SV 增大/减小(△,▽)键被锁定。</td></tr>
<tr><td>[MVLK]</td><td>MV 增大/减小(<,>)键被锁定。</td></tr>
</table></td></tr>
</table>

表 1-12　控制器模式或者控制模块在 DUAL 画面的控制状态显示

<table>
<tr><th>控制器模式或者控制模块</th><th>在 DUAL 画面上的控制状态显示</th><th>说明</th><th>在回路画面上的控制子状态显示</th></tr>
<tr><td>级联或者 CSC 控制模块</td><td>O</td><td>级联打开。</td><td>OPEN</td></tr>
<tr><td rowspan="2">选择或者 SSC 控制模块</td><td>S</td><td>已选定相对应的回路。</td><td>SEL1(在第 1 回路中显示“S”时)，SEL2(在第 2 回路中显示“S”时)</td></tr>
<tr><td>E</td><td>已选定外部信号。</td><td>EXT(在可编程模式中)</td></tr>
</table>

2. DUAL 画面的操作

可在双回路画面上执行以下操作：

(1) 运行模式切换操作

(2) SV 设定操作

(3) MV 操作

(4) PF键操作

操作方法与 LOOP 画面相同。

当画面标题显示为 DUAL1 时，可执行第 1 回路的操作；当画面标题显示为 DUAL2 时，可执行第 2 回路的操作。为使可操作的回路更易识别，可操作回路的工位号背景颜色、PV 棒图以及 MV 棒图都显示为同一颜色(选定的回路的颜色)。

运行模式可通过按下图中相关的按键来进行切换。已切换的运行模式相对应的键的内部灯会点亮。注意在报警画面中,运行模式不能进行切换。

图 1-14 操作按键及释义

注意:

如果运行模式切换功能分配到数字输入上,则有可能出现不能通过键操作来切换运行的情况,这种情况下,请确认数字输入功能的分配情况。

键	名称	功能
	M 模式键	按下该键,可切换到手动操作。 不能从手动控制转换到级联控制。要转换到级联控制,必须先切换到自动控制模式。
	A 模式键	按下该键,切换到自动控制。
	C 模式键	按下该键切换到自动控制以从外部模拟信号或者通信中设定一个数值作为级联的设定值(仪表出厂时,C 模式键不能执行操作指令)。

图 1-15 中的运行模式转换表示了基于模拟输入的级联设定的单回路模式。未使用级联设定时,仅可在自动控制与手动控制之间进行切换。

1.4.6 整定画面的操作

下面介绍显示和设定 PID 等控制参数的画面,以及用来监视输入/输出信号的画面。关于整定参数的设置,请按下面的设定示意图进行,并请参阅“画面切换以及操作键概览” 以及“参数一览表”。

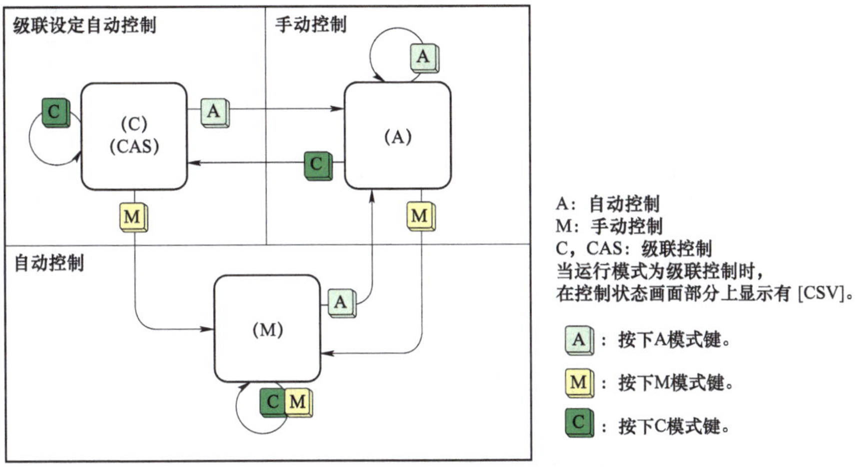

图 1-15　运行模式转换

- 关于显示并设定参数,请参阅 YS1700 中文简易操作手册中的“参数一览表”。
- 关于整定参数功能,请参阅 YS1700 中文简易操作手册。

注意:YS1000 具有密码安全保护功能。如果已设有密码,则先输入密码,然后再进行参数的更改

▸ 关于设定和取消密码,请参见 YS1500 指示控制器/YS1700 可编程指示控制器用户说明书(CD-ROM)里的 4.2.2 节:启动/禁用参数更改。

1. 设定 PID

1) 设定画面

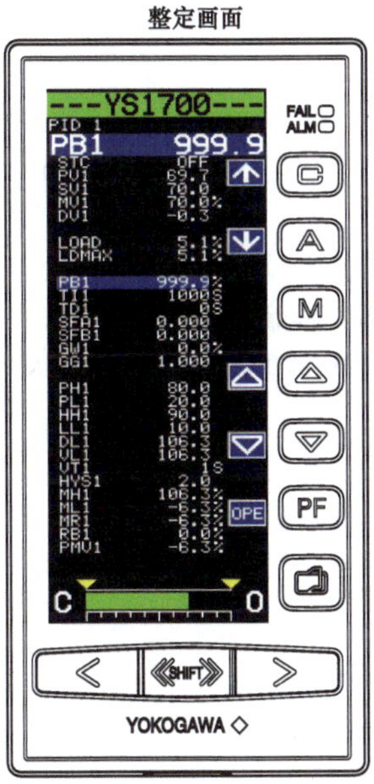

运行画面〉《SHIFT》+键(至整定菜单画面)〉[PID1]软键(PID设定画面1)或者 [PID2] 软键(PID设定画面2)

设定值更改步骤(以更改比例范围1为例)

(1) 按下 [↓] 软键选择 [PB1 999.9%]。
(2) 按下 [△] 或 [▽] 软键对设定值进行更改。持续按住该键可以加快数值增大/减小的速度。
(3) 按下翻页键返回到整定菜单画面。
(4) 按下SHFT+翻页键两次,返回到运行画面。

设定完毕。

图 1-16　设定 PID 画面

2）设定内容

参数	名称	设定范围	出厂时的默认值
PB1,PB2	比例带	0.1～999.9(%)	999.9
TI1,TI2	积分时间	1～9 999(s)	1 000
TD1,TD2	微分时间	0～9 999(0:无动作)	0

关于解关于比例带、积分时间以及微分时间的信息，请参阅 YS1700 中文简易操作手册中的“整定指南”。

3）显示整定画面时，切换到运行画面

在设定整定参数时按下[OPE]软键即可返回到运行画面。

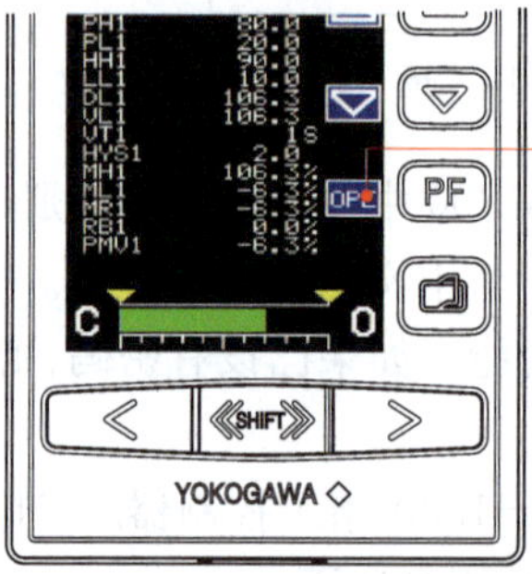

图 1-17 显示整定画面

2. 设定报警

1）设定画面

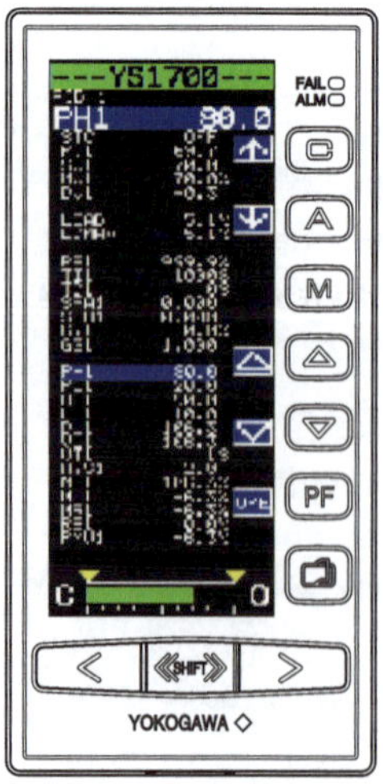

图 1-18 报警设定画面

2）设定内容

参数	名称	设定范围	出厂时的默认值
PH1,PH2	PV 的上限报警设定值	相当于-6.3～106.3%的工程单位(*1)	106.3
PL1,PL2	PV 的下限报警设定值	相当于-6.3～106.3%的工程单位(*1)	-6.3
HH1,HH2	PV 的上上限报警设定值	相当于-6.3～106.3%的工程单位(*1)	106.3
LL1,LL2	PV 的下下限报警设定值	相当于-6.3～106.3%的工程单位(*1)	-6.3
DL1,DL2	偏差报警设定值	相当于 0.0～106.3%的工程单位(*1)	0.0
VL1,VL2	PV 变化率报警设定值	相当于 0.0～106.3%的工程单位(*1)	0.0
VT1,VT2	PV 变化率报警时间设定值	1～9 999	1
HYS1,HYS2	报警滞后	相当于 0.0～20.0%的工程单位(*1)	2.0

*1：使用工程参数 SCH1、SCL1、SCDP1(或者 SCH2、SCL2、SCDP2)设定的工程单位。

1.4.7　工程画面的操作

下面介绍控制器的功能设定画面，各种寄存器和表格的显示和设定画面、输入规格设定画面以及密码设定画面。

关于工程参数设置，请按下面的设定实例进行，并请参阅“画面切换以及操作键概览”以及“参数一览表”。

▸ 关于如何显示并设定参数，请参阅 YS1700 中文简易操作手册中的“参数一览表”。

▸ 关于工程参数功能的说明，请参阅 YS1700 中文简易操作手册。

注意：在可编程模式当中，有三个工程菜单的画面。每按下一次翻页键，菜单画面就发生一次切换。

1. 设定控制器模式

更改控制器的模式会引起多个参数的初始化。关于更多这方面的信息，请参阅参数一览表。要想更改控制器模式，按下并保持[△]或[▽]软键 5 秒钟以上即可。

1）工程画面

工程画面

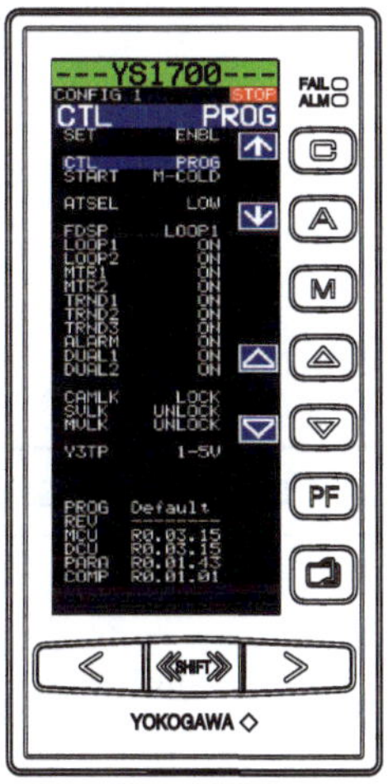

运行画面〉《SHIFT》+翻页键（至整定菜单画面）〉《SHIFT》+翻页键（至工程菜单画面）〉[CONFIG1] 软键（设定画面1）

设定值更改程序：

(1) 按下 [↓] 软键来选择并放大显示 [SET INHB] 上。

(2) 按下[△] 软键将其更改为 [SET ENBL]。

(3) 按下 [↓] 软键来选择并放大显示控制器模式选择 [CTL SINGLE] 上。

(3) 按下并保持 [△] 或 [▽] 软键5秒钟以上，对设定值进行更改。

(5) 按下翻页键返回到工程菜单画面。（一旦你进入菜单画面，设定参数立即返回到设定禁止状态[SET INHB]。

(6) 按下SHIFT +翻页键，返回到运行画面。

设定完毕。

图 1-19　设定控制器模式画面

2）设定内容

参数	名称	设定范围	出厂时的默认设置
CTL	控制器模式选择	PROG:可编程模式(*1) SINGLE:单回路模式 CAS:级联模式 SELECT:选择模式	对 YS1700:PROG 对 YS1500:SINGLE

*1:只有 YS1700 可以进行选择。

关于可编程模式的信息,请参阅 YSS1000 设定软件/YS1700 可编程功能用户说明书(CD-ROM)。关于单回路模式、级联模式以及选择模式的信息,请参阅 YS1500 指示控制器/YS1700 可编程指示控制器用户说明书(CD-ROM)里 1.1 节:选择控制器模式。

2. 设定控制类型以及控制运算公式

1）设定画面

工程画面

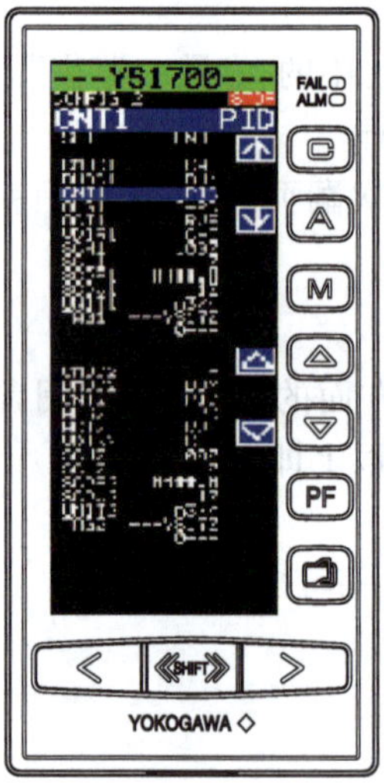

运行画面〉《SHIFT》+ 键（至整定菜单画面）〉《SHIFT》+（至工程菜单画面）〉[CONFIG2] 软键（设定画面2）

设定值更改程序（以更改控制类型为例）：

(1) 按下 [↓] 软键来选择并放大显示 [SET INHB]。
(2) 按下 [△] 软键将其更改为 [SET ENBL]。
(3) 按下 [↓] 软键来选择并放大显示控制类型1 [CNT1 PID]。
(4) 按下 [△] 或 [▽] 软键对设定值进行更改。
(5) 按下翻页键返回到工程菜单画面。
(6) 按下SHFT+翻页键，返回到运行画面。

控制运算公式也可以采用与上述方法相同的方法进行更改。
更改完毕。

图 1-20 设定控制类型画面

2）设定内容

参数	名称	设定范围	出厂时的默认设置
CNT1,CNT2	控制类型	PID:标准 PID 控制 S-PI:抽样保持 PI 控制 BATCH:批处理 PID 控制(*1) PD:比例(PD)控制	PID

续表

参数	名称	设定范围	出厂时的默认设置
ALG1,ALG2	控制运算公式	I-PD:PV 比例类型 PID PI-D:PV 微分类型 PID SVF:可调节的设定值滤波器	I-PD

*1:只有 YS1700 可以进行选择

级联模式、选择模式以及可编程模式的第 2 回路中使用 CNT2 以及 ALG2 参数。

	单回路模式	级联模式		选择模式	
		第 1 回路	第 2 回路	第 1 回路	第 2 回路
标准 PID 控制	√	√	√	√	√
比例(PD)控制	√	—	—	—	—
抽样保持 PI 控制	√	√	√	—	—
批处理 PID 控制	√	—	—	—	—

注:√表示配备有此功能;-表示无此功能

关于标准 PID 控制、比例控制、抽样保持 PI 控制以及批处理 PID 控制的信息,请参阅 YS1500 指示控制器/YS1700 可编程指示控制器用户说明书(CD-ROM)里的 1.2 节:选择控制方法(选择控制类型 CNT 和控制运行格式 ALG)。

3. 设定测量值的标尺以及小数点的位置

1) 设定画面

工程画面

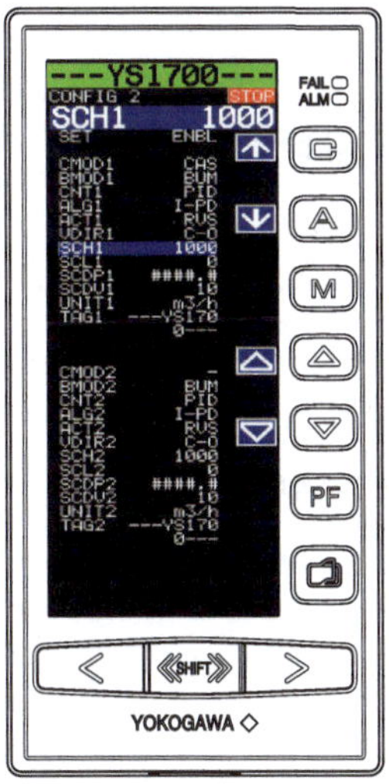

运行画面〉 《SHIFT》 + [翻页] 键（至整定菜单画面）〉 《SHIFT》 + [翻页] 键（至工程菜单画面）〉 [CONFIG2] 软键功能（设定画面2）

设定值更改步骤（以更改标尺为例）：

(1) 按下 [↓] 软键来选择并放大显示 [SET INHB]。
(2) 按下 [△] 软键将其改变为 [SET ENBL]。
(3) 按下 [↓] 软键来选择并放大显示标尺100%时的值1 [SCH1 1000]。
(4) 按下 [△] 或 [▽] 软键对设定值进行更改。持续按住该键可以加快数值增大/减小的速度。
(5) 按下 [↓] 软键来选择并放大显示标尺0%时的值1 [SCH1 0]。
(6) 按下 [△] 或 [▽] 软键对设定值进行更改。持续按住该键可以加快数值增大/减小的速度。
(7) 按下 [↓] 软键来选择并放大显示小数点位置1 [SCDP1 ####.#]
(8) 按下 [△] 或 [▽] 软键对设定值进行更改。
(9) 按下翻页键返回到工程菜单画面。
(10) 按下SHFT+翻页键，返回到运行画面。

必要时以与上述相同方法更改第2回路的设定。
设定完毕。

图 1-21 设定测量值画面

2）设定内容

参数	名称	设定范围	出厂时的默认设置
SCH1,SCH2	标尺 100%时的值	-80 000～80 000	1 000
SCL1,SCL2	标尺 0%时的值	-80 000～80 000	0
SCDP1,SCDP2	小数点位置	#####,####.#,###.##,##.###,#.####,.#####	####.#

级联模式、选择模式以及可编程模式的第 2 回路中使用 SCH2、SCL2 以及 SCDP2 参数。

图 1-22 为标尺 100%时的值为 100.0，标尺 0%时的值为 0，小数点后 1 位的(####.#)的实例。测量值以及设定值使用在此设定的标尺显示。

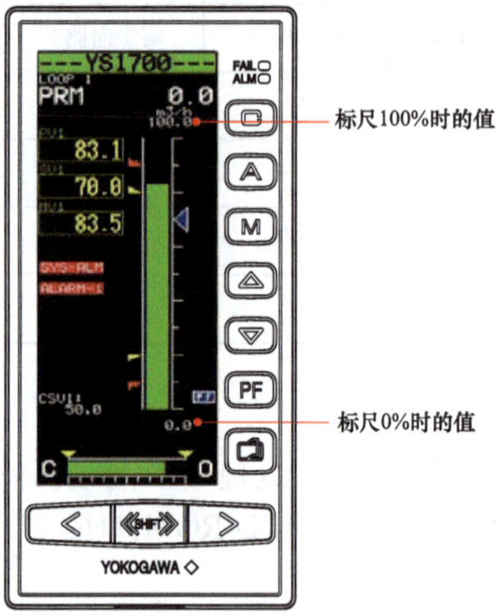

注：如果确定了一个较大的标尺范围（标尺100%时的值到标尺0%时的值）。会产生小于0.1%PV值的数值波动。

图 1-22 标尺 100%、0%时的值

4. 更改工位号和单位

1）设定画面

工程画面

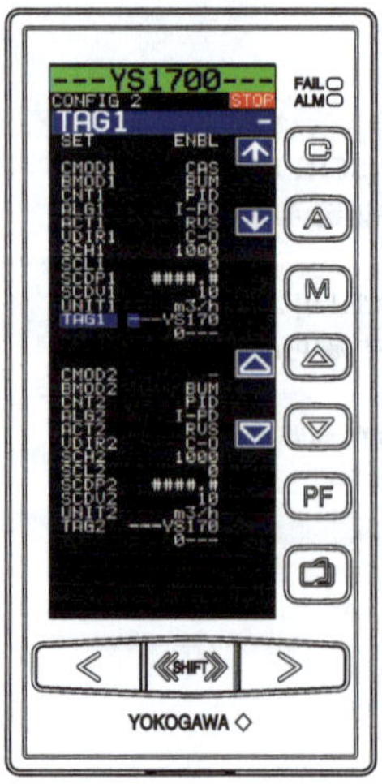

运行画面〉《SHIFT》+ 键（至整定菜单画面）〉《SHIFT》+ 键（至工程菜单画面)〉[CONFIG2] 软键功能（设定画面2）

设定值更改步骤（以设定工位为例）：

(1) 按下 [↓] 软键来选择并放大显示 [SET INHB]。
(2) 按下 [△] 软键将其改变为 [SET ENBL]。
(3) 按下 [↓] 软键来选择并放大显示工位号码1 [TAG1-YS1700--]。
(4) 按下 [↓] 或 [↑] 软键将光标移到想要更改字符的位置上。
(5) 按下 [△] 或 [▽] 软键对字符进行更改。（设定值以一个字符为单位进行设定）
(6) 重复操作步骤 (4) 和 (5) 以更改工位号码。（要想清除字符，输入空格键。）
(7) 按下页码键返回到工程菜单画面。
(8) 按下SHFT+翻页键，返回到运行画面。

更改完毕。

图 1-23 更改工位号画面

2）设定内容

参数	名称	设定范围	出厂时的默认设置
TAG1,TAG2	工位号	半角字符 12 位	---YS1700--- ---YS1500---
UNIT1,UNIT2	工程单位	半角字符 7 位	%

级联模式、选择模式以及可编程模式的第 2 回路中使用 TAG2 以及 UNIT2 参数。工位号在 LCD 最上方显示。

可设定的 ASCII 代码如下：

空格		!	“	#	$	%	&	'	(	)	*	+	,	-
.	/	0	1	2	3	4	5	6	7	9	:	;	<	=
>	?	@	A	B	C	D	E	F	G	H	I	J	K	L
M	N	O	P	Q	R	S	T	U	V	W	X	Y	Z	[
¥	]	^	_	`	a	b	c	d	e	f	g	h	i	j
k	l	m	n	o	p	q	r	s	t	u	v	w	x	y
z	{	¦	}	~										

1.5　整定操作

1.5.1　通过手动操作启动运行

下面的内容以简单 PID 控制为例，讲述了如何启动运行

1. 使用 MV 操作键进行手动操作

1）按下Ⓜ模式键将运行模式切换到 M 模式。此操作会使Ⓜ模式键内的 LED 指示灯点亮。

2）按下 SV 设定键的△键或键对 SV▽值进行设定。

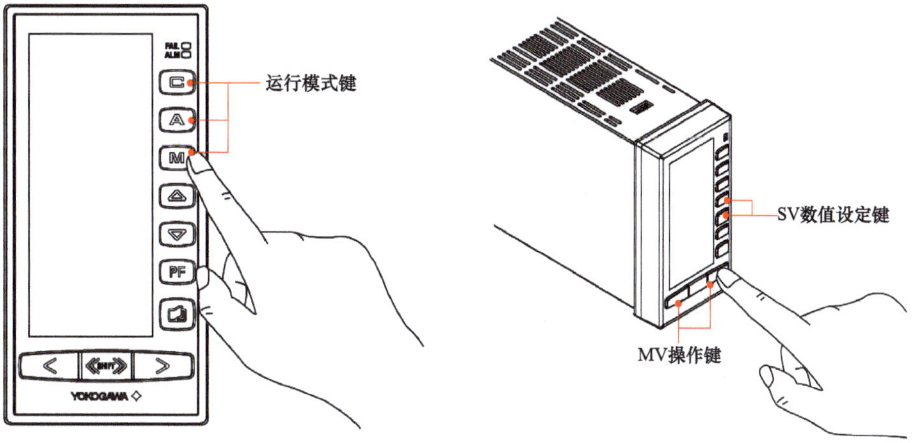

图 1-24　整定手动操作

3）按下 MV 操作键的<<或>>键对输出信号进行调整。

按下 SHIFT 键的同时按下 MV 操作键可以加快 MV 值增加/减小速度。在确认手动操作引起的反馈非常平稳时，使用 SV 数值或者其附近的一个邻近点对 PV 值进行平衡调整。

2. 将手动操作切换到自动运行

在第 1 条状态 3 的情况下按下[A]模式键，将运行模式切换到自动控制(A)。此操作会使[A]模式键内的 LED 指示灯点亮，表明自动操作已启动。以无扰方式切换到自动运行，无需在切换时进行平衡操作。

无扰切换是指，在从手动控制时的输出值开始启动自动控制时，该特征可防止输出值发生快速变化。

3. 报警的检查

如果前面板上的 ALM 报警灯点亮，则表明出现了某种形式的信号异常。在这种情况下，检查报警画面上的每一个报警项目，以查明发生异常的原因并采取适当的措施。

如果故障灯点亮，则表明仪表内发生了异常。

▸ 关于已发生的报警原因以及所采取的应对措施，请参阅 YS1700 中文简易操作手册内的“故障排除”部分。

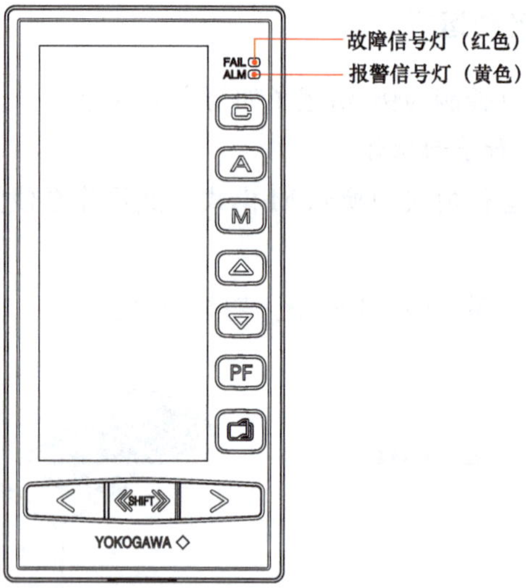

图 1-25　故障灯

1.5.2　PID 参数整定指南以及自动调节

如果将指示控制器用于一个未知测量过程上，则必须通过手动调节的方式仔细检查控制器的操作使用环境，因为这些环境在进入自动调节状态时在确定比例范围(PBn)、积分时间(Tn)以及微分时间(TDn)上非常有用。

例如,如果当控制器的操作输出值(MV)只发生了轻微的改变,而测量值(PV)改变的幅度却很大时,作为安全保护手段,比例范围(PBn)应当加大。如果经常出现与此相反的情况,则比例范围(PBn)应当减小。

另外,对那些改变控制器输出所需时间较短的测量过程来说,积分时间以及微分时间也必须较短。而对那些恢复时间较长的测量过程,积分时间以及微分时间也必须相应地延长。

1) "比例+积分"控制器

a) 将运行模式设定到手动控制(M 模式)并用手动操作将测量值调整到与设定值相一致。将积分时间设定为 9 999 秒,将比例范围设定为一个足够大的值,并将微分时间设定为 0 秒。

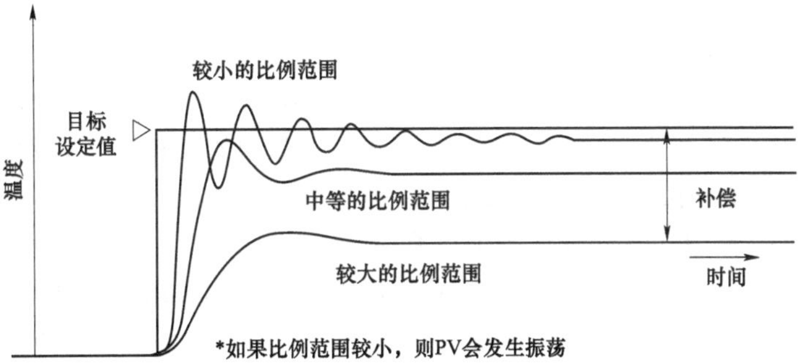

图 1-26 不同比例范围 PV 的振荡

b) 将运行模式切换到自动控制(A 模式)。

c) 进行以下操作将比例范围设定到最佳值:

● 将比例范围从一个足够大的值降低到较小的值(比如,从 100%降到 50%再到 20%)。在这种情况下,需要有充分的时间来观察每一个阶段的控制状况。继续执行这一操作直到控制回路的持续振荡(周期性变化)开始出现。然后测量这一点上的比例范围值(PBu)以及周期间隔(Pu)。

● 因为比例范围已被设定为小于测量的最大数值,所以会出现周期性变化这一现象。这一现象可以通过测量值读数以设定点为中心有规律地发生振荡等现象识别出来。最大的比例范围值(2.2 PBu)大约是发生振荡的比例范围值的 2.2 倍。

● 然后,测量周期性变化的时间。要达到的积分时间值应是振荡周期的 0.83 倍(0.83 Pu)。一般情况下,即使积分时间与这一数值相差很大,只会使达到设定值所需的时间变得更短,而不会明显地改变运行状况。但是,如果该数值低于由测量过程的滞后特性所决定的某一特定的临界值,则肯定会发生周期性变化。这是由于积分时间已被过度降低的缘故。在这种情况下,逐步地增大积分时间,直到周期性变化停止。

2) "比例+积分+微分"控制器

a) 将运行模式设定到手动控制(M 模式)并用手动操作将测量值调整到与设定值相一

致。将积分时间设定为 9 999 秒,将比例范围设定为一个足够大的值,并将微分时间设定为 0 秒。

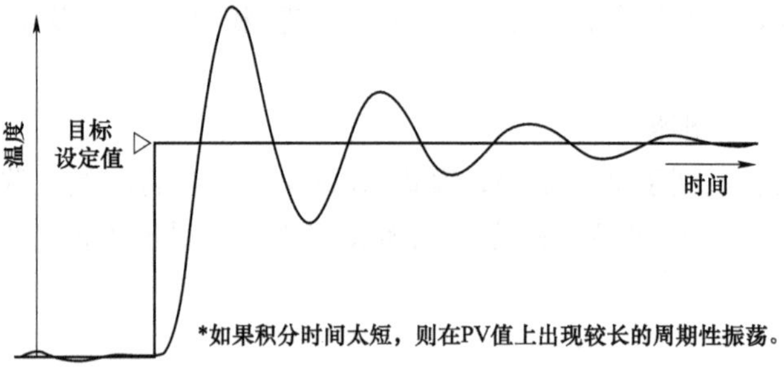

图 1-27 积分时间短时 PV 的振荡

b) 将运行模式切换到自动控制(A 模式)

c) 按第(1)条"比例+积分"控制器情况下所述的方法更改比例范围的数值,以找到刚刚开始发生周期性变化的数值点。测量这一点上的比例范围值(PBu)以及周期间隔(Pu)。

d) 最佳的设定值是按以下方法确定的:比例范围=1.7 PBu

e) 积分时间:0.5 Pu 微分时间:0.125 Pu

上文所述的方法就是人们熟知的齐格勒·尼古拉斯限幅灵敏度方法。这种方法可获知振幅衰减大约为 25%的响应特征。除此之外,该方法还提出了各种调节方法方面的建议,包括如图 1-28 所示的阶跃响应方法。必要时请参考有关自动控制技术方面的书籍。

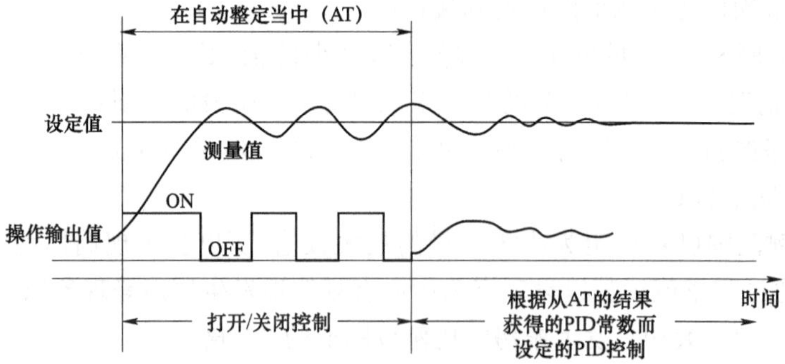

图 1-28 阶跃响应法

1.6 YS1700 端子图

YS1700 端子图见图 1-29。

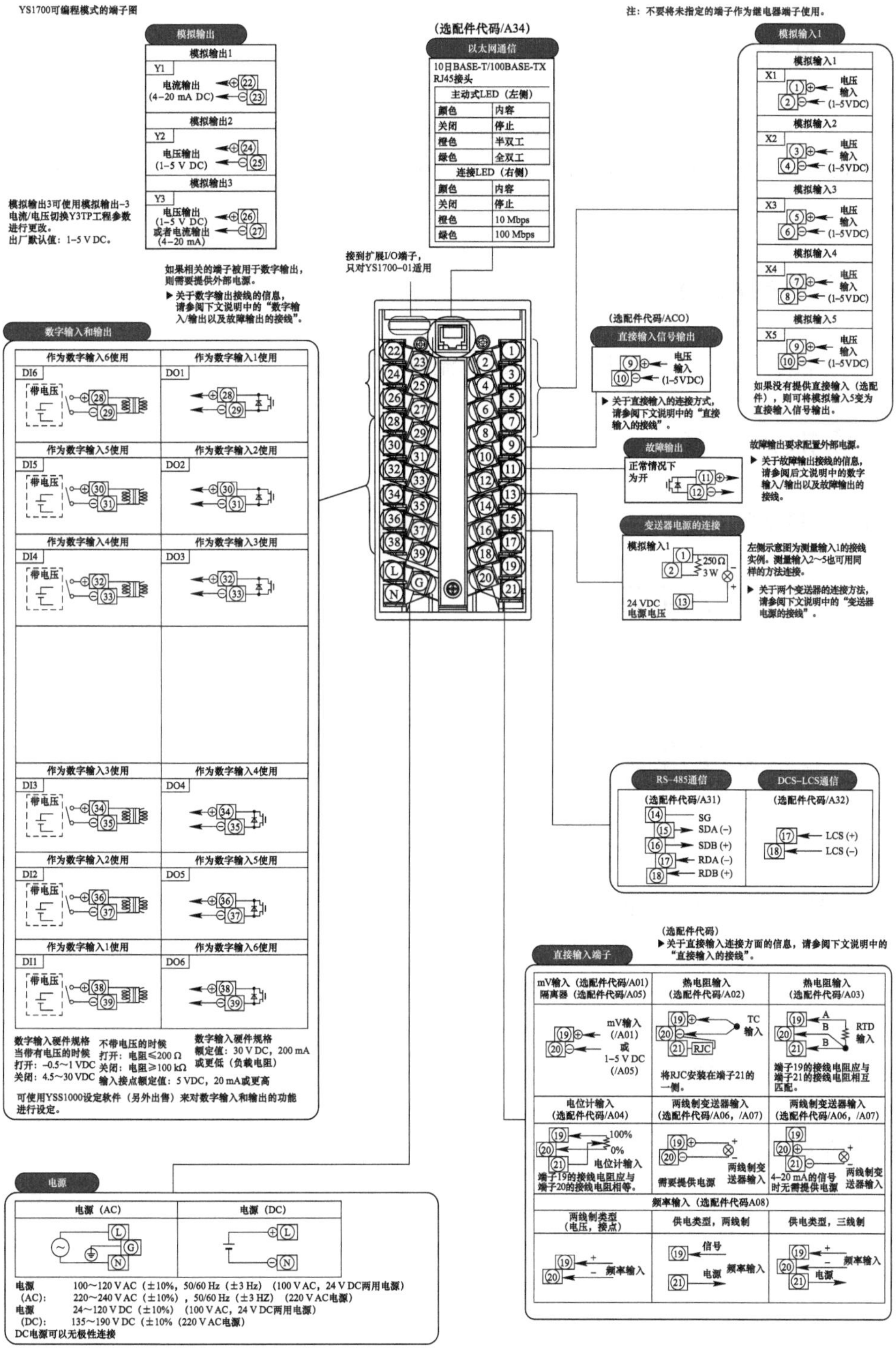

图 1-29 YS1700 端子图

1.7 文件准备

1) YS1700 中文简易操作手册(IM_01B08B01-01C-C_030)

2) YS1700 控制器的输入输出检查(YOKOGAWA):98-92210-TPMAPI-0021 版次:003

1.8 工器具准备

数字万用表、一字螺丝刀、十字螺丝刀、电流源、计算器。

1.9 模拟体准备

YS1700 控制器。

1.10 辐射防护准备

无。

1.11 工业安全准备

必要的防护用品:防砸鞋、安全帽等,主控室工作不能带安全帽。

1.12 配合人员准备

无。

1.13 场地准备

技能培训中心仪控培训室。

第二章　操作实施

2.1　工前会

工前会记录表见表 2-1。

表 2-1　工前会记录表

工作内容：			工单号：
电厂：	机组：	系统：	工作地点：
设备编码：		工作负责人/项目负责人：	

一、工作负责人/项目负责人会前需要确认的事项：

☐ 维修工作包完整齐全　☐ 工具和备品备件齐全　☐ 风险分析全面
☐ 安全措施正确完备并已落实到位　☐ 人员资质和授权满足要求　☐ 工作票证齐全
☐ 工作组成员精神状态良好　☐ 个人防护用品和安全用具齐全　☐ 隔离边界明确
☐ 水、电、气、汽源情况检查，确认工作期间对这些源的使用便利性和安全性

二、工作负责人/项目负责人向工作组成员交代以下事项：

☐ 工作目的、工作对象、工作范围、工作地点
☐ 工作组成员分工
☐ 工作风险分析及预防性措施
☐ 严格执行规程/工单。遇到无法执行、与设计不一致等非预期情况，暂停工作，立即汇报

三、工作负责人/项目负责人与工作组成员讨论并记录以下事项：

程序关键步骤、高风险步骤提示及预防性措施：

以往同类工作经验反馈：

其他事项：

声明：

本人已参加此次工前会，已清楚工前会的内容及要求，并保证在工作实施过程中严格遵守和执行。

工作组成员签名/日期：

其他人员签名/日期：

2.2 操作实施 1 将控制器置于检修(安全)状态

控制器置于检修(安全)状态的操作见表 2-2。

表 2-2 控制器置于检修（安全）状态的操作

序号	操作步骤	操作要求	工器具	测评标准	备注
1	将控制模式切换至“MANUAL(手动)”状态	1. 记录控制器的手/自动状态。 2. 按“M”键,将控制模式切换至“MANUAL(手动)”,“M” 键点亮,并将控制器的初始值记录在表格中。 3. 按“M”键,将控制模式切换至“MANUAL(手动)”,确认状态显示栏“M”点亮。	无	按操作要求完成	注意确认工作对象
2	调节控制器输出	按“＜”或“＞”键,调节控制器的输出值(百分数)至 0 或 100。	无	按操作要求完成	

2.3 操作实施 2 控制器输入检查(模拟输入 1:X1 为例)

控制器输入检查操作见表 2-3。

表 2-3 控制器输入检查操作

序号	操作步骤	操作要求	工器具	测评标准	备注
1	拆除 X1 输入回路接线	将拆除的接线记录好。 对拆除的接线用绝缘胶带包好。	螺丝刀	按操作要求完成	
2	调出“TUNING MENU”画面	同时按“《SHIFT》”和“”键,直到出现“TUNING MENU”界面。		按操作要求完成	
3	调出“I/O DATA”界面	按“PF”键,直到出现“I/O DATA”界面。		按操作要求完成	
4	使用回路校验仪进行通道校验	使用回路校验仪为通道(X1)输入电压信号(1-5 VDC)。	回路校验仪	按操作要求完成	
5	记录结果	从“I/O DATA”界面读取 X1 的数值,并将结果记录于表格中。		按操作要求完成	

2.4 操作实施 3 控制器输出检查(模拟输出 1:Y1 为例)

控制器输出检查操作见表 2-4。

表 2-4 控制器输出检查

序号	操作步骤	操作要求	工器具	测评标准	备注
1	选择手动模式	如果控制器未在手动模式，按“M”键，选择手动模式，“M”键点亮。		按操作要求完成	
2	拆除 Y1 的输出接线	将拆除的接线记录好。 对拆除的接线用绝缘胶带包好。	螺丝刀	按操作要求完成	
3	在 Y1 的输出回路上接入万用表。	将万用表置于(直流 mA 挡)后，接入 Y1 的输出回路。	万用表	按操作要求完成	
4	调节控制器输出百分比	按“＜”或“＞”键，调节控制器输出百分比。		按操作要求完成	
5	记录结果	将 Y1 输出端测得的电流值记录在表格中。		按操作要求完成	

第三章　故障检查和处理

3.1　报警信号灯或者故障信号灯点亮应采取的应对措施

当检测出发生异常时，YS1700 仪表前面板上方的指示灯（故障，报警）点亮。

● 故障信号灯（红色）：如果发生导致控制器无法运行的重大故障，故障信号灯点亮。

● 报警信号灯（黄色）：如果发生控制器仍然可以继续运行的轻度异常情况，报警信号灯点亮。

3.2　当报警信号灯点亮时应采取的措施

● 如果报警灯点亮，可以在报警画面上查看报警项目。

● 报警的类型包括 STC 报警、测量过程报警以及系统报警。

● 在电源切断之前已经发生的 STC 报警或者测量过程报警将会被保存在存储器当中，并在热启动时重新显示（即使正在发生报警，如果电源被关闭，而该仪表又是在不带有控制模块功能的情况下再次使用，报警灯在热启动时会再次点亮。此时，应立即将仪表设定到冷启动并打开电源。这样会清除掉报警显示）。

表 3-1　发生报警的原因一览表

类型	报警画面	说明	发生报警的原因以及诊断	应对措施以及其他
系统报警	X1,X2,X3, X4,X5,X6, X7,X8	输入超出设定范围	输入数值低于-6.3%或者大于+106.3%。	报警发生时，运行模式（C,A,M）不发生改变。 检查接线以及所连接的仪表。
	Y1,Y3	电流输出接线断开	第 1 输出（Y1）或第 3 输出（Y3）输出打开。	检查接线以及所连接的仪表。
	CALC	运算溢出	在使用 YS1700 可编程模式的用户程序进行运算的过程中，其结果无穷大或不能用数字显示时。	应根据限定值进行运算（正负最大值）。 修正用户程序然后再进行下载。
	OVER	超过控制周期	用户程序的控制运算超过了 YS1700 可编程模式的控制周期。	正常运行时：运算在第二次超过控制时期的时候停止。 在试运行的时候：运算停止。 修正用户程序然后再进行下载。
	PROG	用户程序错误	没有 END 指令 超出装置号码范围 RTN 指令错误	暂停使用用户程序。 修正用户程序后再进行下载。

续表

类型	报警画面	说明	发生报警的原因以及诊断	应对措施以及其他
系统报警	DATA	从 YSS1000 的写入不完全	从 YSS1000 写入的数据没有全部写入完整。	从 YSS1000 再次下载。
		RS-485 通信错误	帧位奇偶校验错误 缓冲寄存器上溢 字到字时间超时 错误检测(校验和,CRC,LRC)	检查通信的接线(接线以及通信状况)
	COMM	DCS-LCS 通信错误	帧位奇偶校验错误缓冲 寄存器上溢 磁头接受 数据错误帧位奇偶校验错误 错误检测 (BCC) 未检测出通信 通信超时 通信状态错误	检查通信的接线(接线以及通信状况)检查通信的终点。
		点对点通信错误	帧位奇偶校验错误缓冲 寄存器上溢 接受数据 错误 错误检测(校验和)	检查通信的接线。
	ETHER	以太网通信错误	以太网通信装置无任何响应。	发生故障(请联系横河经销商或销售代表)。
	PTOP	点对点通信错误	用户程序所使用的点对点通信寄存器尚未进行更新。	检查通信的接线。 检查通信的终点。
	CALR	调节检验错误		与横河电机的经销商或者销售代表联系。
过程报警	PH1,PH2	PV 的上限报警	测量过程异常。 PV1 或 PV2 处于或高出上限报警设定值。	将测量过程恢复到正常状态。
	PL1,PL2	PV 的下限报警	测量过程异常。 PV1 或 PV2 处于或低于下限报警设定值。	
	HH1,HH2	PV 的上上限报警	测量过程异常。 PV1 或 PV2 处于或高出上上限报警设定值。	
	LL1,LL2	PV 的下下限报警	测量过程异常。 PV1 或 PV2 处于或低于下下限报警设定值。	
	DL1,DL2	偏差报警	异常的测量过程偏差。 |PV1-SV1|或者|PV2-SV2|处于或者高出偏差报警设定值。	
	VL1,VL2	PV 变化率报警	测量过程中发生急剧变化。 PV1或PV2变化率处于或高出变化率报警变化设定值或者变化率报警设定时间设定值。	

续表

<table>
<tr><th>类型</th><th>报警画面</th><th>说明</th><th>发生报警的原因以及诊断</th><th colspan="2">应对措施以及其他</th></tr>
<tr><td rowspan="9">STC 报警</td><td>系统异常</td><td>系统异常</td><td>执行了禁止使用的联合控制参数。
控制功能未被有效激活。
电流输出打开。</td><td>STC 停止(不可能进行自动启动或停止)</td><td rowspan="5">继续运行 STC(不可能进行自动启动或停止)</td></tr>
<tr><td>PVOVR</td><td>PV 报警</td><td>PV 值低于-6.3%或高于 106.3%</td><td rowspan="4">STC 继续运行(不可能进行自动启动或停止)</td></tr>
<tr><td>MVLMT</td><td>MV 报警</td><td>MV 数值在输出限幅上。
在开始自动启动前 MV 应用的信号范围不正确。
MV 数值在开始自动启动后发生改变或受到限制。</td></tr>
<tr><td>OPERR</td><td>运行异常</td><td>在自动启动过程中出现运行错误。</td></tr>
<tr><td>IDERR</td><td>无法进行识别</td><td>在自动启动时 PV 所发生的变化太小。</td></tr>
<tr><td>PBLMT</td><td>PB 报警</td><td>比例范围已超出上/下限。</td><td rowspan="4">STC 继续运行(在执行自动启动的过程中不产生任何报警)</td><td rowspan="4">排除发生报警的原因。STC=OFF 运行自动启动。</td></tr>
<tr><td>TILMT</td><td>TI 报警</td><td>积分时间已超出上/下限。</td></tr>
<tr><td>TDLMT</td><td>TD 报警</td><td>微分时间已经超出上/下限。</td></tr>
<tr><td>RTALM</td><td>RT 报警</td><td>信号分布比率(RT)>2 或 RT<0.5</td></tr>
</table>

3.3 当故障信号灯点亮时应采取的应对措施

故障信号灯闪亮,会出现故障画面(如果主处理器(MCU)和显示处理器(DCU)都发生了故障,或门阵列发生了故障,则故障信号灯不会点亮)。

表 3-2 故障原因一览表

<table>
<tr><th>故障画面</th><th>说明</th><th colspan="2">处理(出现异常情况时应采取的措施)</th></tr>
<tr><td>无</td><td>主时钟停止或者主处理器以及画面处理器都发生了故障。</td><td rowspan="8">控制运算停止</td><td rowspan="8">• 故障接点打开。
• M 灯点亮。
• 输出保持(Y1~Y4,DO1~DO10)。
• 可使用 MV 操作键(〈,SHIFT,〉)对 Y1 输出进行操作。</td></tr>
<tr><td>SCLK</td><td>子时钟停止。</td></tr>
<tr><td>MCU</td><td>主处理器(MCU)发生故障。</td></tr>
<tr><td>DCU</td><td>画面处理器(DCU)发生故障。</td></tr>
<tr><td>A/D</td><td>A/D 转换器发生故障。</td></tr>
<tr><td>D/A</td><td>D/A 转换器发生故障。</td></tr>
<tr><td>RAM</td><td>MCU-RAM 发生故障。</td></tr>
<tr><td>ROM</td><td>MCU-ROM 发生故障。</td></tr>
</table>

续表

故障画面	说明	处理(出现异常情况时应采取的措施)	
FRAM	FRAM 发生故障。	控制运算停止	• 可使用 M 硬手动操作器对 Y1 输出进行操作。 • 通信(RS-485,DCS-LCS,或以太网)停止。
FLASH	闪存发生故障。		
OPT	通信/扩展 I/O 发生异常。		
SYS	系统数据发生异常。		
EMPFR	FRAM 数据未初始化,FRAM 数据丢失。		
EMPFL	闪存数据未初始化,闪存数据丢失。		

3.4 发生故障时的画面及操作

1. YS1000 配备有一个独立的控制运算电路(主处理器,MCU),一个画面运行电路(画面处理器,DCU),并且还配备有一个电流输出备用电路。

2. 如果控制运算电路发生故障,控制运算停止,而输出(Y1~Y4,以及 DO1~DO10)被更改到保持状态。通信的功能也随之停止。此时,FAIL 画面由画面运行电路显示。该电路测量并显示模拟输入数据(X1),并可使用输出操作键对当前的输出信号(Y1)进行操作。此时画面不能进行切换。

3. 如果画面运行电路发生故障,无法进行正常的显示和操作,运行停止,并且输出(Y1~Y4,以及 DO1~DO10)被更改到保持状态。通信功能也随之停止。此时,FAIL 画面由控制运算电路显示。这条电路测量并显示模拟输入数据(X1),可使用 MV 操作键对控制当前输出信号(Y1)。此时的画面不能进行切换。

4. 无论是否发生故障,仪表的前面板可打开以便使用硬手动操作轮对当前的输出信号(Y1)进行操作(带有硬手动选配件代码/NHM 未指定时)。而且,使用 YS110 备用手动操作装置还有助于在无需中断输出的情况下对控制器的内部元件进行更换。

5. 输出备用系统原理图

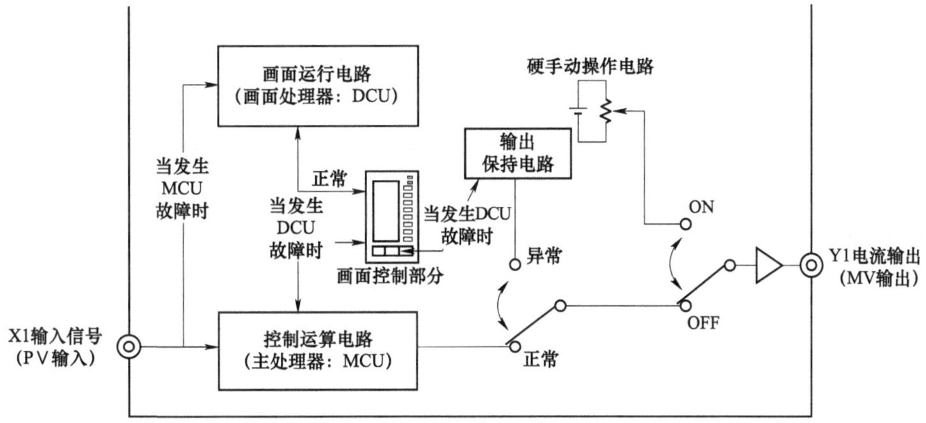

图 3-1 输出备用系统原理图

第四章　操作结束

4.1　总结回顾培训过程以及关键点

本次培训针对仪控维修新员工，较为详细的阐述了可编程指示控制器各个方面的使用方法和知识以及对仪控检修人员行为规范的要求，对于现场工作具有指导意义。

4.2　针对学员技能培训进行点评

学员对可编程指示控制器画面监视及操作过程进行阐述，并说明其中的关键点以及注意事项。教员对学员的陈述简要记录，根据阐述评判学员的掌握情况。教员指出学员阐述过程中的错误以及需要注意的事项，并且依据评判表，对学员的学习情况做出整体评判。

4.3　召开技能培训操作工作会

工后会是对整个工作过程的回顾以及必要的经验反馈。维修工后会记录表见表 4-1。

表 4-1　维修工后会记录表

<table>
<tr><td colspan="4">工作内容：</td><td>工单号：</td></tr>
<tr><td colspan="3">电厂：</td><td colspan="2">机组：　　工作负责人/项目负责人：</td></tr>
<tr><td colspan="3">计划完工时间：</td><td colspan="2">实际完工时间：</td></tr>
<tr><td colspan="2">序号</td><td>检查项目</td><td>检查结果</td><td>异常情况记录</td></tr>
<tr><td rowspan="5">一
工作回顾</td><td>1</td><td>工作许可证已归还</td><td>□ 是
□ 否</td><td></td></tr>
<tr><td>2</td><td>检修现场清理完成</td><td>□ 是
□ 否</td><td></td></tr>
<tr><td>3</td><td>设备标牌清晰无损伤</td><td>□ 是
□ 否</td><td></td></tr>
<tr><td>4</td><td>检修任务达到预期结果</td><td>□ 是
□ 否</td><td></td></tr>
<tr><td>5</td><td>试验设备和工器具已归还</td><td>□ 是
□ 否</td><td></td></tr>
</table>

续表

序号		检查项目	检查结果	异常情况记录
二 经验反馈	6	工期安排合理	□ 是 □ 否	
	7	工作人员配置充足	□ 是 □ 否	
	8	工作文件准备充分	□ 是 □ 否	
	9	工作人员的检修技能满足要求	□ 是 □ 否	
	10	规程、图纸需要升版	□ 是 □ 否	
	11	库存备件需要补充	□ 是 □ 否	
	12	更换下来的旧部件需要利旧翻新维修	□ 是 □ 否	
	13	检修过程中出现预期外的现象和报警	□ 是 □ 否	
	14	提出缺陷单、QDR、状态报告等	□ 是 □ 否	
	15	编写良好实践、经验反馈	□ 是 □ 否	
	16	工作中需要协调、改进建议等	□ 是 □ 否	
三 其他事项	17			

工作组成员签名/日期：

第五章　经验反馈

RCW 高位水箱溢出事件

2008 年 5 月 10 日，仪控工作人员执行预防性维修工作包 203796，工作内容是：定期标定 RCW 高位水箱液位控制器：2-67134-LC-4202。定期标定 RCW 高位水箱液位变送器 2-67134-LT-4202。在完成控制器标定后在手动模式下恢复接线，导致控制输出 100%开度信号，RCW 高位水箱高液位溢出。

在工单评估中的安全注意事项是：标定时关注 RCW 高位水箱的水位在正常位置。安措要求是：1）隔离液位控制阀 2-7134-LCV4202#1；2）隔离液位控制阀 2-7134-LCV4202#2。

在开工作票时，运行人员通过运行配合的形式实施安措：首先将水位加到 1.9 米，然后关闭了 2-7134-LCV4202#1 和#2 的隔离阀，工作人员上午进行了现场变送器的标定。

下午，工作人员继续进行主控室液位控制器的标定工作。在工作前，运行人员又把水位补到了 1.9 米，但是没有关闭隔离阀。工作人员与工作负责人还交流了在工作期间需要应急补水时如何执行，操纵员询问工作负责人标定期间阀门会不会动作，由于标定控制器的工作要求断开控制器的输入和输出回路，所以工作负责人回答标定时阀门不会动作。因此运行人员就没有关闭隔离阀，工作人员认为操纵员会和上午一样，补完水后关闭隔离阀。

原因分析：

直接原因是由于中午补完水后没有关闭隔离阀，再深层的原因是交流不清楚，一是工作人员对工作过程没有交待清楚，虽然在标定过程中阀门不动作，但在恢复接线阀门可能马上动作；二是操纵员对现场的状态没有交流清楚，没有把隔离阀未关闭的信息传达给工作人员。因此，双方理解出现了偏差：运行人员认为不需要隔离阀门。以便在需要时更快地补水；而维修人员不知道阀门下午没有隔离，认为会和上午一样隔离，所以仍按照原来的动作进行标定。

其次是工作负责人没有按照安措变更的要求与工作票签发人和工作评估人进行充分的确认和交流，而是直接进行了安措的变更。

第六章　习　题

6.1　填空题(每空 6 分,共 30 分)

1. YS1700 指示控制器具有彩色监视以及操作画面,________、各种常数以及集成控制功能都可以使用前面板上的按键自由切换。

答:输入和输出数值

2. YS1700 指示控制器正常有________输出。

答:三路

3. YS1700 指示控制器的故障安全功能具有两个 CPU,即使其中的一个 CPU 出现故障时,也可以提供________。

答:手动操作和显示

4. YS1700 指示控制器中________表示设定值。

答:SV

5. YS1700 具有 3 种画面组成:运行组画面、整定组画面、________。

答:工程组画面

6.2　选择题(单选题,每题 10 分,共 30 分)

1. YS1700 指示控制器在 ALARM 画面可执行的操作有。(C)

A. 运行模式的切换操作　　B. SV 的设定操作

C. MV 操作　　D. PF 键操作

2. YS1700 指示控制器有几个输入通道?(C)

A. 2　　B. 3　　C. 5　　D. 6

3. 以下关于 YS1700 指示控制器检查哪项描述是错误的?(B)

A. 检查前先记录原始状态

B. 检查时不需要确认动作现场执行器是否安全

C. 检查是如拆线要记录拆线的端子、线号等

D. 检查完成后将控制器恢复到原始状态

6.3　问答题(每题 20 分,共 40 分)

1. YS1700 指示控制器主要功能是什么?(20 分)

答:主要用于对模拟量,如压力、温度、液位等进行过程控制。能够执行单回路控制、级联控制、选择控制以及可编程控制功能。可执行诸如算术四则运算、逻辑运算、指数、对数、

温度补偿和压力补偿等多种运算功能,以及点对点通信。

2. 什么叫组态?(20 分)

答:组态是根据系统工艺要求,按照既定的思路,把控制器的各功能模块按一定的连接方式组合起来,以构成完整的控制程序的过程。

6.4 实操题

鉴定点:YS1700 可编程指示控制器的输入/输出检查

试题 1:YS1700 可编程指示控制器的输入/输出检查

1. 准备要求

考场准备:

(1) 试题名称:YS1700 可编程指示控制器的输入/输出检查

(2) 本题分值:100

(3) 考核时间:40 min

(4) 考核形式:实操

(5) 设备设施准备

序号	名称	规格	单位	数量	备注
1	可编程指示控制器	YS1700	台	1	
2	信号源、万用表等				

考生准备:

(1) 试题名称:YS1700 可编程指示控制器的输入/输出检查

(2) 本题分值:20

(3) 考核时间:40 min

(4) 考核形式:实操

(5) 工器具、材料等器具准备

(6) 维修文件准备

(7) 工业安全和辐射防护准备

2. 考核要求

(1) 本题分值:100

(2) 考核时间:40 min

(3) 考核形式:实操

(4) 具体考核要求:具体考核要求详见岗位培训评价表

(5) 否定项说明:操作中严重违反安全生产相关规定的操作步骤

3. 配分与评分标准：

序号	考核内容	考核要点	配分	评分标准	扣分	得分
1	实操前工作准备	1. 工器具、材料、备件准备 2. 文件准备 3. 工业安全及辐射防护准备 4. 场地布置准备	15 分	1. 未确认工器具、材料备件齐全，每点扣 2 分。 2. 未使用最新版已发布生效的规程，扣 5 分。 3. 未正确穿戴个人防护用品，每点扣 2 分。 4. 工器具、材料等未分类摆放整洁，每点扣 2 分。		
		工前会	15 分	1. 未根据《维修工作包文件清单》确定维修文件齐全，扣 3 分。 2. 未明确工作目的、工作对象、工作范围，扣 3 分。 3. 未对工作组成员进行工作分工，明确工作地点及作业范围，扣 3 分。 4. 未明确工作风险分析及预防性措施，扣 3 分。 5. 其他，扣 3 分。		
2	维修规程执行情况	按规程步骤操作	50 分	1. 严格按照规程步骤执行，有遗漏项或不按顺序执行酌情扣分。 2. 要求按序执行，完成一步记录一步，未按要求或后补记录扣 5 分。 3. 没有记录原始状态扣 5 分。 4. 拆线前没有记录扣 5 分。 5. 拆线没有用绝缘胶带保护扣 5 分。 6. 万用表连接错误扣 5 分。 7. 电流源连接错误扣 5 分。 8. 数据没有稳定开始读取扣 5 分。 9. 工作没有使用防人因失误工具进行现场接线和设备确认扣 5 分。 10. 设备检查完成后没有恢复扣 10 分。		
3	维修工器具的正确使用	维修工具、专用工具、量具等	10 分	1. 未正确使用工器具酌情扣分。 2. 不会使用工器具扣 10 分。		
4	操作时间	时间控制	10 分	每超过 3 分钟扣 1 分。		
合计			100 分			

否定项：操作中严重违反安全生产相关规定的操作步骤。

评分人：　年　月　日　　　　　核分人：　年　月　日

第三部分　空气减压阀检查

第一章　操作准备

1.1　空气减压阀简介

1. 空气减压阀的基本原理

空气减压阀是通过调节，将进口压力减至某一需要的出口压力，并依靠介质本身的能量，使出口压力自动保持稳定的阀门。从流体力学的观点看，空气减压阀是一个局部阻力可以变化的节流元件，即通过改变节流面积，使流速及流体的动能改变，造成不同的压力损失，从而达到减压的目的。然后依靠控制与调节系统的调节，使阀后压力的波动与弹簧力相平衡，使阀后压力在一定的误差范围内保持恒定。

2. 空气减压阀在电站的主要用途

1）用于保持系统、容器压力的精确稳定；如三厂（慢化剂覆盖气系统、ECC）；

2）提供给回路在一定流量下的稳定压力；如为气动阀的动力回路和气动控制回路提供稳定的压力。

图 1-1　空气减压阀（一）

图 1-2　空气减压阀(二)

图 1-3　空气减压阀(三)

1.2　空气减压阀的工作原理

图 1-4 所示为一种常用的直动式空气减压阀结构。压力为 p_1 的压缩空气，由左端输入经进气阀门节流后，压力降为 p_2 输出。p_2 的大小可由调压弹簧 2 进行调节。若顺时针旋转调节手柄，调压弹簧被压缩，推动膜片和阀杆下移，进气阀门打开，在输出口有气压输出。同时，输出气压经反馈导管作用在膜片上产生向上的推力。该推力与调压弹簧作用力相平衡时，阀便有稳定的压力输出。

若输出压力超过调定值，则膜片离开平衡位置而向上变形，使得溢流阀打开，多余的空气经溢流口排入大气。当输出压力降至调定值时，溢流阀关闭，膜片上的受力保持平衡状态。若逆时针放置手柄，调压弹簧放松，作用在膜片上的气压力大于弹簧力，溢流阀打开，输出压力降低直到为零。反馈导管的作用是提高空气减压阀的稳压精度。另外，能改善空气减压阀的动态性能，当负载突然改变或变化不定时，反馈导管起着阻尼作用，避免振荡现象发生。

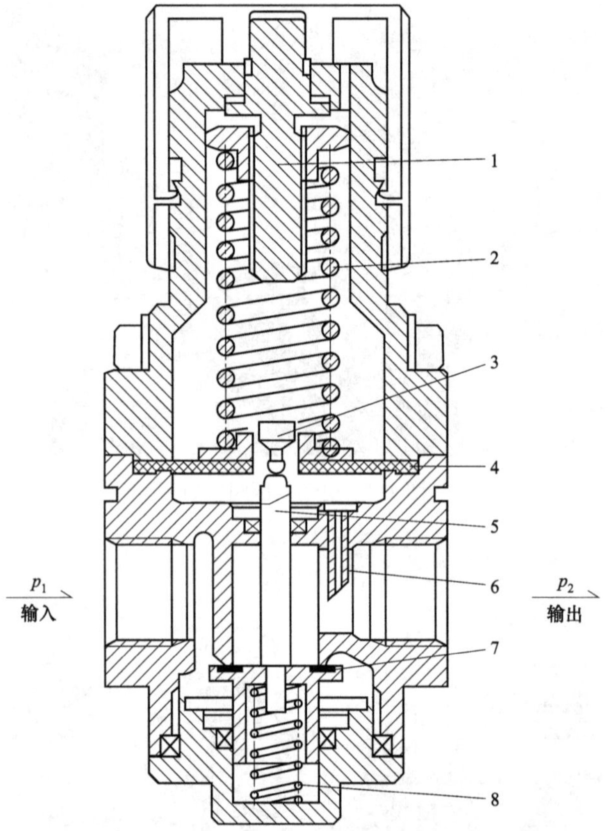

图 1-4 直动式空气减压阀结构

1—调节手柄;2—调压弹簧;3—溢流阀;4—膜片;5—阀杆;6—反馈导管;7—进气阀门;8—复位弹簧

若输入压力瞬时升高,输出将随之升高,使膜片气室内压力升高,在膜片上产生的推力相应增大,此推力破坏了原来力的平衡,使膜片向上移动,有少部分气流经溢流孔、排气孔排出。在膜片上移的同时,因复位弹簧的作用,使阀芯也向上移动,关小进气阀口,节流作用加大,使输出压力下降,直至达到新的平衡为止,输出压力基本又回到原来值。

若输入压力瞬时下降,输出压力也下降、膜片下移,阀芯随之下移,进气阀口开大,节流作用减小,使输出压力也基本回到原来值。

1.3 空气减压阀的性能参数及分类

1) 调压范围:它是指空气减压阀输出压力 p_2 的可调范围,在此范围内要求达到规定的精度。调压范围主要与调压弹簧的刚度有关。

2) 压力特性:它是指流量 g 为定值时,因输入压力波动而引起输出压力波动的特性。输出压力波动越小,空气减压阀的特性越好。输出压力必须低于输入压力一定值才基本上不随输入压力变化而变化。

3) 流量特性:它是指输入压力一定时,输出压力随输出流量 g 的变化而变化的特性。当流量 g 发生变化时,输出压力的变化越小越好。一般输出压力越低,它随输出流量的变化波动就越小。

空气减压阀的构造类型很多,以往常见的有薄膜式、内弹簧活塞式等。

1.4　空气减压阀的使用及维修注意事项

1）为了操作、调整和维修的方便,空气减压阀一般应水平安装；

2）空气减压阀避免安装在振动较大的地方；

3）空气减压阀安装必须严格按照阀体上的箭头方向保持与流体流动方向一致；

4）空气减压阀拆卸前,应关闭气源隔离阀；缓慢泄压后,再进行拆卸；

5）空气减压阀拆卸后,所有裸露在外的管线、接头都应进行包裹,防止异物进入。

1.5　空气减压阀的现场检查(压力设定值调整)

1）关闭空气减压阀入口端的隔离阀,缓慢卸开空气减压阀出口端的连接管线(进行泄压),在空气减压阀出口端接入标准压力计；对裸露的连接管线进行包裹(防止异物进入)；

2）缓慢开启空气减压阀入口端的隔离阀至全开；

3）向上拔起调节手柄(或松开调节螺栓的锁紧螺母),解除锁定；

4）旋转调节手柄/调节螺栓(顺时针方向出口压力升高,逆时针方向出口压力降低),根据接入空气减压阀出口端的标准压力计显示的压力值,将减压阀出口压力调整到所需的设定值；

5）确认空气减压阀自带的压力表指示与空气减压阀出口端的标准压力计一致；

6）关闭空气减压阀入口端的隔离阀,缓慢卸开空气减压阀出口端接入的标准压力计(进行泄压),恢复紧固空气减压阀出口端的连接管线；

7）缓慢开启空气减压阀入口端的隔离阀至全开；根据空气减压阀自带的压力表指示,确认空气减压阀的设定值(若有偏差,进行微调)正确；

8）按下调节手柄(或锁紧调节螺栓的锁紧螺母),锁定空气减压阀的调节手柄(或调节螺栓),防止压力设定值漂移；

9）用检漏液检查确认空气减压阀及各连接处无泄漏。

1.6　模拟体准备

模拟体位于技能培训中心,模拟体处于可用状态。检查模拟体是否有损坏,核实可否正常动作,以确保教学过程的顺利实施。

1.7　辐射防护准备

模拟体位于技能培训中心,无辐射风险。

1.8 工业安全准备

按照工业安全规定执行,所有人员穿戴劳动保护用品。具体的工业安全准备需根据现场环境而确定,但基本的工业安全需要准备。所有人员必须佩戴安全帽、防砸鞋、工作服和手套等。检修场地使用警示带进行围栏,确保工作过程中无非工作人员进入。

1.9 配合人员准备

需仪控人员配合教员。

1.10 场地准备

清理场地,确保检修场地无其他异物;合理分配场地,确保工具、设备的合理分布,方便检修;在场地外围布置警示带。

第二章　操作实施

2.1　操作实施　空气减压阀的检查

工前会记录表(示例)见表 2-1。

表 2-1　工前会记录表

<table>
<tr><td colspan="4">工作内容：</td><td>工单号：</td></tr>
<tr><td colspan="2">电厂：</td><td>机组：</td><td>系统：</td><td>工作地点：</td></tr>
<tr><td colspan="3">设备编码：</td><td colspan="2">工作负责人/项目负责人：</td></tr>
<tr><td colspan="5">一、工作负责人/项目负责人会前需要确认的事项：</td></tr>
<tr><td></td><td colspan="4">☐ 维修工作包完整齐全　☐ 工具和备品备件齐全　☐ 风险分析全面
☐ 安全措施正确完备并已落实到位　☐ 隔离边界明确　☐ 工作票证齐全
☐ 工作组成员精神状态良好　☐ 个人防护用品和安全用具齐全
☐ 水、电、气、汽源情况检查，确认工作期间对这些源的使用便利性和安全性</td></tr>
<tr><td colspan="5">二、工作负责人/项目负责人向工作组成员交代以下事项：</td></tr>
<tr><td></td><td colspan="4">☐ 工作目的、工作对象、工作范围、工作地点
☐ 工作组成员分工
☐ 工作风险分析及预防性措施</td></tr>
<tr><td colspan="5">三、工作负责人/项目负责人与工作组成员讨论并记录以下事项：</td></tr>
<tr><td rowspan="3"></td><td colspan="4">程序关键步骤、高风险步骤提示及预防性措施：</td></tr>
<tr><td colspan="4">以往同类工作经验反馈：</td></tr>
<tr><td colspan="4">其他事项：</td></tr>
<tr><td colspan="5">声明：
本人已参加此次工前会，已清楚工前会的内容及要求，并保证在工作实施过程中严格遵守和执行。
工作组成员签名/日期：</td></tr>
</table>

说明：

1. 工作负责人/项目负责人负责组织并主持召开工前会并记录。
2. 开工前工前会记录表必须填写完成，未完成填写或现场无工前会记录表不准开工。
3. 工作组全体成员在了解工前会全部内容和要求，并同意工前会声明后签字。
4. 工前会记录表中确认项目涉及的就打"√"，没有涉及的打"×"。
5. 工前会中讨论记录事项空间不足可在背面记录，没有涉及的请填写"无"。

实际步骤见表 2-2。

表 2-2 空气减压阀的检查步骤

序号	操作步骤	操作要求	工器具	测评标准	备注
1	确认工作对象	两人确认工作对象		确认工作对象正确(自检/互检)。	
2	确认该空气减压阀对应的气站编号	两人确认该空气减压阀对应的气站编号		确认正确(自检/互检)。	
3	吹扫该压空管线及空气减压阀	1. 吹扫空气减压阀进口前段压空管线; 2. 打开空气减压阀底部排气阀,吹扫空气过滤器,确认无杂质。	呆扳手、白布	1. 拆卸压空管线前,应关闭气源隔离阀;缓慢泻压后,再进行拆卸; 2. 裸露在外的接头都应进行包裹; 3. 吹扫空气过滤器时,应用白布挡在排气阀口,确认无杂质。	
4	检查空气减压阀的设定值(120 KPa±6 KPa);	1. 用标准压力计,检查空气减压阀的设定值在误差允许的范围内; 2. 空气减压阀自带压力表指示正确。	呆扳手、标准压力计	1. 空气减压阀的设定值正确,锁紧镙母紧固; 2. 确认空气减压阀自带压力表指示正确。	
5	确认该空气减压阀及压空管线无泄漏;	用检漏液确认该空气减压阀及压空管线	检漏液、呆扳手	确认该空气减压阀及压空管线无泄漏。	
6	确认工作完成,清理工作现场。	工完料净		模拟实施。	

2.2 关键点

在进行空气减压阀的检查过程中,为了保证工作顺利进行,必须注意如下的关键点:

1) 空气减压阀拆卸前,应关闭气源隔离阀;缓慢泄压后,再进行拆卸;

2) 所有裸露在外的管线、接头都应进行包裹,防止异物进入;

3) 空气减压阀的设定值调整完成后,应紧固锁紧镙母。

第三章　故障检查和处理

常见故障现象、判断方法、原因分析和故障排除方法见表3-1。

表3-1　常见故障现象、判断方法、原因分析和故障排除方法

序号	故障现象	判断方法	故障原因分析	故障排除方法
1	出口压力很低	拧紧调压手轮，压力也升不起来	空气减压阀进/出接反	重新正确安装空气减压阀
2	二次压力上升缓慢	打开空气减压阀底部排气阀，有杂质排出；出口排气后压力上升缓慢	1. 空气过滤器不畅通 2. 锥阀与阀座接触不良	1. 清洗或更换空气过滤器 2. 清洗锥阀与阀座
3	压力升不高	用检漏液检查空气减压阀有外泄漏	密封件（膜片）破损、紧固螺钉松动	更换密封件、紧固螺钉，并保证力矩均力

第四章　操作结束

4.1　工后会

工后会是对整个工作的过程的回顾以及必要的经验反馈。工后会记录表见表 4-1。

表 4-1　维修工后会记录表（示例）

工作内容：				工单号：
电厂：		机组：	工作负责人/项目负责人：	
计划完工时间：			实际完工时间：	
序号		检查项目	检查结果	异常情况记录
工作回顾	1	工作许可证已归还	□ 是　□ 否	
	2	检修现场清理完成	□ 是　□ 否	
	3	设备标牌清晰无损伤	□ 是　□ 否	
	4	检修任务达到预期结果	□ 是　□ 否	
	5	试验设备和工器具已归还	□ 是　□ 否	
经验反馈	6	工期安排合理	□ 是　□ 否	
	7	工作人员配置充足	□ 是　□ 否	
	8	工作文件准备充分	□ 是　□ 否	
	9	工作人员的检修技能满足要求	□ 是　□ 否	
	10	规程、图纸需要升版	□ 是　□ 否	
	11	库存备件需要补充	□ 是　□ 否	
	12	更换下来的旧部件需要利旧翻新维修	□ 是　□ 否	
	13	检修过程中出现预期外的现象和报警	□ 是　□ 否	
	14	提出缺陷单、QDR、状态报告等	□ 有　□ 无	
	15	编写良好实践、经验反馈	□ 有　□ 无	
	16	工作中需要协调、改进建议等	□ 有　□ 无	
其他事项	17			
工作组成员签名/日期：				

说明：

1. 工作负责人/项目负责人负责组织工后总结并记录。
2. 工后总结记录表中每一项都必须打“√”确认，不要遗漏。
3. 如有异常，请详细填写异常情况说明，以及后续处理方案。
4. 其他事项根据讨论情况记录，经讨论没有涉及到的请填写“无”。
5. 工后总结结束后，全体工作人员签字确认。

4.2　评判

学员对空气减压阀的现场检查过程进行阐述,并说明其中的关键点以及注意事项。教员对学员的陈述简要记录,根据阐述评判学员的掌握情况。教员指出学员阐述过程中的错误以及需要注意的事项,并且依据评判表,对学员的学习情况作出整体评判。

第五章　经验反馈

CR201608774 人因失误陷阱:2CEX058VL(凝汽器 A 水幕保护喷水入口调节阀)压空供气管线的空气过滤减压阀被反装。

状态简述:2016 年 3 月 18 日,某电厂大修期间 2 号凝结水抽取系统,2CEX058VL 凝汽器 A 水幕保护喷水入口调节阀压空供气管线的空气过滤减压阀被反装。影响水幕保护喷水阀正常开启。

第六章　习　题

6.1　填空题(每题4分)

1. 为了操作、调整和维修的方便,空气减压阀一般应________安装。

答:水平

2. 空气减压阀避免安装在________较大的地方。

答:振动

3. 空气减压阀安装必须严格按照阀体上的箭头方向保持与流体流动方向________。

答:一致

4. 空气减压阀拆卸前,应关闭________;缓慢泻压后,再进行拆卸。

答:气源隔离阀

5. 所有裸露在外的接头都应进行________,防止异物进入。

答:包裹

6. 空气减压阀设定值的调整,只能从________调整。

答:低压向高压

7. 空气减压阀的设定值调整完成后,应________锁紧锣母。

答:紧固

6.2　简答题(每题4分)

1. 空气减压阀的基本原理。

空气减压阀是通过调节,将进口压力减至某一需要的出口压力,并依靠介质本身的能量,使出口压力自动保持稳定的阀门。从流体力学的观点看,空气减压阀是一个局部阻力可以变化的节流元件,即通过改变节流面积,使流速及流体的动能改变,造成不同的压力损失,从而达到减压的目的。然后依靠控制与调节系统的调节,使阀后压力的波动与弹簧力相平衡,使阀后压力在一定的误差范围内保持恒定。

2. 空气减压阀在电站的主要用途。

空气减压阀在电站的主要用途:

1) 用于保持系统、容器压力的精确稳定;如三厂(慢化剂覆盖气系统、ECC);

2) 提供给回路在一定流量下的稳定压力;如为气动阀的动力回路和气动控制回路提供稳定的压力。

3. 如何进行空气减压阀的现场检查(压力设定值调整)。

1) 关闭空气减压阀入口端的隔离阀,缓慢卸开空气减压阀出口端的连接管线(进行泄

压),在空气减压阀出口端接入标准压力计;对裸露的连接管线进行包裹(防止异物进入);

2) 缓慢开启空气减压阀入口端的隔离阀至全开;

3) 向上拔起调节手柄(或松开调节螺栓的锁紧螺母),解除锁定;

4) 旋转调节手柄/调节螺栓(顺时针方向出口压力升高,逆时针方向出口压力降低),根据接入空气减压阀出口端的标准压力计显示的压力值,将减压阀出口压力调整到所需的设定值;

5) 确认空气减压阀自带的压力表指示与空气减压阀出口端的标准压力计一致;

6) 关闭空气减压阀入口端的隔离阀,缓慢卸开空气减压阀出口端接入的标准压力计(进行泄压),恢复紧固空气减压阀出口端的连接管线;

7) 缓慢开启空气减压阀入口端的隔离阀至全开;根据空气减压阀自带的压力表指示,确认空气减压阀的设定值(若有偏差,进行微调)正确;

8) 按下调节手柄(或锁紧调节螺栓的锁紧螺母),锁定空气减压阀的调节手柄(或调节螺栓),防止压力设定值漂移;

9) 用检漏液检查确认空气减压阀及各连接处无泄漏。

6.3 操作题(60 分)

试题:空气减压阀的检查

鉴定点:空气减压阀的检查

1. 准备要求

考场准备:

(1) 试题名称:空气减压阀的检查

(2) 本题分值:60

(3) 考核时间:15 min

(4) 考核形式:实操

(5) 设备设施准备

序号	名称	规格	单位	数量	备注
1	空气减压阀		台	1	
2	仪用工具、检漏液		套	1	

考生准备:无。

2. 考核要求

考核要求:

(1) 本题分值:60

(2) 考核时间:15 min

(3) 考核形式:实操

(4) 具体考核要求:空气减压阀的检查步骤正确

(5) 否定项说明:无

3. 配分与评分标准

序号	考核内容	考核要点	配分	评分标准	扣分	得分
1	空气减压阀检查前的准备	根据《工前会议记录表》进行考核	10	1. 未明确工作目的、工作对象、工作范围,扣2分; 2. 未对工作组成员进行工作分工,明确工作地点及作业范围,扣2分; 3. 未明确工作风险分析及预防性措施,扣4分; 4. 其他,扣2分。		
2	现场确认工作对象	两人确认工作对象	4	1. 未确认工作对象,扣4分; 2. 未自检/互检,扣4分。		
3	确认该空气减压阀对应的气站编号	两人确认该空气减压阀对应的气站编号	4	1. 未确认工作对象,扣4分; 2. 未自检/互检,扣4分。		
4	吹扫该压空管线及空气减压阀	1. 吹扫空气减压阀进口前段压空管线; 2. 打开空气减压阀底部排气阀,吹扫空气过滤器,确认无杂质。	16	1. 拆卸压空管线前,未关闭气源,扣4分; 2. 未缓慢泻压后,再进行拆卸;扣4分; 3. 未对裸露在外的接头都应进行包裹;扣4分; 4. 吹扫空气过滤器时,未用白布挡在排气阀口,确认无杂质,扣4分; 5. 压空管线拆装操作不规范,每点,扣2分,共4分。		
5	检查空气减压阀的设定值	1. 用标准压力计,检查空气减压阀的设定值在误差允许的范围内 2. 空气减压阀自带压力表指示正确	16	1. 检查空气减压阀的压力调整未从低到高,扣4分; 2. 空气减压阀的设定值超差,扣4分; 3. 锁紧锞母紧固,扣2分; 4. 确认空气减压阀自带压力表指示正确,扣2分; 5. 拆装操作不规范,每点,扣2分,共4分。		
6	确认该空气减压阀及压空管线无泄漏	用检漏液确认该空气减压阀及压空管线	5	1. 每遗漏一泄漏点,扣2分; 2. 检漏液使用方法不正确,扣2分。		
7	确认工作完成,清理工作现场	工完料净	5	未工完料净,扣5分。		
否定项:无						
总分:						

评分人: 年 月 日　　　　核分人: 年 月 日

第四部分　西门子 S7-300PLC 介绍和应用

第一章　操作准备

1.1　原理描述

1.1.1　可编程控制器的产生及定义

1969 年美国数字设备公司(DEC)研制出世界第一台可编程控制器,并成功地应用在美国通用汽车公司(GM)的生产线上。但当时只能进行逻辑运算,故称为可编程逻辑控制器,简称 PLC(programmable logic controller)。

20 世纪 70 年代后期,随着微电子技术和计算机技术的迅猛发展,使 PLC 从开关量的逻辑控制扩展到数字控制及生产过程控制领域,真正成为一种电子计算机工业控制装置,故称为可编程控制器,简称 PC(programmable controller)。但由于 PC 容易与个人计算机(personal computer)相混淆,故人们仍习惯地用 PLC 作为可编程控制器的缩写。

1985 年国际电工委员会(IEC)对 PLC 的定义如下:可编程控制器是一种进行数字运算的电子系统,是专为在工业环境下的应用而设计的工业控制器,它采用了可以编程序的存储器,用来在其内部存储执行逻辑运算、顺序控制、定时、计数和算术运算等操作的指令,并通过数字或模拟式的输入和输出,控制各种类型机械的生产过程。

PLC 是由继电器逻辑控制系统发展而来,所以它在数学处理、顺序控制方面具有一定优势。继电器在控制系统中主要起两种作用:(1) 逻辑运算;(2) 弱电控制强电。

PLC 是集自动控制技术、计算机技术和通讯技术于一体的一种新型工业控制装置,已跃居工业自动化三大支柱(PLC、ROBOT、CAD/CAM)的首位。

1.1.2　可编程控制器的分类及特点

1. 从组成结构形式分为:1) 一体化整体式 PLC;2) 模块式结构化 PLC。

2. 按 I/O 点数及内存容量分为:1) 超小型 PLC;2) 小型 PLC;3) 中型 PLC;4) 大型 PLC;5) 超大型 PLC。

3. 按输出形式分：1) 继电器输出(为有触点输出方式，适用于低频大功率直流或交流负载)；2) 晶体管输出(为无触点输出方式，适用于高频小功率直流负载)；3) 晶闸管输出(为无触点输出方式，适用于高速大功率交流负载)。

4. 特点：1) 可靠性高、抗干扰能力强；2) 编程简单、使用方便；3) 设计、安装容易，维护工作量少；4) 功能完善、通用性好，可实现三电一体化(PLC 将电控(逻辑控制)、电仪(过程控制)和电结(运动控制)这三电集于一体)；5) 体积小、能耗低；6) 性能价格比高。

1.1.3 可编程控制器的应用

1) 开关量的逻辑控制

2) 位置控制

3) 过程控制

4) 数据处理

5) 通信联网

6) CIMS 的应用

1.1.4 PLC 控制系统的分类

1) 集中式控制系统

集中式控制系统是用一个 PLC 控制一台或多个被控设备。主要用于输入、输出点数较少，各被控设备所处的位置比较近，且相互间的动作有一定联系的场合。其特点是控制结构简单。

2) 远程式控制系统

远程式控制系统是指控制单元远离控制现场，PLC 通过通信电缆与被控设备进行信息传递。该系统一般用于被控设备十分分散，或工作环境比较恶劣的场合。其特点是需要采用远程通信模块，提高了系统的成本和复杂性。

3) 分布式控制系统

分布式控制系统即采用几台小型 PLC 分别独立控制某些被控设备，然后再用通信线将几台 PLC 连接起来，并用上位机进行管理。该系统多用于有多台被控设备的大型控制系统，其各被控设备之间有数据信息传送的场合。其特点是系统灵活性强、控制范围大，但需要增加用于通信的硬件和软件，系统的复杂性也更大。

1.1.5 西门子 S7-300PLC 的组成与基本结构及工作过程

PLC 主要由中央处理单元、输入接口、输出接口、通信接口等部分组成，其中 CPU 是 PLC 的核心，I/O 部件是连接现场设备与 CPU 之间的接口电路，通信接口用于与编程器和上位机连接。对于整体式 PLC，所有部件都装在同一机壳内；对于模块式 PLC，各功能部件独立封装，称为模块或模板，各模块通过总线连接，安装在机架或导轨上。不同厂商生产的不同系列产品在每个机架上可插放的模块数是不同的，一般为 3～10 块。可扩展的机架数也不同，一般为 2～8 个机架。基本机架与扩展机架之间的距离不宜太长，一般不超过 10 m。

1) 中央处理单元 CPU：CPU 通过输入装置读入外设的状态，由用户程序去处理，并根据处理结果通过输出装置去控制外设。一般的中型可编程控制器多为双微处理器系统，一个是字处理器，它是主处理器，由它处理字节操作指令，控制系统总线，内部计数器，内部定时器，监视扫描时间，统一管理编程接口，同时协调位处理器及输入输出。另一个为位处理器，也称布尔处理器，它是从处理器，它的主要作用是处理位操作指令和在机器操作系统的管理下实现PLC编程语言向机器语言转换。CPU处理速度是指PLC执行1000条基本指令所花费的时间。

2）存储器：存储器主要存放系统程序，用户程序及工作数据。PLC 所用的存储器基本上由 PROM，ERPOM，EERPOM 及 RAM 等组成。

3）输入/输出部件：输入/输出部件又称 I/O 模块。PLC 通过 I/O 接口可以检测被控对象或被控生产过程的各种参数，以这些现场数据作为 PLC 被控对象进行控制的信息依据。同时 PLC 又通过 I/O 接口将处理结果送给被控设备或工业生产过程，以实现控制。

4）编程装置和编程软件：PLC 是以顺序执行存储器中的程序来完成其控制功能的。

5）PLC 工作过程：① 公共操作（公共操作是在每次扫描程序前进行的自检）；② 数据 I/O 操作（数据 I/O 操作也称为 I/O 状态刷新。它包括两种操作：a. 采样输入信号，即刷新输入状态表的内容，b. 送出处理结果，即用输出状态表的内容刷新输出电路）；③ 执行用户程序操作；④ 处理外设请求操作（外设的请求命令包括操作人员的介入和硬件设备的中断）。

1.1.6 STEP 7 编程语言

STEP 7 是 S7-300/400 系列 PLC 应用设计软件包，所支持的 PLC 编程语言非常丰富。该软件的标准版支持 STL（语句表）、LAD（梯形图）及 FBD（功能块图）3 种基本编程语言，并且在 STEP 7 中可以相互转换。专业版附加对 GRAPH（顺序功能图）、SCL（结构化控制语言）、HiGraph（图形编程语言）、CFC（连续功能图）等编程语言的支持。不同的编程语言可供不同知识背景的人员采用。

STL（语句表）是一种类似于计算机汇编语言的一种文本编程语言，由多条语句组成一个程序段。语句表可供习惯汇编语言的用户使用，在运行时间和要求的存储空间方面最优。在设计通信、数学运算等高级应用程序时建议使用语句表。

```
Network 1 : 电动机起停控制程序段

A(
O     "SB1"     I0.0     —启动按钮
O     "KM"      Q4.1     —接触器驱动
)
AN    "SB2"     I0.1     —停止按钮
=     "KM"      Q4.1     —接触器驱动
```

图 1-1 STL 语句表

LAD（梯形图）是一种图形语言，比较形象直观，容易掌握，用得最多，堪称用户第一编程语言。梯形图与继电器控制电路图的表达方式极为相似，适合于熟悉继电器控制电路的用户使用，特别适用于数字量逻辑控制。

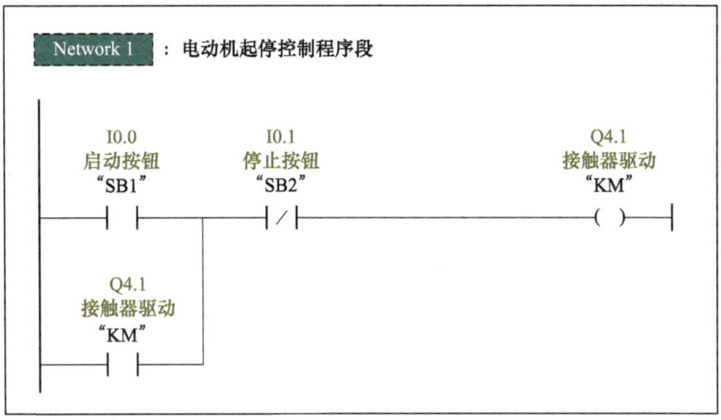

图 1-2　LAD 梯形图

FBD(功能块图)使用类似于布尔代数的图形逻辑符号来表示控制逻辑，一些复杂的功能用指令框表示。FBD 比较适合于有数字电路基础的编程人员使用。

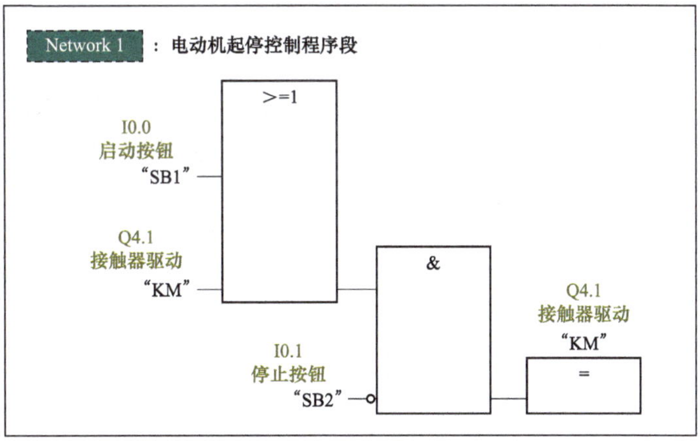

图 1-3　FBD 功能块图

GRAPH 类似于解决问题的流程图，适用于顺序控制的编程。利用 S7-GRAPH 编程语言，可以清楚快速地组织和编写 S7 PLC 系统的顺序控制程序。它根据功能将控制任务分解为若干步，其顺序用图形方式显示出来并且可形成图形和文本方式的文件。

S7-Higraph 允许用状态图描述生产过程，将自动控制下的机器或系统分成若干个功能单元，并为每个单元生成状态图，然后利用信息通讯将功能单元组合在一起形成完整的系统。

SCL(结构化控制语言)

S7-SCL(Structured Control Language：结构控制语言)是一种类似于 PASCAL 的高级文本编辑语言，用于 S7-300/400 和 C7 的编程，可以简化数学计算、数据管理和组织工作。S7-SCL 具有 PLC 公开的基本标准认证，符合 IEC 1131-3(结构化文本)标准。

1.1.7　S7-300 指令基础

指令是程序的最小独立单位，用户程序是由若干条顺序排列的指令构成。指令一般由操作码和操作数组成，其中的操作码代表指令所要完成的具体操作(功能)，操作数则是该指令操作或运算的对象。

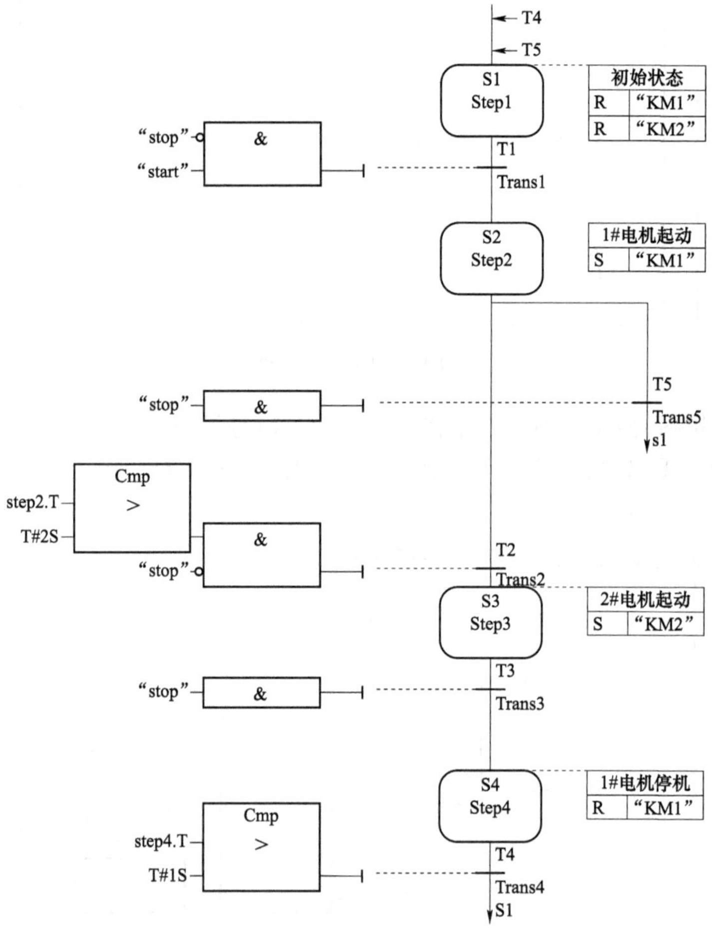

图 1-4 S7-GRAPH 编程语言

1) 位逻辑指令介绍

位逻辑指令处理的对象为二进制位信号。位逻辑指令扫描信号状态"1"和"0"位,并根据布尔逻辑对它们进行组合,所产生的结果("1"或"0")称为逻辑运算结果,存储在状态字的"RLO"中。

在 LAD(梯形图)程序中,通常使用类似继电器控制电路中的触点符号及线圈符号来表示PLC的位元件,被扫描的操作数(用绝对地址或符号地址表示)则标注在触点符号的上方,如图 1-5 所示。

图 1-5 LAD 程序

常开触点:对于常开触点(动合触点),则对"1"扫描相应操作数。在PLC中规定:若操作数是"1"则常开触点"动作",即认为是"闭合"的;若操作数是"0",则常开触点"复位",即触点仍处于打开的状态。常开触点所使用的操作数是:I、Q、M、L、D、T、C。

常闭触点:常闭触点(动断触点)则对“0”扫描相应操作数。在 PLC 中规定:若操作数是“1”则常闭触点“动作”,即触点“断开”;若操作数是“0”,则常闭触点“复位”,即触点仍保持闭合。常闭触点所使用的操作数是:I、Q、M、L、D、T、C。

输出线圈(赋值指令):输出线圈与继电器控制电路中的线圈一样,如果有电流(信号流)流过线圈(RLO=“1”),则被驱动的操作数置“1”;如果没有电流流过线圈(RLO=“0”),则被驱动的操作数复位(置“0”)。输出线圈只能出现在梯形图逻辑串的最右边。输出线圈等同于 STL 程序中的赋值指令(用等于号“=”表示),所使用的操作数可以是:Q、M、L、D。

中间输出:在梯形图设计时,如果一个逻辑串很长不便于编辑时,可以将逻辑串分成几个段,前一段的逻辑运算结果(RLO)可作为中间输出,存储在位存储器(I、Q、M、L 或 D)中,该存储位可以当作一个触点出现在其他逻辑串中。中间输出只能放在梯形图逻辑串的中间,而不能出现在最左端或最右端。

2) 基本逻辑指令

逻辑“与”指令:逻辑“与” 指令使用的操作数可以是:I、Q、M、L、D、T、C。有 2 种指令形式(STL 和 FBD),用 LAD 也可以实现逻辑“与”运算。

指令形式	STL	FBD	等效梯形图
指令格式	A　位地址 1 AN　位地址 2	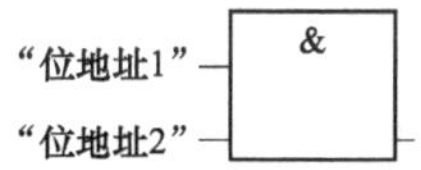	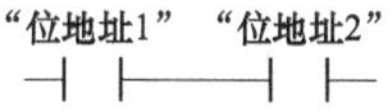
示例	A　I0.0 A　I0.1 =　Q4.0 =　Q4.1	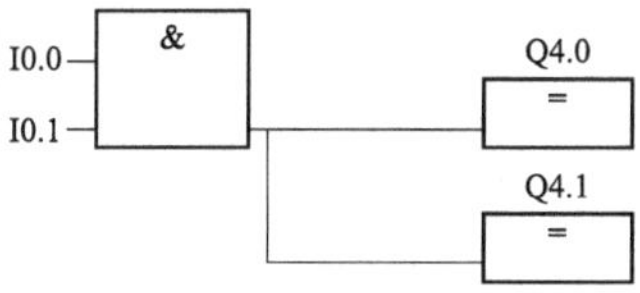	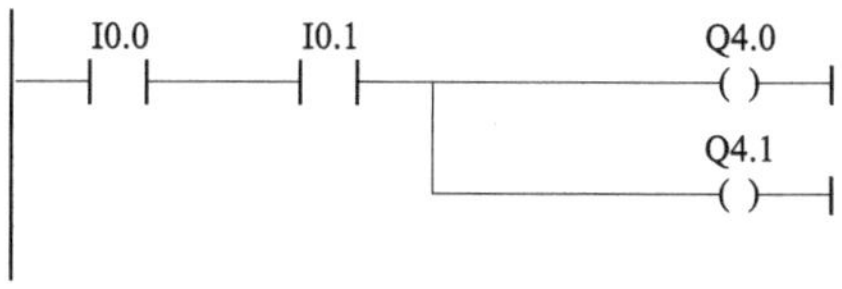

逻辑“与非”指令:逻辑 “与非”指令使用的操作数可以是:I、Q、M、L、D、T、C。有 2 种指令形式(STL 和 FBD),用 LAD 也可以实现逻辑 “与非”运算。

指令形式	STL	FBD	等效梯形图
指令格式	A　位地址 1 AN　位地址 2	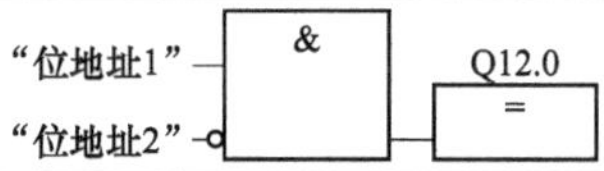	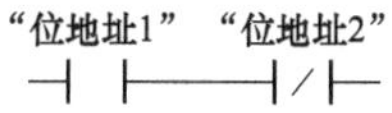
	AN　位地址 1 AN　位地址 2	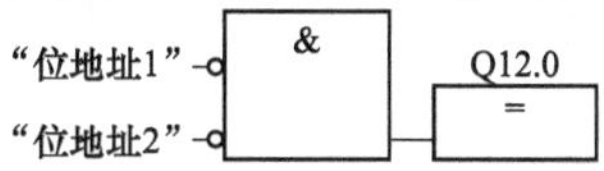	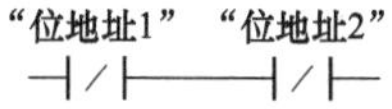
示例	A　I0.2 AN　M8.3 =　Q4.1	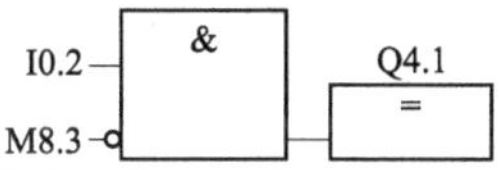	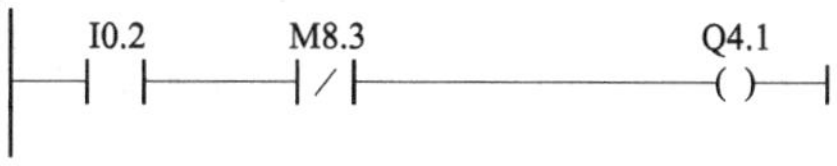

逻辑“或”指令:逻辑 “或”指令使用的操作数可以是:I、Q、M、L、D、T、C。有 2 种指令形式(STL 和 FBD),用 LAD 也可以实现逻辑“或”运算。

指令形式	STL	FBD	等效梯形图
指令格式	O 位地址 1 O 位地址 2	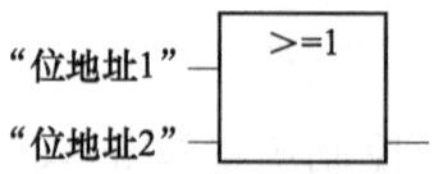	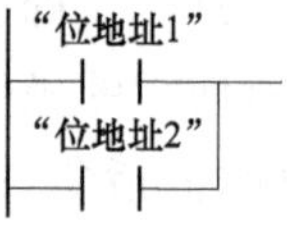
示例	O I0.2 O I0.3 = Q4.2	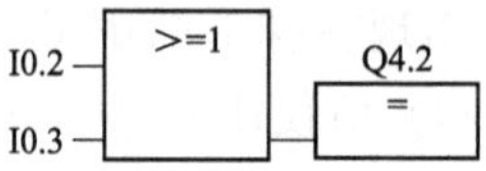	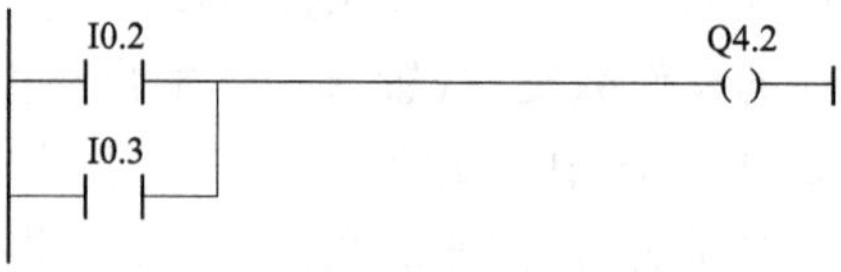

逻辑"或非"指令:逻辑"或非"指令使用的操作数可以是:I、Q、M、L、D、T、C。有 2 种指令形式(STL 和 FBD),用 LAD 也可以实现逻辑"或非"运算

指令形式	STL	FBD	等效梯形图
指令格式	O 位地址 1 O 位地址 2	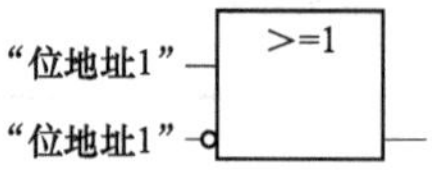	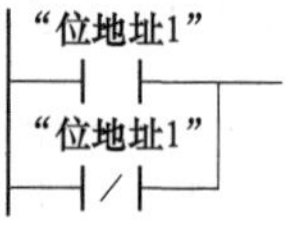
	ON 位地址 1 ON 位地址 2	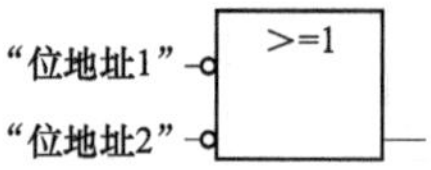	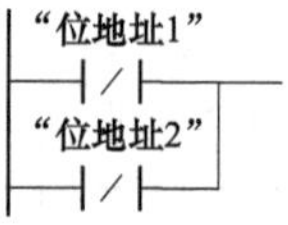
示例	O I0.2 ON M10.1 = Q4.2	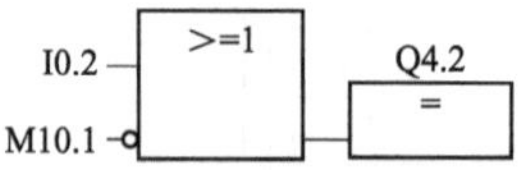	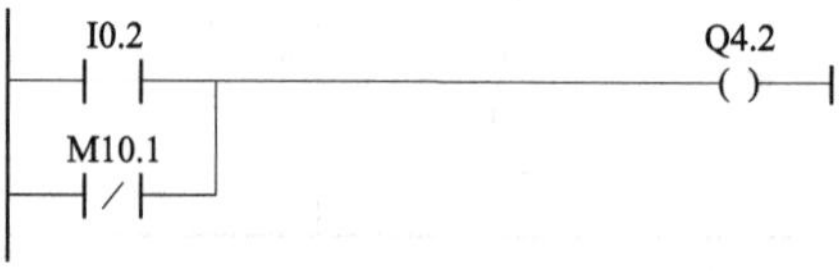

逻辑"异或"指令

指令形式	STL	FBD	等效梯形图
指令格式	X 位地址 1 XN 位地址 2	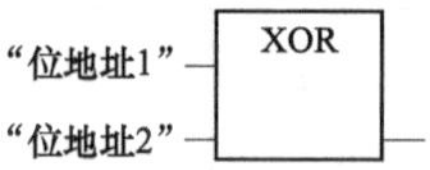	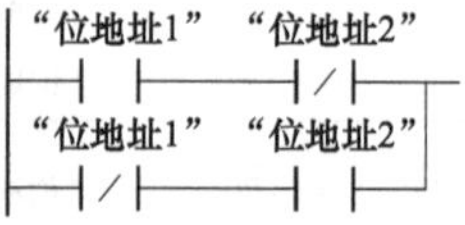
	XN 位地址 1 X 位地址 2	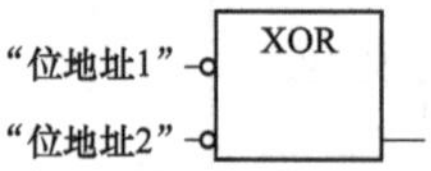	
示例	X I0.4 X I0.5 = Q4.3	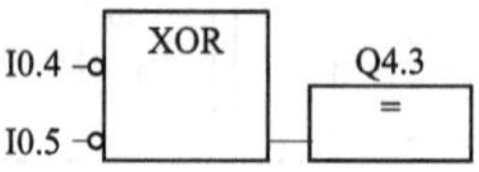	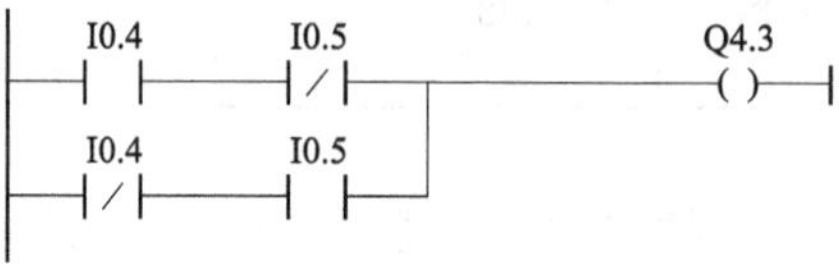
	XN I0.4 XN I0.5 = Q4.3	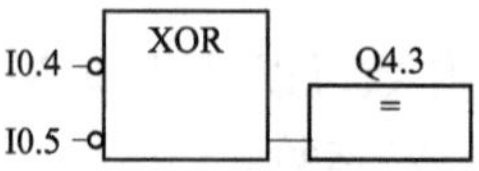	

逻辑“异或非”指令

指令形式	STL	FBD	等效梯形图
指令格式	X　位地址 1 XN　位地址 2	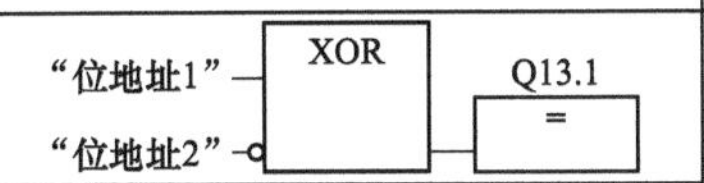	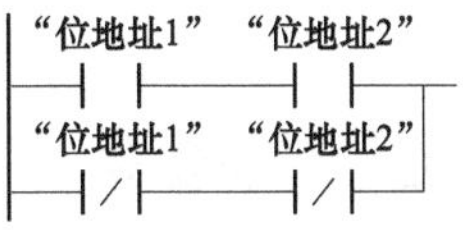
	XN　位地址 1 X　位地址 2	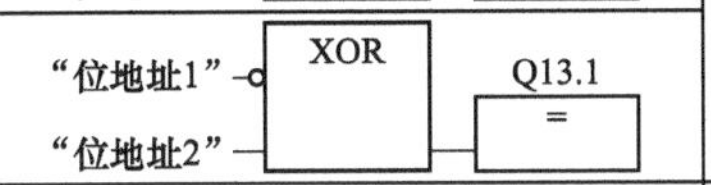	
示例	X　I0.4 XN　I0.5 =　Q4.3	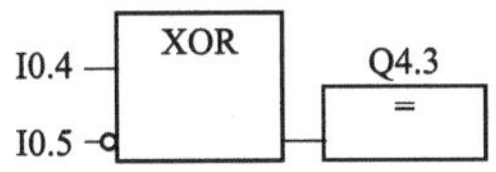	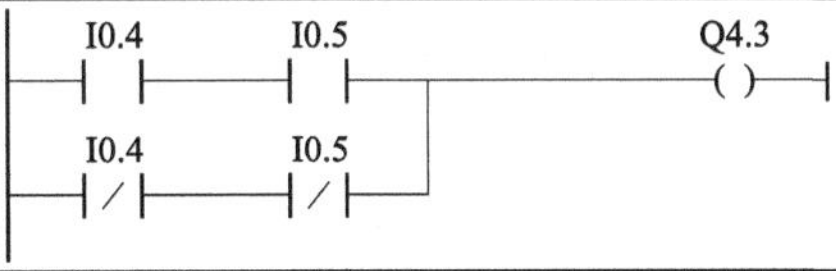

逻辑块的操作

实现方式	LAD	FBD	STL
先“与”后“或”操作示例	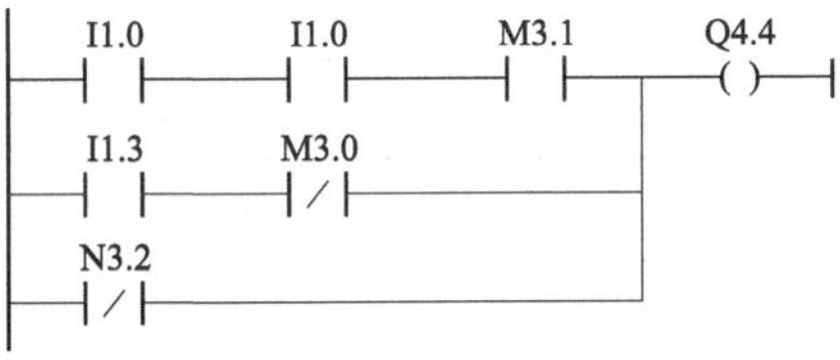	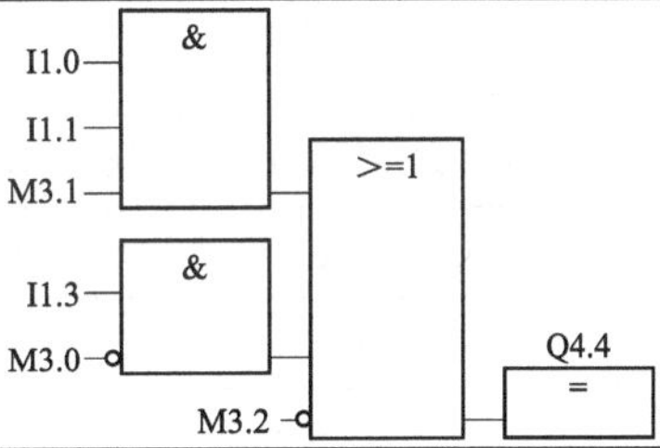	A　I1.0 A　I1.1 A　M3.1 O A　I1.3 AN　M3.0 O　M3.2 =　Q4.4
先“或”后“与”操作示例	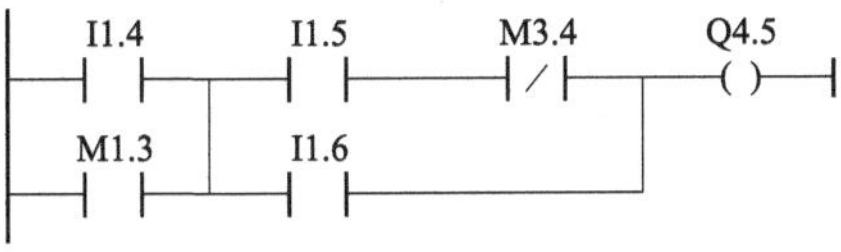	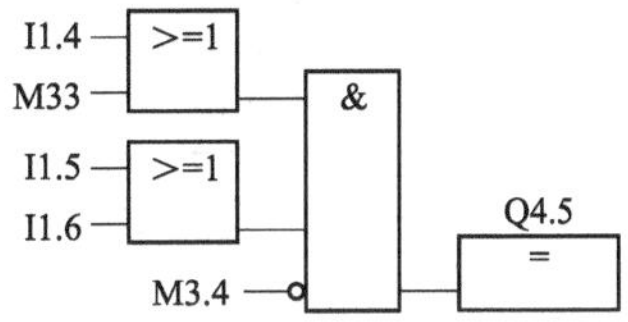	A(~~~~ O　I1.4 O　M3.3) A(~~~~ O　I1.5 O　I1.6) AN　M3.4 =　Q4.5

信号流取反指令：信号流取反指令的作用就是对逻辑串的 RLO 值进行取反。指令格式及示例见下表。当输入位 IO.0 和 IO.1 同时动作时，Q4.0 信号状态为“0”；否则，Q4.0 信号状态为“1”。

指令形式	LAD	FBD	STL
指令格式	—|NOT|—	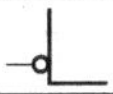	NOT
示例		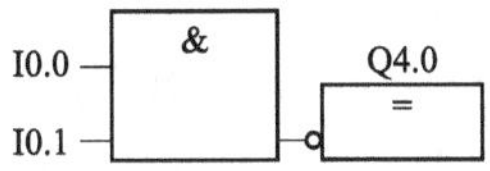	A　I0.0 A　I0.1 NOT =　Q4.0

1.2 文件准备

无。

1.3 工器具准备

工器具准备见表 1-1。

表 1-1 工器具准备

数量	物品	规格型号
2	万用表	FLUCK 744
1	导轨	6ES7390-1AE80-0AA0
1	电源	6ES7307-1AE80-0AA0
1	中央处理单元	6ES7312-1AE80-0AA0
1	带总线连接的数字量输入模块(DI)	6ES7321-1BH02-0AA0
1	带总线连接的数字量输入模块(DO)	6ES7322-1BH01-0AA0
6	M6 螺钉、螺母	标准型
2	螺丝刀	标准型
2	套筒螺丝刀	标准型
1	压线钳	标准型
1	剥线钳	标准型

1.4 模拟体准备

西门子 S7-300PLC 实验模拟操作台。

1.5 辐射防护准备

培训模拟体无辐射风险。

1.6 工业安全准备

按照工业安全规定执行,所有人员穿戴劳动保护用品。具体的工业安全准备需根据现场环境而确定,但基本的工业安全需要准备。所有人员必须佩戴安全帽、防砸鞋、工作服和手套等。检修场地使用警示带进行围栏,确保工作过程中限制非工作人员进入。

1.7　配合人员准备

无。

1.8　场地准备

培训教室。

1.9　实例布局图

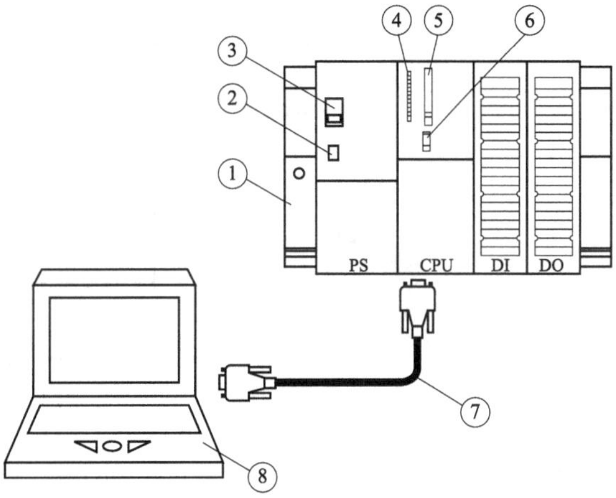

图 1-6　实例布局图(一)

1—导轨；2—电源开关；3—用于设置线路电压；4—LED 灯；5—MC/MMC；6—模式选择开关；7—用于连接 MPI 接口的 PG 电缆；8—安装有 STEP7 软件的编程设备

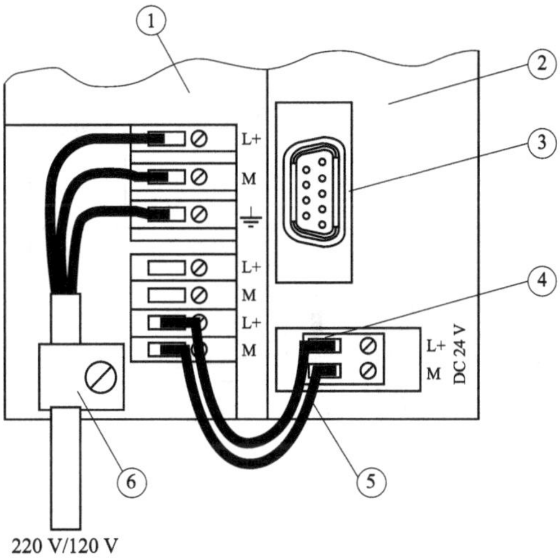

图 1-7　实例布局图(二)

1—电源 PS；2—CPU；3—用于连接 MPI 接口；4—可拆卸的电源连接；5—PS 和 CPU 之间的连接电缆；6—电缆夹

第二章　操作实施

2.1　操作实施 1　试验平台的搭建

试验平台的搭建见表 2-1。

表 2-1　试验平台的搭建

序号	操作步骤	操作要求	工器具	测评标准	备注
1	将导轨拧紧到适当位置	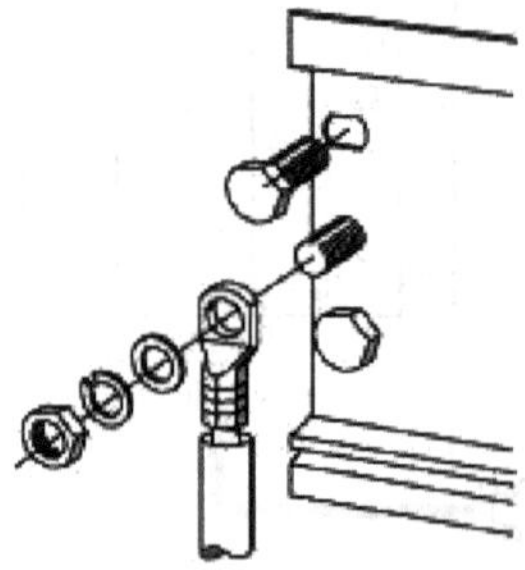	螺丝刀	确保导轨上下留出至少 40 mm 的间隙	若导轨固定在金属板或支架上，必须确保导轨与底板之间的电阻连接
2	将导轨连接到保护性导体上		螺丝刀	连接保护性导轨的电缆的最小横截面积为：10 mm^2	
3	安装电源，将其向左推，直到导轨的接地螺钉，然后拧紧就位	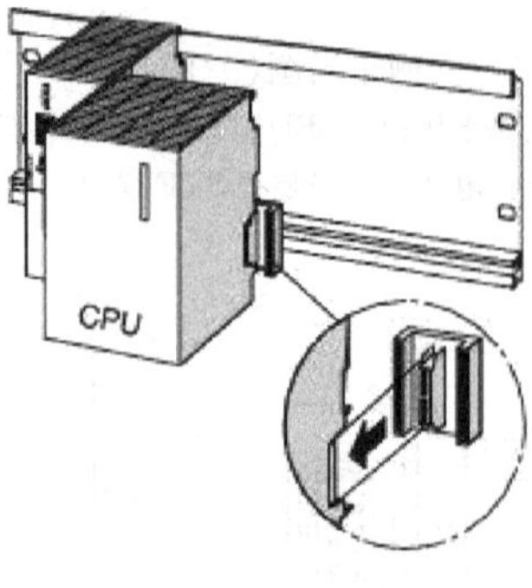	螺丝刀	电源安装到位；电源安装牢固	
4	将总线连接器插入 CPU，将其连接到其他模块		螺丝刀	工作小组成员之间做好他检，确认总线连接正确牢固	
5	安装 CPU(1)	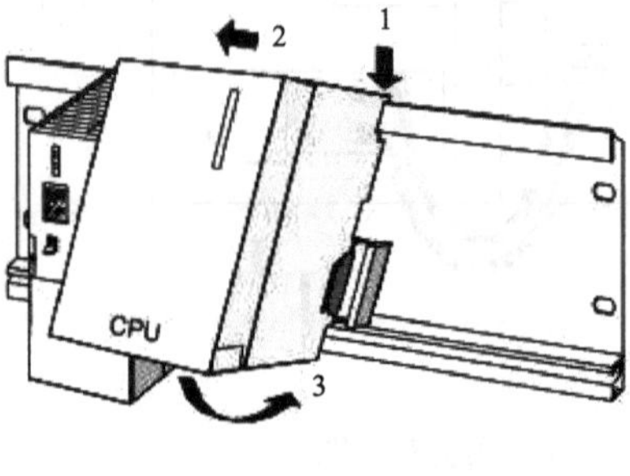		动作规范，力量均匀	
6	将 CPU 沿上侧推到贴近左侧模块(2)			动作规范，力量均匀	
7	翻转下压 CPU(3)			动作规范，力量均匀	

续表

序号	操作步骤	操作要求	工器具	测评标准	备注
8	将模块紧固在导轨上	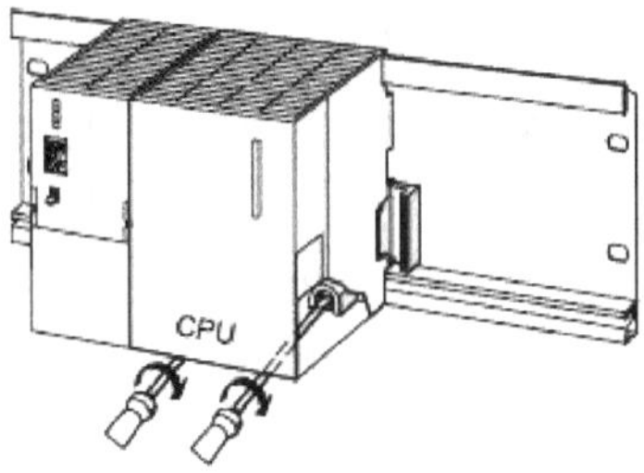		确认模块安装牢固	
9	如果当前使用需要有 MMC 的 CPU，则将该储存卡插入插槽			工作小组成员之间做好他检，存储卡安装到位	
10	重复 3~8 步，将数字量输入模块和数字量输出模块安装到 CPU 的右侧			无	

2.2　操作实施 2　接线操作

接线操作见表 2-2，开始接线前，必须将西门子 S7-300 完全断开电源。

表 2-2　接线操作

序号	操作步骤	操作要求	工器具	测评标准	备注
1	打开电源模块和 CPU 的前面板	使用自检等，确认正确面板。	螺丝刀	面板选择正确	
2	松开电源上的电缆夹	使用自检等，确认正确设备。		设备选择正确	
3	剥去软电缆的外皮，压接在线段套管上，然后连接到电源	蓝色线接端子 M，黑色线接端子 L1，保护导线接端子 PE。	剥线钳、压线钳、螺丝刀	接线正确、牢固	
4	连接电源与 CPU 之间的导线	检查：1. 导线横截面接为 1 mm^2。2. 电源上的 L1 或 L+和 M 端子连接到 CPU 的对应位置。	螺丝刀	接线正确、牢固	
5	打开数字量输入和输出模块前面板	面板选择正确。	螺丝刀	面板选择正确	
6	将前连接器推入 DI 和 DO，直至卡入到位	设备安装到位。	螺丝刀	设备安装到位	若前连接器将仍凸出在模块之外，说明在该接线位置还没连接到模块

续表

序号	操作步骤	操作要求	工器具	测评标准	备注
7	连接数字量输入模块的前连接器	端子 L+连接电源上的端子 L+,端子 M 连接电源上的端子 M。	螺丝刀	接线正确、牢固	
8		端子 3 连接开关 1 的第一个连接端。	螺丝刀	接线正确、牢固	
9		端子 4 连接开关 2 的第一个连接端。	螺丝刀	接线正确、牢固	
10	连接数字量输入模块的前连接器	端子 L+连接电源上的端子 L+。	螺丝刀	接线正确、牢固	
11		端子 M 连接电源上的端子 M。	螺丝刀	接线正确、牢固	
12	使导线向下穿出前连接器	同左。		严格执行操作步骤	

2.3 操作实施 3 硬件调试

硬件调试见表 2-3。

表 2-3 硬件调试

序号	操作步骤	操作要求	工器具	测评标准	备注
1	使用编程设备电缆将编程设备连接到 CPU	同左	螺丝刀	接线正确、牢固	若使用带有 PROFIBUS 连接器的电缆,必须打开链接器的终端电阻。合上 CPU 前盖,将模式选择器设置为 STOP
2	将电源电缆连接到电源并给电源模块通电	通电前应检查电源电压和电源设备阻抗	无	电源模块上的 DC 24 V 指示灯亮起	工作小组成员之间做好他检,正确使用防人因失误工具
3	检查:CPU 上所有指示灯亮起,短时间后熄灭;SF 指示灯和 DC 5 V 指示灯仍然保持亮点;STOP 指示灯缓慢闪烁,提示需要复位存储器	同左	无	严格执行规程,切勿漏项	工作小组成员之间做好他检
4	复位 CPU 存储器	将模式选择器拨至 MRES。将开关保持在此位置,直到 STOP 指示灯第二次亮起,并保持亮点。然后,释放模式选择器开关	无	严格执行操作步骤	工作小组成员之间做好他检

续表

序号	操作步骤	操作要求	工器具	测评标准	备注
4	复位 CPU 存储器	在 3 秒钟内,将模式选择器拨至 MRES。STOP 指示灯快闪,CPU 存储器被复位。松开模式选择器,当 STOP 指示灯再次常亮,CPU 存储器复位完成	无	严格执行操作步骤	工作小组成员之间做好他检
5	启动编程设备	从 WINDOWS 桌面启动 SIMATIC 管理器	无	严格执行操作步骤	工作小组成员之间做好他检
6	打开 SIMATIC 管理器窗口	激活开关 1	无	第一个输入端的指示灯将点亮	
		激活开关 2	无	第 2 个输入端的指示灯将点亮	

2.4　操作实施 4　在 STEP7 硬件配置编辑器中组态硬件

在 STEP7 硬件配置编辑器中组态硬件操作见表 2-4。

表 2-4　在 STEP7 硬件配置编辑器中组态硬件

序号	操作步骤	操作要求	工器具	测评标准	备注
1	在 STEP7 中创建新项目	选择文件“>”新建…菜单命令	无	严格执行操作步骤	
		输入项目名称并单击“确定”进行确认	无	严格执行操作步骤	
2	添加新的 S7-300 站	选择“插入”>站>“SIMATIC300 站”菜单命令	无	严格执行操作步骤	
		右侧窗口的 SIMATIC300(1)图标高亮显示	无	严格执行操作步骤	
3	添加导轨	在右侧窗口中,双击 SIMATIC300(1)图标,然后双击“硬件”图标	无	严格执行操作步骤	
		硬件配置编辑器(HW Config)打开	无	严格执行操作步骤	
		从左侧窗口的硬件目录插入硬件组件	无		若目录未显示,使用“视图”>“目录”菜单命令激活目录

续表

序号	操作步骤	操作要求	工器具	测评标准	备注
3	添加导轨	在硬件目录中,通过 SIMATIC300 浏览器到 RACK-300,通过拖放操作将导轨复制到右侧窗口中	无	严格执行操作步骤	
4	添加电源	在硬件目录中,浏览到 PS-300。拖动电源开关将其放置到导轨的插槽 1 中	无	严格执行操作步骤	
5	添加 CPU	在硬件目录中浏览到 CPU-300,拖动电源将其放到导轨的插槽 2 中	无	严格执行操作步骤	
6	添加数字量输入模块和输出模块	在硬件目录中,通过 SIMATIC300 浏览到 DI-300,选择数字量输入模块	无	严格执行操作步骤	
		将数字量输入模块滑动至导轨上并将其放置在插槽 4 中	无		
		在硬件目录中,通过 SIMATIC300 浏览到 DO-300,选择数字量输出模块	无	严格执行操作步骤	
		将数字量输入模块滑动至导轨上并将其放置在插槽 5 中	无		
7	保存并编译组态	从工作站菜单中,选择保存并编译命令,随即将编译并保存硬件配置	无	严格执行操作步骤	
		关闭编辑器,编辑器随即关闭	无		

2.5 操作实施 5 对电路进行编程

对电路进行编程操作见表 2-5。

表 2-5 对电路进行编程

序号	操作步骤	操作要求	工器具	测评标准	备注
1	创建程序模块	在右侧窗口中,双击 CPU 图标,然后是 S7 程序(1)图标、“块”图标,最后双击 OB1 图标	无	显示 OB1 的“属性”对话框	
		从该组织块的属性中,选择梯形图开发语言。并单击“确定”进行确认	无	程序编辑器打开	

续表

序号	操作步骤	操作要求	工器具	测评标准	备注
2	创建程序	单击表示电流路径的水平线	无	该线高亮显示	
		在工具栏中，单击-11-图标（常开触点）两次，然后单击-()图标（线圈）一次	无	随即该图标会插入到电流路径中	
		在电流路径中，单击左侧常开触点的红色问号	无	常开触点即会显示高亮，且问号将替换成一个包含光标的输入框	
		输入 E124.1，然后按回车	无	此时左侧的常开触点将被标记为 E124.1	
		用同样的方法标记右侧开关 E123.2 和线圈 A124.0	无	严格执行操作步骤	
3	程序存储	设置“文件”>“关闭” 菜单命令以关闭编辑器，在提示保存时，点击“是”，编辑器即会关闭并保存“OB1”	无	严格执行操作步骤	

2.6 操作实施 6 测试运行

测试运行见表 2-6。

表 2-6 测试运行

序	操作步骤	操作要求	工器具	测评标准	备注
1	通过 SIMATIC300 站和 CPU 浏览至 S7 程序	在 SIMATIC 管理器中，单击单击右侧窗口中的“块”	无	“块”将高亮显示	
2	在“目标系统”菜单中，选择“下载”将程序和硬件传送到 CPU	在出现的每个对话框中，均单击“是”	无	严格执行操作步骤	程序和组态随即从编程设备下载到 CPU 中，此时，存储在微型存储卡中的程序是受保护的，即使断电或存储器复位时也不会丢失数据
3	将 CPU 模式选择器拨到 RUN	将 CPU 模式选择器拨到 RUN，检查 STOP 指示灯熄灭，RUN 指示灯闪烁，然后持续点亮	无	STOP 指示灯熄灭，RUN 指示灯闪烁，然后持续点亮	

续表

序	操作步骤	操作要求	工器具	测评标准	备注
4	交替启动两个开关	检查两个输入的指示灯交替点亮	无	严格执行操作步骤	
5	同时启动两个开关	检查两个输入的指示灯将同时点亮；第一个输出的指示灯点亮；这将接通所链接的执行器或指示灯	无	两个输入的指示灯将同时点亮	

第三章　故障检查和处理

常见故障现象和判断方法检查和处理见表3-1。

表3-1　PLC运行中常见问题的判断和解决办法

序号	PLC状态灯	状态含义	各种状态说明	处理办法
1	SF(红色)	系统错误/故障	1. 硬件故障； 2. 编程错误； 3. 参数设置错误； 4. 算数运算错误； 5. 定时器错误； 6. 存储卡故障； 7. 电池故障或上电后无后备电池； 8. I/O故障或错误(仅限于外部I/O)； 9. 通信故障。	用编程装置读出诊断缓冲器中的内容,确定错误/故障的真正原因； 根据故障原因清除故障； 断电后重新上电；(确认PLC内部设置和逻辑已经备份后才可以进行此项工作)；
2	BATF(红色)	电池故障	1. 电池失效； 2. 电池未安装。	安装新电池
3	FRCE(黄色)	保留专用		
4	RUN(绿色)	PLC运行	1. PLC处于运行状态； 2. PLC启动时以1 kHz闪烁； 3. PLC处于HALT状态时2秒闪烁一次。	
5	STOP(黄色)	PLC停运	PLC处于停运状态。	

第四章　操作结束

4.1　清理现场

工作结束后，做到工完料尽场地清。工具整理并与工具清单进行对比，确保工具无缺失，并检查工具的可用性，记录损坏情况并汇报。清理工作过程中的耗材，进行分类处理，放置到对应的塑料袋中。清理现场的塑料布，橡胶板，必要时用白布清理现场。

4.2　工后会

工后会是对整个工作的过程的回顾以及必要的经验反馈。维修工后会记录表见表 4-1。

表 4-1　维修工后会记录表（示例）

<table>
<tr><td colspan="4">工作内容：</td><td>工单号：</td></tr>
<tr><td colspan="3">电厂：</td><td colspan="2">机组：</td></tr>
<tr><td colspan="3">计划完工时间：</td><td colspan="2">实际完工时间：</td></tr>
</table>

<table>
<tr><td colspan="2">工作负责人/项目负责人：</td></tr>
</table>

<table>
<tr><th colspan="2">序号</th><th>检查项目</th><th>检查结果</th><th>异常情况记录</th></tr>
<tr><td rowspan="5">工作回顾</td><td>1</td><td>工作许可证已归还</td><td>□ 是　□ 否</td><td></td></tr>
<tr><td>2</td><td>检修现场清理完成</td><td>□ 是　□ 否</td><td></td></tr>
<tr><td>3</td><td>设备标牌清晰无损伤</td><td>□ 是　□ 否</td><td></td></tr>
<tr><td>4</td><td>检修任务达到预期结果</td><td>□ 是　□ 否</td><td></td></tr>
<tr><td>5</td><td>试验设备和工器具已归还</td><td>□ 是　□ 否</td><td></td></tr>
<tr><td rowspan="7">经验反馈</td><td>6</td><td>工期安排合理</td><td>□ 是　□ 否</td><td></td></tr>
<tr><td>7</td><td>工作人员配置充足</td><td>□ 是　□ 否</td><td></td></tr>
<tr><td>8</td><td>工作文件准备充分</td><td>□ 是　□ 否</td><td></td></tr>
<tr><td>9</td><td>工作人员的检修技能满足要求</td><td>□ 是　□ 否</td><td></td></tr>
<tr><td>10</td><td>规程、图纸需要升版</td><td>□ 是　□ 否</td><td></td></tr>
<tr><td>11</td><td>库存备件需要补充</td><td>□ 是　□ 否</td><td></td></tr>
<tr><td>12</td><td>更换下来的旧部件需要利旧翻新维修</td><td>□ 是　□ 否</td><td></td></tr>
</table>

续表

序号		检查项目	检查结果		异常情况记录
经验反馈	13	检修过程中出现预期外的现象和报警	□ 是　□ 否		
	14	提出缺陷单、QDR、状态报告等	□ 有　□ 无		
	15	编写良好实践、经验反馈	□ 有　□ 无		
	16	工作中需要协调、改进建议等	□ 有　□ 无		
其他事项	17				
工作组成员签名/日期：					

说明：

1. 工作负责人/项目负责人负责组织工后总结并记录。
2. 工后总结记录表中每一项都必须打“√”确认，不要遗漏。
3. 如有异常，请详细填写异常情况说明，以及后续处理方案。
4. 其他事项根据讨论情况记录，经讨论没有涉及的请填写“无”。
5. 工后总结结束后，全体工作人员签字确认。

4.3　总结培训过程

熟悉西门子 PLC 初级调试步骤，要求学员可以达到熟练使用规程、工作小组成员协调配合完成 PLC 初级安装调试工作、学会使用防人因失误工具的能力。

4.4　评判

跟踪学员对西门子 PLC 初级调试步骤的全面学习，针对培训过程中的关键点加以说明。教员对学员的陈述简要记录，根据阐述评判学员的掌握情况。教员指出学员阐述过程中的错误以及需要注意的事项，并且依据评判表，对学员的学习情况做出整体评判。

第五章　经验反馈

事件案例

2010 年 2 月 17 日，三厂 1 号机组在执行 1 号 SDG 月度试验 98-91140-OM-020-1 时，1-52240-TK4003 瞬时出现高液位报警后，发现部分燃油从日用油箱排气管线溢流至 SDG 屋顶，此时燃油传输泵已停止运行。

对事件进行调查，发现在执行 1 号 SDG 月度试验的规程 5.3.10 以后步骤期间，1 号 SDG 在 PLC 内的状态既没有在 AUTO 状态，也没有在 MANUAL 状态，由于 PLC 中日用油箱高液位信号只在 AUTO 状态或 MANUAL 状态才有效，使得在此期间的日用油箱高液位信号无法停运燃油传输泵。

根据调查，可以推测发生燃油泄漏的可能情况如下：

1. 在执行 1 号 SDG 月度试验的规程 5.3.10 步骤前，燃油传输泵因低液位信号运行，此后运行正好进入规程 5.3.10 的后续步骤，此时 SDG 停运；由于已经没有燃油消耗，日用燃油箱由低液位升到高液位最多 2 分钟，由于高液位信号在这些步骤期间失效，导致燃油传输继续运行，导致燃油溢流。当运行重新将 1 号 SDG 设置在 AUTO 状态时，日用油箱高液位信号停运燃油传输泵。

2. 液位开关动作不灵活，不能及时发出高液位信号，使得燃油传输泵无法及时停运。

事后已经按照逻辑图修正 PLC 中日用油箱高液位停泵逻辑，使日用油箱高液位信号能够直接停运燃油传输泵。

同时更换了有嫌疑的高液位开关。此后提出实验票，通过试验确认了以下几点：

1）在执行 1 号 SDG 月度试验的规程 5.3.10 以后步骤期间，从人机界面上确认 1 号 SDG 的状态既没有在 AUTO 状态，也没有在 MANUAL 状态。

2）逻辑修正后，在执行月度试验的规程 5.3.10 以后步骤期间，日用油箱高液位信号能够自动停运燃油传输泵。

针对上述情况，发出 WR242416、WR242417 对两台机组剩下的 SDG 相关逻辑检查并修正，并已经通过试验和月度试验确认日用油箱高液位信号能够直接停运燃油传输泵。

为彻底避免燃油溢出的风险，目前已有相关的变更 9801-QY-52000-DMR-01712 和 9802-QY-52000-DMR-01713 在实施过程中，增加了从日用油箱返回主油箱的溢流管线，同时增加一个用于报警的备用高液位开关，在液位高时通知主控。

第六章　习　题

6.1　填空题(每空 3 分,共 75 分)

1. PLC 从组成结构形式上可以分为________和________两类。

答:整体　模块

2. PLC 以________工作方式工作的。

答:循环扫描

3. PLC 是由________逻辑控制系统发展而来的,它在________、________方面具有一定优势。

答:继电器　数学处理　顺序控制

4. PLC 的基本组成主要由________、________、________、外部设备等部分组成。

答:CPU　存储设备　输入/输出设备

5. PLC 的处理速度是指 PLC 执行________条基本指令所花费的时间。

答:1000

6. PLC 所用的存储器基本上由________、________、________EEPROM________芯片等组成。

答:ROM(Read Only Memory,只读存储器)芯片　PROM(Programmable ROM,可编程 ROM)芯片　EPROM(Erasable Programmable ROM,可擦除可编程 ROM)芯片 Electrically Erasable Programmable ROM,电可擦除可编程 ROM

7. PLC 运行时,内部要进行一系列操作,大致可分为四大类:逻辑运算操作、________操作、________操作、________操作。

答:顺序控制　定时计数　算术运算

8. 常用的 PLC 编程语言有 STL、________、________等。

答:LAD　FBD

9. S7-300 PLC 314CPU 一个机架最多可安装________个信号模块,最多可扩展为________个机架,机架之间的通讯距离最大不超过________,最大数字量I/O点数________,支持的可保持的定时器最多为________个,计数器最多为________个。

答:8　4　10 m　128　128　256

10. CPU314 支持的 OB、FB、FC、DB 的容量均不大于________KB。

答:8

6.2　判断题(每题 3 分,共 15 分)

1. 输入继电器只能由外部信号驱动,而不能由内部指令来驱动。(√)

2. 输出继电器可以由外部输入信号或 PLC 内部控制指令来驱动。(×)

3. 内部继电器既可以供内部编程使用,又可供外部输出。(×)

4. PLC 内部的“软继电器”(即由 PLC 内部的存储单元构成的,包括定时器、计数器等)均可提供无数副常开、常闭触点供编程使用。(√)

5. PLC 的 I/O 地址编号可以随意设定。(×)

6.3 简答题(10 分)

简述 PLC 的定义。

答:可编程控制器是一种数字运算操作的电子系统,专为在工业环境应用而设计的。它采用一类可编程的存储器,用于其内部存储程序,执行逻辑运算、顺序控制、定时、计数与算术操作等面向用户的指令,并通过数字或模拟式输入/输出控制各种类型的机械或生产过程

6.4 实操题

鉴定点:编辑完成的程序试运行的操作

试题 1:编辑完成的程序试运行的操作

1. 准备要求

考场准备:

(1) 试题名称:编辑完成的程序试运行的操作

(2) 本题分值:100

(3) 考核时间:20 min

(4) 考核形式:实操

(5) 设备设施准备

序号	名称	规格	单位	数量	备注
1	模拟体		台	1	教学用模拟体一台。

考生准备:

(1) 试题名称:编辑完成的程序试运行的操作

(2) 本题分值:100

(3) 考核时间:20 min

(4) 考核形式:实操

(5) 工具及其他准备:图纸、规程。

2. 考核要求

(1) 本题分值:100

(2) 考核时间:20 min

(3) 考核形式:实操

(4) 具体考核要求:根据考核程序试运行的操作过程,熟悉其关键点,操作步骤正确

(5) 否定项说明:无

3. 配分与评分标准

序号	考核内容	考核要点	配分	评分标准	扣分	得分
1	操作前准备	确定是否连接到用户程序。	20	1. 未检查扣 10 分。 2. 未检查 CPU 是否为 STOP 状态扣 10 分。 3. 自检不到位,扣 5 分。		
2	程序试运行的操作	在项目“块”的文件夹中,双击“VAT1”变量表	20	操作步骤错误,扣 10 分。		
3	程序试运行的操作	使用“PLC＞连接到＞组态的 CPU”转至在线状态	20	操作步骤错误,扣 10 分。		
4	程序试运行的操作	使用菜单命令“变量＞监视” 激活监视。	20	操作步骤错误,扣 10 分。		
5	程序试运行的操作	将 CPU 切换至 RUN	15	1. 操作步骤错误,扣 10 分。 2. 自检不到位,扣 5 分。		
6	操作结束		5	整理、检查、清洁接地线,不规范,每个动作扣 5 分。		

否定项:1. 设备损坏;

2. 未使用防人因失误工具。

评分人: 年 月 日 核分人: 年 月 日

第五部分　温度测量回路搭建

第一章　操作准备

1.1　原理描述

温度测量仪表的原理和分类

温度是表征物体冷热程度的物理量。温度概念的建立和温度的测量是以热平衡现象为基础的。任何两个冷热程度不同的物体相接触,必然发生热交换现象,热量将由受热程度高的物体向受热程度低的物体传递,直至两个物体的冷热程度完全一致,即达到热平衡。处于同一热平衡状态的两个物体必定拥有一个共同的物理性质,表征这个物理性质的量就是温度。因此温度是一个很重要的物理量,物体的许多物理现象和化学性质都与温度有关,许多生产过程都是在一定的温度范围内进行的。温度对提高产品质量、确保安全生产以及实现自动控制等都具有重要意义。核电厂中主要是反应堆中的温度检测有其独特的问题,因为辐射可以直接影响温度的敏感元件。堆内敏感元件的接收仪表之间的中间件与大多数工业所用的中间件有所不同,当然,用于反应堆的温度敏感元件的选择仍然要注意到一般工业应用中的一些因素,例如腐蚀性、准确度、经济性和可靠性。另外,反应堆外壳和安全包壳,系统的完整性所提出的严格要求使得设计温度仪表适合的密封性和连接带来了一定的困难,我们必须注意到。

温度检测仪表分为接触式和非接触式两大类。接触式是基于热平衡原理,被测对象与感温元件必须充分热接触,使两者处于同一热平衡状态,具有同一温度。非接触式是利用被测对象的辐射原理,两者不必接触。

表 1-1　温度检测仪表的分类和原理

仪表种类	测温仪表名称	测温物质	标志温度的属性	测温原理	测温范围	优　点	缺　点
接触式测温仪表	玻璃液体温度计	汞、酒精等液体	体积	利用液体的积积随温度变化而引起液住高度改变的性质利用定容气	-50～400 ℃	结构简单、使用方便,测量的精确度高,价格便宜	测量上限和精确度受玻璃质量的限制,易碎,不能记录和远传

续表

仪表种类	测温仪表名称	测温物质	标志温度的属性	测温原理	测温范围	优　点	缺　点
接触式测温仪表	压力表式温度计	惰性气体、液体、饱和汽	压力	体、液体的压力或饱和汽的压力随温度温化的性质	0～500 ℃	结构简单，不怕振动、具有防爆性，价格低廉	测量精确度低，测量距离较远时，仪表的滞后较大
	热电阻温度计	金属、半导体	电阻	利用物体的电阻随温度变化的性质	−200～500 ℃	测量精确度比较高，便于远距离、多点集中测量和自动记录	不能测量高温，由于体积较大故测量点温度比较困难
	热电偶温度计	金属、半导体	热电势	利用导体或半导体的热效应的性质	−269～2 800 ℃	测温范围广，测量精确度较高，便于远距离、多点集中测量和记录	需进行冷端温度补偿，在低温度有度比较差，且线性差
	晶体管温度计	晶体管（二级管）	电压	利用二级管的电压降随温度变化的性质	−200～200 ℃	测量精确度高，仪表的灵敏度高，线性好，便于自动记录	测温范围有限，互换性较差
非测接温触仪式表	辐射高温计	能量	热辐射	利用物体的辐射强度随温度变化的性质	100～2 000 ℃	感温元件不破坏被测介质的温度场，时间常数小，测温范围广	只能测温高，低温段精度很差，环境条件会影响测量精度

对于500 ℃以下的温度，由于热电偶产生的热电势较小，测量精度较低，所以有时采用电阻温度计来进行测温，尤其对低温测量，电阻温度计用得更多。通常电阻温度计由热电阻、连接导线和测量电阻值的显示仪表所组成。电阻温度计的特点是测量精度高，容易实现远距离测量和自动记录，便于配合温度巡回检测仪表或电子计算机进行温度的测量，而且适宜于 500 ℃以下，特别是 200 ℃以下低温范围中应用。不存在冷端问题。因此，电阻温度计在工业上得到了广泛的应用，通常用来测量−200～500 ℃之间的温度，特别情况下，测量的低温可达到平衡氢的三相点（13.18 K）甚至更低（如铟电阻温度计可测到 3.4 K，碳电阻温度可测到 1 K 左右）。

仪表和热电阻的连接也是采用三线制接法，可减小导线电阻因环境温度变化而变化所造成的误差。

测量桥路可以用交流电源也可以用直流电源。当采用交流电源供电时，桥路输出交流信号，放大器可不需要变流器，但此时在放大器的输入端很难装设滤波网络，外部的干扰信号很容易窜入放大器，导致放大器饱和，使仪表的灵敏度下降。另外，如果在交流电桥的桥臂中存在电感和电容，就会降低仪表的准确度。例如，为了防止干扰而采用同芯电缆作为热电阻的引入线，当这种引入线较长时，就存在较大的分布电容。直流电桥需要装设变流器及直流电源装置，交、直流两种电桥我国都生产。交流电桥采用6.3 V交流电源供电，直流电桥采用1 V直流电源供电。

核电厂的热电阻温度计

核电厂选用的是Prtco的电阻温度计来测量过程温度，电桥是RTD电桥和温度变送器。在实际使用时，部分铂电阻安装于保护管内，保护管将根据流体的压力、温度和可能的振动而设计的。

为了除导线电阻带来的影响，采用了三线一制接法。如图1-1所示。

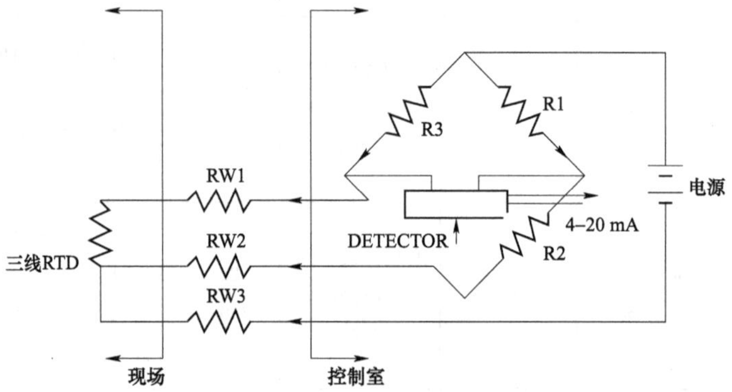

图1-1 三线制热电阻的结构图

连接热电阻与变送器的导线等长，以保证阻值相等，从图中看出，电桥右臂的电阻为R1+R2+RW2左臂的电阻为R3+RW1+RTD，因为RW1=RW2从而消除了导线电阻的影响。

温度变送器的工作电压为40 V DC，输入信号为Pt100电阻温度计，输出信号为4～20 mA DC，对应于所需要测量温度范围。

热电阻比热电偶昂贵得多，但由于热电阻不需要用同质金属导体与变送器相连，从而节省了费用。总之，热电阻的测量范围较大，在测量范围内测量较精确，而且由于它不是自给能式的，故而没有飘移问题。

铂电阻温度计用于测量堆芯温度和冷却剂温度及慢化剂温度，直接安装于工艺管道或设备上。与之配套的温度变送器、铂电阻电桥、信号隔离装置等集中安装于控制设备室仪表机架内。例如测量慢化剂温度的铂电阻温度计其传感器位于慢化剂热交换器出口总管处，温度变送器位于靠近主控制室的1号停堆系统的控制机柜内。

热电偶温度计用于汽轮机透平室温度的检测，其传感器直接安装于工艺管道或设备的测点上，与之配套的温度变送器等集中安装于控制设备室仪表机架内。

图1-2为典型温度测量回路，回路中包含了PT100热电阻温度探头、温度变送器、温度报警开关、指示表和供电回路。当温度探头测量点温度变化时，PT100热电阻温度探头的电阻值产生变化，温度变送器根据变化的电阻值改变输出，温度开关接受温度变

送器输出的电流信号并根据报警设定点进行相应动作，指示表根据温度变送器的输出值进行指示。

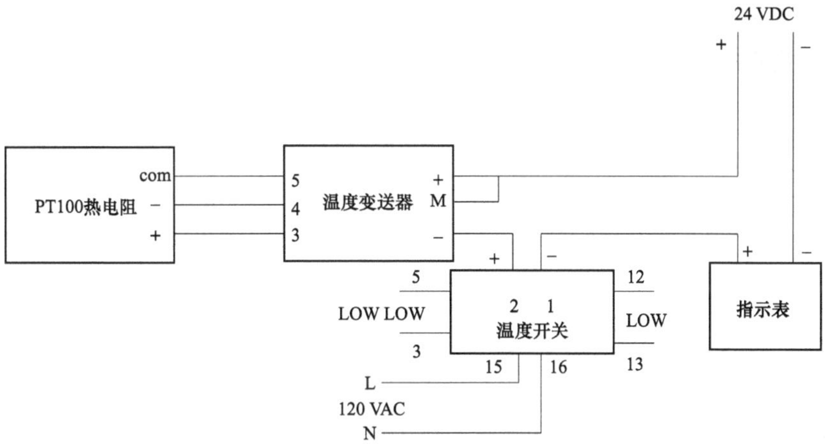

图 1-2　典型温度测量回路

1.2　文件准备

98-60432-MP-1073A R4 HPM4003 热电阻温度变送器的校验(AGM)。
98-60415-MP-1054A R4 2500-2520 型单双针指示表的校验。

1.3　工器具准备

电阻箱、24 VDC 电源、万用表、一字螺丝刀、十字螺丝刀、导线。

1.4　模拟体准备

温度变送器、报警开关、指示表。

1.5　辐射防护准备

无。

1.6　工业安全准备

必要的防护用品：防砸鞋、安全帽等，主控室工作不能带安全帽。

1.7 配合人员准备

无。

1.8 场地准备

能够提供 120 VAC 的平整场地。

第二章　操作实施

2.1　操作实施 1　回路搭建前检查和准备

回路搭建前检查和准备见表 2-1。

表 2-1　回路搭建前检查和准备

序	操作步骤	操作要求	工器具	测评标准	备注
1	工器具检查	检查电流源、万用表、电阻箱、螺丝刀、导线等齐全。	无	按操作要求完成	
2	检查仪表的供电电源	检查温度变送器的供电电源满足要求(24±2)VDC。 温度开关供电电源满足要求(110±10)VAC。	无	按操作要求完成	
3	制作供电电源插口	制作温度变送器 24 VDC 供电电源 2 芯插头,并在插头上标出正负极。 制作制作温度变送器 110 VAC 供电电源 3 芯插头,并在插头上标出 L\N 极。			

2.2　操作实施 2　温度测量回路搭建

温度测量回路搭建操作见表 2-2。

表 2-2　温度测量回路搭建

序	操作步骤	操作要求	工器具	测评标准	备注
1	排布各设备位置	排布好各设备的位置,按照电阻箱(代替 PT100 热电阻温度探头)、温度变送器、温度开关、指示表顺序进行排列。	无	按操作要求完成	
2	连接电阻箱到温度变送器的接线	选择三根一样长的接线并在一根上做好标记。 将做好记号的导线连接到电阻箱的一端,导线另一端连接到温度变送器的 3 号端子。 将没有标记的两个导线并接到电阻箱的另一端,导线的另一端分别连接到温度变送器的 4 号和 5 号端子。	螺丝刀 万用表	按操作要求完成	

续表

序	操作步骤	操作要求	工器具	测评标准	备注
3	温度变送器输出连接	制作一根短接线。 将温度变送器输出的正极和 M 端端接。 将温度变送器输出的正极通过导线与供电电源的正极连接。 将温度变送器输出的负极通过导线与报警开关的 2 号端子连接。	螺丝刀 万用表	按操作要求完成	
4	报警开关的连接	报警开关的 2 号端子与温度变送器的负极相连。 报警开关的 1 号端子通过导线与指示表的正极相连。 报警开关的 15 号端子通过导线与供电电源的 L 极相连。 报警开关的 16 号端子通过导线与供电电源的 N 极相连。	螺丝刀 万用表	按操作要求完成	
5	指示表的连接	指示表的正极通过导线与温度开关的 1 号端子相连。 指示表的负极通过导线 24 VDC 电源的负极相连。	螺丝刀 万用表	按操作要求完成	

2.3 操作实施 3 通电检查

表 2-3 通电检查

序	操作步骤	操作要求	工器具	测评标准	备注
1	通电前确认	检查所有接线均按照图纸正确连接完成。 两人未相互确认 110 VAC/24 VDC 电源正负极	标准电流源 呆扳手	按操作要求完成	
2	温度变送器通电	将温度变送器的电源插头根据上一步确认的电源正负极插入。	标准压力表 呆扳手	按操作要求完成	
3	温度开关通电	将温度开关的电源插头根据上一步确认的电源 L/N 极插入。			
4	回路验证	改变电阻箱的输出电阻,检查指示表是否正常动作、报警开关能否正常工作。			

第三章　故障检查和处理

3.1　常见故障现象和判断方法

常见故障现象和判断方法见表 3-1。

表 3-1　常见故障现象和判断方法

序号	故障现象	判断方法
1	指示表在电阻箱输出电阻值改变时没有改变。	在电阻箱输出电阻值变化时观察指示表有无变化。
2	温度报警开关不动作。	用万用表测量报警开关的继电器动作情况。

3.2　常见故障原因分析和故障排除方法

指示表在电阻箱输出电阻值变化时没有改变原因及排除方法见表 3-2。

表 3-2　指示表在电阻箱输出电阻值变化时没有改变原因及排除方法

序号	故障原因分析	故障排除方法
1	回路接线错误	根据图纸再次检查回路接线。
2	回路接线松动	根据图纸对每个接线端子进行紧固。
3	温度变送器无供电电压	检查温度变送器的供电回路。
4	温度变送器损坏	更换新的温度变送器。
5	指示表损坏	更换新的指示表。

温度报警开关不动作原因及排除方法见表 3-3。

表 3-3　温度报警开关不动作原因及排除方法

序号	故障原因分析	故障排除方法
1	回路接线错误	根据图纸再次检查回路接线。
2	回路接线松动	根据图纸对每个接线端子进行紧固。
3	温度报警开关无供电电压	检查温度报警开关的供电回路。
4	温度变送器损坏	更换新的温度变送器。
5	温度报警开关损坏	更换新的温度报警开关。

第四章　操作结束

4.1　总结回顾培训过程以及关键点

本次培训针对仪控维修新员工，较为详细的阐述了温度测量回路搭建原理和搭建前各项准备工作以及对仪控检修人员行为规范的要求，对于现场工作具有指导意义。

4.2　针对学员技能培训进行点评

学员对温度测量回路搭建过程进行阐述，并说明其中的关键点以及注意事项。教员对学员的陈述简要记录，根据阐述评判学员的掌握情况。教员指出学员阐述过程中的错误以及需要注意的事项，并且依据评判表，对学员的学习情况做出整体评判。

4.3　召开技能培训操作工作会

工后会是对整个工作过程的回顾以及必要的经验反馈。维修工后会记录表见表 4-1。

表 4-1　维修工后会记录表（示例）

<table>
<tr><td colspan="5">工作内容：</td><td>工单号：</td></tr>
<tr><td colspan="3">电厂：</td><td>机组：</td><td colspan="2">工作负责人/项目负责人：</td></tr>
<tr><td colspan="4">计划完工时间：</td><td colspan="2">实际完工时间：</td></tr>
<tr><td colspan="2">序号</td><td colspan="2">检查项目</td><td>检查结果</td><td>异常情况记录</td></tr>
<tr><td rowspan="5">一
工作回顾</td><td>1</td><td colspan="2">工作许可证已归还</td><td>□ 是
□ 否</td><td></td></tr>
<tr><td>2</td><td colspan="2">检修现场清理完成</td><td>□ 是
□ 否</td><td></td></tr>
<tr><td>3</td><td colspan="2">设备标牌清晰无损伤</td><td>□ 是
□ 否</td><td></td></tr>
<tr><td>4</td><td colspan="2">检修任务达到预期结果</td><td>□ 是
□ 否</td><td></td></tr>
<tr><td>5</td><td colspan="2">试验设备和工器具已归还</td><td>□ 是
□ 否</td><td></td></tr>
</table>

续表

序号		检查项目	检查结果	异常情况记录
二 经验反馈	6	工期安排合理	□ 是 □ 否	
	7	工作人员配置充足	□ 是 □ 否	
	8	工作文件准备充分	□ 是 □ 否	
	9	工作人员的检修技能满足要求	□ 是 □ 否	
	10	规程、图纸需要升版	□ 是 □ 否	
	11	库存备件需要补充	□ 是 □ 否	
	12	更换下来的旧部件需要利旧翻新维修	□ 是 □ 否	
	13	检修过程中出现预期外的现象和报警	□ 是 □ 否	
	14	提出缺陷单、QDR、状态报告等	□ 是 □ 否	
	15	编写良好实践、经验反馈	□ 是 □ 否	
	16	工作中需要协调、改进建议等	□ 是 □ 否	
三 其他事项	17			

工作组成员签名/日期：

4.4　征求学员对技能培训及教材的信息反馈

征求学员对本次温度测量回路搭建培训及教材的评价。

第五章　经验反馈

2014 年 6 月 1 日，盘台检查发现 2 号 ECC 热交换器出口温度指示表 63432-TI-14 号 1 指示为零以下，副控检查 63432-TI14 号 2 指示也为零以下，同时机组进入 TS 限制。检查过程中发现 225 Ω取样电阻端子存在接触不良的隐患，造成回路中的信号丢失，导致温度指示表指示在零以下。

维修人员在取样电阻处测量的数据正常，按照 ED 图和 INTEC 紧固回路中的接线端子，指示正常。但真正的隐患是在 225 Ω取样电阻两侧的端子，所以在 2014 年 6 月 29 日又发现同样的缺陷，此次在测量中发现，当测量 40 V 回路中的 225 Ω取样电阻端子时指示正常，断开测量时，指示又异常，所以重点检查取样电阻和端子接线情况，处理完毕后，指示恢复正常。因此两次的处理过程，第一次是考虑温度回路，在确认取样电阻电压正常的情况下，认为回路当中的接触电阻过大而引起指示异常，是一般的处理经验过程，指示也恢复正常了，但并不是真正的故障原因，在第二次的处理过程中，才发现了指示偏差的原因，并经过处理后指示已恢复正常。

对于第二次检查过程中发现的 225 Ω取样电阻端子的隐患，由于其与二号停堆系统接在一起，正常运行和小修期间更换风险都太大，而且经过处理后指示已恢复正常，因此建议发大修工作申请在大修期间进行更换。在大修期间对更换下来的电阻端子进行检查，主要检查方向是端子内部本身是否存在电阻两端接触不良、老化现象，若有，则考虑增加电阻端子排的整体更换的预防性维修工作；若电阻端子本身没有问题，则说明是个别回路的问题，其他回路的端子本身就无需做检查，在预防性端子紧固的工作中，做好端子紧固和接线牢靠的工作。

原因分析及评价如下。

直接原因：电阻端子存在接触不良。

根本原因：电阻端子因设备老化导致接触不良。

经验教训如下。

关注含电阻端子的设备老化，制定相应的预防性维修。

加强个人的检修技能，能及时定位故障原因。

第六章　习　题

鉴定点：三厂仪控车间(S1-224)

试题：温度测量回路搭建

1. 准备要求

考场准备：

(1) 试题名称：温度测量回路搭建(根据提供的图纸)

(2) 本题分值：100

(3) 考核时间：60 min

(4) 考核形式：实操

(5) 设备设施准备：温度变送器、温度开关、指示表

考生准备：

(1) 工器具、材料

(2) 维修文件准备

(3) 工业安全和辐射防护准备

(4) 辅助人员准备

2. 考核要求

(1) 考核场地要求：现场整洁，工器具摆放有序，符合工业安全要求

(2) 实际操作要求：具体考核要求详见岗位培训评价表

(3) 否定项说明：

考试过程中，非考生本人亲自参加考核；

技能培训中操作步骤不按顺序执行并已经导致操作部分无法成功完成；

遗漏技能培训科目操作步骤中的关键步骤，导致操作部分无法完成；

技能培训操作中严重违反安全生产相关规定的操作步骤；

出现严重偏离技能培训目标标准的答案；

(4) 其他：辅助人员帮助或提示考生酌情予以扣分

3. 其他说明

本实操题考核的前提条件是：合格的温度变送器、温度开关、指示表个一台，导线若干，120 V AC 和 24 V DC 电源。

4. 配分与评分标准

序号	考核内容	考核要点	配分	评分标准	扣分	得分
1	实操前工作准备	1. 工器具、材料、备件准备 2. 文件准备	10分	1. 要求工器具、材料备件齐全，有遗漏项目酌情扣分。 2. 使用最新版已发布生效的规程。		

续表

序号	考核内容	考核要点	配分	评分标准	扣分	得分
1	实操前工作准备	3. 工业安全及辐射防护准备 4. 场地布置准备	10分	3. 个人防护用品穿戴齐全,按实际情况执行,未按要求准备酌情扣分。 4. 工器具、材料等分类摆放整洁,视准备情况酌情扣分。		
2	回路搭建前检查和准备	电源插头的制作	20分	1. 没有检查温度变送器的供电电源满足要求,扣5分。 2. 没有检查温度开关供电电源满足要求,扣5分。 3. 制作温度变送器24 VDC供电电源2芯插头,并在插头上标出正负极,没有标出正负极扣3分,不会制作扣5分。 4. 制作温度变送器110 VAC供电电源3芯插头,并在插头上标出L/N极,没有标出正负极扣3分,不会制作扣5分。		
3	温度测量回路搭建	布线正确、合理	30分	1.回路搭建完成后两人未相互确认进行检查扣5分;单人确认:扣2分。 2. 安装过程未保护回路元器件,每件扣1分,共5分。 3. 接线头裸露或压线皮,每点扣1分,共5分。 4. 裸漏接线头未保护,每点扣2分,共5分。 5. 接线松动,每个点扣1分,共5分。 6. 回路搭建美观可靠,共5分。		
4	通电检查	通电前的检查和回路验证	25分	1. 回路搭建完成后两人未相互确认进行检查扣5分。 2. 温度变送器通电前两人未相互确认电源正负极扣5分;单人确认扣2分。 3. 温度开关通电前两人未相互确认电源正负极扣5分;单人确认扣2分。 4. 回路无法正常工作扣10分。		
5	维修工器具的正确使用	维修工具、专用工具、量具等	5分	1. 未正确使用工器具酌情扣分。 2. 不会使用工器具扣5分。		
6	文明检修情况	零部件摆放、维修操作过程	5分	1. 要求零部件、工器具摆放有序,酌情扣分。 2. 野蛮操作,酌情扣分。		
7	操作时间	时间控制	5分	每超过1分钟扣1分。		
合计			100分			

否定项:发生人员受伤或设备损坏事件。

评分人： 年 月 日 核分人： 年 月 日

第六部分　热工闭环控制系统

第一章　操作准备

1.1　原理描述

闭环控制系统:图 1-1 是一个电阻丝加热炉的闭环控制系统,系统中的热电偶用来测量炉温,并将炉温 T 转换成相应的电信号(毫伏级),再与给定的信号电压(也是毫伏级)进行比较,相减得到的偏差 e,表示实际炉温和希望的炉温值之差。经电压和功率放大后驱动电动机去调节调压器的滑臂,改变控制量 V_i,从而使被控制量 T 向希望值靠近。

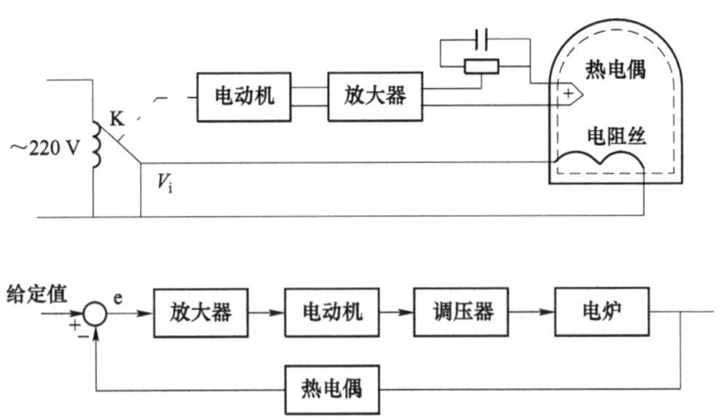

图 1-1　电阻丝加热炉的闭环控制系统

闭环控制系统是一种反馈控制系统,系统输出的被控制量和输入端之间存在着反馈通道,闭环控制系统具有自动修正被控制量偏差的能力,控制精度较高,但由于存在着反馈。系统可能产生振荡,故调试比较复杂。

一般说来,闭环控制系统基本组成元件有测量元件、比较元件、放大元件、执行机构、校正装置、被控制对象,具体连接可以参考图 1-2 典型的闭环控制(反馈)系统。其相关部件的机能如下:

1) 测量元件:对系统输出量进行测量;

2) 比较元件:对被控制量(或测量值)与给定值进行代数运算,给出偏差信号,起信号综合作用;

3）放大元件：对微弱的偏差信号进行放大和变换，输出足够的功率和要求的物理量；

4）执行机构：根据放大后的偏差信号，对被控制对象执行控制任务，使被控制量与希望值趋于一致；

5）校正装置：其参数和结构便于调整，用于改善系统的性能；

6）被控制对象：指自动控制系统中需要进行控制的机器，设备或生产过程。

一般，控制系统受到两种作用，即有用信号（给定值）的作用和扰动作用，它们都称为系统的输入信号。系统的有用输入信号，决定系统被控制量的变化规律，扰动输入在实际系统中是难以避免的，而且它可以作用于系统中的任意部位，通常所说的系统的输入信号是指有用信号。

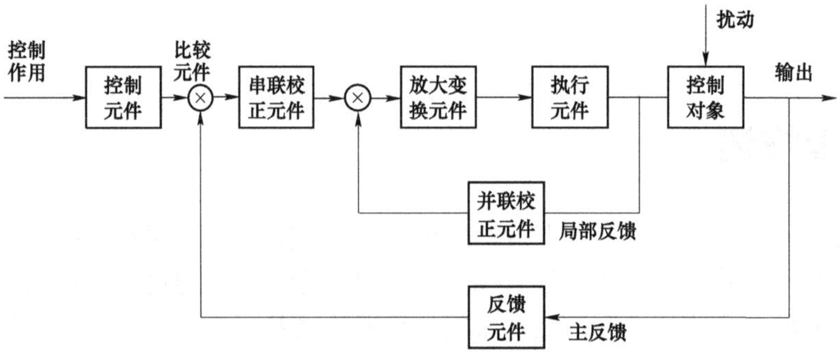

图 1-2 典型的闭环控制（反馈）系统

1.2 自动控制系统的主要类型

自控控制系统的种类很多，应用的范围也很广，它们的结构性能和完成的任务也各不一样，大致有：

1）恒值控制系统（或称自动镇定系统）：系统的输入即给定值是恒值，系统的基本任务是存在着扰动的情况下，使输出的被控制量保持在给定的希望值上，所以也称自动镇定系统。

2）随动系统（跟踪系统）：系统的输入即给定值是任一随时间变化的函数（事先无法预测其变化规律），系统的任务是保证输出的被控制量以一定的精度跟随输入的变化而变化，所以也称为跟踪系统。

3）程序控制系统：输入量的变化是一个已知的时间函数，系统的任务是使输出按一定的精度随输入而变化。

4）过程控制系统：当自动控制系统的输出量是温度，压力、流量、液面或 pH（氢离子浓度）等一些变量时称为过程控制，程序控制系统就是其常见的一种。

5）计算机控制系统：由于数字计算机的迅速发展和不断完善，它的强大计算能力和信息处理能力给自动控制以极大的影响，计算机在自动控制中的应用不仅引起了量的变化，并且引起了质的变化。

1.3　自动控制系统的动态过程

生产过程对控制系统都有其一定的具体要求,但由于控制对象的不同,工作的方式不同,完成任务的不同,因此对系统的品质指标的要求也往往不一样,但是自动控制技术是研究各类控制的共同规律的一门技术,所以反映反馈控制系统的主要性能一般可归纳为:稳定性、快速性和准确性(稳态精度),即稳、快、准。

稳定性:由于系统存在的惯性,当系统的各参数配合不当时,将会引起系统的振荡而失去工作的能力。因此,任何一个控制系统,要想令人满意的工作,首先应该是稳定的,也就是说应该具有这样的性质,输出量偏离给定的输入量的初始值应该随着时间增长而逐渐趋近于零。因此,稳定性是控制系统正常工作的首要条件,而且是很重要的条件,必须指出,稳定性的要求应该考虑到满足一定的稳定裕度,以便照顾到系统工作时参数可能发生的变化。

快速性:这是在系统稳定的前提下提出来的,所谓快速性就是指当系统的输出量与给定的输入量之间产生偏差时,消除这种偏差过程的快慢过程,可见快速性是衡量系统性能的一个很重要的指标,此外,还经常要求过渡过程中振荡不要太厉害,保证调整的均匀性,故对振荡次数,超调量也有一定要求,通常把瞬态响应时间,振荡次数和超调量三者统称为系统的品质指标。

准确性:就是调整过程结束后输出量与给定的输入量之间的偏差,又称之为静态误差或稳态精度,这也是衡量系统工作性能的重要指标,我们总是希望由一个稳态过渡到另一个稳态,输出量尽量接近或复现给定的输入量,或者说要求稳态精度要高,由于外扰动和给定的输入量经常变化,尽管系统实际上经常处在不断的调整过程中,但对缓慢变化的干扰或给定的信号在一定时间内总还可以看成是相对不变的,对于同一系统,变化规律不同稳态精度也不同。

1.4　典型简易热工闭环控制系统(以秦三厂仪控MOCK-UP为例)

1.4.1　仪控简易热工闭环控制系统说明

1) 工艺系统

由两个水箱(TK1、TK2)、连接管、泵和阀门等部件组成一个封闭的工艺回路,泵将 TK1 的水抽到 TK2,回流管线将水从 TK2 排回到 TK1,同时通过对回路流量、TK2 液位的控制,使之形成一个动态的循环系统。

2) 电气系统

有两路 220 VAC+10%(50 Hz)供电电源,一路电源服务于仪控系统,功率为 1 kW;另一路服务于电加热器系统,功率为 6 kW。

电加热器系统由一个安装在 TK2 内的电加热器及其调功器和供电回路组成,通过水温测量回路 TT1 和温度控制器 TC1 对 TK2 的水温进行调节和控制。

3) 仪控系统

由一次测量、二次显示、控制、记录仪表和数据采集处理计算机等组成。二次仪表和数据采集处理设备均继承在控制盘 PL1 内,以便系统的操作和管理。

对流量调节阀 LCV1 和电加热器 HR1 的 PID(比例、积分、微分)控制,分别由 Honeywell 控制器 LC1、TC1 或 Siemens S7-200 实现;工作站通过数据线与 S7-200 相连,可对整个工艺系统进行监控,并提供数据处理和存档。

1.4.2 中核运行三厂仪控 MOCK-UP 装置的功能说明

MOCK-UP 装置提供了对回路流量、水箱液位和温度的手动及自动 PID 控制手段,可通过对流量、液位、温度和压力的调节控制模拟不同的运行工况。

1) 通过观察仪控 MOCK-UP 装置的实际工艺变化,使学员学习和理解 PID 控制的概念,并提供对监测结果的可能分析。

2) 学员可以通过装置获得对控制器基本概念和基本操作技能的掌握。

3) 通过该装置与 AOV 测试装置的接口使学员获得对阀门诊断设备 AOV 测试装置的知识,并得到使用技能方面的培训。

4) 获得 Rosemount 变送器、I/P 电气转换器标定和 PRV 设定的培训。

5) 通过液位和流量控制学习温度、压力及流量等工艺参数之间变化的联系。

6) 可将机组现场系统故障的仪表设备安装到装置的台架上进行连续的测试。

7) 可在回路管线上进行流量测量培训。

1.4.3 中核运行三厂仪控 MOCK-UP 装置的主要设备说明

供水箱 TK1

1) 卧式安装,为 TK2 提供水源,并接收系统回水。

2) 底部的手阀 V7 为排放/污用,常闭。

3) V1 为水箱出口阀,常开。

4) V8 为回水逆止阀,防止水从 TK1 倒流回 TK2。

5) V4 为排空阀,常开,防止装置运行时在 TK1 顶部产生憋压。

被控水箱 TK2

1) 立式安装,为装置的主控对象。

2) V6 为排放/污用,常闭。

3) V2 为水箱入口阀。

4) V3 为水箱出口阀,装置停运后应关闭。

5) V5 为排空阀,常闭,建立覆盖气。

6) PRV1 为覆盖气入口减压阀,建立压力,通常为 200 kPa。

7) RV1 为覆盖气超压保护阀,设定点通常为 200 kPa。

8) PI3 为覆盖气压力指示表。

磁翻板液位计

1) 内部的浮子和外侧翻板均为磁性,浮子随水箱液位变化而上下运动,带动翻板动作,翻板的红色指示液位。若翻板位置混乱,则可用磁体在外侧上下运动几次,靠磁体的磁性将翻板的位置复位。

2) LG1 为 TK1 液位计,量程为 70 cm,V12 为其排放/污阀。

3) LG2 为 TK2 液位计，量程为 180 cm，V10 为其排放/污阀。

循环水泵

1) 提供 5～50 升/分钟的流量，产生 100～500 kPa 的压头，将 TK1 的水抽取到 TK2 里。

2) FQ1 为泵入口累积流量表。

3) PI1 为泵出口扬程压力表。

液位控制阀

1) 阀门为气动阀，阀门的失效形式为失效开。

2) 气动调节阀为仪控 MOCK-UP 装置的重要运行设备，适用于 AOV 测试装置。TK2 液位信号经控制器 LC1 的 PID 处理后控制 LCV1 的开度，调节 TK2 的进水量，最终实现液位控制。

3) LCV2 为手动调节阀，通过调节可使 TK2 出口流量稳定在某个值，这样只需控制入口阀 LCV1 即可实现 TK2 的液位控制。

液位/流量变送器

1) Rosemount 3051 智能型变送器，输入压力信号，输出 4～20 mA 电流，校验时需用 Hart375 通讯器。

2) LT1 测量 TK1 液位，LT2 测量 TK2 液位，FT1 为 P1 出口/TK2 入口流量(上充流量)，FT2 为 TK2 出口流量(下泄流量)，后三个测量信号送控制中心进行处理。

3) 水流过流量变送器孔板时在两侧形成差压，液位变送器采集差压信号。

4) 回路中有两个双通道数显指示表，分别显示流量和液位。

温度变送器

Rosemount 智能型变送器，探头为 PT100。

液位控制器

1) LC1 为液位控制器，对 LT2 测量进行 PID 处理，输出控制信号控制 LCV1 的开度，进而实现对 TK2 液位的控制。

2) TC1 为温度控制器，对 TT1 测量信号进行处理，输出控制信号控制 HR 的功率，进而实现对 TK2 水温的控制。

无纸记录仪

1) 直观显示 TK1、TK2 液位与 TK2 出入口流量，同时可在显示屏上做出对应曲线。

2) 记录测量数据。

其他设备

1) 控制盘：装置的控制、操作中心，实现对整个装置的监控、数据采集、记录功能，无纸记录仪、数显表、控制器等仪表安装其上。

2) 触摸屏：对装置进行 PLC 控制的界面。

3) 泵控制开关：手动和遥控两种模式。

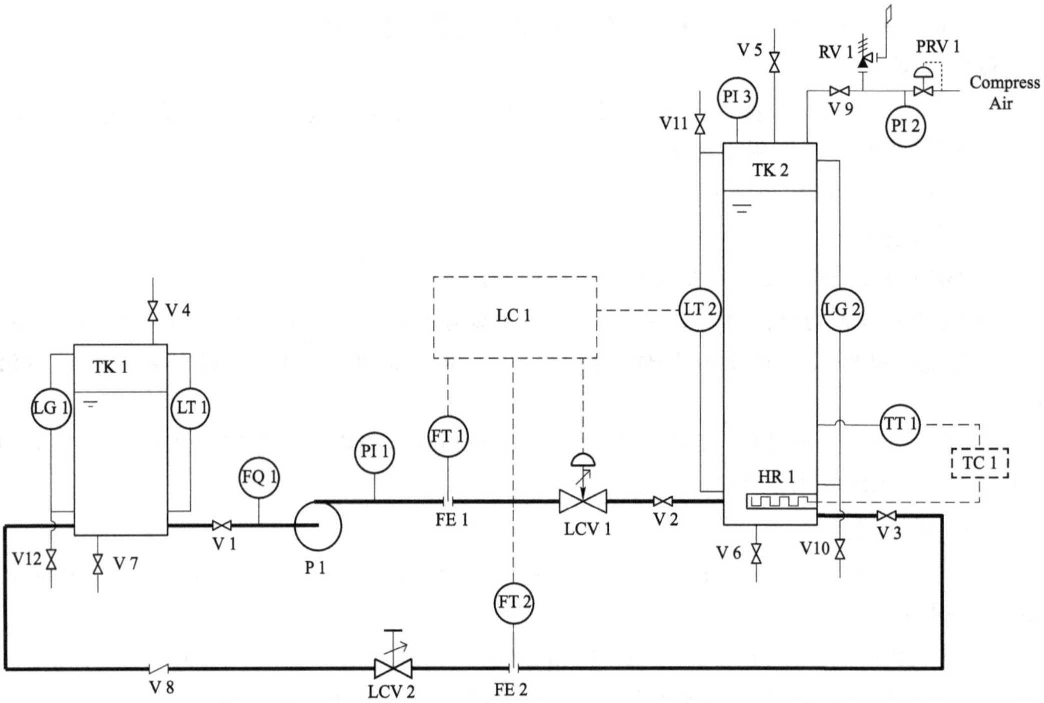

图 1-3 中核运行三厂仪控 MOCK-UP 运行流程图

1.5 文件准备

无。

1.6 工器具准备

数字万用表、一字螺丝刀、十字螺丝刀、电流源、计算器。

1.7 模拟体准备

中核运行三厂仪控 MOCK-UP。

1.8 辐射防护准备

无。

1.9 工业安全准备

必要的防护用品：防砸鞋、安全帽等，主控室工作不能带安全帽。

1.10 配合人员准备

无。

1.11 场地准备

仪控车间(S1-224)。

第二章　操作实施

2.1　操作实施 1　投运中核运行三厂仪控 MOCK-UP 装置

投运中核运行三厂仪控 MOCK-UP 装置操作见表 2-1。

表 2-1　投运中核运行三厂仪控 MOCK-UP 装置操作

序号	操作步骤	操作要求	工器具	测评标准	备注
1	检查部件完好性	确认以下外观没有损坏。 循环水泵　-P1 液位控制阀　-LCV1、LCV2 水箱　-TK1、TK2 流量变送器　-FT1、FT2 液位变送器　-LT1、LT2 温度变送器　-TT1 流量/液位指使表　-LG1、LG2、FQ1 压力指示表　-PI1、PI2、PI3 电加热器及电缆　-HR1 控制器　-LC1、TC1	无	按操作要求完成	
2	阀门状态检查	确认以下阀门状态。 1. 关闭 V2、V3、V5、V6、V7、V10、V11、V12 2. 打开 V1、V4、V9	无	按操作要求完成	
3	通过 LG1、LG2 确认水箱液位	TK1＞0.5 m TK2＞0.3 m	无	按操作要求完成	
4	仪用压空连接及 TK2 覆盖气建立	1. 连接好压空管。 2. 缓慢打开压空隔离阀。 3. 调节 PRV1 确认 PI2 指示 0.2 MPa。 4. 设定 RV1 压力为 0.2 MPa，设定时注意其顺时针增大，逆时针减小。 5. 确认 LCV1 动力气为 140 kPa。	英制扳手		
5	电气连接和控制回路确认	1. 确认仪控 MOCK-UP 装置地线连接好，检查装置平台对地电阻＜5 Ω。 2. 测量控制盘内部左侧 0X1、3 端子对地电阻＞3 MΩ。 3. 测量控制盘内部右侧端子 3PS 对地电阻＞3 MΩ。	万用表		

续表

序号	操作步骤	操作要求	工器具	测评标准	备注
5	电气连接和控制回路确认	4. 测量控制盘内部左侧 0X12、21 端子对地电阻＞3 MΩ。 5. 确认变送器隔离阀打开、排放阀/平衡阀关闭-FT1、FT2、LT1、LT2。 6. 目视检查控制盘内接线端子，接线良好，无甩开线。	万用表		
6	系统送电	1. 将控制盘内部左侧的开关 PS、S1、1PS、2PS 拨向上，给仪控 MOCK-UP 装置送电。 2. 三分钟后，确认记录仪、数显仪、控制器和触摸屏显示正常。	无	按操作要求完成	
7	启动循环水泵	1. 打开 V2。 2. 手动启泵：将控制盘上的泵选择开关 1SA 置“手动”位置，按绿色“启动”按钮。 3. 遥控启泵：将控制盘上的泵选择开关 1SA 置“遥控”位置，按触摸屏上“开泵”。 4. 将 LC1 置“manual”，调节输出信号为 50%，确认 LCV1 开度为 50%。 5. TK2 液位上升后，打开 V3。 6. 手动调节 LCV2，将 TK2 出口流量设定与入口流量相同（参看数显仪读数），建立动态平衡。	无	按操作要求完成	若发现 TK2 液位不上升或下降，应立即停泵，关闭 V2、V3，开展进一步检查。

2.2　操作实施 2　调整中核运行三厂仪控 MOCK-UP 装置的单回路液位控制

调整中核运行三厂仪控 MOCK-UP 装置的单回路液位控制操作见表 2-2。

表 2-2　调整中核运行三厂仪控 MOCK-UP 装置的单回路液位控制操作

序号	操作步骤	操作要求	工器具	测评标准	备注
1	设定值改变后的液位控制	1. 改变当前的液位设定值，改变值为±100 mm。 2. 确认液位控制阀的响应正常。 3. 观察液位能控制在改变后的设定值。	无	按操作要求完成	
2	记录原始参数值	记录液位控制器 LC1 的原始参数值，主要有比例、积分和微分。	无	按操作要求完成	
3	震荡测试前控制器 PID 参数初始设置	设置增益为 0.01（或比例带为 1 000），积分为 50，微分为 0。	无	按操作要求完成	

续表

序号	操作步骤	操作要求	工器具	测评标准	备注
4	0.6 m液位控制系统震荡设置	1. 提高增益,直至振荡再次开始。 2. 提高微分时间,直至振荡停止。 3. 降低增益1.5倍(恰当的增益设置)。 4. 缓慢减小积分,直至振荡开始。 5. 提高积分1.5倍(恰当的积分设置)。 6. 当振荡开始,降低一步增益,该值接近最佳的增益值。 7. 降低增益1.5倍(恰当的增益设置)。 8. 缓慢减小积分,直至振荡开始。 9. 提高积分1.5倍(恰当的积分设置)。 10. 当振荡开始,降低一步增益,该值接近最佳的增益。	无	按操作要求完成	
5	0.9 m液位控制系统震荡设置	1. 提高增益,直至振荡再次开始。 2. 提高微分时间,直至振荡停止。 3. 降低增益1.5倍(恰当的增益设置)。 4. 缓慢减小积分,直至振荡开始。 5. 提高积分1.5倍(恰当的积分设置)。 6. 当振荡开始,降低一步增益,该值接近最佳的增益值。 7. 降低增益1.5倍(恰当的增益设置)。 8. 缓慢减小积分,直至振荡开始。 9. 提高积分1.5倍(恰当的积分设置)。 10. 当振荡开始,降低一步增益,该值接近最佳的增益值 4、当振荡开始,降低一步增益,该值接近最佳的增益值。	无	按操作要求完成	
6	1.2 m液位控制系统震荡设置	1. 提高增益,直至振荡再次开始。 2. 提高微分时间,直至振荡停止。 3. 降低增益1.5倍(恰当的增益设置)。 4. 缓慢减小积分,直至振荡开始。 5. 提高积分1.5倍(恰当的积分设置)。 6. 当振荡开始,降低一步增益,该值接近最佳的增益值。 7. 降低增益1.5倍(恰当的增益设置)。 8. 缓慢减小积分,直至振荡开始。 9. 提高积分1.5倍(恰当的积分设置)。 10. 当振荡开始,降低一步增益,该值接近最佳的增益值 4、当振荡开始,降低一步增益,该值接近最佳的增益值。	无	按操作要求完成	
7	恢复控制器参数	将控制器参数恢复到第二步记录的原始参数。	无	按操作要求完成	

2.3 操作实施 3 停运中核运行三厂仪控 MOCK-UP 装置

停运中核运行三厂仪控 MOCK-UP 装置操作见表 2-3。

表 2-3 停运中核运行三厂仪控 MOCK-UP 装置操作

序号	操作步骤	操作要求	工器具	测评标准	备注
1	停运循环水泵	1. 手动停泵：按控制盘上红色“停止”按钮。 2. 遥控停泵：按触摸屏上“泵关”按钮。 3. 关闭 TK2 入口隔离阀 V2。 4. 关闭 TK2 出口隔离阀 V3，但 TK2 液位不能低于 0.3 m。	无	按操作要求完成	
2	系统断电	将控制盘内部左侧的开关 PS、S1、1PS、2PS 拨向下，给仪控 MOCK-UP 装置断电。	无	按操作要求完成	
3	TK2 覆盖气排空	1. 关闭压空隔离阀。 2. 缓慢打开 V5。	无	按操作要求完成	
4	拆除压空管线	用呆扳手拆除仪控压空临时管线。	无	按操作要求完成	

2.4 操作实施 4 现场清理

现场清理操作见表 2-4。

表 2-4 现场清理操作

序	操作步骤	操作要求	工器具	测评标准	备注
1	工器具整理	清理工作现场地，做到工完料尽，工器具去污后归还或存放在适当位置。	无	按操作要求完成	
2	废物和场地清理	产生的废物已收集并放到指定地点，控制盘柜清扫干净。	无	按操作要求完成	

第三章 故障检查和处理

3.1 常见故障现象和判断方法

常见故障现象和判断方法见表 3-1。

表 3-1 常见故障现象和判断方法

序号	故障现象	判断方法
1	循环水泵启动后,TK2 液位不上升	检查磁翻板液位计液位是否上升。
2	循环水泵无法启动	循环水泵没有运行。
3	气动液位控制阀无法控制	观察气动液位调节阀,是否正常动作。
4	TK2/TK1 液位无显示	用万用表测量液位变送器的输出。

3.2 常见故障原因分析和故障排除方法

循环水泵启动后,TK2 液位不上升原因及排除方法见表 3-2。

表 3-2 循环水泵启动后，TK2 液位不上升原因及排除方法

序号	故障原因分析	故障排除方法
1	TK2 前后隔离阀没有打开	打开 TK2 前后隔离阀。
2	气动液位控制阀没有打开	1. 将液位控制器 LC1 投入自动。 2. 检查和校验气动液位控制阀。
3	液位控制器 LC1 参数设定错误	检查液位控制器 LC1 控制参数。

循环水泵无法启动原因及排除方法见表 3-3。

表 3-3 循环水泵无法启动原因及排除方法

序号	故障原因分析	故障排除方法
1	接线回路接线松动	紧固控制回路接线。
2	循环水泵的电源没有投运	投运循环水泵的供电电源。
3	循环水泵损坏	更换循环水泵。

气动液位控制阀无法控制原因及排除方法见表 3-4。

表 3-4 气动液位控制阀无法控制原因及排除方法

序号	故障原因分析	故障排除方法
1	阀门气源没有投运	投运气动液位控制阀的仪用压空。
2	阀门控制线接线松动	紧固阀门控制回路接线。
3	阀门定位器反馈杆脱落	重新安装阀门定位器反馈杆并对阀门进行校验。
4	控制阀门的控制器没有投入自动	将液位控制投入自动。
5	阀门定位器损坏	更换阀门定位器并重新进行校验。
6	阀门动作漂移	重新校验阀门。

TK2/TK1 液位无显示原因及排除方法见表 3-5。

表 3-5 TK2/TK1 液位无显示原因及排除方法

序号	故障原因分析	故障排除方法
1	液位变送器无供电电源	检查变送器供电回路。
2	液位变送器漂移	重新标定液位变送器。
3	液位变送器损坏	更换损坏的液位变送器。
4	液位显示仪表损坏	更换液位显示仪表。
5	液位变送器测量回路接线松动	紧固液位变送器测量回路接线。

第四章　操作结束

4.1　总结回顾培训过程以及关键点

本次培训针对仪控维修新员工,较为详细的阐述了热工闭环控制系统各个方面的使用方法和知识以及对仪控检修人员行为规范的要求,对于现场工作具有指导意义

4.2　针对学员技能培训进行点评

学员对热工闭环控制系统操作过程进行阐述,并说明其中的关键点以及注意事项。教员对学员的陈述简要记录,根据阐述评判学员的掌握情况。教员指出学员阐述过程中的错误以及需要注意的事项,并且依据评判表,对学员的学习情况做出整体评判。

4.3　召开技能培训操作工作会

工后会是对整个工作过程的回顾以及必要的经验反馈。维修工后会记录表见表 4-1。

表 4-1　维修工后会记录表（示例）

<table>
<tr><td colspan="4">工作内容：</td><td>工单号：</td></tr>
<tr><td colspan="3">电厂：</td><td colspan="2">机组：</td></tr>
<tr><td colspan="3">计划完工时间：</td><td colspan="2">实际完工时间：</td></tr>
<tr><td colspan="2">序号</td><td>检查项目</td><td>检查结果</td><td>异常情况记录</td></tr>
<tr><td rowspan="5">一
工
作
回
顾</td><td>1</td><td>工作许可证已归还</td><td>□ 是
□ 否</td><td></td></tr>
<tr><td>2</td><td>检修现场清理完成</td><td>□ 是
□ 否</td><td></td></tr>
<tr><td>3</td><td>设备标牌清晰无损伤</td><td>□ 是
□ 否</td><td></td></tr>
<tr><td>4</td><td>检修任务达到预期结果</td><td>□ 是
□ 否</td><td></td></tr>
<tr><td>5</td><td>试验设备和工器具已归还</td><td>□ 是
□ 否</td><td></td></tr>
</table>

续表

序号		检查项目	检查结果	异常情况记录
二 经验反馈	6	工期安排合理	□ 是 □ 否	
	7	工作人员配置充足	□ 是 □ 否	
	8	工作文件准备充分	□ 是 □ 否	
	9	工作人员的检修技能满足要求	□ 是 □ 否	
	10	规程、图纸需要升版	□ 是 □ 否	
	11	库存备件需要补充	□ 是 □ 否	
	12	更换下来的旧部件需要利旧翻新维修	□ 是 □ 否	
	13	检修过程中出现预期外的现象和报警	□ 是 □ 否	
	14	提出缺陷单、QDR、状态报告等	□ 是 □ 否	
	15	编写良好实践、经验反馈	□ 是 □ 否	
	16	工作中需要协调、改进建议等	□ 是 □ 否	
三 其它事项	17			

工作组成员签名/日期：

4.4 征求学员对技能培训及教材的信息反馈

征求学员对本次热工闭环控制系统培训及教材的评价。

第五章　经验反馈

2013 年 1 月 22 日，2 点 55 分，1 号机组堆功率从 15%上升到 30%时，除氧器压力控制器 1-64333-PC-4111 控制异常，在堆功率为 30%FP 时其输出突然变为 0，同时除氧器压力变为 0。经维修人员检查为控制器内部参数有误。

直接原因：控制器内部参数设置错误；技术性错误。

根本原因：控制器参数修改未设限制，工作人员修改了参数后没有及时恢复，后续也没有检查确认；控制手段不足，人员资格要求不明确。

经验教训：

对控制器参数进行检查修改需要具备授权资格的人员执行。

对控制参数进行修改应设置权限，并且对检查、修改、恢复等操作应进行监护确认。

第六章　习　题

6.1　填空题(每空 5 分,共 30 分)

1. 一般,控制系统受到两种作用,即________的作用和________作用。

答:有用信号(给定值)扰动

2. 闭环控制系统是一种________控制系统。

答:反馈

3. 闭环控制系统具有自动修正被控制量________的能力。

答:偏差

4. 比较元件是对被控制量________与给定值进行代数运算,给出________信号,起信号综合作用。

答:或测量值　偏差

5. 通常所说的系统的________是指有用信号。

答:输入信号

6.2　选择题(单选题)(每题 10 分,共 30 分)

1. 自控控制系统的种类很多,大致有(D)?

A. 恒值控制系统、随动系统　　B. 程序控制系统、过程控制系统

C. 计算机控制系统　　D. 以上都是

2. 反映反馈控制系统的主要性能一般可归纳为(A)。

A. 稳定性、快速性和准确性　　B. 稳定性、快速性

C. 快速性和准确性　　D. 稳定性、准确性

3. 以下关于控制系统准确性描述正常的是(B)。

A. 就是调整过程结束前输出量与给定的输入量之间的偏差,又称之为静态误差或稳态精度

B. 就是调整过程结束后输出量与给定的输入量之间的偏差,又称之为静态误差或稳态精度

C. 这是在系统稳定的前提下提出来的,所谓快速性就是指当系统的输出量与给定的输入量之间产生偏差时,消除这种偏差过程的快慢过程。

D. 就是调整过程结束后输出量与扰动值之间的偏差。

6.3 问答题

1. 闭环控制系统基本组成元件有哪些?其简要机能是什么?(20分)

答:1) 测量元件:对系统输出量进行测量;

2) 比较元件:对被控制量(或测量值)与给定值进行代数运算,给出偏差信号,起信号综合作用;

3) 放大元件:对微弱的偏差信号进行放大和变换,输出足够的功率和要求的物理量;

4) 执行机构:根据放大后的偏差信号,对被控制对象执行控制任务,使被控制量与希望值趋于一致;

5) 校正装置:其参数和结构便于调整,用于改善系统的性能;

6) 被控制对象:指自动控制系统中需要进行控制的机器,设备或生产过程。

2. 画出典型闭环控制系统的系统框图?(20分)

答:

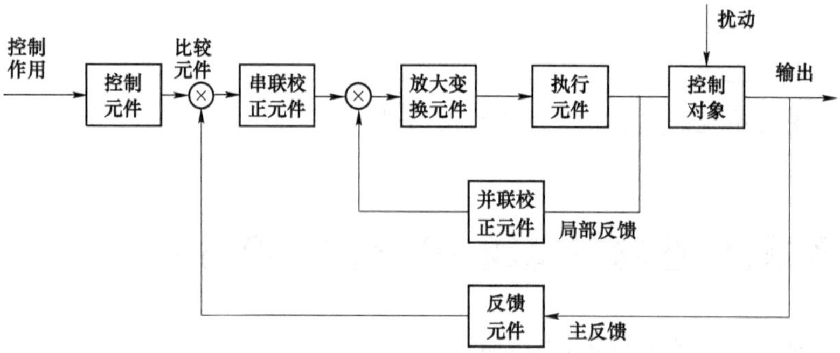

6.4 实操题

鉴定点:三厂仪控车间(S1-224)

试题:启动中核运行三厂仪控 MOCK-UP 并将 TK2 液位控制在 1.2 M

1. 准备要求

考场准备:

(1) 试题名称:投运仪控 MOCK-UP 将 TK2 液位控制在 1.2 M

(2) 本题分值:100

(3) 考核时间:60 min

(4) 考核形式:实操

(5) 设备设施准备:仪控 MOCK-UP

考生准备:

(1) 工器具、材料及量具等器具准备

(2) 维修文件准备

(3) 工业安全和辐射防护准备

(4) 辅助人员准备

2. 考核要求

(1) 考核场地要求:现场整洁,工器具摆放有序,符合工业安全要求

(2) 实际操作要求:具体考核要求详见岗位培训评价表

(3) 否定项说明:

考试过程中,非考生本人亲自参加考核;

技能培训中操作步骤不按顺序执行并已经导致操作部分无法成功完成;

遗漏技能培训科目操作步骤中的关键步骤,导致操作部分无法完成;

技能培训操作中严重违反安全生产相关规定的操作步骤;

出现严重偏离技能培训目标标准的答案;

(4) 其他:辅助人员帮助或提示考生酌情予以扣分

3. 其他说明

本实操题考核的前提条件是:仪控 MOCK-UP 可运行,TK2 液位能控制在 1.2 M。

4. 配分与评分标准

序号	考核内容	考核要点	配分	评分标准	扣分	得分
1	实操前工作准备	1. 工器具、材料、备件准备 2. 文件准备 3. 工业安全及辐射防护准备 4. 场地布置准备	15分	1. 要求工器具、材料备件齐全,有遗漏项目酌情扣分。 2. 使用最新版已发布生效的规程。 3. 个人防护用品穿戴齐全,按实际情况执行,未按要求准备酌情扣分。 4. 工器具、材料等分类摆放整洁,视准备情况酌情扣分。		
2	投运仪控 MOCK-UP	仪控 MOCK-UP 的正常投运及投运前的检查	45分	1. 投运前部件完好性检查,没有检查扣5分。 2. 投运前阀门状态检查,没有检查扣5分。 3. 水箱液位确认,没有确认扣5分。 4. 确认仪控 MOCK-UP 装置地线连接好,检查装置平台对地电阻<5 Ω,没有确认扣5分。 5. 确认测量控制盘内部分端子对地电阻,没有确认扣5分。 6. 确认变送器隔离阀打开、排放阀/平衡阀关闭FT1、FT2、LT1、LT2,没有确认或确认错误扣5分。 7. 盘柜送电,确认各仪表显示正常,没有确认扣5分。 8. 启动循环水泵,不会操作扣5分。 9. 工作没有使用防人因失误工具进行现场接线和设备确认扣5分。		
3	调节液位控制器设定值	改变 TK2 液位控制值的方法	10	不会改变液位控制器设定值,无法将液位控制在1.2 m,扣10分		

续表

序号	考核内容	考核要点	配分	评分标准	扣分	得分
4	维修工器具的正确使用	维修工具、专用工具、量具等	10分	1. 未正确使用工器具酌情扣分。 2. 不会使用工器具扣10分。		
5	文明检修情况	零部件摆放、维修操作过程	10分	1. 要求零部件、工器具摆放有序,酌情扣分。 2. 野蛮操作,酌情扣分。		
6	操作时间	时间控制	10分	每超过1分钟扣1分。		
合计			100分			

否定项:发生人员受伤或设备损坏事件。

评分人:　　年　　月　　日　　　　　　　　核分人:　　年　　月　　日

第七部分　PT878 型超声波流量计

第一章　操作准备

1.1　PT878 超声波流量计工作原理和适用范围

1.1.1　超声波流量计工作原理

超声波在流动的流体中传播时就载上流体流速的信息。因此通过接收到的超声波就可以检测出流体的流速从而换算成流量。超声脉冲穿过管道从一个传感器到达另一个传感器就像一个渡船的船夫在横渡一条河。当气体不流动时声脉冲以相同的速度声速 C 在两个方向上传播。如果管道中的气体有一定流速 V 该流速不等于零则顺着流动方向的声脉冲会传输得快些而逆着流动方向的声脉冲会传输得慢些。这样顺流传输时间 tD 会短些而逆流传输时间 tU 会长些。这里所说的长些或短些都是与气体不流动时的传输时间相比而言根据检测的方式可分为传播速度差法、多普勒法、波束偏移法、噪声法及相关法等不同类型的超声波流量计。

根据对信号检测的原理目前超声波流量计大致可分传播速度差法(包括直接时差法、时差法、相位差法、频差法)波束偏移法、多普勒法、相关法、空间滤波法及噪声法等类型。其中以噪声法原理及结构最简单　便于测量和携带价格便宜但准确度较低适于在流量测量准确度要求不高的场合使用。由于直接时差法、时差法、频差法和相位差法的基本原理都是通过测量超声波脉冲顺流和逆流传报时速度之差来反映流体的流速的故又统称为传播速度差法。其中频差法和时差法克服了声速随流体温度变化带来的误差准确度较高所以被广泛采用。按照换能器的配置方法不同传播速度

1.1.2　PT878 超声波流量计适用范围

对于使用 PT878 超声流量计测量管道流量,其对测量管道要求如下:

1) 被测管中的液体一定要满管,一般测量点选在管道的最低点,不要在自上向下流动的垂直管道上测量,因有可能产生非满管。

2) 传感器安装点需有足够长直管段,一般为前 10D 后 5D,使流场成为充分发展流量,D 为被测管道直径.如直管段长度不够,尽可能保证前面长度。

3）传感器需水平安装以避开管道中的气泡与沉淀物。

4）传感器安装点需选择表面平整，管壁情况较佳的部分，避开焊缝。主要性能指标如下：

5）适用管线尺寸：20～610 mm

6）管道壁厚要求：1.3～76.2 mm。

7）管线材质：所有的金属和塑料管，无内衬的管线。

流速测量精度：管径≤150 mm；读数的±2%～5%，管径＞150 mm：读数的±1%～±2%（注：精度取决于管径和其他因素）

8）重复性：读数的±0.2%～±0.5%

9）夹装式超声波流量传感器使用温度范围：标准型为-40～130 ℃、同时可选-40～230 ℃的探头。

1.2 初始安装

1.2.1 电气连接

在测量之前进行如下接线：

1）电源

2）传感器

3）模拟输入/输出

4）RS232 通信接口

如图 1-1 所示，连接所有 Trans Port 顶部的接口，请注意只需连接合适的电源和传感器。其他的连接是特殊功能所需的，基本的操作中并不需要。

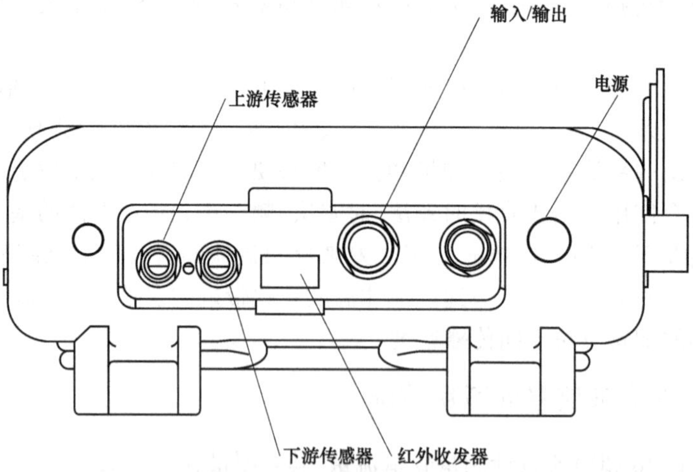

图 1-1 电气连接位置

1.2.2 电源连接

Trans Port 的电源可是 100～120 V/200～260 V 交流电，也可是 4 节 C 型镍铬高性能充

电电池，当你拿到 Trans Port 时，电池是没有充过电的，因此，如果要用电池，需要进行定期充电。若是用插座电源，就必须如图 1 的所示那样，把电线连在电源接口上。

1.2.3　传感器连接

传感器导线通过 LEMO 接头与 Trans Port 连接起来。每一种颜色的导线应该有一个标识 UPSTREAM 或 DOWNSTREAM 的接头。如图 1-1 所示。把传感器导线连接在流量计的顶部。不同类型传感器安装将在传感器安装向导中分别讨论。

1.2.4　模拟输入/输出连接

Trans Port 为温度变送器提供一个 4～20 mA 或 0～20 mA 电流输出和两个 4～20 mA 模拟输入(16 V 交流电源)。如图 1-1 所示。用一个 LEMO 多针接头连接输入/输出，如表 1-1 所示为标准输入/输出导线的插针号所对应的接线颜色。

表 1-1　模拟输入/输出电缆组

管脚编号	电线颜色	说明
1	黑色	模拟输出 1
2	红色	16 V(带开关)
3	白色	温度传感器的输入或输出(输入 A)
4	黄色	温度传感器的输入或输出(输入 B)
5	绿色	模拟接地
6	橙色	数字输出(频率输出、脉冲累加器、诊断输出或校准门电路)
7	蓝色	数字接地
8	紫色	接收监视器

1.3　充电和更换电池

1.3.1　充电

当你拿到 Trans Port，你需要最初的充电。充满电的电池提供 6～8 小时的连续工作，如图 1-2 所示。再充电时只需要 AC Power Module Cord 插入电源插孔，当 Trans Port 接入了电压，内置电池会自动再充电，同时给流量计提供电源。关掉流量计后，电池也会继续充电。在蓄电池完全损耗的情况下，再充电通常需要 16～20 小时。Trans Port 是不会过量充电的，当屏幕顶端出现“LOW BATTERY”消息时你应该立即充电。否则，Trans Port 将会显示“VERY LOWBATTERY”消

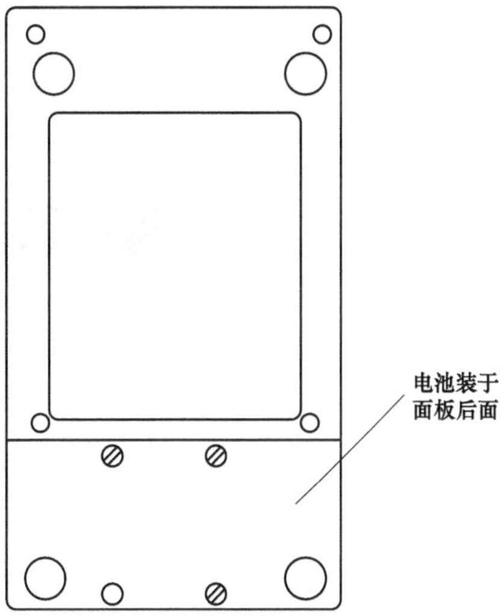

图 1-2　PT787 背板

息,嘟嘟响 10 次后自动切断,以保存剩下的电池。

1.3.2 更换电池

如果你需要更换充电电池,需换上 5-C 型号的镍铬高能充电电池(巴纳公司 Pat Number 200-058),打开位于 Trans Port 背面,取下旧电池,更换新的电池(图 1-2)。

1.3.3 电源开关

必须插上电源或电池必须像先前面讲的那样充上电才能操作 Trans Port。按下位于键盘右上角的[ON]键,打开 Trans Port。仪器将会执行以下的自我检验并显示它们的状态。

1) EPROM 检验
2) RAM 测试
3) NOVRA 测试
4) 后备电池测试
5) 时间和日期测试

仪器做完所有的自我检测以后,屏幕上将会显示出如图 1-3 所示的那样。同时按下[SHIFT]红色按键和[ON],并关机 Trans Port。

1.4 使用屏幕和按键

1.4.1 屏幕

屏幕的功能是显示信息使你能够精确方便地进行测量,屏幕被分成七个部分,具体见图 1-3。

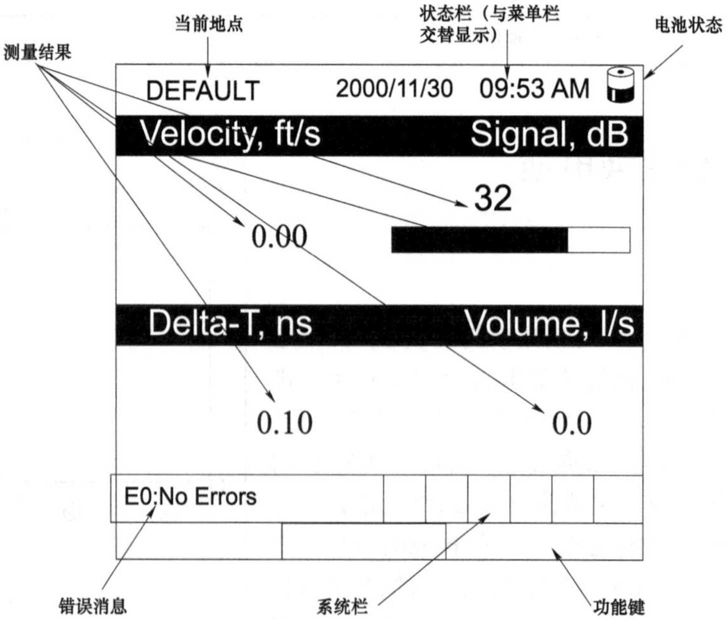

图 1-3 操作模式下的 PT878 屏幕

屏幕的最上面一行是状态栏，一般显示时间、日期、电池状态。但是，当按(MENU)时，菜单栏将换成状态栏。

屏幕中部为工作区，其中显示测得的参数、数值测量结果以及条形图和线性图。当在菜单栏中输入选项后，此区域将显示菜单提示。此外，在工作区底部的一行中还会显示错误代码消息。

系统栏用于显示图标，以指明未另行显示的仪器操作。表 1-2 列出了各个图标及其含义。

表 1-2 系统栏图标含义

图标	功能	含义
	红外传输	正在进行红外数据传输。
	警告	表明仪器在操作中遇到错误。
	日志	表明日志正在运行(标记)或者已挂起(无标记)。
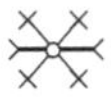 	加热/冷却	表明加热或者冷却模式。
	秒表	校准门电路操作：当校准门电路关闭时，秒表停止；当校准门电路打开时，秒表运行。
 	快照 (到文件) (到打印机)	表明已激活快照功能，因此用户可以抓屏。

屏幕底部显示有三个功能键选项：[F1][F2][F3]。这些键所具备的功能将根据执行的任务而异。

1.4.2 键区

Trans Port 键区有 25 个键，具体见图 1-4，每个键的功能如下：

1) 4 个特征键([F1]、[F2]、[F3])，这些键显示在屏幕底部，可用于选择特定功能。
2) 12 个数字键：用于输入数字
3) 4 个箭头键：([←]、[→]、[↑]、[↓])用于在菜单命令移动
4) [ENTER]键：把选中的数值输入 Trans Port 存储器
5) [ESC]键：用于随时退出菜单
6) [MENU]菜单键-可用于访问主菜单。
7) [SEL]-可用于移动显示屏幕上的测量数据。
8) 红色键[O]—打开或关闭电源，并且打开或关闭背光灯。

1.5 调整对比度和报警音量

1.5.1 调整对比度

按住红色键[O]，同时按下下面其中的一个键

1）按[↑]增强对比度
2）按[↓]降低对比度

1.5.2 调整音量

按住红色键[O],同时按下其中的一个键
1）按[→]提高音量
2）按[←]降低音量

1.5.3 背景光

为了提高显示的可见度,Trans Port 配有背景光。
打开背景光:按住红色键[O]然后按[7]可以增亮背景光。
关闭背景光:按住红色键[O]然后按[4]。

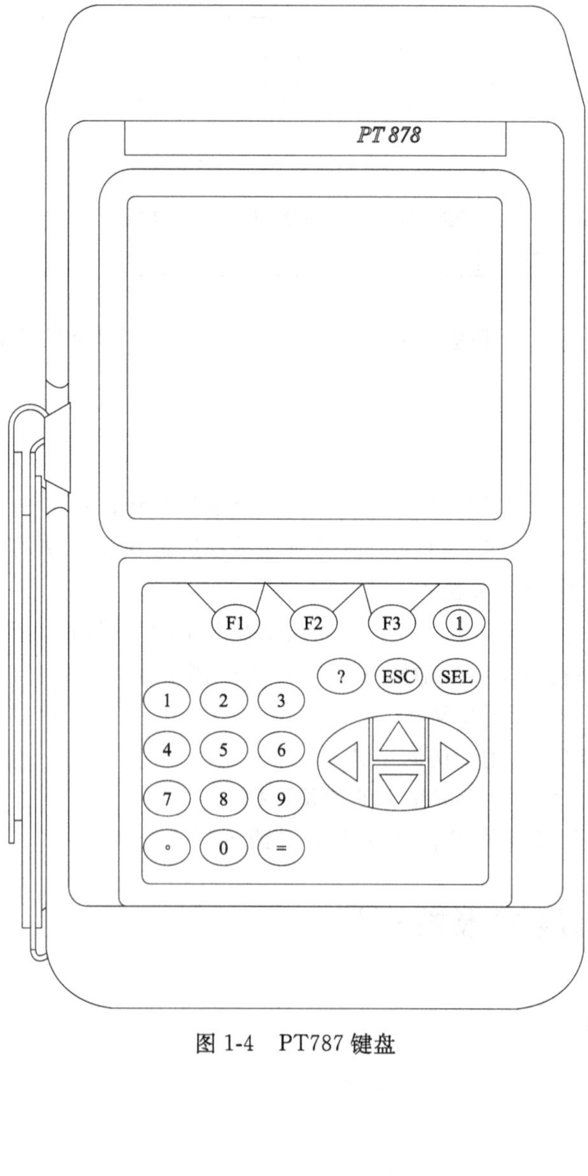

图 1-4 PT787 键盘

设置背景光的持续时间：使用背景光的定时功能，可以设置背景光持续打开时间，到时将自动关闭。菜单中的最后一道命令，即BACKL，使用户能够通过调整背景光持续时间，保存电池能量。

1.6 初始设置

通过 PT878 Program Menu，可以设置用以定义安装位置的参数。执行测量之前，至少应该在仪器中输入传感器、管道和流体数据。

设定的数据可保持为地点文件，PT878则可以存储多大1 MB的数据。用户只需连接便携式PT878流量计和传感器，并载入相应位置的地点文件，便可测量众多管道的流量。

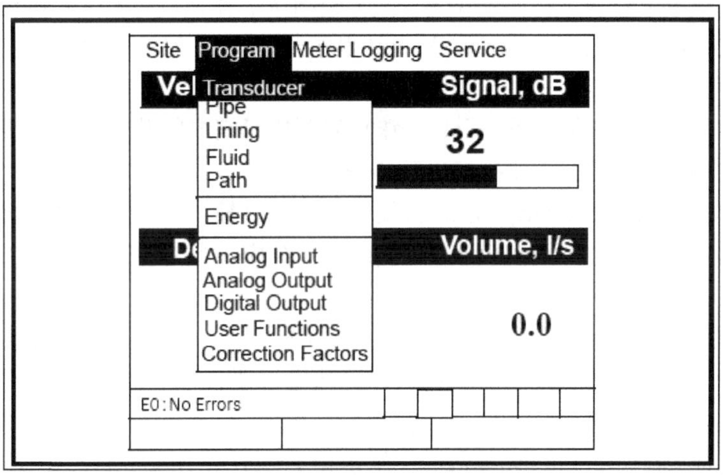

图1-5 Program Menu（程序菜单）

1.6.1 进入Program Menu（程序菜单）

进入Program Menu（程序菜单），按PT878键盘右下角的[MENU]键。屏幕顶部的状态栏将变成菜单栏，按[▶]方向键，滚动到 Program Menu（程序菜单），然后按[ENTER]。使用[▼]和[▲]方向键可以浏览菜单选项。按[ENTER]则可以选中相应选项。在某选项窗口中输入信息后，按：

[▼]键可以向下滚动列表

[▲]键可以向上滚动列表

[F2]键（取消）或[ESC]键可随时关闭窗口并返回到 Operate Mode（操作模式），且不会更改数据。

如果输入的数值不对，可以按[◀]键将刚输入的那位数字擦除。

1.6.2 输入传感器参数

要设置传感器数据，请滚动至 Program Menu（程序菜单）的 Transducer（传感器）选项，然后按[ENTER]键。

对于普通传感器,进行以下操作:

1) 在 Type(类型)提示处,使用[◀]和[▶]键选择测量装置所用的传感器类型,即 wetted(湿式)或 clamp-on(夹持型),按[ENTER]确认所选择项目。在 Transducer 和 Pipe 菜单中所作的各项选择会确定其他必须设置的选项。例如如果选项 wetted Transducer(湿式传感器),则 Pipe Lining(管道衬套)选项不是必选项,因此当设置 Pipe(管道)菜单时,该选项不可用。

2) 按[▼]键移动至 Transducer(传感器)提示处,然后按[ENTER]键。此时,便会出现一个下拉列表,其中列出了同所选传感器类型对应的传感器编号。滚动至相应编号(编号铭刻在传感器的机体上);如果没有传感器编号,滚动至 Special(特殊)。按[ENTER]键确认所作的选择。

3) 如果第一步中输入了传感器编号,按[F3]确认选择,然后退出 Program Menu(程序菜单)。否则,按[F2]键退出 Program Menu(程序菜单)。此时不会显示确认信息。继续进入下一区域输入管道参数。

4) 如果在第二步中选择了 Special(特殊),需要执行完成特殊传感器的设置。

对于特殊传感器的设置,需要执行以下步骤:

1) 用[▼]键移动至 Frequency 提出处,按[ENTER](输入)。此时,便会显示一个下拉列表,其中列出了五个频率值。滚动到同的传感器对应的频率值(单位为 MHz),然后按[ENTER](输入)。

2) 用[▼]键移动至 Tw 提示处,然后按[ENTER](输入)。使用数字键输入随传感器提供的延时值(单位为μs)。按[ENTER](输入)确认输入项。

3) 如果设置的是特殊湿式传感器,请按[F3](确定)以确认选择并退出 Program Menu(程序菜单)。否则,按[F2](取消)或[ESC]键退出 Program Menu(程序菜单)。此时不会显示确认信息。继续进入下一个区域输入管道参数。

4) 如果设置的是特殊夹持型传感器,请继续执行下述设置。

1) 用[▼]键移动至 Wedge Ang(楔角)提示处,然后按[ENTER](输入)。用数字键输入随传感器提供的楔角(单位为度)值。按[ENTER](输入)确认输入。

2) 用[▼]键移动至 Wedge Tmp(楔温)提示处,然后按[ENTER](输入)。使用数字键输入随传感器提供的楔温值。按[ENTER](输入)确认输入。

3) 用[▼]键移动至 Wedge SS(楔声速)提示处,然后按[ENTER](输入)。使用数字键输入随传感器提供的楔声速(单位为英尺/秒或米/秒)。按[ENTER](输入)确认输入。

4) 按[F3](确定)以确认选择并退出 Program Menu(程序菜单)。否则,请按[F2](取消)或[ESC]键退出 Program Menu(程序菜单)。此时不会显示确认信息。继续进入下一个区域输入管道参数。

1.6.3 输入管道参数

要设置管道参数,滚动至 Program Menu(程序菜单)的 Pipe(管道)选项,然后按[ENTER](输入),表 1-3 为管道材料选项。

表 1-3 管道材料选项

材料类别	具体材料
Al(铝)	轧制铝
Brass(黄铜)	无
Cu(铜)	退火处理或轧制铜
CuNi(铜/镍)	70%铜 30%镍,或 90%铜 10%镍
Glass(玻璃)	耐热玻璃、含铅玻璃或冕牌玻璃
Gold(黄金)	冷拔处理
Inconel(铬镍铁合金)	无
Iron(铁)	阿姆克铁、球墨铸铁、铸铁和电解铁
Monel(蒙乃尔铜镍合金)	无
Nickel(镍)	无
Plastic(塑料)	尼龙、聚乙烯、聚丙烯、PVC(CPVC)或丙烯酸树脂
Steel(钢)	碳钢或不锈钢
Tin(锡)	轧制锡
Titanium(钛)	无
Tungsten(钨)	退火、碳化或冷拔处理
Zinc(锌)	轧制锌
Other(其他)*	任意材料

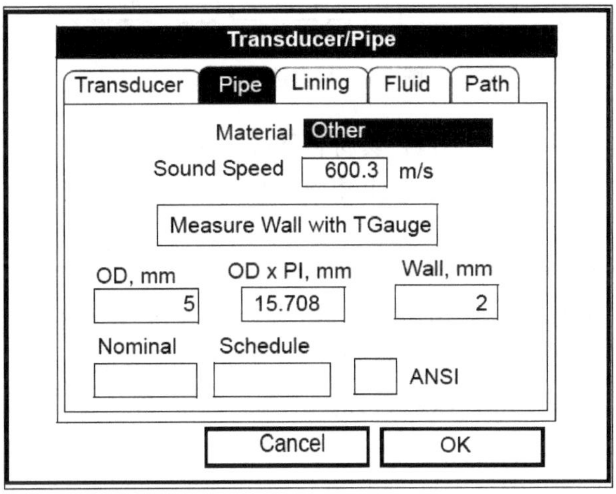

图 1-6 管道选项窗口

1) 在 Material(材料)提示处,按[ENTER](输入)打开选项列表(参见表 1-3)。用[▼]或[▲]键滚动至相应的材料。如果在列表中找不到相应的材料,请选择 Other(其他)。

2) 按[ENTER](输入)确认所作的选择。

3) 如果选择 Other(其他),请输入材料对应的声速,然后按[ENTER](输入)。对于某些材料,可以选择在下一步中输入管径尺寸

4) 在下一个提示处,选择是希望输入管道的外径(OD)还是其周长。在所选的方框突出显示后,输入的值并按[ENTER](输入)确认。

5) 在下一个提示处,输入管道的壁厚,然后按[ENTER](输入)确认。

6) 要返回 Operate Mode(操作模式),请按[F3](确定)确认各项输入内容,或按[F2](取消)取消各项输入内容。

1.6.4 输入管道衬套参数

要设置管道衬套,请滚动至 Program Menu(程序菜单)的 Lining(衬套)选项(参见图 1-7),然后按[ENTER](输入)。Lining(衬套)选项仅适用于夹持型传感器。

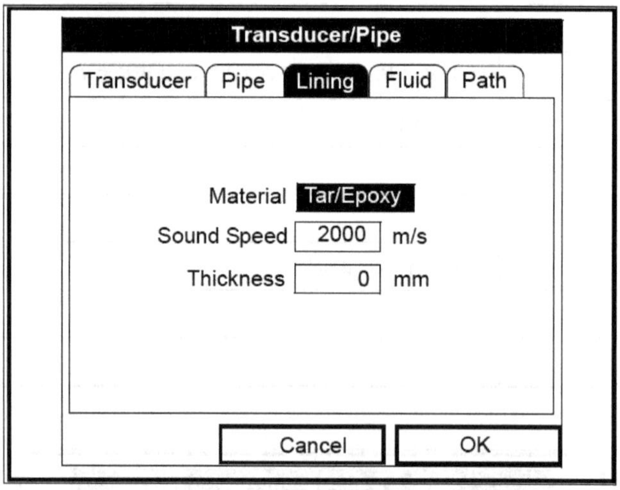

图 1-7 衬套选项窗口

1) 按[ENTER](输入)打开管道衬套材料下拉列表。

2) 滚动至相应材料。如果没有列出相应的材料,请选择 Other(其他)。按[ENTER](输入)确认所作的选择。

3) 如果从列表中选择了管道衬套的材料,系统便会自动输入相应的声速。但是,如果选择了 Other(其他),则必须输入相应材料的声速,然后按[ENTER](输入)确认。

4) 用数字键输入衬套厚度,然后按[ENTER](输入)确认该值。

5) 要返回 Operate Mode(操作模式),请按[F3](确定)确认各项输入内容,或按[F2](取消)取消各项输入内容。

1.6.5 输入流体参数

要设置流体参数,请滚动至 Program Menu(程序菜单)的 Fluid(流体)选项卡(参见图 1-8),然后按[ENTER](输入)。

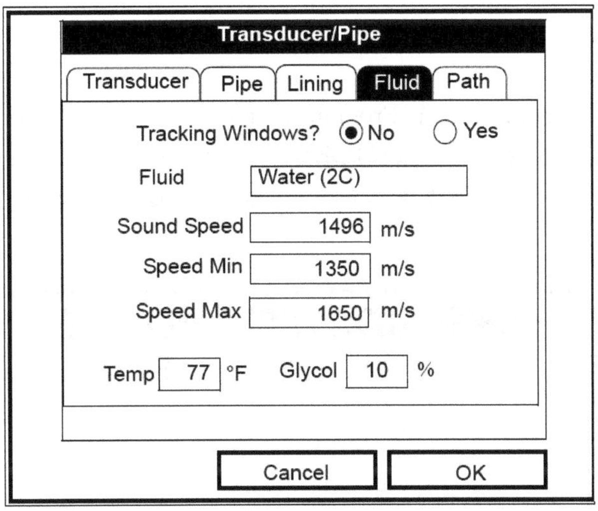

图 1-8 流体选项窗口

1) 滚动至 No(否)或 Yes(是)按钮,表明是否希望使用 Tracking Windows(跟踪窗口)。按[ENTER](输入)确认所作的选择。

2) 在 Fluid(流体)提示处,按[ENTER](输入)打开下拉列表。滚动至相应的流体类型(参见下页上的表 1-4 所列出的适用流体);如果未列出相应的流体,请选择 Other(其他),然后按[ENTER](输入)确认所作的选择。

表 1-4 流体类型选项

Energy(能量)	Tracking Windows(跟踪窗口)为 OFF(关)时	Tracking Windows(跟踪窗口)为 ON(开)时
OFF(关)	其他	水(0～260 ℃)
	水(0～260 ℃)	油
	海水	其他
	油(22 ℃)	
	原油	
	润滑油(X200)	
	甲醇	
	乙醇	
	LN2(-199 ℃)	
	氟利昂(R-12)	
ON(开)	水/0～260 ℃	水/0～260 ℃
	水/乙二醇(乙二醇百分含量)	水/乙二醇(乙二醇百分含量)
	其他(单声速)	其他(最小/最大声速)

3) 要返回 Operate Mode(操作模式),请按[F3](确定)确认各项输入内容,或按[F2](取消)取消各项输入内容。

1.6.6 输入路径参数

要设置信号路径参数，请滚动至 Program Menu(程序菜单)的 Path(路径)选项卡(参见图 1-9)，然后按[ENTER](输入)。路径选项中的提示取决于在 Transducer(传感器)选项中是选择了 clamp-on(夹持型)还是选择了 wetted(湿式)传感器。请根据的传感器类型转至相应的部分。

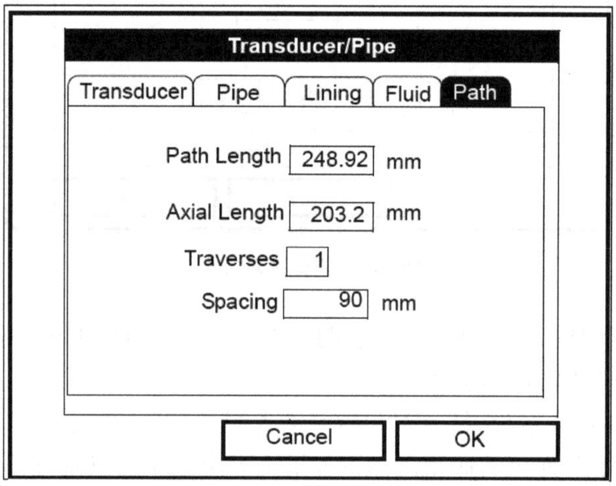

图 1-9 路径选项窗口

对于夹持型传感器执行以下步骤：

1) 在 Traverses(往复次数)提示处，按[ENTER](输入)打开下拉列表。滚动至测量装置所要求的往复次数，然后按[ENTER](输入)确认所做的选择。往复次数是指超声波信号在被接收之前穿越管道的次数。

2) 下一提示则显示传感器的 Spacing(间距)。该值是根据先前输入的信息计算得出的。请记下此值，并在安装期间以此为依据来确定传感器的间距。使用 PT878 计算出的间距。除非 GE Sensing 指示替换该值，否则不要这样做。

3) 要返回 Operate Mode(操作模式)，请按[F3](确定)确认各项输入内容，或按[F2](取消)取消各项输入内容。

对于湿式传感器执行以下步骤：

1) 在 Path Length(路径长度)提示处，用数字键输入 GE Sensing 提供的路径长度(P)值，然后按[ENTER](输入)确认。

2) 在 Axial Length(轴长)提示处，用数字键输入 GE Sensing 提供的轴长(L)值，然后按[ENTER](输入)确认。

3) 要返回 Operate Mode(操作模式)，请按[F3](确定)确认各项输入内容，或按[F2](取消)取消各项输入内容。

1.6.7 输入修正系数

要输入 Reynolds Correction(雷诺修正)或 Calibration Factor(校准系数)数据，请滚动至

Program Menu(程序菜单)中的 Correction Factors(修正系数)选项卡,然后按[ENTER](输入)。

输入雷诺修正数据执行以下步骤:

滚动至 Reynolds Correction(雷诺修正)选项卡(参见图 1-10),然后按[ENTER](输入),并按下述方式继续:Reynolds Correction(雷诺修正)系数取决于流体的运动黏度和流速。其默认状态为 ON(开)。所有夹持型传感器和绝大部分湿式传感器都应保留该值。

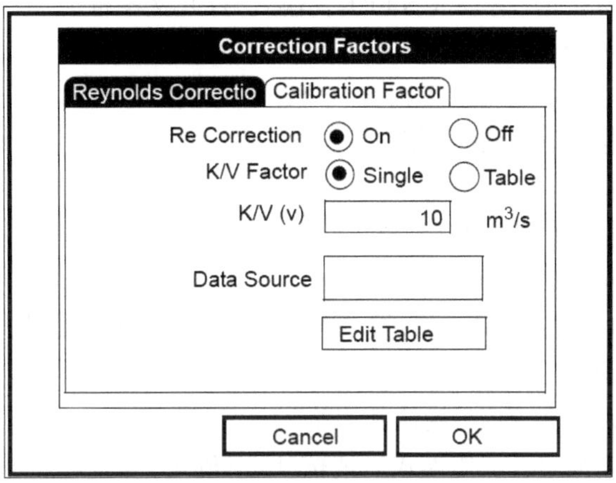

图 1-10　雷诺修正窗口

1) 要启用或禁用 Reynolds Correction(雷诺修正),请用[◀]和[▶]键滚动至相应的单选按钮,然后按[ENTER](输入)。如果禁用 Reynolds Correction(雷诺修正),则无法在此窗口中输入任何其他数据。跳过其余步骤。

2) 必须选择是输入单个 K/V(运动黏度)值,还是输入一个值表。用[◀]和[▶]键滚动至所需的单选按钮,然后按[ENTER](输入)。

输入雷诺修正数据(续)输入单个 K/V 值

a. 如果选择输入单个值,请按[ENTER](输入)打开文本框。

b. 用数字键输入相关流体的 K/V 值(参见《声速和管径尺寸数据》手册)。

c. 按[ENTER](输入)确认的数据。

输入一个 K/V 值表:

a. 如果选择输入一个值表,请按[ENTER](输入)打开数据源框。

b. 按[F3](确定)确认将速度作为源参数。

c. 在 Edit Table(编辑表)提示处,按[ENTER](输入)打开数据表。用方向键滚动至表格的每个单元格,然后用数字键输入每个单元格的值。

d. 输入完毕后,按[F3](确定)确认新表格。

3) 要返回 Operate Mode(操作模式),请按[F3](确定)确认各项输入内容,或按[F2](取消)取消各项输入内容。

1.6.8　输入校准系数

输入校准系数滚动至 Calibration Factor(校准系数)选项卡,然后按[ENTER](输入),并按下述方式继续：

1）要启用或禁用 Calibration Factor(校准系数)，请用[◀]和[▶]键滚动至相应的单选按钮，然后按[ENTER](输入)。

2）此时，必须选择是输入单个 K Factor(K 系数)还是输入一个值表。用[◀]和[▶]键滚动至所需的单选按钮，然后按[ENTER](输入)。

输入单个 K 系数

a. 如果选择输入单个值，请按[ENTER](输入)打开文本框。

b. 用数字键输入相应的 K 系数。如果已启用 Reynolds Correction(雷诺修正)系数，则应将 K-Factor(K 系数)设为 1.00。否则，K 系数通常介于 0.5 至 2.00 之间。

c. 按[ENTER](输入)确认的数据。

输入一个 K/V 值表：

a. 如果选择输入一个值表，请按[ENTER](输入)打开数据源框。

b. 按[F3](确定)确认将速度作为源参数。

c. 在 Edit Table(编辑表)提示处，按[ENTER](输入)打开数据表。用方向键滚动至表格的每个单元格，然后用数字键输入每个单元格的值。

d. 输入完毕后，按[F3](确定)确认新表格。

3）要返回 Operate Mode(操作模式)，请按[F3](确定)确认各项输入内容，或按[F2](取消)取消各项输入内容。

1.7 操作设置

1.7.1 配置显示选项

PT878 允许以数字或图形方式同时查看 1 到 4 个不同测量参数。要进行显示配置，在 Operate Mode(操作模式)窗口下按[SEL](选择)。一个光标随即会出现在离右上角最近的参数旁边(参见图 1-11)。使用[SEL](选择)键滚动浏览所显示的测量参数，直到位于相应的参数位置。然后按[ENTER](输入)打开此参数的显示菜单。

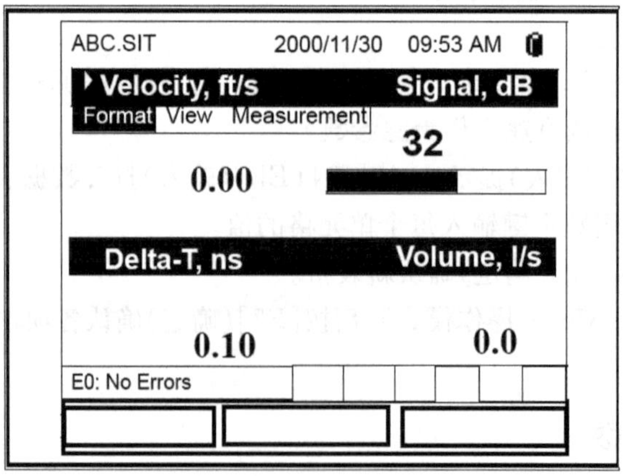

图 1-11 按[SEL]之后的显示内容

1.7.2 格式选项

Number Format(数字格式)选项允许指定计数类型以及选定参数的小数点位数(参见图 1-12)。在显示线状图或条形图时,所出现的是 Limits(大小)选项,而不是 Format(格式)选项。Number Format(数字格式)窗口。

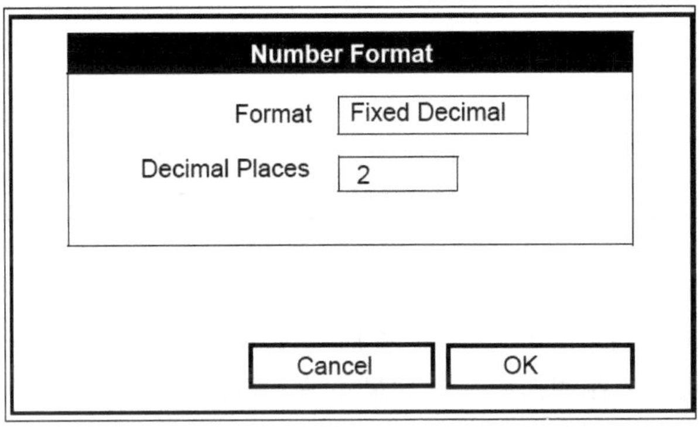

图 1-12 Number Format(数字格式)窗口

1) 使用方向键选择 Format(格式)选项,然后按[ENTER](输入)打开含有三种格式选项的下拉列表(Default(默认)、Fixed Decimal(固定十进制)以及 Scientific(科学计数))。

2) 滚动到所希望的数字格式,然后按[ENTER](输入)确认的选择。

3) 使用方向键选择 Decimal Places(小数位数)选项,然后按[ENTER](输入)打开下拉选项列表(0、1、2、3 和 4)。

4) 滚动到所希望小数位数,然后按[ENTER](输入)确认的选择。

5) 按[F3](确定)确认选择,然后返回 Operate Mode(操作模式)。或者,也可以按[F2](取消)或[ESC]键退出格式菜单而不确认的选择。

1.7.3 View(试图)选项

View(视图)选项 View(视图)选项允许指定所选参数的显示类型。

(1) 使用方向键选择 View(视图)选项。

(2) 按[ENTER](输入)打开包含三种显示类型(Numeric(数字)、Line Graph(线状图)和 Bar Graph(条形图))的下拉列表。

(3) 滚动到所希望的显示类型,然后按[ENTER](输入)确认的选择。

1.7.4 Limits(大小)选项

Limits(大小)选项对于图形方式的显示,Limits(大小)选项允许设置:

- 所显示的最小值或最大值
- 时间间隔
- 是否显示平均值

1) 使用方向键选择 Limits(大小)选项,然后按[ENTER](输入)。

2) 在 Change(更改)下拉菜单项处,再次按[ENTER](输入)。随即将打开一个类似于

图 1-13 的窗口。

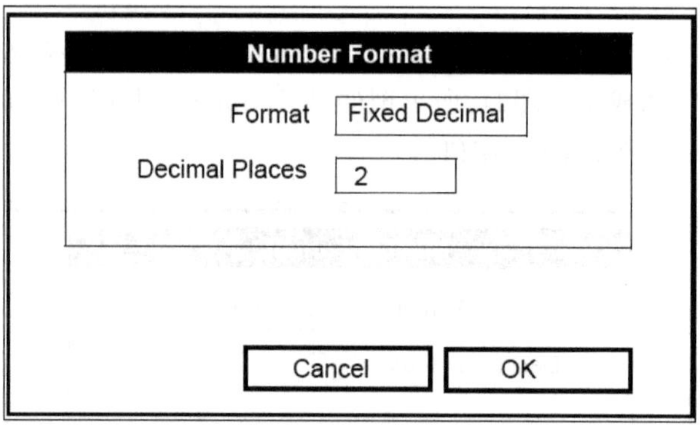

图 1-13　Line Graph Parameter(线形图参数)窗口

3）滚动到 Minimum(最小值)文本框,然后按[ENTER](输入)打开该文本框。

4）使用数字键输入要在图形中显示的最小值。按[ENTER](输入)确认该值。

5）滚动到 Maximum(最大值)文本框,然后按[ENTER](输入)打开该文本框。

6）使用数字键输入要在图形中显示的最大值。按[ENTER](输入)确认该值。

对于条形图方式的显示,请跳过以下步骤并直接转到下文的最后一段。对于线状图方式的显示,请完成以下附加步骤:

1）滚动到同 X 轴的间隔值对应的文本框,然后按[ENTER](输入)打开该文本框。

2）使用数字键输入相应的间隔值,然后按[ENTER](输入)确认该值。

3）滚动到同 X 轴的单位对应的文本框,然后按[ENTER](输入)打开该文本框。

4）使用数字键输入相应的间隔单位(秒、分钟、小时或天),然后按[ENTER](输入)确认所做的选择。

5）最后的三个菜单项允许配置某些显示细节:

a. 如果要使用线条来连接各个数据点,请滚动到 Use Lines(使用线条)选项,然后按[ENTER](输入)将其选中。

b. 如果要显示目标参数的平均值,请滚动到 Plot Average value(绘出平均值)选项,然后按[ENTER](输入)将其选中。

c. 如果要显示目标参数的最小值和最大值,请滚动到 Show Minimum and Maximum(显示最小值和最大值)选项,然后按[ENTER](输入)将其选中。

按[F3](确定)确认的选择,然后返回 Operate Mode(操作模式)。返回 Operate Mode(操作模式)后,屏幕上会显示所作的任何更改。或者,也可以按[F2](取消)或[ESC]键退出格式菜单而不确认的选择。

1.7.5　Measurement(测量参数)选项

Measurement(测量参数)选项允许指定在当前窗口中显示的参数并为其选择测量单位。使用方向键选择 Measurement(测量参数)选项,然后按[ENTER](输入)。在 Change(更改)下拉菜单项处,再次按[ENTER](输入)。随即将打开一个类似于图 1-14 的窗口。在该窗口的左栏中列出了可用的显示参数,在右栏中列出了可用于当前所选参数的测量单位。

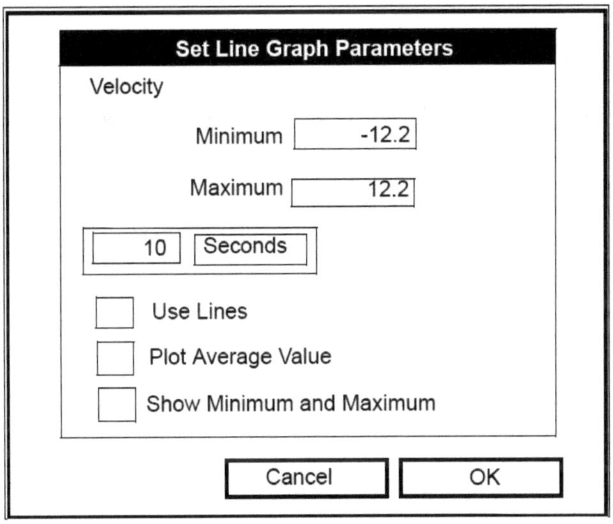

图 1-14 Measurement Parameters(测量参数)窗口

1) 使用[▼]和[▲]方向键选中要显示的参数,然后按[SEL](选择)。

2) 接着使用[▼]或[▲]方向键选择相应的测量参数(或诊断参数)。

3) 按[F3](确定)确认的选择,然后返回 Operate Mode(操作模式)。所作的更改将显示在屏幕上。或者,也可以按[F2](取消)或[ESC]键退出该菜单而不确认的选择。

1.7.6 对显示屏幕进行自定义

可以借助 Site(地点)菜单来对显示屏幕进行自定义。要进入 Site(地点)菜单,请执行下述操作:

1) 按 PT878 键盘右下方的[MENU](菜单)键。菜单栏将取代屏幕顶部的状态栏。

2) 突出显示 Site Menu(地点菜单)后,按[ENTER](输入)。随即会出现类似于图 1-15 的屏幕。

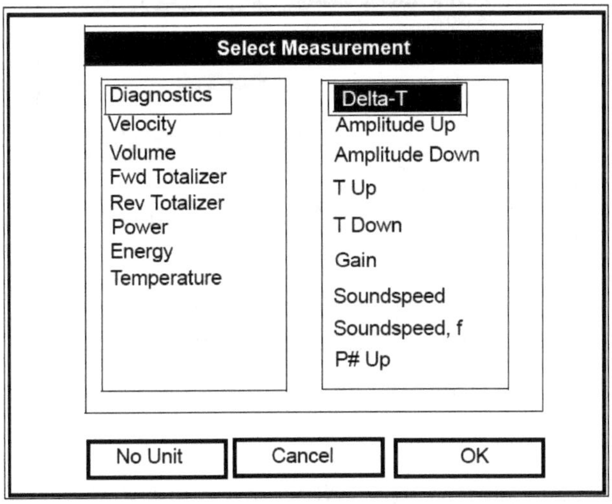

图 1-15 Site(地点)菜单

1.7.7 指定所显示参数的数量

要更改所打开的显示窗口的数量，使用[▼]或[▲]方向键移动到相应的视图数量上(1 View[单视图]、2 View[双视图]、3 View[3 视图]或 4 View[4 视图])，然后按[ENTER](输入)。屏幕随即会显示出指定数量的窗口。在 PT878 上，显示窗口的编号方式是：左上方为 1 号窗口，右上方为 2 号窗口，左下方是 3 号窗口，右下方是 4 号窗口。所选数量的视图将按这些窗口的编号顺序显示在屏幕上。

1.7.8 对软键进行自定义

如果经常使用某些菜单，可以对软键([F1]、[F2]和[F3])进行自定义，从而可以直接在 Operate Mode(操作模式)下访问这些菜单。这样一来，在任何时候只要按一下某个软键，就会直接打开相应的菜单。若要设置的软键，请转到相应的章节。

从 Site(地点)菜单设置某个软键：

1) 按 PT878 键盘右下方的[MENU](菜单)键。菜单栏将取代屏幕顶部的状态栏。

2) 在选中 Site(地点)菜单后，按[ENTER](输入)打开 Site(地点)菜单窗口。

3) 借助[▼]或[▲]方向键移动到 Fkeys(功能键)选项，然后按[ENTER](输入)。随即会出现一个类似于图 1-16 的屏幕。

4) 用[▼]或[▲]方向键选择相应的 Fkey(功能键)(如 F1)，然后按[ENTER](输入)。随即会打开 Configure Fkey(配置功能键)窗口。

5) 按[ENTER](输入)打开菜单下拉列表，然后借助[▼]或[▲]方向键滚动到相应的菜单(如 Contrast[对比度])。

6) 按[ENTER](输入)设置的选择。然后按[F3](确定)确认输入并关闭该窗口。如果按了[F2](取消)，则将关闭该窗口而不更改功能键。

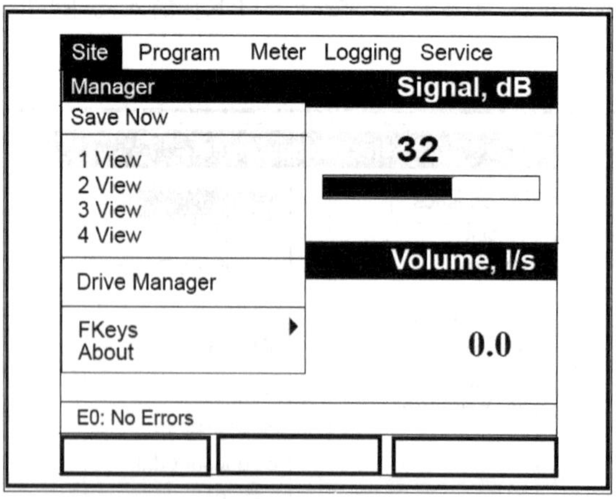

图 1-16 FKeys(功能键)菜单

在目标菜单下设置功能键：

1) 按 PT878 键盘右下方的[MENU](菜单)键。菜单栏将取代屏幕顶部的状态栏。

2) 导航到相应菜单(有关指导，请参阅附录 A 中的菜单结构图)。

3）借助[..]或[..]方向键移动到相应的菜单项。

4）按相应的功能键。随即出现一个窗口，询问“Assign current menu command to FKeyX?”（是否将当前菜单命令指定到 X 功能键?）

5）按[F3]（是），确认这种指定，然后关闭窗口。如果按了[F2]（否），则将关闭该窗口而不更改功能键。

清除软键：

1）按 PT878 键盘右下方的[MENU]（菜单）键。菜单栏将取代屏幕顶部的状态栏。

2）在选中 Site（地点）菜单后，按[ENTER]（输入）打开 Site（地点）菜单窗口。

3）借助[..]或[..]方向键移动到 Fkeys（功能键）选项，然后按[ENTER]（输入）。

4）借助[..]或[..]方向键移动到该菜单上的 Clear Fkey（清除功能键）（指 F1、F2 或 F3 键）选项。按[ENTER]（输入）。

仪器将返回 Operate Mode（操作模式），而相应的软键现在已经被清除。

1.7.9 Units（单位）选项

在 Units（单位）选项中，可以选择 English（英制）或 Metric（公制）单位作为 PT878 的全局性测量单位。所选的单位将成为每次执行测量时的默认单位。

（1）按 PT878 键盘右下方的[MENU]（菜单）键。菜单栏将取代屏幕顶部的状态栏。

（2）滚动至选中 Meter（仪器）菜单选项卡，然后按[ENTER]（输入）。

（3）滚动到 Units（单位）选项，然后按[ENTER]（输入）。随即会打开 Meter Settings（仪器设置）窗口（参见图 1-17）。

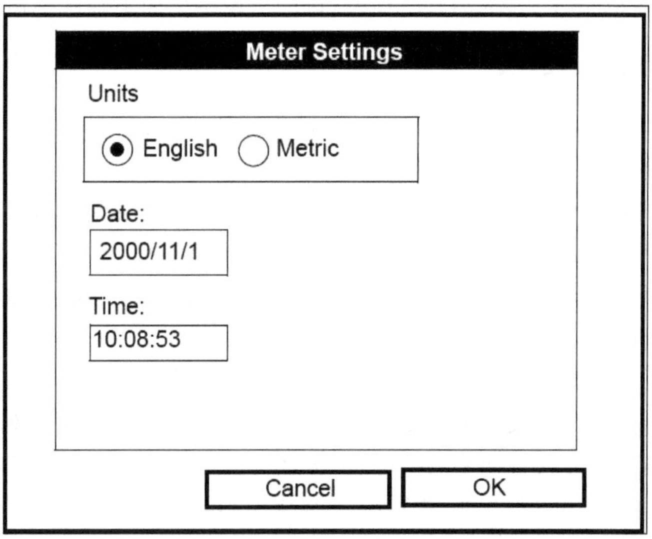

图 1-17　Meter Settings（仪器设置）窗口

（4）使用[◀]和[▶]键选择相应的测量单位，然后按[ENTER]（输入）确认所作的选择。

（5）按[F3]（确定）确认的选择，然后关闭该窗口；或按[F2]（取消）关闭该窗口而不进行任何修改。

1.7.10 操作 Date/Time(日期/时间)选项

Operate Mode(操作模式)下,PT878 会在屏幕右上角的状态栏中显示当前日期和时间。借助 Date/Time(日期/时间)选项,可以设置这些值,从而确保数据记录的准时性。

1) 按 PT878 键盘右下方的[MENU](菜单)键。菜单栏将取代屏幕顶部的状态栏。

2) 滚动至选中 Meter(仪器)菜单选项卡,然后按[ENTER](输入)。

3) 滚动到 Date/Time(日期/时间)选项,然后按[ENTER](输入)。随即会打开 Meter Settings(仪器设置)窗口。

4) 滚动到显示当前仪器日期的 Date(日期)文本框,然后按[ENTER](输入)。

5) 使用[◀]和[▶]键滚动到年、月或日处,然后使用数字键输入相应数值。

6) 完成后,按[ENTER](输入)确认这个新日期。

若要更改时间,可以用类似方式进行:

1) 按 PT878 键盘右下方的[MENU](菜单)键。菜单栏将取代屏幕顶部的状态栏。

2) 滚动至选中 Meter(仪器)菜单选项卡,然后按[ENTER](输入)。

3) 滚动到 Date/Time(日期/时间)选项,然后按[ENTER](输入)。随即会打开 Meter Settings(仪器设置)窗口。

4) 滚动到显示当前仪器时间的 Time(时间)文本框,然后按[ENTER](输入)。

5) 使用[..]和[..]键滚动到小时、分钟或秒处,然后使用数字键输入相应数值。

6) 完成后,按[ENTER](输入)确认这个新时间。

按[F3](确定)确认的输入,然后返回 Operate Mode(操作模式)。所作的更改将显示在屏幕上。或者,也可以按[F2](取消)或[ESC]键退出该菜单而不确认的输入。

1.7.11 Locale(区域)选项

PT878 不仅可以设置正确的日期和时间,而且还可以根据当地习惯来更改它们的格式。借助 Locale(区域)选项可以实现这一目的。

1) 按 PT878 键盘右下方的[MENU](菜单)键。菜单栏将取代屏幕顶部的状态栏。

2) 滚动至选中 Meter(仪器)菜单选项卡,然后按[ENTER](输入)。

3) 滚动到 Locale(区域)选项,然后按[ENTER](输入)。Display Options(显示选项)窗口中的 Locale(区域)选项卡会随即打开(参见图 1-18)。

4) 在 Separators(分隔符)处,可以选择用于随后项目的符号:

a. 滚动到 Date(日期)文本框,然后按[ENTER](输入)打开下拉列表。选择短划线(-)、逗点(,)或斜杠(/)作为日期分隔符,然后按[ENTER](输入)确认的选择。

b. 滚动到 Time(时间)文本框,然后按[ENTER](输入)打开下拉列表。选择句点(.)或冒号(:)作为时间分隔符,然后按[ENTER](输入)确认的选择。

c. 滚动到 Decimal(小数)文本框,然后按[ENTER](输入)打开下拉列表。选择句点(.)或逗点(,)作为小数分隔符,然后按[ENTER](输入)确认的选择。

5) 使用[..]或[..]方向键滚动到 Date Format(日期格式)文本框,然后按[ENTER](输入)。在下拉列表菜单中提供了以下选项:

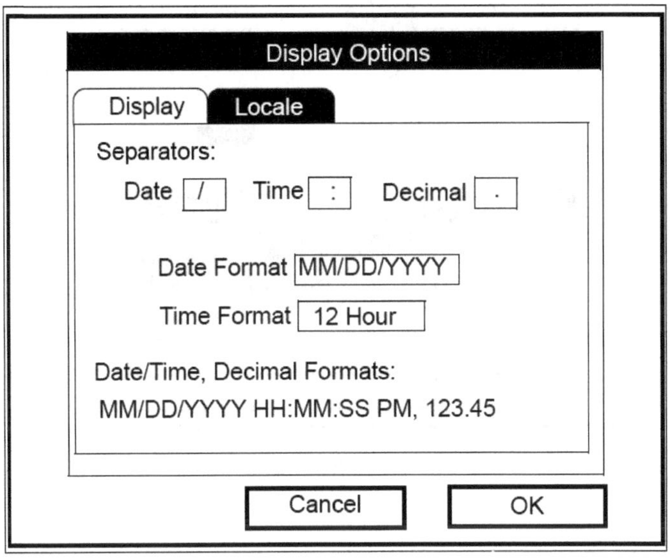

图 1-18　Locale(区域)选项卡窗口

. YYYY/MM/DD(年/月/日)

. MM/DD/YYYY(月/日/年)

. DD/MM/YYYY(日/月/年)

使用[▼]或[▲]方向键滚动到相应的格式,然后按[ENTER](输入)确认的选择。

6) 使用[▼]或[▲]方向键滚动到 Time Format(时间格式)文本框,然后按[ENTER](输入)。在下拉列表菜单中提供了以下选项:

. 12 Hour(12 小时制,如 11:53:23 PM)

. 24 Hour(24 小时制,如 23:53:23)

使用[▼]或[▲]方向键滚动到相应的格式,然后按[ENTER](输入)确认的选择。

7) 如果对所作选择满意,请使用方向键返回 Locale(区域)选项卡。

8) 按[F3](确定)确认的选择,然后返回 Operate Mode(操作模式)。所作的更改将显示在屏幕上。或者,也可以按[F2](取消)或[ESC]键退出该菜单而不确认的选择。

1.7.12　Totals(累加)选项

Totals(累加)选项 PT878 提供了 Forward(正)、Reverse(负)累加器功能。如果需要将其中一个累加器或同时将二者复位,请按下述方式使用 Totals(累加)选项:

1) 按 PT878 键盘右下方的[MENU](菜单)键。菜单栏将取代屏幕顶部的状态栏。

2) 滚动至选中 Meter(仪器)菜单选项卡,然后按[ENTER](输入)。

3) 滚动到 Totals(累加)选项,然后按[ENTER](输入)。随即会打开一个含有选项的子菜单(如图 1-19 所示)。

4) 使用[▼]或[▲]方向键选择相应的选项,然后按[ENTER](输入)确认的选择。

基于上述选择,仪器会立即将两个累加器、正累加器或负累加器归零,然后返回 Operate Mode(操作模式)。

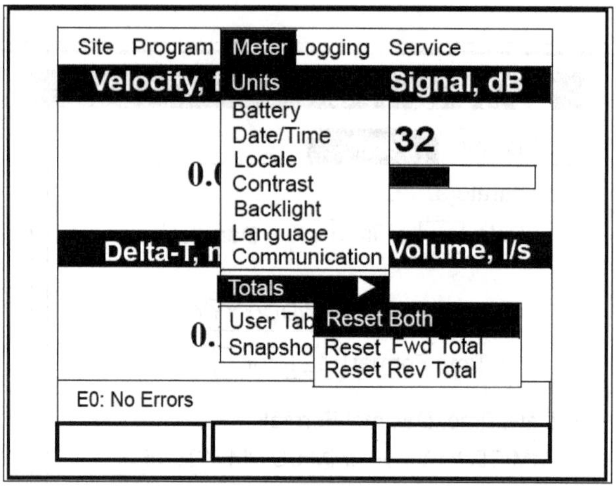

图 1-19 Totals(累加)子菜单

1.8 管理地点文件

1.8.1 Site Menu(地点菜单)

由于 PT878 可以按文件的形式来存储地点数据，因此每次使用该仪器时不必重新输入所有的初始设置数据。还可以利用 Site Menu(地点菜单)来创建和管理此类地点文件。

要访问 Site Menu(地点菜单)，请继续以下操作：

1) 按下 PT878 键盘右下角处的[MENU](菜单)键。此时，屏幕顶部的 Status Bar(状态栏)将变成 Menu Bar(菜单栏)。

2) 突出显示 Site Menu(地点菜单)后，按[ENTER](输入)便会显示与图 1-20 类似的屏幕。

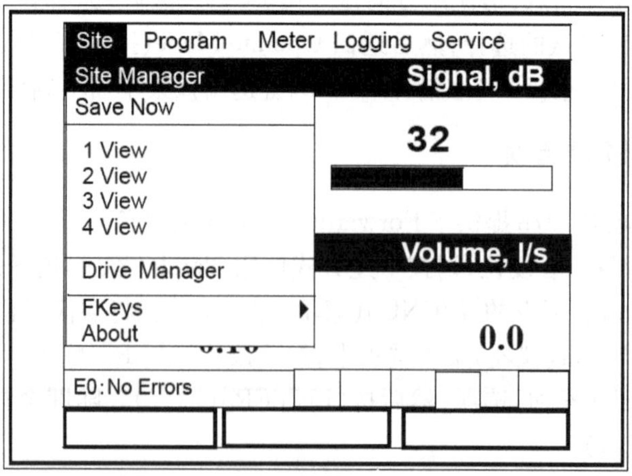

图 1-20 Site Menu(地点菜单)

1.8.2　Site Manager(地点管理器)窗口

Site Manager(地点管理器)是用来执行各种与地点文件相关操作的工具。要访问 Site Manager(地点管理器),请继续以下操作:

1) 按上一页所述步骤,访问 Site Menu(地点菜单)。

2) 突出显示 Site Menu(地点菜单)后,滚动至 Site Manager(地点管理器)选项,然后按[ENTER](输入)。此时,系统将显示一个类似于图 1-21 的屏幕。

每个 PT878 都预置了基本地点,即默认值,可用作创建新地点的模板。在 Site Manager(地点管理器)窗口左侧的框中列出了 PT878 存储器中现有的全部地点文件。用[▼]和[▲]方向键可以滚动浏览此列表。该窗口的右侧显示了突出显示的地点的信息,如日期、时间和大小以及存储器上剩余的可用容量。

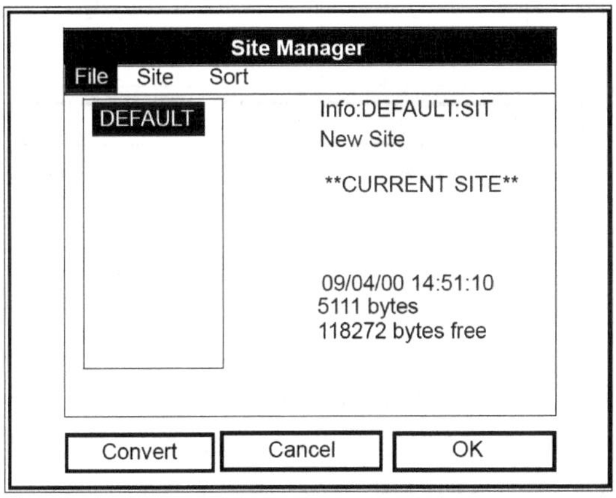

图 1-21　Site Manager(地点管理器)窗口

1.8.3　Site Manager Menu(地点管理器菜单)

要打开 Site Manager(地点管理器)菜单,在 Site Manager(地点管理器)窗口中依次按[MENU](菜单)和[ENTER](输入)。此时,系统将打开一个类似于图 1-22 所示的窗口。用[▼]和[▲]方向键从上述菜单中选择所需选项,然后继续按照说明执行相应部分的操作。

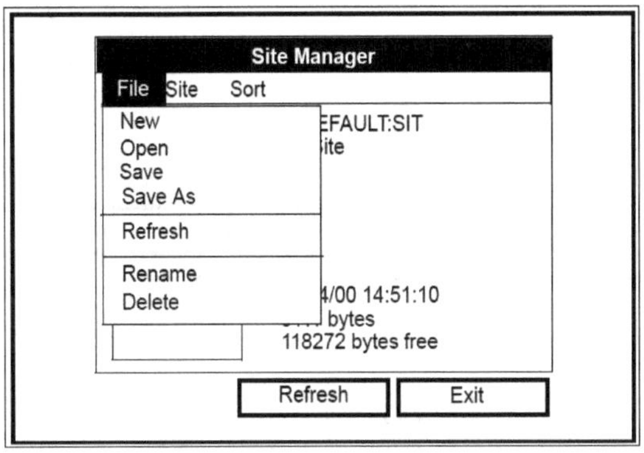

图 1-22　Site Manager Menu(地点管理器菜单)

1.8.4 New(新建)选项

1) 滚动至 Site Manager(地点管理器)菜单中的 New(新建)选项,然后按[ENTER](输入)。此时,系统将显示一个类似于图 1-23 所示的屏幕。

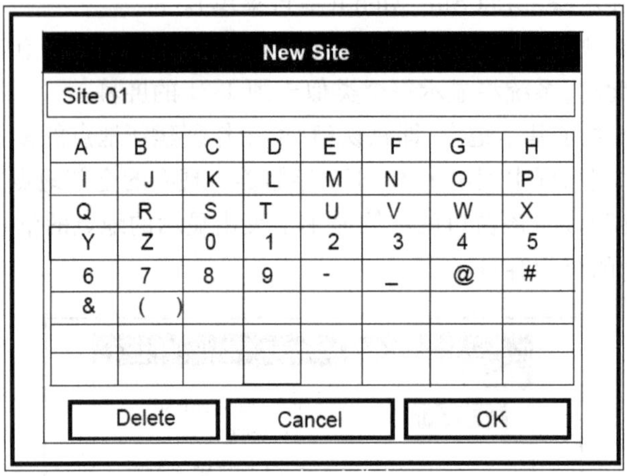

图 1-23 地点名称窗口

2) 要开始输入新地点的名称,请用四个方向键滚动至所需的字母或数字,然后按[ENTER](输入)。

3) 重复上一步,直到新地点的名称创建完毕,地点名称可多达八个字符。

4) 输入完毕后,按[F3](确定)接受新名称,或按[F2](取消)退出窗口,而不创建新地点。如果按[F3],则会显示一个类似于图 1-24 所示的窗口。此时,必须决定是否要将 Site Manager(地点管理器)窗口。

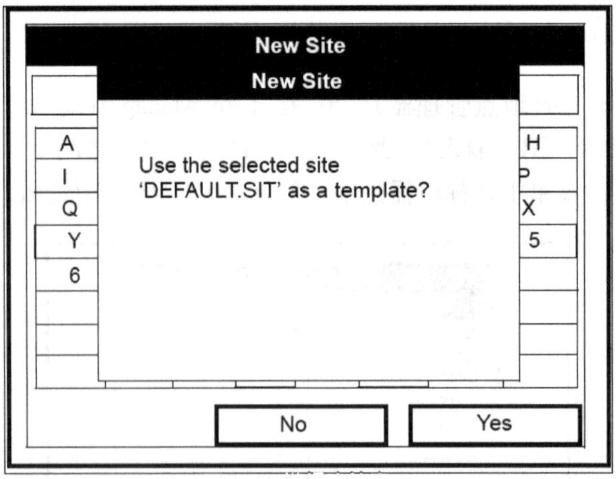

图 1-24 模板确认窗口

1) 如果不想将所选地点用作模板,而是使用当前的设置数据,请按[F2](否)。

2) 如果想将所选地点用作新地点的模板,请按[F3](是)。

选择完毕后，仪器返回到 Operate Mode(操作模式)，而新地点名称则显示在屏幕的左上角。选项，然后按[ENTER](输入)。

1.8.5　Open(打开)选项

要重新调用先前创建并保存的地点，请执行以下操作：

1) 在 Site Manager(地点管理器)窗口中突出显示所需的地点。

2) 按[MENU](菜单)打开 File(文件)菜单。

3) 滚动至 Open(打开)选项，然后按[ENTER](输入)。此时，系统将打开一个类似于图 1-25 所示的窗口。如果打开先前的地点，则内存中当前的全部地点数据都将被删除。

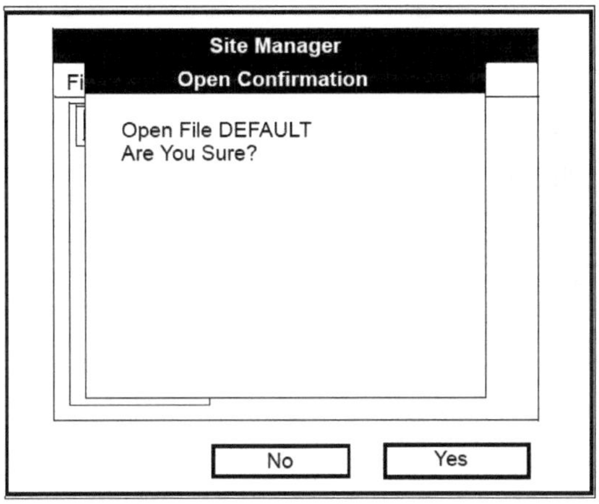

图 1-25　打开地点确认窗口

4) 选择下列某个选项：

- 按[F2](否)取消打开所选地点
- 按[F3](是)打开所选地点

5) 如果要打开上述所选地点，必须决定是否要保存对当前地点。

所作的全部更改：

- 按[F2](否)擦除更改
- 按[F3](是)确认并保存更改

如果按[F3]，PT878 将返回到 Operate Mode(操作模式)，而所选地点则显示在屏幕的左上角。

1.8.6　Save(保存)选项

有两种保存当前地点的方法，可以任选一种：

在 Site Menu(地点菜单)中，滚动至 Save Now(立即保存)选项，然后按[ENTER](输入)。或者在 Site Manager(地点管理器)中，按[MENU](菜单)打开 File(文件)菜单。然后滚动至 Save(保存)选项，按[ENTER](输入)。

在任何一种情况下，系统都会打开一个类似于图 1-26 所示的窗口。上述窗口打开后，可执行以下操作：

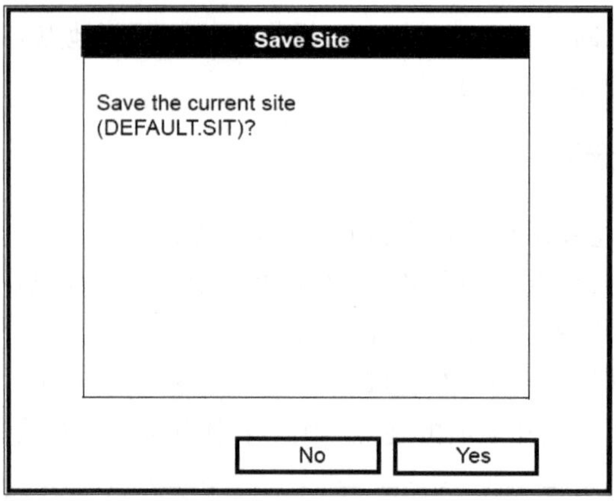

图 1-26 保存地点窗口

1）按[F2]（否）取消保存当前地点，或者

2）按[F3]（是）保存当前地点

如果按[F3]，则保存当前地点，而 PT878 并不会从当前窗口（Operate Mode（操作模式）或 Site Manager（地点管理器））退出。

1.8.7 Save As（另存为）选项

要用其他名称保存当前地点，请执行以下操作：

1）在 Site Manager（地点管理器）中，按[MENU]（菜单）打开 File（文件）菜单。

2）滚动至 Save As（另存为）选项，然后按[ENTER]（输入）。此时，系统将打开一个类似于图 1-27 所示的窗口。

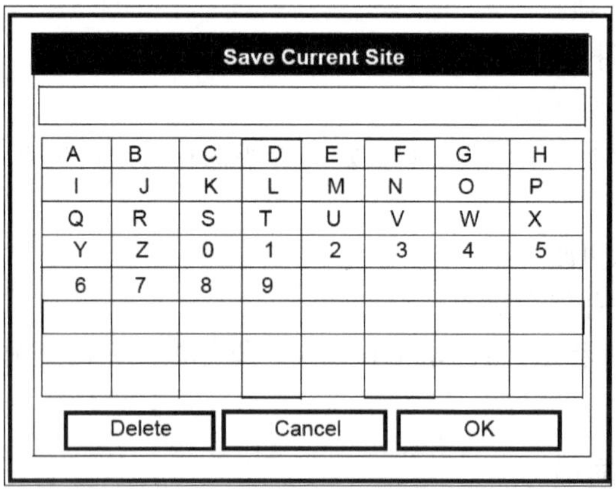

图 1-27 保存当前地点窗口

3）要开始输入当前地点的新名称，请用四个方向键滚动至所需的字母或数字，然后按[ENTER]（输入）。

4）重复上一步，直到新地点名称创建完毕，地点名称可多达八个字符。可以随时按[F1]（删除）来删除最后输入的字符。

5）输入完毕后，按[F3]（确定）接受新名称，或按[F2]（取消）退出窗口，而不创建新地点。

6）当显示 Save Site(保存地点)窗口后,按[F2](否)取消保存地点,或者按[F3](是)以新名称来保存该地点。

如果按[F3],则分别以新名称和旧名称来保存当前地点,而本仪器并不退出 Site Manager(地点管理器)窗口。

1.8.8 Rename(重命名)选项

要对地点进行重命名,请继续执行以下操作:

1）在 Site Manager(地点管理器)中突出显示现有的地点,按[MENU](菜单)打开 File(文件)菜单。

2）滚动至 Rename(重命名)选项,然后按[ENTER](输入)。此时,系统将打开一个类似于图 1-28 所示的窗口。

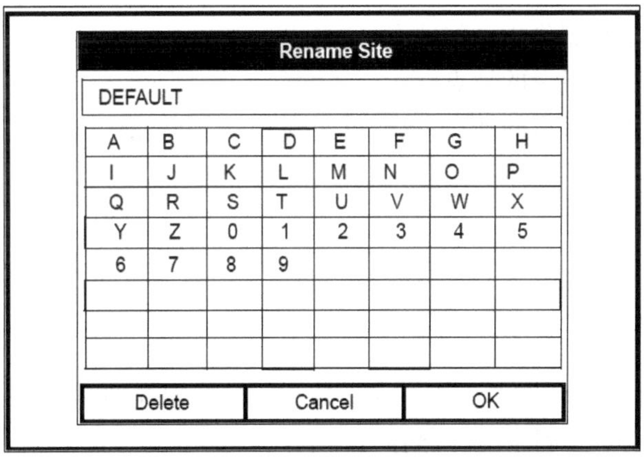

图 1-28 重命名地点窗口

3）要开始输入地点的新名称,请用四个方向键滚动至所需的字母或数字,然后按[ENTER](输入)。

4）重复上一步,直到新地点名称创建完毕,地点名称可多达八个字符。

5）输入完毕后,按[F3](确定)接受新名称,或按[F2](取消)退出窗口,而不对地点进行重命名。

PT878 并不退出 Site Manager(地点管理器)窗口,而地点则以新名称列出。

1.8.9 Delete(删除)选项

要删除地点,请继续执行以下操作:

1）在 Site Manager(地点管理器)中突出显示现有的地点,按[MENU](菜单)打开 File(文件)菜单。

2）滚动至 Delete(删除)选项,然后按[ENTER](输入)。此时,系统将打开一个类似于图 1-29 所示的窗口。

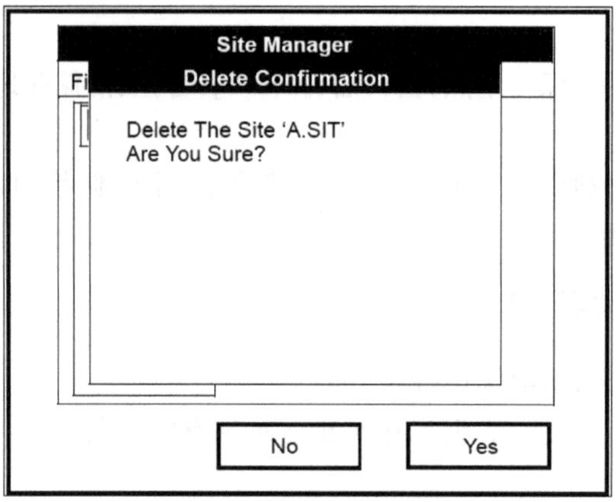

图 1-29　删除确认窗口

上述窗口打开后,可执行以下操作:

1）按[F2](否)取消删除指示的地点,或者

2）按[F3](是)删除指示的地点

如果按[F3],则删除指示的地点,仪器返回到 Site Manager(地点管理器)窗口。

1.9　数据记录

1.9.1　Logging(记录)菜单

PT878 的一项强大功能就是数据记录。所记录的数据存储在由内部电池供电的存储器中,其中为数据记录指定了固定的存储容量。

要访问 Logging(记录)菜单,请执行以下操作:

1）按 PT878 键盘右下方的[MENU](菜单)键。此时,屏幕上方的 Status Bar(状态栏)变成 Menu Bar(菜单栏)。

2）滚动至 Logging(记录)菜单选项,然后按[ENTER](输入)。此时,系统将打开一个类似于图 1-30 所示的窗口。

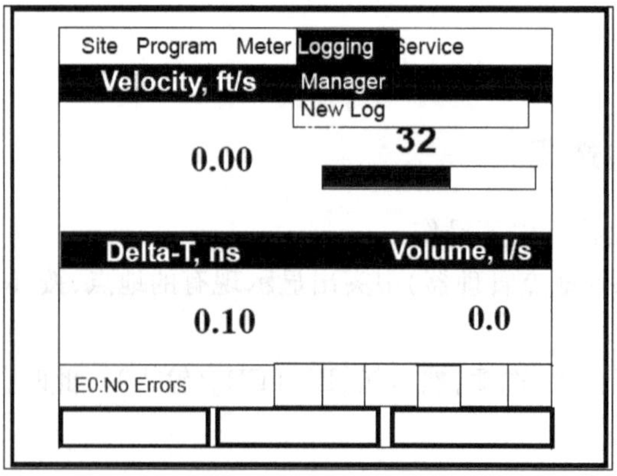

图 1-30　Logging(记录)菜单

1.9.2 File(文件)菜单

(文件)菜单用于管理现有的日志文件以及建立新的日志。要访问File(文件)菜单,请执行以下各步操作:

在 Log Manager(日志管理器)窗口中,依次按[MENU](菜单)和[ENTER](输入)。此时,系统将打开一个类似于图 1-31 所示的窗口。用[▼]和[▲]方向键从上述菜单中选择所需的选项,然后按照具体的说明继续执行相应章节的操作。

图 1-31 Log Manager(日志管理器)中的 File(文件)菜单

1.9.3 New(新建)选项

New(新建)选项可用于设置创建新日志所需的参数。执行以下各步操作:

1) 执行以下某步操作:

● 在 Log Manager(日志管理器)>File(文件)菜单中,滚动至 New(新建)选项,然后单击[ENTER](输入)。

● 在 Logging(记录)菜单中,滚动至 New Log(新建日志)选项,然后按[ENTER](输入)。

2) 当系统打开 Create New Log(创建新日志)窗口(参见图 1-32)后,用四个方向键滚动选取所需的字符以便输入日志名称,然后按[ENTER](输入)。

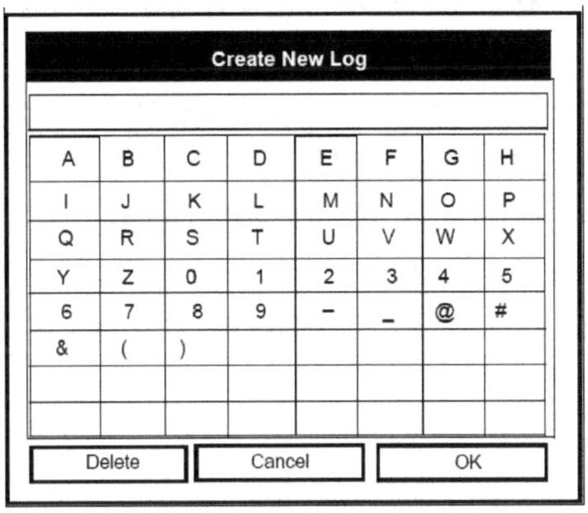

图 1-32 Create New Log(创建新日志)窗口

3）重复上述步骤，直至填好日志名称。

4）输入完毕后，按[F3]（确定）接受该名称，或按[F2]（取消）退出该窗口，而不创建新的日志。

1.9.4　Delete（删除）选项

要从PT878存储器中删除日志，执行以下各步操作：

1）在Log Manager（日志管理器）窗口，用[▼]和[▲]方向键突出显示所要删除的日志。

2）在Log Manager（日志管理器）窗口中，依次按[MENU]（菜单）和[ENTER]（输入）。

3）在File（文件）菜单中，滚动至Delete（删除）选项，然后按[ENTER]（输入）。此时，系统将打开Delete（删除）确认窗口（参见图1-33）。

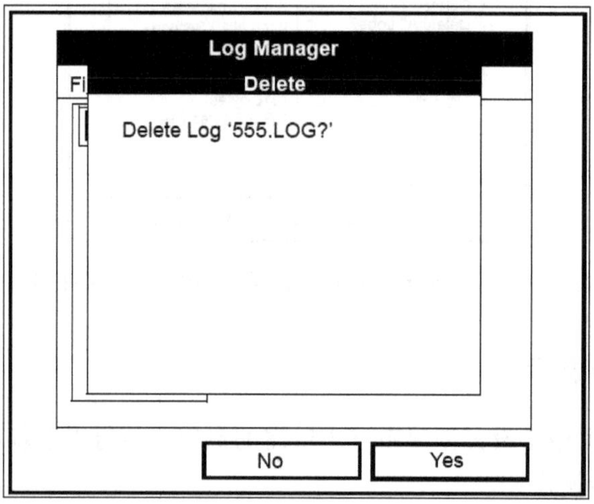

图1-33　Delete Confirmation（删除确认）窗口

4）按[F3]（是）删除所选日志，或按[F2]（否）取消删除操作。

如果按[F3]（是），则返回Log Manager（日志管理器）窗口后便不再列出该日志。

1.9.5　Delete All Logs（删除所有日志）选项

Delete All Logs?（删除所有日志?）选项可用于删除PT878存储器中的所有日志。为此，请执行以下操作：

1）在Log Manager（日志管理器）>File（文件）菜单中，滚动至Delete All Logs?（删除所有日志?）选项，然后按[ENTER]（输入）。

2）此时，系统将打开一个窗口，并询问是否要“Delete All Logs?（删除所有日志?）”按[F3]（是）可删除所有日志，也可按[F2]（否）取消删除操作。

如果按[F3]，则返回Log Manager（日志管理器）窗口后便不再列出任何日志。

1.9.6　View（查看）菜单

View（查看）菜单用于显示单个日志的数据。要访问View（查看）菜单，执行以下各步操作：

1) 在 Log Manager(日志管理器)窗口中,依次按[MENU](菜单)和[ENTER](输入)。

2) 按[▶]键突出显示 View(查看)菜单。随后,按[ENTER](输入),系统将打开一个类似于图 1-34 所示的窗口。

用[▼]和[▲]方向键从上述菜单中选择所需的选项,然后按照相应章节的说明执行操作。

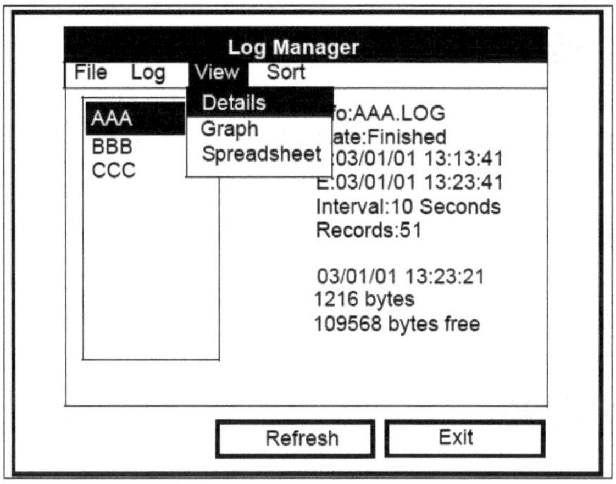

图 1-34 Log Manager(日志管理器)中的 View(查看)菜单

1.9.7 Details(详细信息)选项

使用 Details(详细信息)选项可查看文本格式的日志数据:

(1) 在 Log Manager(日志管理器)窗口中,用[▼]和[▲]方向键突出显示所要查看的日志。

(2) 在 Log Manager(日志管理器)窗口中,依次按[MENU](菜单)和[ENTER](输入)。

(3) 按[▶]键突出显示 View(查看)菜单,然后按[ENTER](输入)。

(4) 在 View(查看)菜单中,滚动至 Details(详细信息)选项,然后按[ENTER](输入)。此时,系统将打开一个类似于图 1-35 所示的窗口。

(5) 查看了日志数据后,按[F3](退出)返回 Log Manager(日志管理器)窗口。

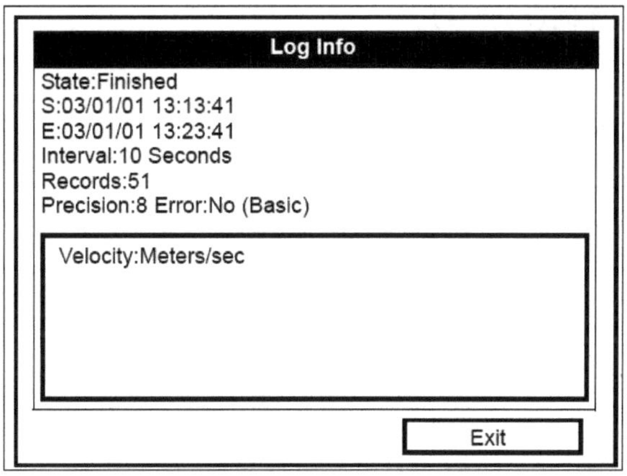

图 1-35 Log Manager(日志管理器)窗口

1.10 文件准备

无。

1.11 工器具准备

游标卡尺、超声波流量计(PT878)一套、砂纸。

1.12 模拟体准备

内部有水流的管道。

1.13 辐射防护准备

无。

1.14 工业安全准备

必要的防护用品:防砸鞋、安全帽等。

1.15 配合人员准备

无。

1.16 场地准备

中核运行三厂仪控车间(S1-224)。

第二章　操作实施

2.1　操作实施 1　超声波流量计探头和支架的选用

超声波流量计探头和支架的选用见表 2-1。

表 2-1　超声波流量计探头和支架的选用

序号	操作步骤	操作要求	工器具	测评标准	备注
1	确认测量管线的材料	确认所要测量的管线材料，如不锈钢、碳钢、仪表管还是管道管等。	无	按操作要求完成	
2	确认测量管线的尺寸	确认需要测量管线的尺寸，如 1″、2″等。	无	按操作要求完成	
3	确认测量管线的温度	确认需要测量管线的温度，如常温、高温(低于 80 ℃)等。	无	按操作要求完成	
4	选择使用的超声波流量计探头	根据测量管线的尺寸和温度选择超声波流量计探头： 测量管线尺寸小于 1.5″的选用小探头； 测量管线尺寸大于 1.5″的选用大探头； 测量管线温度大于 50 ℃，选用耐高温探头。	无	按操作要求完成	
5	选择使用的超声波流量计支架	如选用的是小探头，不需要选择另外的支架，如选用大探头，则不锈钢管选用链条支架；碳钢管选用磁铁直接。	无	按操作要求完成	

2.2　操作实施 2　超声波流量计使用前的检查

超声波流量计使用前的检查见表 2-2。

表 2-2　超声波流量计使用前的检查

序号	操作步骤	操作要求	工器具	测评标准	备注
1	超声波流量计电池检查	打开超声波流量计，在屏幕的右上角有电池电量显示，如电量低，不用使用到现场，充电后再使用。	无	按操作要求完成	
2	超声波流量计的配件检查	检查借用的超声波流量计应该包括以下几个设备：主机、测厚装置、耦合剂、探头、支架等。	无	按操作要求完成	

2.3 操作实施 3 校验超声波流量计测厚仪

校验超声波流量计测厚仪操作见表 2-3。

表 2-3 校验超声波流量计测厚仪

序号	操作步骤	操作要求	工器具	测评标准	备注
1	打开超声波流量计	按超声波流量计的开关键，打开超声波流量计。	无	按操作要求完成	
2	连接超声波流量计的测厚仪传感器	把测厚仪传感器插入位于 Trans Port 顶部的传感器端口。 如果不需要连接传感器了，只能拨插头，而不能拉导线。	无	按操作要求完成	
3	路径选择	滚动至 Program Menu(程序菜单)的 Pipe(管道)选项，然后按[ENTER]。	无	按操作要求完成	
4	测厚选择	选择 measure wall with TGauge，然后按[ENTER]，选择 ZERO 选项进行校验。	一个装配了厚度传感器的试块		
5	超声波流量计测厚仪校验	1. 置耦合剂于试块未端的适当值并把测厚传感器放在试块上面，传感器面必须平置于试块表面上。 2. Block 1 lengh 中输入对应标准试块的厚度，按 Calibrate 进行校验。	一个装配了厚度传感器的试块		
6	退出	按[F2]退出测厚仪校验程序。	无	按操作要求完成	

2.4 操作实施 4 测量管线壁厚

测量管线壁厚操作见表 2-4。

表 2-4 测量管线壁厚

序号	操作步骤	操作要求	工器具	测评标准	备注
1	打开超声波流量计	按超声波流量计的开关键，打开超声波流量计。	无	按操作要求完成	
2	连接超声波流量计的测厚仪传感器	把测厚仪传感器插入位于 Trans Port 顶部的传感器端口。 如果不需要连接传感器了，只能拨插头，而不能拉导线。	无	按操作要求完成	

续表

序号	操作步骤	操作要求	工器具	测评标准	备注
3	路径选择	滚动至 Program Menu(程序菜单)的 Pipe(管道)选项,然后按[ENTER]。	无	按操作要求完成	
4	测厚选择	选择 measure wall with TGauge,然后按[ENTER]。	无	按操作要求完成	
5	选择测量管壁材料	1. 选择“material”选项。 2. 选择所有管道材料选项,用适当的按键进行选择。如果你的管道材料没有列出来,选择“OTHER”选项,并输管道材料的轴向声速。	无	按操作要求完成	
6	进行壁厚显示选项	在完成材料选择后,选择Display选项并进入。	无	按操作要求完成	
7	测量管壁厚度	1. 在管道要测量的位置加上耦合剂。一般地管道表面越光滑,所加的耦合剂就越薄,粗糙的表面要求高黏度阻尼的耦合剂。 2. 把传感器触点安放在管道表面的介质上,压力中等并且尽可能使传感器面保持扁平。传感器面上的线要与管道轴线垂直。 3. 选取三个不同位置点测量管壁厚度并取平均值作为管道壁厚。	无	按操作要求完成	

2.5 操作实施 5 输入传感器参数

输入传感器参数见表 2-5。

表 2-5 输入传感器参数

序号	操作步骤	操作要求	工器具	测评标准	备注
1	传感器的类型的选择	在 Type(类型)提示处,使用[◀]和[▶]键选择测量装置所用的传感器类型,即 wetted(湿式)或 clamp-on(夹持型),按[ENTER]确认所选择项目。在 Transducer 和 Pipe 菜单中所作的各项选择会确定其他必须设置的选项。	无	按操作要求完成	
2	传感器编号的输入	按[▼]键移动至 Transducer(传感器)提示处,然后按[ENTER]键。此时,便会出现一个下拉列表,其中列出了同所选传感器类型对应的传感器编号。滚动至相应编号(编号铭刻在传感器的机体上);如果没有传感器编号,滚动至 Special(特殊)。按[ENTER]键确认所作的选择。	无	按操作要求完成	

续表

序号	操作步骤	操作要求	工器具	测评标准	备注
3	特殊传感器频率选择	用[▼]键移动至 Frequency 提出处，按[ENTER](输入)。此时，便会显示一个下拉列表，其中列出了五个频率值。滚动到同的传感器对应的频率值(单位为 MHz)，然后按[ENTER](输入)。	无	按操作要求完成	
4	特殊传感器延时值选择	用[▼]键移动至 Tw 提示处，然后按[ENTER](输入)。使用数字键输入随传感器提供的延时值(单位为μs)。按[ENTER](输入)确认输入项。	无	按操作要求完成	
5	特殊夹持型传感器楔角的选择	用[▼]键移动至 Wedge Ang(楔角)提示处，然后按[ENTER](输入)。用数字键输入随传感器提供的楔角(单位为度)值。按[ENTER](输入)确认输入。	无	按操作要求完成	
6	特殊夹持型传感器楔温的选择	用[▼]键移动至 Wedge Tmp(楔温)提示处，然后按[ENTER](输入)。使用数字键输入随传感器提供的楔温值。按[ENTER](输入)确认输入。	无	按操作要求完成	
7	特殊夹持型传感器楔声速的选择	用[▼]键移动至 Wedge SS(楔声速)提示处，然后按[ENTER](输入)。使用数字键输入随传感器提供的楔声速(单位为英尺/秒或米/秒)。按[ENTER](输入)确认输入。	无	按操作要求完成	
8	退出程序	按[F3](确定)以确认选择并退出 Program Menu(程序菜单)。也可以按[F2](取消)或[ESC]键退出 Program Menu(程序菜单)。此时不会显示确认信息。继续进入下一个区域输入管道参数。	无	按操作要求完成	

2.6 操作实施 6 输入管道参数

输入管道参数操作见表 2-6。

表 2-6 输入管道参数

序号	操作步骤	操作要求	工器具	测评标准	备注
1	路径选择	滚动至 Program Menu(程序菜单)的 Pipe(管道)选项，然后按[ENTER]。	无	按操作要求完成	
2	管道材料选择	在 Material(材料)提示处，按[ENTER](输入)打开选项列表。用[▼]或[▲]键滚动至相应的材料。如果在列表中找不到相应的材料，请选择 Other(其他)。按[ENTER](输入)确认所作的选择。	无	按操作要求完成	

续表

序号	操作步骤	操作要求	工器具	测评标准	备注
3	管道直径选择	根据提示，选择是希望输入管道的外径(OD)还是其周长。在所选的方框突出显示后，输入的值并按[ENTER](输入)确认。	无	按操作要求完成	
4	输入管道的壁厚	根据提示，输入管道的壁厚，然后按[ENTER](输入)确认。	无	按操作要求完成	
5	退出	按[F3](确定)确认各项输入内容后返回 Operate Mode(操作模式)。	无	按操作要求完成	

2.7　操作实施 7　输入流体参数

输入流体参数操作见表 2-7。

表 2-7　输入流体参数

序号	操作步骤	操作要求	工器具	测评标准	备注
1	路径选择	滚动至 Program Menu(程序菜单)的 Fluid(流体)选项，然后按[ENTER]。	无	按操作要求完成	
2	跟踪窗口选择	滚动至 No(否)或 Yes(是)按钮，表明是否希望使用 Tracking Windows(跟踪窗口)。按[ENTER](输入)确认所作的选择。	无	按操作要求完成	
3	流体选择	在 Fluid(流体)提示处，按[ENTER](输入)打开下拉列表。滚动至相应的流体类型如果未列出相应的流体，请选择 Other(其他)，然后按[ENTER](输入)确认所作的选择。	无	按操作要求完成	
4	退出	按[F3](确定)确认各项输入内容后返回 Operate Mode(操作模式)。	无	按操作要求完成	

2.8　操作实施 8　探头安装间距的读取

探头安装间距的读取操作见表 2-8。

表 2-8　探头安装间距的读取

序号	操作步骤	操作要求	工器具	测评标准	备注
1	路径选择	滚动至 Program Menu(程序菜单)的 Path(路径)选项，然后按[ENTER]。	无	按操作要求完成	

续表

序号	操作步骤	操作要求	工器具	测评标准	备注
2	往复次数选择	在 Traverses(往复次数)提示处,按[ENTER](输入)打开下拉列表。滚动至的测量装置所要求的往复次数,然后按[ENTER](输入)确认所作的选择。往复次数是指超声波信号在被接收之前穿越管道的次数。	无	按操作要求完成	
3	传感器安装间距的读取	下一提示则显示传感器的 Spacing(间距)。该值是根据先前输入的信息计算得出的。请记下此值,并在安装期间以此为依据来确定传感器的间距。使用 PT878 计算出的间距。	无	按操作要求完成	
4	退出	按[F3](确定)确认各项输入内容后返回 Operate Mode(操作模式)。	无	按操作要求完成	

2.9 操作实施 9 超声波流量计测量

超声波流量计测量操作见表 2-9。

表 2-9 超声波流量计测量

序号	操作步骤	操作要求	工器具	测评标准	备注
1	测量管道清理	在需要安装超声波流量计的管道处用砂纸进行打磨,清理表面的油漆或铁锈。如管道表面光滑,则不需要打磨。	砂纸	按操作要求完成	
2	传感器安装间距的调整	根据实施步骤 8 中读取的传感器安装间距调整两个传感器之间的距离(距离指两个传感器中心距离)。	无	按操作要求完成	
3	安装耦合剂	在两个传感器中心线上涂上耦合剂。	耦合剂	按操作要求完成	
4	传感器安装到管道上	将涂好耦合剂的传感器安装到测量管道上。 传感器安装角度的 45° 最好。	无	按操作要求完成	
5	读取数据	打开超声波流量计,等待数据显示,确认显示页面上没有报错。 等待超声波流量计显示的数据稳定后读取测量数据。	无	按操作要求完成	

2.10 操作实施 10 超声波流量计拆除

超声波流量计拆除操作见表 2-10。

表 2-10　超声波流量计拆除

序号	操作步骤	操作要求	工器具	测评标准	备注
1	关闭超声波流量计	按开关键关闭超声波流量计。	无	按操作要求完成	
2	拆除传感器连接线	拆除超声波流量计在主机和探头上的连接线。注意:只能拆接头不能拉线。	无	按操作要求完成	
3	拆除传感器	小心拆除超声波流量计传感器,清理表面的耦合剂并放好探头。	无	按操作要求完成	
4	拆除传感器支架	拆除传感器支架并整理好。	无	按操作要求完成	

第三章　故障检查和处理

3.1　常见故障现象和故障排除方法

常见故障现象和故障排除方法见表 3-1。

表 3-1　常见故障现象和故障排除方法

错误信息	问题	原因	措施
E0	没有错误	在显示其他错误之后，简短显示	没有要求
E1	信号微弱一超声波信号强度差	导线断开、探测组件问题、传感器问题、电子故障	检查传感器，传感器问题，检查编程和传感器间距，如果问题仍然存在，联系厂家
E2	声速错误	设置不正确传感器间距不正确测量结果与设置的声速迥然不同	检查声速是否与标称声速相当检查设置以及传感器间距
E3	速度范围一速度超出设定的极限	设置错误、流动情况太差、传感器间距不正确、确保流量介于±12 m/s(±40 ft/s)的范围之内	检查设置以及传感器间距
E4	信号质量故障	如果过高，则可能存在电气故障 如果过低，则可能存在流槽、电气问题	检查是否存在电气干扰源用测试流槽检查电子设备如果设备仍然无法工作，请同厂家联系
E5	振幅错误	流体中的微粒或气泡过多辅相的百分占比过大	检查流槽问题
E6	周期跳跃	增快，流动情况太差液流条件差，传感器间距不当	检查传感器间距的设置和在管道上的实际布置
E7	模拟输出错误	电流输出不足	检查输出负载是否小于 550 Ω
E8	温度输入的供应端	温度输入的供应端超出范围	检查电缆和变送器
E9	温度输入的返回端	温度输入的返回端超出范围	检查电缆和变送器

3.2　诊断参数

Trans Port 提供一个诊断菜单，以帮助排除探测组件，传感器，或电气故障，诊断参数见表 3-2。

表 3-2 诊断参数

诊断参数	显示	好	差
SS up	显示上游传感器强度	50～80	＜50
SS do	显示下游传感器强度	50～80	＜50
SNDSP	显示测量的流体声速	在 Sound Apeeds and Pipe Size Data 里检查流体声速	
Tup	显示上游超声波信号传输时间	N/A	N/A
Tdown	显示下游超声波信号传输时间	N/A	N/A
DELTA	显示ΔT 或上、下游传输时间的不同	N/A	持续很大以 1 微秒或更大上下波动
REYN#	显示雷诺数	N/A	N/A
K(RE)	显示 K 因素	N/A	N/A
PEAK%	显示峰值百分数	N/A	N/A
THETA	显示 THETA3 是超声波束和管壁之间的夹角(仅指夹具式)	N/A	N/A
Qup	显示上游传感器信号质量	±300 或更高	±100 之间
Qdown	显示下游传感器信号质量	±300 或更高	±100 之间
AMPup	显示上游传感器振幅鉴相器的值	20～80	＜20 或＞28
AMPdn	显示下游传感器振幅鉴相器的值	20～80	＜20 或＞28
P#up	显示上游传感器峰值	100～900	＜100、＞900
P#dn	显示下游传感器峰值	100～900	＜100、＞900
NFup	显示上游传感器校验因子	0.85～1.0	＜0.85
NFdn	显示下游传感器校验因子	0.85～1.0	＜0.85
Cxdcr	显示声音在传感器里的速度(仅对于夹具式)	N/A	N/A
TEMPs			

第四章　操作结束

4.1　总结回顾培训过程以及关键点

本次培训针对仪控维修新员工，较为详细的阐述了 PT878 型超声波流量计各个方面的使用方法和知识以及对仪控检修人员行为规范的要求，对于现场工作具有指导意义。

4.2　针对学员技能培训进行点评

学员对 PT878 型超声波流量计操作过程进行阐述，并说明其中的关键点以及注意事项。教员对学员的陈述简要记录，根据阐述评判学员的掌握情况。教员指出学员阐述过程中的错误以及需要注意的事项，并且依据评判表，对学员的学习情况做出整体评判。

4.3　召开技能培训操作工后会

工后会是对整个工作过程的回顾以及必要的经验反馈。维修工后会记录表见表 4-1。

表 4-1　维修工后会记录表（示例）

<table>
<tr><td colspan="4">工作内容：</td><td>工单号：</td></tr>
<tr><td colspan="2">电厂：</td><td>机组：</td><td colspan="2">工作负责人/项目负责人：</td></tr>
<tr><td colspan="3">计划完工时间：</td><td colspan="2">实际完工时间：</td></tr>
<tr><td colspan="2">序号</td><td>检查项目</td><td>检查结果</td><td>异常情况记录</td></tr>
<tr><td rowspan="5">一
工作
回顾</td><td>1</td><td>工作许可证已归还</td><td>□ 是　□ 否</td><td></td></tr>
<tr><td>2</td><td>检修现场清理完成</td><td>□ 是　□ 否</td><td></td></tr>
<tr><td>3</td><td>设备标牌清晰无损伤</td><td>□ 是　□ 否</td><td></td></tr>
<tr><td>4</td><td>检修任务达到预期结果</td><td>□ 是　□ 否</td><td></td></tr>
<tr><td>5</td><td>试验设备和工器具已归还</td><td>□ 是　□ 否</td><td></td></tr>
<tr><td rowspan="6">二
经验
反馈</td><td>6</td><td>工期安排合理</td><td>□ 是　□ 否</td><td></td></tr>
<tr><td>7</td><td>工作人员配置充足</td><td>□ 是　□ 否</td><td></td></tr>
<tr><td>8</td><td>工作文件准备充分</td><td>□ 是　□ 否</td><td></td></tr>
<tr><td>9</td><td>工作人员的检修技能满足要求</td><td>□ 是　□ 否</td><td></td></tr>
<tr><td>10</td><td>规程、图纸需要升版</td><td>□ 是　□ 否</td><td></td></tr>
<tr><td>11</td><td>库存备件需要补充</td><td>□ 是　□ 否</td><td></td></tr>
</table>

续表

序号		检查项目	检查结果	异常情况记录
二 经验 反馈	12	更换下来的旧部件需要利旧翻新维修	□ 是　□ 否	
	13	检修过程中出现预期外的现象和报警	□ 是　□ 否	
	14	提出缺陷单、QDR、状态报告等	□ 有　□ 无	
	15	编写良好实践、经验反馈	□ 有　□ 无	
	16	工作中需要协调、改进建议等	□ 有　□ 无	
三 其他 事项	17			

工作组成员签名/日期：

说明：

1. 工作负责人/项目负责人负责组织工后总结并记录。
2. 工后总结记录表中每一项都必须打"√"确认，不要遗漏。
3. 如有异常，请详细填写异常情况说明，以及后续处理方案。
4. 其他事项根据讨论情况记录，经讨论没有涉及的请填写"无"。
5. 工后总结结束后，全体工作人员签字确认。

4.4　征求学员对技能培训及教材的信息反馈

征求学员对本次 PT878 型超声波流量计培训及教材的评价。

第五章　经验反馈

5.1　流体问题

通过正确安装流量计和正确选择传感器频率，大多数和流体有关的问题可以解决。

某些流体特性会防碍流量的正确测量，以下列出一些由流体特性产生的问题：

1） 流体必须是同质的，单相位的，相对清洁的和流速稳定的固体颗粒和气泡会吸收和散射超声波。虽然有时固体和气体对 Trans Port 的操作影响准确的流量测量，温度变化率也会产生问题。

2） 流体必须不能在探测组件附近出现气穴现象。处在高气压下的流体会在探测组件附近或里头出现气空现象，这会引起由气泡产生的问题。合理的安装一般会使气穴现象得到控制。

3） 流体必须不能过多次地削弱超声波，一些流体，特别是那些粘性很大的，会吸收超声波能量，在这些情况下，屏幕上会出现一个“E1”，表示超声波信号不够强以进行可靠的测量。

4） 流体声速必须不能过多地变换，Trans Port 允许由流体结构和温度引起的相对较宽的但较少的流体声速变化。但是如果测量的流体和 Trans Port 中规定的有很大的不同，必需要调整仪表。

5.2　管道问题

1） 管道或探测组件内部必须保持相对清洁，过多的铁锈、残渣等会影响流量测量。一般地薄的覆盖层或固着在管壁上的固体物质不会产生问题。而松动的铁锈和厚的覆盖层（如焦油或油）会影响超声波传送并会引起不准确或不可靠的测量。

2） 如果沉淀物或气体堵住了浸入式传感器或堵在夹具式传感器的位置上，将会影响流量测量，通过改组探测组件或传感器经常会解决这些问题。

3） 管道或探测组件尺寸必须精确，测量的精确度不会高于规划的管道和探测组件尺寸的精确度，如果巴纳公司不支持探测组件，规划的尺寸必须符合要求的流量精度。检查管道壁厚、直径、偏心率、直线性。

4） 管道表面应该是光滑的（用于夹具式），使用夹具式流量计时，流量计所在位置的管道内外都必须光滑，如果管道壁很粗糙，超声波信号会被粗糙的表面散开，流量计就会收不到信号，影响测量。

5） 管道必须能使超声波通过（用于夹具式），有些管道材料或内衬如玻璃纤维、聚四氟乙烯会吸收超声波并会在夹具式传感器的使用中产生问题。

5.3 传感器问题

1) LEAKS 渗漏

渗漏出现在传感器周围和探测组件配件中，如果渗漏的流体有腐蚀性，则检查传感器和导线是否被破坏。

2) CORROSION DAMAGE 腐蚀破坏

浸入式传感器的材料如果不符合使用要求，便会被腐蚀性流体破坏。通常腐蚀都发生在电接口处，要检查破坏情况，把传感器从探测组件上拿下来，如果传感器粗糙并有凹坑，那么必须替换它。巴纳公司为大多数流体提供适合的传感器材料。如果需要特殊传感器，联系巴纳公司。

3) INTERNAL DAMAGE 内部破坏

一个超声波传感器由一个陶质“晶体”连接在一个箱盒上组成。两者的连接会被剧烈机械冲击或温度剧变所损坏。在这种情况下，晶体本身也会遭到损坏。如果污染物进入传感器，内置线路会被腐蚀或短路。

4) PHYSICAL DAMAGE 物理损坏

传感器会被扔坏或撞坏。通常传感器上的连接器是容易损坏的部分，因为它是最脆弱的。如果损坏较轻，只要把连接器弯回原状就能修好，如果连接器不能被修好，就更换传感器。注意：传感器必须一对对地换。更换之前，确定编辑好的参数里的传感器号就是刻在新传感器上的号。

5.4 夹具式传感器问题

1) POOR COUPLING TO PIPE 与管道联接得不好

夹具式传感器必须与管道紧联接，管道壁必须光滑、管道和传感器之间的耦合剂必须充满空隙，并且必须与管道和传感器坚固连接。为了耦合剂很好的固着，管道和传感器必须保持清洁和干燥，夹具必须有足够的压力把传感器固定在管道上。

2) MISALIGNMENT 未对准

传感器传输的超声波束是比较细的，所以传感器之间必须对准以确保超声波束从

一个传感器传到另一个传感器时不会过度削减，确保正确遵守指导安装。同时，保证传感器间距符合计算出的间距。

3) INTERNAL DAMAGE 内部损坏

4) PHYSICAL DAMAGE 物理损坏

5) CYCLE SKIP CONDITION 循环跳读

a cycle skip 是由于差的耦合、差的管道壁或不寻常的流体搅动所引起的信号的误读或改变而产生的，如果不能解决传感器问题，联系巴纳公司。

如果不是联接或管道壁的问题，尝试用以下方式重新放置传感器，然而在开始之前，确保不把传感器安装在焊缝附近。

把上游的传感器向下游传感器方向靠近 1/2 in(12.7 mm);如果这样解决问题,你必须用以下步骤更改已编程的“S”尺寸。

1) 按[PROG]

2) 按[F2]选择“PIPE”

3) 按[↑]直到传感器间距选项出现;

4) 用数字键在原有的“S”上减去 0.5 in 并输入新的“S”尺寸。

把下游的传感器向上游传感器方向靠近 1/2 in(12.7 mm);如果这样解决问题,你必须用以下步骤更改已编程的“S”尺寸。

1) 按[PROG]

2) 按[F2]选择“PIPE”

3) 按[↑]直到传感器间距选项出现;

4) 用数字键在原有的“S”上减去 0.5 in 并输入新的“S”尺寸。

如果这些方法不能解决问题,联系巴纳公司。

第六章　习　题

6.1　填空题(每空5分,共30分)

1. 传感器导线通过________与Trans Port连接起来。

答:LEMO接头

2. PT787超声波流量计屏幕的功能是显示信息使你能够精确方便地进行测量,屏幕被分成________部分。

答:七个

3. PT787超声波流量计屏幕底部显示有________功能键选项

答:三个

4. 通过PT878________,可以设置用以定义安装位置的参数。

答:Program Menu

5. 对于clamp-on(夹持型)传感器,在输入路径参数中Traverses(往复次数)选择________。

答:2

6.2　选择题(多选题)(每题10分,共30分)

1. 在使用PT878超声波流量计执行测量之前,至少应该在仪器中输入哪些数据?(ABC)

A. 传感器数据　　B. 管道数据　　C. 流体数据　　D. 地点菜单

2. 在使用超声波流量计前,需要确认哪些方面事项?(ABD)

A. 确认测量管线的材料　　B. 确认测量管线的尺寸

C. 确认管道流量　　D. 确认测量管线的温度

3. 一套超声波流量计,主要部件包括哪些?(ABD)

A. 主机及配合连接线　　B. 测厚装置

C. 探头、耦合剂　　D. 安装支架

6.3　问答题

1. 在使用超声波流量计测量管线时,出现了E2(声速错误)报警,可能是哪些原因导致报警产生?处理措施是哪些?(20分)

产生报警的原因为设置不正确、传感器间距不正确、测量结果与设置的声速迥然不同。

处理措施:检查声速是否与标称声速相当、检查设置以及传感器间距。

2. 简述 PT878 超声波流量计的电气连接口主要包括哪些?(20 分)

答:电源连接口、传感器连接口、模拟输入/输出连接口、RS232 通信接口。

6.4 实操题

鉴定点:三厂仪控车间(S1-224)

试题:使用超声波流量计 PT787 测量管线流量

1. 准备要求

考场准备:

(1) 试题名称:使用超声波流量计 PT787 测量管线流量

(2) 本题分值:100

(3) 考核时间:60 min

(4) 考核形式:实操

(5) 设备设施准备:仪控 MOCK-UP、PT787 超声波流量计考生准备:

1) 工器具、材料及量具等器具准备

2) 维修文件准备

3) 工业安全和辐射防护准备

4) 辅助人员准备

2. 考核要求

(1) 考核场地要求:现场整洁,工器具摆放有序,符合工业安全要求

(2) 实际操作要求:具体考核要求详见岗位培训评价表

(3) 否定项说明:

考试过程中,非考生本人亲自参加考核;

技能培训中操作步骤不按顺序执行并已经导致操作部分无法成功完成;

遗漏技能培训科目操作步骤中的关键步骤,导致操作部分无法完成;

技能培训操作中严重违反安全生产相关规定的操作步骤;

出现严重偏离技能培训目标标准的答案。

(4) 其他:辅助人员帮助或提示考生酌情予以扣分

3. 其他说明

本实操题考核的前提条件是:仪控 MOCK-UP 可运行,一套完整的 PT878 超声波流量计。

4. 配分与评分标准

序号	考核内容	考核要点	配分	评分标准	扣分	得分
1	实操前工作准备	1. 工器具、材料、备件准备 2. 文件准备 3. 工业安全及辐射防护准备 4. 场地布置准备	10 分	1. 要求工器具、材料备件齐全,有遗漏项目酌情扣分。 2. 使用最新版已发布生效的规程。 3. 个人防护用品穿戴齐全,按实际情况执行,未按要求准备酌情扣分。 4. 工器具、材料等分类摆放整洁,视准备情况酌情扣分。		

续表

序号	考核内容	考核要点	配分	评分标准	扣分	得分
2	超声波流量计使用前检查	确认超声波流量计附件完整	10 分	1. 超声波流量计电池检查,没有确认扣 3 分。 2. 检查借用的超声波流量计应该包括以下几个设备:主机、测厚装置、耦合剂、探头、支架等。没有检查扣 7 分,少一项扣 2 分。		
3	校验超声波流量计测厚仪	测量管线壁厚前的探头校验	10 分	1. 连接超声波流量计的测厚仪传感器,不会连接扣 5 分 2. 超声波流量计测厚仪校验,不会校验扣 5 分。		
4	测量管线壁厚测量	正确测量管线壁厚	10 分	1. 选项材料不会选择或没有选择扣 5 分。 2. 测量值错误扣 5 分。		
5	输入传感器参数	能正确输出传感器参数	10 分	1. 传感器的类型的选择错误 5 分。 2. 传感器编号的输入错误 5 分。		
6	输入管道参数	能正确输入管道参数	10 分	1. 管道材料选择错误扣 5 分。 2. 管道直径选择错误扣 5 分。		
7	输入流体参数	能正确输入流体参数	5 分	输入流体参数错误扣 5 分。		
8	超声波流量计测量	正确使用超声波流量计测量	15	1. 探头间距错误扣 5 分。 2. 探头安装错误扣 5 分。 3. 数据测量错误扣 5 分。		
9	文明检修情况	零部件摆放、维修操作过程	10 分	1. 要求零部件、工器具摆放有序,酌情扣分。 2. 野蛮操作,酌情扣分。		
10	操作时间	时间控制	10 分	每超过 1 分钟扣 1 分。		
合计			100 分			

否定项:发生人员受伤或设备损坏事件。

评分人:　　年　　月　　日　　　　　　　　　　　　核分人:　　年　　月　　日

第八部分　使用 375 通讯器

第一章　操作准备

1.1　HART 描述

1.1.1　基本介绍

HART(Highway Addressable Remote Transducer),可寻址远程传感器高速通道的开放通信协议,是美国 ROSEMOUNT 公司于 1985 年推出的一种用于现场智能仪表和控制室设备之间的通信协议。

1.1.2　详细解释

1) HART 协议采用基于 Bell202 标准的 FSK 频移键控信号,在低频的 4～20 mA 模拟信号上叠加幅度为 0.5 mA 的音频数字信号进行双向数字通讯,数据传输率为 1.2 Mbps。由于 FSK 信号的平均值为 0,不影响传送给控制系统模拟信号的大小,保证了与现有模拟系统的兼容性(见图 1-1 HART 协议工作原理图)。在 HART 协议通信中主要的变量和控制信息由 4～20 mA 传送,在需要的情况下,另外的测量、过程参数、设备组态、校准、诊断信息通过 HART 协议访问。

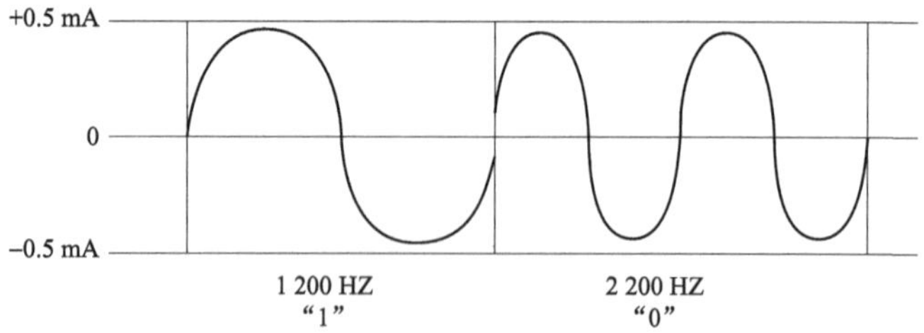

图 1-1　HART 协议工作原理图

HART 通信采用的是半双工的通信方式,其特点是在现有模拟信号传输线上实现数字信号通信,属于模拟系统向数字系统转变过程中过渡性产品,因而在当前的过渡时期具有较强的市场竞争能力,得到了较快发展。HART 规定了一系列命令,按命令方式工作。它有三类命令,第一类称为通用命令,这是所有设备都理解、都执行的命令;第二类称为一般行为命令，所提供的功能可以在许多现场设备（尽管不是全部）中实现，这类命令包括最常用的的现场设备的功能库；第三类称为特殊设备命令，以便于工作在某些设备中实现特殊功能，这类命令既可以在基金会中开放使用，又可以为开发此命令的公司所独有。在一个现场设备中通常可发现同时存在这三类命令。

HART 采用统一的设备描述语言 DDL。现场设备开发商采用这种标准语言来描述设备特性，由 HART 基金会负责登记管理这些设备描述，并把它们编为设备描述字典，主设备运用 DDL 技术来理解这些设备的特性参数而不必为这些设备开发专用接口。但由于这种模拟数字混合信号制，导致难以开发出一种能满足各公司要求的通信接口芯片。HART 能利用总线供电，可满足本质安全防爆要求，并可组成由手持编程器与管理系统主机作为主设备的双主设备系统。

2）基金会现场总线，即 FoudationFieldbus，简称 FF。它以 ISO/OSI 开放系统互连模型为基础，取其物理层、数据链路层、应用层为 FF 通信模型的相应层次，并在应用层上增加了用户层。

基金会现场总线分低速 H1 和高速 H2 两种通信速率。H1 的传输速率为 3 125 Kbps，通信距离可达 1 900 m（可加中继器延长），可支持总线供电，支持本质安全防爆环境。H2 的传输速率为 1 Mbps 和 2.5 Mbps 两种，其通信距离为 750 m 和 500 m。物理传输介质可支持比绞线、光缆和无线发射，协议符合 IEC1158-2 标准。其物理媒介的传输信号采用曼彻斯特编码，每位发送数据的中心位置或是正跳变，或是负跳变。正跳变代表 0，负跳变代表 1，从而使串行数据位流中具有足够的定位信息，以保持发送双方的时间同步。接收方既可根据跳变的极性来判断数据的“1”“0”状态，也可根据数据的中心位置精确定位。

HART 通讯协议参照“ISO/OSI”的模型标准，简化并引用其中的 1，2，7 三层制定而成，即：物理层、数据链路层和应用层（见表 1-1 HART 协议模型表）。

表 1-1　HART 协议模型表

	OSI 层次	HART 层次
第七层	应用层	HART 命令层
第六层	表示层	未使用
第五层	会话层	
第四层	传输层	
第三层	网络层	
第二层	数据链路层	HART 协议规则
第一层	物理层	Bell 202 FSK

HART 协议物理层采用了 Bell202 标准的 FSK 频移键控技术。实现了 4～20 mA 模拟信号与数字通信的兼容。设备通信距离 1 500 m。

HART 数据链路层，通信方式为主从式通信，由主设备来控制数据帧的传送，最多允许 15 个从设备连接到一条多点通讯线上。

突发模式

从设备定时重复发送数据帧

半双工通讯方式

寻址范围:0~15

当地址为0时,处于4~20 mADC与数字通信兼容状态。

当地址为1~15时,则处于全数字通信状态。

通讯帧格式

PREM BCNT DELM STATUS ADDR DATA CMD CHK

PREM:Preamble 序文 BCNT:Bycount 字节数

DELM:Delimiter 起始字符 STATUS:变送器通讯状态

ADDR:Address 地址(源地址和目的地址)

DATA:通讯数据

CMD:Command 命令号 CHK:Checksum 校验和

数据帧长度不固定,最长25个字节。

HART 协议应用层

通用命令(Universal Commend):对所有符合HART协议的现场设备都适用的命令。包括以下内容:读变送器的量程、单位以及阻尼时间常数;读出传感器串联数目及其限制;写入轮询地址;读出制造厂及产品型号;读出主变量及单位;读出电流的输出及百分比输出;读写8个字符的标牌号,16个字符的描述内容以及日期等。

普通应用命令(Common-Practice Command):适用于大部分符合HART协议的产品,但不同公司的HART产品可能会有少量区别,如写主变量单位,微调DA的零点和增益等。主要包括:写入阻尼时间常数;写入变送器量程;标定(设置零点和量程);微调主变量零点;微调DAC的零点和增益;完成自检及主机复位。

特殊命令(Transmitter-Specific Command):仅适用于某种具体的现场设备。这是各家公司的产品自己所特有的命令,不互相兼容,如特征化,微调传感头校正等。主要命令包括:读出或写入开方小流量截断值;启动、停止或清除累积器;选择主变量(质量流量或密度);读出或写入组态信息资料;微调传感器的标定。

设备描述语言(DDL),DDL(Device Description Language)是使符合HART协议的设备真正做到完全兼容的重要保证。它包括现场设备的DDL描述和主设备的DDL解释器两部分。任何实现了DDL解释功能的主设备就可和任何已经提供了DDL描述的现场设备通信。新的现场设备可以无需顾及不同的主设备而独立发布。新的主设备只要在其上开发好DDL解释器就可发行。

1.1.3 现场通讯器 HART 375 基本知识介绍

现场通讯器 HART 375 HART 是支持HART协议设备的手持式通信器,它可以对所有符合HART协议的设备进行配置、管理和维护。它可以方便的接入4~20 mA HART协议仪表电流回路中,与HART协议仪表进行通信,配置HART仪表的设定参数,读取仪表的检测值、设定值,可以对仪表进行诊断和维护等。该通讯器支持HART协议的第一主设备(HART 网桥等),也支持HART协议的点对点和多点通信方式。

HART 375 的相关安全信息

执行操作时，为确保人身安全，请特别注意可能引起潜在安全问题的信息（前标有警告符号⚠）。执行带有该符号的步骤前请参见以下安全信息：

1）安装时：为防止连接插针损坏，务必保证电池组和现场通讯器 HART 375 完全对齐；

2）安装/拆卸时：不得插拔电池组，否则可能损坏电源接头；不得插拔系统卡，否则可能损坏系统卡或系统卡插槽；

3）只能使用钝器接触触摸屏，最好使用工厂提供的触笔。使用尖锐工具，例如螺丝刀可能会导致触摸屏界面故障；

4）启动 Re-Flash 将重新从系统卡上安装系统软件，该操作必须在技术支持人员的指导下进行。

1.1.4　HART 375 系统卡和电池组的安装方法

1）将现场通讯器 HART 375 正面朝下放在平稳的表面上，见图 1-2。

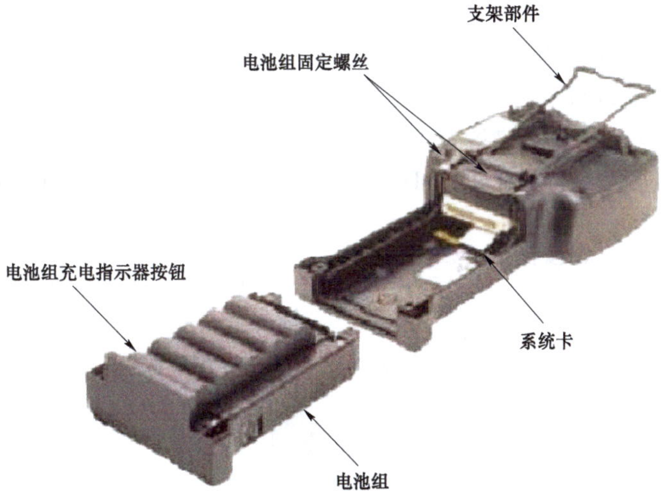

图 1-2　现场通讯器 HART 375 的背面

2）将支架锁定到悬挂位置，沿枢轴转动支架，使其转过支放位置，将支架压靠在枢轴处；

3）卸下电池组后，将系统卡接触面朝上，放到机身系统卡引导片上（位于电池组连接处的正下方），插入系统卡，直至将其固定到位；

4）仍然保持机身正面朝下，确保两个电池组固定螺丝顶端与电池组表面平齐；

5）安装电池组，使其侧面与机身侧面平齐，小心向前滑入电池组，直至将其固定到位；如果电池组与机身不完全平齐，可能会损坏连接插针；

6）拧动电池组的两个固定螺丝，固定电池组（不要拧得过紧），螺丝的顶端应接近与支架凹槽平齐。

1.1.5　HART 375 的启动和关闭方法

未带充电器/电源时，使用现场通讯器 HART 375 之前，需将电池组充满电。充电器/电源上的指示灯持续呈绿色即表示电池已完全充满。充电需要两个小时。现场通讯器 HART375 可以边充电边使用。在使用现场通讯器 HART 375 之前，请确保：

1）现场通讯器 HART 375 没有损坏；

2）电池组已安装好；

3）所有螺丝已拧紧；

4）扩展模块或扩展端口插头已就位；

5）通讯端口凹陷处没有灰尘或杂物；

启动现场通讯器 HART 375

按住开/关键，直至多功能 LED 指示灯闪烁，表明装置已经上电（大约两秒钟）。开/关键的位置可参见图 1-3。在启动期间，现场通讯器 HART 375 将自动安装系统卡上的所有升级软件。完成后将显示 HART 375 的主菜单。完成现场通讯器 HART 375 的启动后，可以选择：

1）启动 HART 或基金会现场总线应用程序（如果许可）；

2）组态/查看设置；

3）进入 PC 控制方式；

4）启动 ScratchPad 应用程序。

关闭现场通讯器 HART 375

当应用程序打开时，开/关键被禁止。使用开/关键之前，您必须退出现场通讯器 HART 375 的主菜单。如要关闭现场通讯器 HART 375，可按住开/关键直至其显示关闭（大约 3 秒钟），见图 1-3。

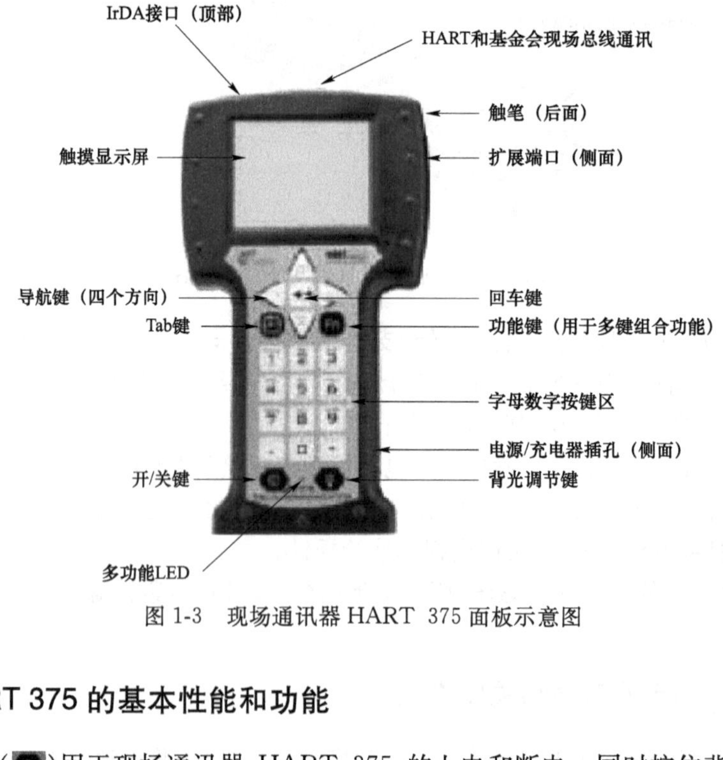

图 1-3 现场通讯器 HART 375 面板示意图

1.1.6 HART 375 的基本性能和功能

开/关键：（●）用于现场通讯器 HART 375 的上电和断电。同时按住背光调节键和功能键，直至显示关闭，也可以关断现场通讯器 HART 375 的电源。其操作机理是通过硬件关断电源（类似于通过开关关断 PC 的电源）。该方法可以关断现场通讯器 HART 375 的电源，但是为非推荐方案。

箭头导航键：四个箭头导航键可便于在应用菜单栏中移动。按右箭头的导航键（ ）可以进入某一菜单的具体选项。

回车键：（ ）确认执行的选定项或完成编辑动作，它不提供菜单结构的导航。例如，当选定（突出显示）Cancel（取消）按钮，按下回车键时，您将闭关特定的窗口。

Tab 键：（ ）便于在选定的控制项间切换。

字母数字按键区：字母数字按键区可以选择字母、数字和其他字符，例如标点符号。它可以执行数字或字母模式的选项和数据输入。根据选定区域的类型，现场通讯器 HART 375 可以自动确定输入模式。处于字母数字模式时，要输入文本，可多次快速按下键区按钮，在选项间切换，从而选定相应的字母或数字。例如，要输入字母 Z，可快速按下键 9 四次；参见图 1-4。

图 1-4　键区按钮功能示例

背光调节键：（ ）可用于调节显示的强度。有四种设置。背光会影响现场通讯器 HART 375 的电池使用时间。强度较高时，电池使用时间较短；详情可参见“背光”设置信息。

功能键：（ ）键允许您使能选定键上的不同功能。键上的灰色字符表明为切换功能。

使能时，黄色多功能灯点亮并且可以在软输入面板（SIP）上发现指示按钮。如果功能键使能，再次按该键将禁止其功能。

多功能 LED：多功能 LED 便于识别现场通讯器 HART 375 的不同状态；详情可参见表 1-2。

表 1-2　多功能 LED 过程显示

多功能 LED	过程显示
绿色	375 型现场通讯器电源接通
绿色闪烁	375 型现场通讯器处于节电模式，显示关闭
绿黄色	功能键使能
绿黄闪烁	开/关键按下的时间足以接通电源

使用触摸屏：利用触摸屏可以选择和输入文本。选择菜单项或激活控制时，可按窗口一次。要进入菜单项，可快速按两次。使用后退箭（ ）返回前一个菜单。利用触摸屏右上方的终止按钮（ ）可以结束应用。

使用软输入面板（SIP）键盘：SIP 键盘支持利用触摸屏输入字母数字。SIP 键盘自动检测何时需要输入字符，并根据需要自动显示。

1.1.7　HART 375 的主菜单功能

现场通讯器 HART 375 的主菜单允许执行如下操作：运行 HART 应用、运行设置菜单、与 PC 通信，以及启动 ScratchPad 应用。

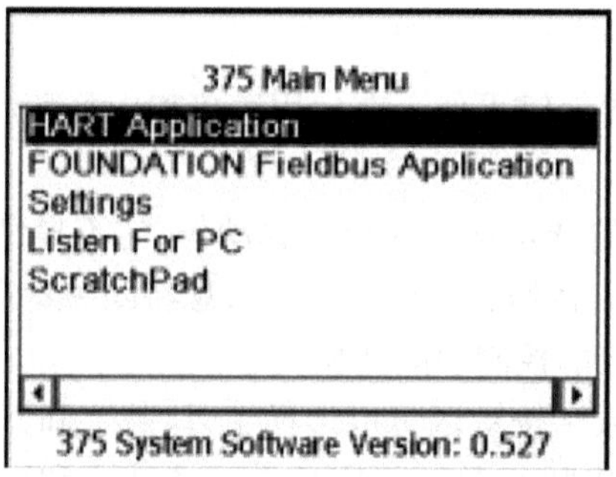

图 1-5 现场通讯器 HART 375 主菜单示例

启动 HART 功能应用:从现场通讯器 HART 375 的主菜单上双击 HART Application 运行 HART 功能应用。启动时,HART 功能应用将自动轮询设备。

启动现场总线应用:从现场通讯器 HART 375 的主菜单上双击 Foundation Fieldbus Application 运行现场总线应用。

运行设置菜单:从现场通讯器 HART 375 的主菜单上双击 Settings 查看设置菜单。设置菜单允许设定现场通讯器 HART 375 的偏好。设置菜单还允许查看系统属性和证书信息。执行如下操作,访问现场通讯器 HART 375 的设置:

1) 从现场通讯器 HART 375 的主菜单中选择 Settings;

2) 从设置菜单中选择所需的设置项。

背光:背光设置允许调节显示的亮度。调节背光时,自左向右拖动滑块。找到适当的背光位置时,选择 OK,SET DEFAULT(设置为缺省值)时,启动时将保持此设置,或按下 CANCEL,不保存修改值退出。

时钟:时钟设置允许设置现场通讯器 HART 375 的日期和时间。利用下拉菜单组态日期。组态时间时,突出显示相应的时间域,并利用箭头滚动,直至找到准确的时间。选择 OK 关闭该窗口。

对比度:对比度设置允许调节显示屏的亮度和暗度。调节对比度时,自左向右拖动滑块。当移动滑块时,窗口将自动调节对比度。找到适当的对比度时,选择 OK,SET DEFAULT(设置为缺省值)时,启动时将保持此设置,或按下 CANCEL,不保存修改值退出。注意:温度可能影响对比度。

事件捕获:事件捕获设置允许打开和关闭事件捕获功能,同时还允许删除事件捕获文件(.rec)。事件捕获是一种发生在现场通讯器 HART 375 和设备之间通信、输入和屏幕输出的记录。在设置菜单中按相应的单选按钮,可以激活事件捕获。选中时,单选按钮将以亮白色突出显示。要删除事件捕获,可按下 DELETE EVENT FILE(删除事件文件)按钮。事件捕获功能激活时,启动 HART 应用将激活事件捕获对话框,它要求输入文件名。输入文件名后按下 OK。文件将保存到默认位置。注意:使能事件捕获时,设备警告信息将不会出现。事件捕获有助于故障排除。

证书:当给现场通讯器 HART 375 上电并打开证书设置菜单时,可以看到证书。证书设置允许查看系统卡上的证书。每个现场通讯器 HART 375 的 HART 应用证书都是标准的。其他证书包括基金会现场总线应用和快捷升级选项。用户不能访问未认证的性能。

内存:内存设置允许查看系统卡、内部 Flash、RAM 和扩展模块(如果安装)的可用空间。

电源:电源设置允许指定电源管理和查看电池/充电状态。要指定电源管理设置项,可从下拉菜单中选择时间间隔。省电模式将关闭背光和显示,从而使功耗降到最低。省电模式下,绿色多功能 LED 灯将闪烁。如要退出省电模式,可按任一键或接触触摸屏。现场通讯器 HART 375 将返回到原先的运行模式。如果非激活状态延续时间达到指定的时间,现场通讯器 HART 375 将自动关闭。注意:执行某些操作时,为防止意外的数据丢失,自动关闭功能将被禁止。确定适当的电源管理设置后,选择 OK 确认。SET DEFAULT(设置为缺省值)时,启动时将保持此设置,或按下 CANCEL,不保存修改值退出。电源指示位于屏幕的下方。采用电池供电时,将显示充电的百分比。采用外部供电时,将显示信息。

触摸屏对齐:触摸屏对齐设置允许校准触摸屏的显示。在窗口的各位置准确地按紧十字准线。连续移动直至触摸屏对齐。触摸屏对齐后,下次启动时将保持当前设置。

返回到 HART 375 主菜单:如果要返回到现场通讯器 HART 375 主菜单,双击 Exit to 375 Main Menu。

与 PC 的通信

与 PC 的 IrDA 通信:采用红外技术,现场通讯器 HART 375 可以实现与 PC 的通信。

IrDA 是唯一支持设备描述、软件升级、组态、事件捕获和 ScratchPad 文件传输的 PC 接口。IrDA 通信可以嵌入到 PC 中,或由适配器提供,例如 IrDA 适配器的 USB 或 IrDA 适配器的串行口。操作说明可参见 IrDA 手册。现场通讯器 HART375 的红外通信速率大约为 4 千字节/秒。IrDA 和 PC 通信时,推荐的最大距离为 18 英寸。

PC 控制方式:PC 控制方式下,现场通讯器 HART 375 的数据传输和设备组态管理由 PC 的应用程序控制。PC 应用程序可以如下中的一种:

1) AMS™软件包:智能设备管理器(6.2 版本或更高),过程工厂中管理仪表和阀门的软件。目前,AMS 只支持 HART 组态。将来它还会支持基金会现场总线组态;

2) 现场通讯器 HART 375 快捷升级编程工具;

执行如下步骤进入 PC 控制方式:

1) 从现场通讯器 HART 375 主菜单中,选择 Listen for PC;

2) 将现场通讯器 HART 375 的 IrDA 接口与 PC IrDA 接口对齐;

3) 利用编程工具或 AMS 软件包智能设备管理器完成必要的传送,更为详尽的信息可参见编程工具的在线帮助;

4) 点击 EXIT 关闭 PC 应用程序控制,如果将新的系统软件下载到现场通讯器 HART 375 的系统卡,内部 Flash 将更新;

5) 利用 AMS™ 软件包智能设备管理器传送 HART 组态,采用智能设备管理器(6.2 版本或更高)的手持式通信器接口工具选项,可以将现场通讯器 HART 375 与 AMS™ 配套使用。

6) 将现场通讯器 HART 375 的 IrDA 接口与 PC 的 IrDA 接口对齐,进入 PC 控制模式,AMS™ 软件包智能设备管理器中将出现现场通讯器 HART 375 的图标,并显示现场通讯器 HART 375 中的所有组态都能够访问;

7) 在 AMS™ 软件包智能设备管理器中双击现场通讯器 HART 375 的图标,将显示扩展模块和内部 Flash 文件夹,看到所有组态文件后,可以利用 AMS™ 软件包智能设备管理器执行任务;

快捷升级编程工具：如要添加设备描述(DD)或系统软件升级，需要一块带快捷升级选项的系统卡。更为详尽的信息可参见编程工具的在线帮助。所有现场通讯器 HART 375 都具备传送事件捕获和文本文件的基本功能。

使用 ScratchPad 应用程序：从现场通讯器 HART 375 主菜单中双击 ScratchPad 运行 ScratchPad 应用程序。ScratchPad 是一种文本编辑器，可用它来创建、打开、编辑和保存简单的文本文档(.txt)。通过编程工具，可以在 PC 和现场通讯器 HART 375 之间传送.txt 文件。ScratchPad 只支持非常基本的文件格式。在屏幕右上角点击 ScratchPad( )图标，还可以在 HART 应用程序中打开 ScratchPad 应用程序。该操作将自动打开 ScratchPad 应用程序。

图 1-6 在 ScratchPad 中打开空文档

(1) 创建新文档：在 ScratchPad 应用程序主页中，按下 NEW 按钮。将出现一个空文本窗口和 SIP 键区。现在可以在新文档中输入文本。在 ScratchPad 的工具栏中按 New( )图标或从菜单选择 File>New，也可以创建新文档。

(2) 打开已有文档：

1) 从 ScratchPad 应用程序的主页中，在文件名下选择期望的文件；

2) 按 OPEN 按钮。将出现一个文本窗口和 SIP 键区，现在可以编辑文档。

从菜单栏中选择 File|Open 或从工具栏中按 Open( )图标，也可以打开文档。

(3) 输入文本：利用触笔，在 SIP 键区中写入期望的字母。利用键区，快速重复按期望的键区按钮显示所需的字母或数字。

(4) 选择文本：拖动触笔，突出显示期望的文本，或在文档中按 Edit|Select All...(编辑|全选……)选择所有的文本。

(5) 剪切文本：

1) 选择要剪切的文本；

2) 从菜单栏中选择 Edit(编辑)；

3) 从编辑菜单中选择 Cut(剪切)。

选择文本并在工具栏中按 Cut( )图标，也执行剪切操作。

(6) 拷贝文本：

1) 选择要拷贝的文本；

2) 从菜单栏中按 Edit；

3) 从菜单栏中按 Copy。

选择文本并在工具栏中按 Copy( )图标，也执行拷贝操作。

(7) 粘贴文本：

1) 拷贝要粘贴的文本；

2) 从菜单栏中按 Edit；

3) 从菜单栏中按 Paste。

拷贝要粘贴的文本并在工具栏中按 Paste( )图标，也执行粘贴文本操作。

(8) 撤消文本：

1) 在文档中，从菜单栏中按 Edit 按钮；

2) 从编辑菜单中按 Undo。

(9) 保存文档：

1) 在文档中，从菜单栏中按下 File 按钮；

2) 从文件菜单中按 Save；

3) 如果是新文件，在对话框中输入文件名；

4) 按 OK 键。

在工具栏中按 Save( )图标，也可以保存文档。

(10) 副本保存，要以另外的名称保存当前文档的副本：

1) 在文档中，从菜单栏中按 File 按钮；

2) 从文件菜单中按 Save As…(另存为…)；

3) 在对话框中输入副本文件名；

(11) 删除文档，有三种方法可以删除 ScratchPad 文档：

方法 1：

1) 从 ScratchPad 的主页中，选择要删除的文件；

2) 按 DELETE；

3) 出现警告，通知选中的文件将被永久删除。如果确定删除该文件，按 Yes。

方法 2：

1) 要删除文档，按 File＞Delete；

2) 从删除文件页中，选中要删除的文件；

3) 按 OK；

4) 出现警告，通知选中的文件将被永久删除。如果确定删除该文件，按 Yes；

5) 删除文件后，按 EXIT 退出。

方法 3：

从编辑工具中删除.txt 文件。更为详尽信息可参见编辑工具在线帮助。

(12) 退出 ScratchPad

1) 在文档中，从菜单栏中按 File；

2) 从文件菜单中按 Exit；

3) 从主页中按 Exit 按钮。

1.1.8　HART 375 的管理储存功能

现场通讯器 HART 375 的系统管理和储存允许查看储存类型、运行 IrDA 通信、传送组态，和执行编程工具。现场通讯器 HART 375 内存包括四部分：

(1) 内部 Flash-32 Mb 非易失性 RAM

内部 Flash 内存可存储：

1) 如果需要，可选的组态扩展模块(备件编号 00375-0043-0001)允许存储更多的组态；

2) HART 事件捕获，基金会现场总线统计，以及用户生成的文本文件；

3) 现场通讯器 HART 375 系统软件。

(2) 系统卡(SC)，带非易失性 Flash 内存的内置式安全数字卡(SD 卡)。每个系统卡上都有安装型现场通讯器 HART 375 应用软件的拷贝件。系统卡还可以存储所有 HART 和基金会现场总线的设备描述。

(3) RAM，32 Mb，仅用于程序执行。

(4) 扩展模块(EM)，一种可选的移动存储卡，可插入到现场通讯器 HART 375 侧面的扩展端口。组态扩展模块可存储 HART 设备的组态。

1.1.9 HART 375 的维护方法

任何以下没有列出的组件维护、维修或更换操作必须在授权的服务中心由经过专业培训的人员执行。平时可以对现场通讯器 HART 375 做以下维护工作：

1) 清洁机身外部，仅可使用无绒的干毛巾或用温和的肥皂水溶液沾湿的毛巾；

2) 电池组充电、拆卸和更换；

3) 取出和更换系统卡；

4) 取出和更换扩展块或扩展端口插头；

5) 取出和更换固定支架；

6) 确保所有外部螺丝均拧紧；

7) 确保通信端口凹陷处没有灰尘或杂物(无需拆卸)。

(1) 检查充电量：利用设置菜单检查充电量；在插入备用电池组之前，也可以检查电池充电量。

1) 从现场通讯器 HART 375 上取出电池组；

2) 将电池组翻转并按下电池组充电指示按钮。点亮的指示灯数量与电池的充电量有关。每个指示灯代表 20%的充电量，当电池充满时，所有的指示灯都点亮。

(2) 电池充电：电池可以在现场通讯器 HART 375 上充电，亦可单独充电。充满电时，充电器上的指示灯为绿色；充电时为琥珀色；脉冲充电时在绿色和琥珀色之间跳闪；不能充电时为红色。不得在危险区域对电池组充电。为现场通讯器 HART 375 电池充电时：

1) 将充电器/电源的插头插入电源插座；

2) 将电源/充电器连接插入现场通讯器 HART 375，电池充电时，现场通讯器 HART 375 可以正常工作；

(3) 取出系统卡和电池组

1) 将现场通讯器 HART 375 下面朝下放在平稳的表面上；

2) 松开两个电池组固定螺丝，直至每个螺丝的顶端与电池组表面平齐；

3) 将电池组从机身内滑出，不要向上拉电池组，这样可能损坏电源接头；

4) 抓住系统卡，将其直接从机身中拉出，不要向上拉系统卡，这样可能损坏系统卡或系统卡插槽。

(4) 运行自检测:没有必要,也不可能以手动方式执行现场通讯器 HART 375 的自检测。性能测试可自动执行。如果测试时发现故障状态将发送警告信息。

(5) 本质安全(IS)区域的操作:可以在本质安全区域更换电池组。当现场通讯器 HART 375 处于运行状态下,也可以在危险场所安装扩展模块。

(6) 废物处理:如果有必要丢弃现场通讯器 HART 375 的任何部件,请遵守适用的废物处理法规

1.2　文件准备

工作文件包一套。

1.3　工器具准备

工器具准备见表 1-3。

表 1-3　工器具准备

工器具名称	规格型号	数量	用途
万用表	FLUKE179	2	测量端子的通断
信号发生器	FLUKE744	1	接线端子加模拟信号
一字/十字螺丝刀		2	端子接线的拆卸与恢复

1.4　模拟体准备

375 通讯器 7 台。

1.5　辐射防护准备

无。

1.6　工业安全准备

无。

1.7　配合人员准备

无。

1.8 场地准备

现场铺设白布用于摆放工器具;铺设橡胶板,合理分配场地,确保工具、设备的合理分布,方便检修;在场地外围布置警示带。

第二章　操作实施

2.1　操作实施 1　HART 375 的 HART 功能应用程序启动方法

当现场通讯器 HART 375 与在线的 HART 设备通信时,将显示一个跳动的空心图标(♡)。以突发方式与带一个设备的 HART 回路通信时,空心图标将由跳动的实心形图标取代。非通信期间将显示 HART 标志。

执行如下操作启动 HART 应用程序,见表 2-1。

表 2-1　HART 375 的 HART 功能应用程序启动方法

序号	操作步骤	操作要求	工器具	测评标准	备注
1	接通现场通讯器 HART 375 电源	缺省应用程序中将显示带 HART 的 375 主菜单	通讯器 HART 375	按操作要求完成	无。
2	使用快捷键次序	快捷键次序是多个数字按钮的次序,它与引导完成特定任务的菜单项相对应。	通讯器 HART 375	按操作要求完成	快捷键次序与 275 型 HART 通讯器相同。
3	设置热键选项	1. 在任何打开的子菜单或在线菜单中,选中希望添加到热键菜单中的选项; 2. 按住热键(),热键组态窗口将显示添加的新选项; 3. 按下 ADD; 4. 按 ALL,则通讯器支持的所有设备中都将增加该热键选项,如果只将该热键添加到当前连接设备中,按 ONE; 5. 如果显示“标记为热键菜单上的只读变量”,可选择如下之一: YES:该选项的变量为只读,意味着用户只能查看,不能修改其数值; NO:可以查看和修改该变量数值; 响应信息“在热键菜单上显示该变量数值?”,可选择如下之一: YES:该变量数值将出现在热键菜单上; NO:热键菜单上将显示变量名称,但不显示其数值; 在热键组态窗口按 EXIT 按钮,返回初始菜单。热键菜单中将加入新选项。	通讯器 HART 375	按操作要求完成	无。

续表

序号	操作步骤	操作要求	工器具	测评标准	备注
4	执行热键菜单选项	1. 将现场通讯器 HART 375 与 HART 回路或设备连接； 2. 按下热键，显示热键菜单； 3. 双击要执行的选项； 4. 使用热键选项前，必须正确连接现场通讯器HART 375和设备。用户可以从任意的在线窗口中调用热键菜单。使用热键选项时，必须。	通讯器 HART 375	按操作要求完成	
5	一次删除一个热键选项	1. 按住热键( )，显示热键组态窗口； 2. 选择要删除的菜单项； 3. 按下 DEL 按钮； 4. 完成上述操作后，按 EXIT 关闭热键组态窗口。	通讯器 HART 375	按操作要求完成	值域是一种预定义选项，不能删除。利用它可以快速查看或修改设备数值范围。
6	删除所有热键选项	1. 从 HART 主菜单中，双击 Utility；从 HART 主菜单中，双击 Configure HART Application(组态 HART 应用)； 2. 从组态 HART 应用菜单中，双击 Storage Cleanup(清除储存)； 3. 从清除储存菜单中，双击 Hot KeyMenu (热键菜单)； 4. 如果确认要删除所有热键菜单中的选项，按 YES。	通讯器 HART 375	按操作要求完成	

2.2　操作实施 2　HART 375 的离线操作

离线菜单允许创建离线组态，查看和修改储存在现场通讯器 HART 375 中的设备组态。有两种类型的组态：设备组态和用户组态。HART 组态是由 HART 设备创建的，它一开始就以设备组态的形式保存。离线创建的HART组态将以用户组态的形式保存。由其他程序将 HART 组态传送到现场通讯器 HART 375 时，将以用户组态的形式保存。采用现场通讯器 HART 375 编辑设备组态时，将使其转换成用户组态。现场通讯器 HART 375 并不存在部分或标准组态的概念。所有组态都是完整组态。

表 2-2　HART 375 的离线操作

序号	操作步骤	操作要求	工器具	测评标准	备注
1	离线创建新组态	1. 从HART应用主菜单中，双击Offline(离线)； 2. 从HART应用主菜单中，双击NewConfiguration(新组态)，列出已安装设备描述的生产商名称； 3. 双击展开相应的生产商将列表，列出该生产商的所有型号； 4. 双击相应型号扩展该列表，列出选定型号的设备版本； 5. 双击设备版本； 6. 如果出现警告，仔细阅读警告信息，按CONT.接收该警告并继续，或按 EXIT 结束创建新用户组态； 7. 标记希望发送到 HART 设备的可组态变量，双击Mark all>OK标记所有变量。双击Unmark all>OK 清除所有变量的标记。“+”号表明为待发送变量，“*”号为已经编辑的参数。执行如下操作分别对变量进行标记编辑： 1) 发送设备之前，双击 Edit individually 组态具体的变量； 2) 滚动变量列表，选择希望标记或编辑的变量； 3)如要修改选定变量的数值，按 EDIT 修改其数值，再按ENTER； 4) 如要标记选定变量，按 MARK，“+”号表明为待发送变量，“*”号为已经编辑的参数； 5) 如有必要，重复第二步到第四步对其他变量进行相同的操作，完成后按EXIT。 8. 要保存新组态，双击Save as...(按SAVE按钮将自动切换到Save as...菜单)： 1) 要修改组态保存的位置，双击 Location，选择一个选项后，按ENTER； 2) 要指定组态名称，可双击 Name，输入名称再按ENTER； 3) 按SAVE。	通讯器 HART 375	按操作要求完成	

续表

序号	操作步骤	操作要求	工器具	测评标准	备注
2	打开已保存的离线组态(打开已保存的组态后，允许进行编辑、拷贝、发送、删除、重新命名操作，以及与其他已保存组态进行比较等操作)	1. 从 HART 应用程序主菜单中，双击 Offline(离线)； 2. 从离线菜单中，双击 SavedConfiguration(保存的组态)； 3. 双击保存组态的位置-内部 Flash 目录或组态扩展模块目录； 4. 双击组态打开菜单选项 FILTR 按钮打开菜单时，提供排序和过滤选项。利用这些选项，可以定制已保存设备组态的显示。排序功能根据所选择组态的名称、位号或描述对设备组态进行分组和显示。使用组态过滤功能时，可以使用两个特殊字符：句号(.)和星号(*)。句号代表任意数值的单字符。星号表示任意值的一串字母数字字符。例如，当想列出位号或名称为 P-001 到 P-003 的所有组态时，可以在过滤器中输入“P-”。如果要列出位号或名称以 P-0 打头，以 7 为结尾的组态，可将过滤器设为 P-0.7。 XPAND 按钮允许查看位号、生产商、设备类型、描述符和组态类型。按下 CMPRS 返回先前的压缩屏幕。	通讯器 HART 375	按操作要求完成	
3	编辑已保存的离线组态	1. 从已保存的组态菜单中，双击 Edit(编辑)； 2. 如果出现警告信息，请仔细阅读警告，按 CONT.接受警告并继续，或按 EXIT 结束创建新单元组态； 3. 标记希望保存到 HART 组态中的可组态变量。双击 Mark all>OK 标记所有变量。双击 Unmark all>OK 清除所有变量的标记。执行如下操作分别对变量进行标记和编辑： 1) 发送设备之前，双击 Editindividually 组态具体的变量； 2) 滚动变量列表，选择希望标记或编辑的变量； 3) 如要修改选定变量的数值，按 EDIT 修改其数值，再按 ENTER； 4) 如要标记选定变量，按 MARK，“+”号表明为待发送变量，“*”号为已经编辑的参数； 5) 如有必要，重复第二到第四步，对其他变量进行相同的操作，完成后按 EXIT； 4. 按 SAVE 返回到目录菜单。	通讯器 HART 375	按操作要求完成	

续表

序号	操作步骤	操作要求	工器具	测评标准	备注
4	拷贝已保存的离线组态	1. 从已保存组态菜单中，双击 Copy to...; 2. 选择存储位置(内部 Flash 或扩展模块)打开组态并按 ENTER; 3. 双击 Name 并输入组态名称; 4. 按 SAVE 将其拷贝到新位置。	通讯器 HART 375	按操作要求完成	
5	发送已保存的离线组态	Send 功能允许将选定的组态发送到相连的设备。从已保存的组态菜单中，双击 Send。现场通讯器 HART 375 把该组态发送到与该组态兼容的相连设备中。	通讯器 HART 375	按操作要求完成	
6	删除已保存的离线组态	Delete 功能允许一次删除一个组态。从现场通讯器 HART 375 存贮器中删除组态时: 1. 从已保存组态菜单中，双击 Delete; 2. 按 Yes 确认删除。	通讯器 HART 375	按操作要求完成	
7	重新命名已保存的离线组态:重命名允许修改已保存组态的名称	1. 从已保存组态菜单中，双击 Rename(重命名); 2. 双击要重命名的文件; 3. 输入新文件名并按 ENTER; 4. 按 SAVE。	通讯器 HART 375	按操作要求完成	
8	比较两个已保存的离线组态	设备类型(包括生产商)，设备版本， DD 版本必须完全匹配。如果组态不同，将出现对话框，但不会告知两者的区别; 只有在组态包括相同的变量时，才可以对它们进行比较，如果该条件不满足，现场通讯器 HART 375 将通知条件不满足; 1. 从已保存组态菜单中，双击 Compare(比较); 2. 选择存储位置(内部 Flash 或组态扩展模块)并按 ENTER; 3. 双击 Name 选择组态文件; 4. 双击待比较的文件; 5. 按 COMP 对组态进行比较; 6. 读完窗口信息后，按 OK。	通讯器 HART 375	按操作要求完成	注意:数据储存格式必须完全相同。 如果该条件不满足，现场通讯器 HART375 将通知。

2.3　操作实施 3　在线操作

在线模式显示相连 HART 设备的数据。在线菜单显示关键的、最新过程信息(连续刷新)，包括设备设置、主变量(PV)、模拟输出(AO)、下限值(LRV)和上限值(URV)。从相连的 HART 设备创建的 HART 组态将以 375 设备组态的形式保存。采用现场通讯器 HART 375 编辑设备组态时，将把它转换成用户组态。现场通讯器 HART 375 能够与控制室、仪表现场或回路中的任何接线端接头通讯。

与 HART 回路的连接:将现场通讯器 HART 375 以及适当的连接器与仪表或负载阻抗并行连接。HART 接线对极性不敏感。为保证现场通讯器 HART 375 正常工作,HART 回路中的阻抗不得小于 250 Ω。

现场通讯器 HART 375 顶端有三个端口。其中两个为红色,一个为黑色。两个红色端口是各自协议的正极。黑色端口为两种协议的公共端。保护盖装置可确保任一时刻只有一对端口露出,参见图 2-1。同时有多个标记,指明哪一对端口对应哪一种协议。

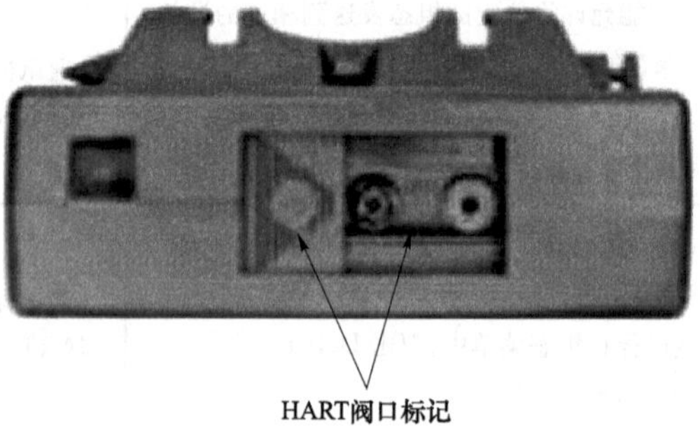

图 2-1 HART 端口保护盖

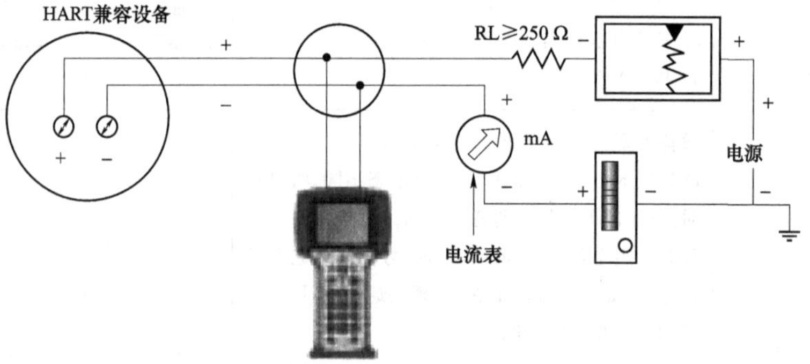

图 2-2 现场通讯器 HART 375 与 HART 回路连接

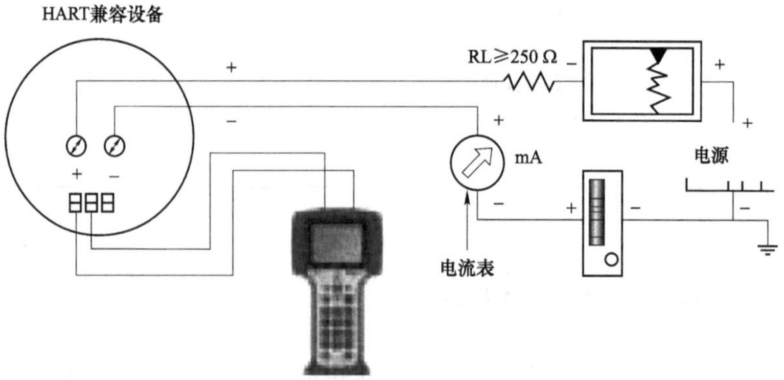

图 2-3 现场通讯器 HART 375 与设备直接连接

图 2-4 说明如何与可选的 250 Ω电阻连接。如果 HART 回路中的阻抗小于 250 Ω,则需要附加电阻。

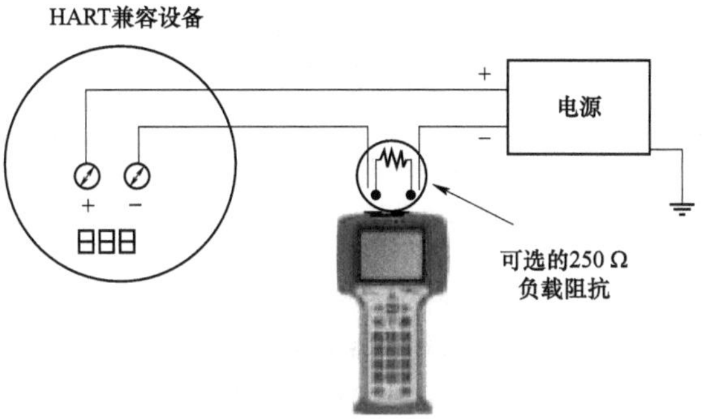

图 2-4　现场通讯器 HART 375 与可选 250 Ω电阻连接

安装临时的可选 250 Ω负载阻抗时：

2.4　操作实施 4　查看在线菜单

与 HART 兼容设备连接时，在线菜单是第一个出现的菜单。它能够提供相连设备的重要信息。该菜单显示关键的、最新设备信息，包括一级变量(PV)、模拟输出(AO)、下限值(LRV)和上限值(URV)。由于在线菜单可以提供重要信息，一些窗口中可以快速调用该窗口。如果能够调用，按 HOME 按钮可以返回到在线菜单。一旦对参数进行了修改，可以将它们发送给设备。所有没有发送的参数后面都出现星号。

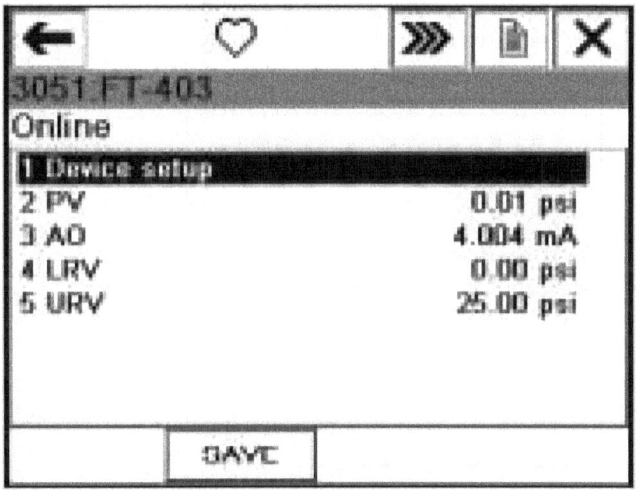

图 2-5　在线菜单示例

设备不同，其组态参数的差别很大，组态参数在设备描述中定义。执行如下操作查看相连设备的过程信息：

1) 将现场通讯器 HART 375 与 HART 回路连接，或直接与设备连接；
2) 按下开/关按钮打开现场通讯器 HART 375；
3) 双击 HART Application。将自动显示在线主菜单；
4) 通过选择如下在线菜单选项，可以查看上述参数的更多信息。

表 2-3 在线菜单选项

序号	操作步骤	操作要求	工器具	测评标准	备注
1	查看设备设置子菜单	1. 过程变量(PV):PV 菜单列出所有过程变量及其数值。该窗显示口对过程变量连续刷新; 2. 诊断和服务:诊断和服务菜单提供设备和回路测试,以及校准选项,设备不同,诊断和服务操作差别很大,它们都在设备描述中加以定义; 3. Test Drive(测试设备) 菜单列出设备自测试和主机测试的状态。测试设备将在设备中启动诊断程序并报告电子故障,以及其他可能影响性能的故障; 4. Loop Test(回路测试) 用于按特定模拟数值设置设备输出,并可用于测试回路的完整性,以及回路中指示器、记录器或类似设备的操作; 5. Calibration(标定) 用于执行传感器调整、D/A 调整和标定 D/A 调整等操作; 1) 基本设置:利用基本设置菜单可快速调用多种可组态参数,包括位号、数值范围和缓冲。基本设置菜单中的选项功能是指定设备最为基本的执行任务。此类任务是详细设备菜单下的子选项。包括文字与数字的位号标识特定设备。修改单位将影响显示的工程单位。修改量程将改变模拟输出的缩放比例。修改缓冲将影响变送器的响应时间,当输入变化剧烈时,它常用于平滑输出。 2) 详细设置:通过详细设置菜单可访问所有可编辑的设备参数和所有设备功能。如果 HART 兼容设备不同,详细设置菜单的差别很大。该菜单中的功能可包括各类任务,例如特征化、组态和传感器和输出调整。 3) 浏览:Review(浏览)菜单中列出从相连设备中读取的所有静态参数,包括有关设备和传感器设置和限制的信息。它还包括相连设备的信息,例如位号、结构材料和设备软件版本。	通讯器 HART375	按操作要求完成	
2	一级变量(PV)	在线菜单显示关键过程变量,并且连接进行刷新。如果一级变量和相关的工程单位太长,则不会出现于在线菜单上。在在线菜单上双击 PV 浏览一级变量和相关工程单位是否被截短。	通讯器 HART 375	按操作要求完成	

续表

序号	操作步骤	操作要求	工器具	测评标准	备注
3	模拟输出(AO)	模拟输出是与一级变量相对应的 4～20 mA 范围内的信号。它是由现场设备发送来的数字值。在在线菜单上双击 PV AO 查看模拟输出及其相关工程单位是否被截短。	通讯器 HART 375	按操作要求完成	
4	下限值(LRV)	在线菜单上双击 PV LRV 查看下限值及其相关工程单位是否被截短。	通讯器 HART 375	按操作要求完成	
5	上限值(URV)	在线菜单上双击 PV URV 查看上限值及其相关工程单位是否被截短。	通讯器 HART 375	按操作要求完成	

2.5　操作实施 5　组态 HART 应用程序

组态 HART 应用程序见表 2-4。

表 2-4　组态 HART 应用程序

序号	操作步骤	操作要求	工器具	测评标准	备注
1	改 HART 轮询选项	1. 从 HART 主菜单中双击 Utility; 2. 双击 Configure HART Application; 3. 双击 Polling; 4. 选择如下轮询选项中的一个 Never Poll(从不轮询)一与地址为 0 的设备连接,如果没有找到,则不轮询; Ask Before Polling(轮询前询问)一与地址为 0 的设备连接,如果没有找到,将询问通讯器是否要对地址为 1～15 间的设备进行轮询; Always Poll(总是轮询) 与地址为 0 的设备连接,如果没有找到,通讯器将自动对地址为 1～15 间的设备进行轮询; Digital Poll(数字轮询)一 无论是否找到地址为 0 的设备,轮询地址 1～15。要找出各设备地址,可利用该选项查找回路中的连接设备,并按位号列出; Poll Using Tag(利用位号轮询)一 允许输入设备位号。启动 HART 应用程序时,将提醒输入位号名; Poll Using Long Tag(利用长位号轮询)一允许输入设备的长位号。启动 HART 应用程序时,将提醒输入位号名。(只有 HART 通用版 6 设备支持)如果位号被截短,双击显示完整的位号。 5. 按 ENTER。	通讯器 HART 375	按操作要求完成	

续表

序号	操作步骤	操作要求	工器具	测评标准	备注
2	修改忽略的状态信息	1. 从 HART 主菜单中双击 Utility; 2. 双击 Configure HART Application; 3. 双击 Ignore Status; 4. 输入显示下个信息之前,希望忽略的状态信息的数量。可以指定 50 到 500 之间的一个数; 5. 按 ENTER。在达到指定的数量之前,所有现场设备的状态信息将被忽略; 6. 存储清除,存储清除允许删除如下内容: 1) 内部 Flash,选择 YES,将删除内部 Flash 中保存的所有组态; 2) 组态扩展模块,选择 YES,将删除组态扩展模块中保存的所有组态; 3) 热键菜单,选选择 YES,将删除所有热键菜单中的内容。	通讯器 HART 375	按操作要求完成	
3	查看所有的设备描述	HART 设备描述允许现场通讯器 HART 375 识别和组态具体 HART 兼容设备。执行如下操作查看当前安装的 HART 设备描述: 1. 从 HART 菜单中双击 Utility; 2. 双击 Available Device Descriptions,列出已安装设备描述的生产商名称; 3. 双击生产商打开列表,列出该生产商的所有型号; 4. 双击型号扩展该列表,列出选定型号的所有设备版本。			
4	仿真 HART 设备的在线连接	现场通讯器 HART 375 提供仿真模式,无需做实际连接,它允许对 HART 兼容设备的在线连接进行仿真。仿真模式是一种培训工具,它有助于在组态关键部分之前熟悉设备。仿真模式的组态不能保存。执行如下步骤仿真 HART 设备的连接: 1. 从 HART 菜单中双击 Utility; 2. 双击 Simulation,列出现场通讯器 HART 375 安装的设备描述及生产商; 3. 双击生产商扩展该列表,列出该生产商的所有型号; 4. 双击生产商名扩展该列表,列出选定型号的所有设备版本; 5. 双击设备版本,参照设备手册确定设备版本。如果出现警告信息,仔细阅读警告,按 CONT. 接受警告并继续,或按 EXIT 结束创建新单元组态。 (如果设备已经测试过,将不会出现该警告)显示仿真设备的在线菜单。如果已经与选定设备连接,现在可以使用现场通讯器 HART 375,并执行所有在线任务。			

续表

序号	操作步骤	操作要求	工器具	测评标准	备注
5	查看 HART 诊断	DC 电压测量(HART 端子),执行如下步骤检查设备电压: 1. 从 HART 菜单中双击 HART Diagnostics; 2. 双击 DC Voltage Measurement,完成后按 OK 查看测量值,退出 HART 端子电压菜单,重新进行以刷新屏幕显示,电压测量值仅供参考。			
6	断开 HART 设备	断开之前请查看如下情况: 1. 确定是否保存组态; 2. 确认方法(例如校准、回路测试)是否结束; 3. 解决所有未发送到设备的数据问题。			

第三章 故障检查和处理

3.1 故障排除建议

在寻求技术支持之前，回答如下问题和使用故障排除表。

1） 控制系统是否具备 HART 通信能力？

2） 目前是否组态为 HART 通信？

如果回答为“是”，是否报告通信故障？如果回答为“否”，停止控制系统的 HART 通信，并再次测试现场通讯器 HART 375 的通信。

1） 是否安装了安全栅？

2） 安全栅是否能够传送 HART 信号？

回路

确认 HART 回路中现场设备的电流和电压。几乎所有现场设备都至少需要 4 mA 和 12 VDC 以维持正常运行。如果一个多节点回路中存在多个现场设备，请将现场通讯器 HART 375 设置为数字轮询模式。检查回路接线通常能发现更多的问题。大多数控制系统中，屏蔽线通常只能以单点接地。确认回路的阻抗至少为 250 Ω。如果没有外部阻抗，通常总阻抗就是监视回路的过程指示设备的阻抗。根据过程指示设备的手册，确认其回路阻抗。如果过程指示设备的阻抗未知，则可以通过回路的电流和过程指示设备上的电压来确定。阻抗可以通过公式计算，阻抗=电压/电流。现场通讯器 HART 375 可用于测量电压；参见“直流电压测试(HART 终端)”。

样本值

250 Ω时，回路电流的最低电压。

4 mA～1 V、8 mA～2 V、12 mA～3 V、16 mA～4 V、20 mA～5 V

如果过程指示设备上的电压大于上述相应电流对应的电压值，则设备的内部阻抗至少为 250 Ω。如果电压小于相应电流所对应的电压值，则回路需要增加阻抗。如果有示波器，利用它检查回路噪声。为避免回路一侧接地，有必要一个量程采用多种模式

功能或电池供电/隔离。500～10 000 Hz 频率范围内的噪声尤其值得关注，因为它接近于 1 200～2 000 Hz 的 HART 频率。

3.2 常见故障原因分析和故障排除方法

常见故障原因分析和故障排除方法见表 3-1。

表 3-1　常见故障原因分析和故障排除方法

序号	故障原因分析	故障排除方法
1	现场设备终端处回路电流和电压不足，导致间歇性通信。	确认现场设备终端处至少有 4 mA 电流和 12 V DC 电压；参见的“直流电压测量(HART 终端)”。
2	接线不好导致间歇性通信或通讯不上。	检查接线端子和裸露的信号线是否损坏。
3	电机与泵填料函对中不好，或联轴器端面有高点。	调整对中，打磨清理联轴端面至光滑清洁。
4	HART 频率点的回路阻抗不够。	回路中另外串入一个 250 Ω电阻。将引线接到电阻两端，检查通信是否恢复。
5	现场设备终端处回路电流和电压不足。	确认现场设备终端处至少有 4 mA 电流和 12 V DC 电压；参见的“直流电压测量(HART 终端)”。
6	现场设备可能设置成非零的 HART 地址(多节点模式)。	将轮询模式修改为除“从不轮询”以外的模式，例如，数字轮询。
7	HART 通信受到控制系统的干扰。	停止控制系统中的 HART 通信，确认现场设备和通讯器之间的通信是否恢复。

第四章　操作结束

4.1　评判

学员对解体过程进行阐述,并说明其中的关键点以及注意事项。教员对学员的陈述简要记录,根据阐述评判学员的掌握情况。教员指出学员阐述过程中的错误以及需要注意的事项,并且依据评判表,对学员的学习情况做出整体评判。

4.2　清理现场

工作结束后,做到工完料尽场地清。工具整理并与工具清单进行对比,确保工具无缺失,并检查工具的可用性,记录损坏情况并汇报。对更换的领料物资与领料单进行核实,确保所有可更换的物资已更换。清理工作过程中的耗材,进行分类处理,放置到对应的塑料袋中。清理现场的塑料布,橡胶板,必要时用白布清理现场。

4.3　工后会

工后会是对整个工作的过程的回顾以及必要的经验反馈。

回顾工作过程:工作许可证已归还,场地已清理,设备标牌完好,对检修任务进行评价,是否达到预期的目的,试验设备与工器具已经归还。

第五章　经验反馈

事件描述:2004 年 9 月 24 日,国外某电厂 2 号机组正常运行。维修人员在对 3 号主给水再循环流量变送器标定,在使用 HART 通讯器通讯过程中由于连接时不慎导致变送器正负端端路引起回路熔丝烧毁,引起 3 号主给水再循环流量丢失,导致主控报警。

经验教训:

1) 工作过程中不须规范通讯器使用要求,工作前需要熟练掌握特殊仪表的使用方法和注意事项;

2) 检修人员经验不足,该工作负责人在执行此工作之前,并没有该类设备的检修经验,是第一次接触此类设备;

3) 缺乏质疑的工作态度,凭经验操作,引起端子间短路。

第六章 习 题

6.1 填空题(每空 2 分,共 20 分)

1. HART 协议(Highway Addressible Remote Transducer):是 Rosemount 公司于 1986 年提出的一项标准。实现________兼容的标准,是现场总线的过渡性标准。

答:4～20 mA 模拟信号与数字通讯

2. HART 协议采用基于 Bell202 标准的 FSK 频移键控信号,在低频的 4～20 mA 模拟信号上叠加幅度为________信号进行双向数字通信,数据传输率为 1.2 Mbps。由于 FSK 信号的平均值为________,不影响传送给控制系统模拟信号的大小,保证了与现有模拟系统的兼容性。

答:0.5 mA 的音频数字　0

3. HART 规定了一系列命令,按命令方式工作。它有三类命令,第一类称为________,这是所有设备都理解、都执行的命令;第二类称为________,所提供的功能可以在许多现场设备(尽管不是全部)中实现,这类命令包括最常用的的现场设备的功能库;第三类称为________,以便于工作在某些设备中实现特殊功能,这类命令既可以在基金会中开放使用,又可以为开发此命令的公司所独有。在一个现场设备中通常可发现同时存在这三类命令。

答:通用命令　一般行为命令　特殊设备命令

4. 设备通信距离________,最多允许________个从设备连接到一条多点通信线上。

答:1 500 m　15

5. HART 接线对极性________,为保证现场通讯器 HART 375 正常工作,HART 回路中的阻抗不得小于________欧姆。

答:不敏感　250

6.2 选择题(多选题)(每题 6 分,共 30 分,错选或漏选均不得分)

1. 在线模式显示相连 HART 设备的数据。在线菜单显示关键的、最新过程信息(连续刷新),除去包括设备设置,还有以下哪些参数?(ABCD)

A. 主变量(PV)　　B. 模拟输出(AO)

C. 下限值(LRV)　　D. 和上限值(URV)

2. 完成现场通讯器 HART 375 的启动后,可以选择(ABCD)。

A. 启动 HART 或基金会现场总线应用程序(如果许可)

B. 组态/查看设置

C. 下限值(LRV)进入 PC 控制方式

D. 启动 ScratchPad 应用程序

3. 在使用现场通讯器 HART 375 之前,请确保(ABCDE)。

A. 现场通讯器 HART 375 没有损坏　　B. 电池组已安装好

C. 所有螺丝已拧紧　　D. 扩展模块或扩展端口插头已就位

E. 通讯端口凹陷处没有灰尘或杂物

4. 导致 HART 375 间歇性通信的原因有哪些?(ABCD)

A. 现场设备终端处回路电流和电压不足

B. 现场回路上的噪声

C. 控制系统的噪声或信号失真

D. 接线不好

5. 现场设备没有通信原因有哪些?(ABC)

A. HART 频率点的回路阻抗不够

B. 现场设备终端处回路电流和电压不足

C. 现场设备可能设置成非零的 HART 地址(多节点模式)

6.3 问答题

1. 平时可以对现场通讯器 HART 375 做哪些维护工作?(20 分)

答:1) 清洁机身外部。仅可使用无绒的干毛巾或用温和的肥皂水溶液沾湿的毛巾;

2) 电池组充电、拆卸和更换;

3) 取出和更换系统卡;

4) 取出和更换扩展块或扩展端口插头;

5) 取出和更换固定支架;

6) 确保所有外部螺丝均拧紧;

7) 确保通讯端口凹陷处没有灰尘或杂物(无需拆卸)。

2. 现场通讯器 HART 375 面板上有哪些键(举出 5 个即可)?(15 分)

答:1) 开/关键 2) 箭头导航键 3) 回车键 4) 字母数字按键区 5) 背光调节键 6) 功能键

3. 请画出一个典型的使用 HART 375 进行通信校验的连接示意图?(15 分)

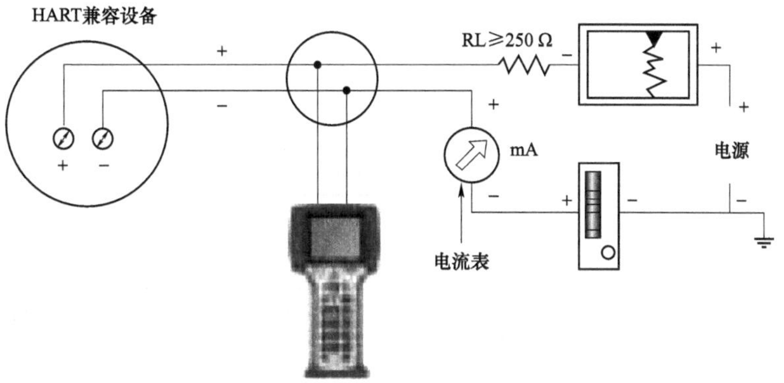

6.4 实操题(模板)

鉴定点:三厂辅助厂房 S1-224

试题:使用 HART375 连接变送器

1. 准备要求

考场准备:

(1) 试题名称:使用 HART375 连接变送器

(2) 本题分值:按照评价执行

(3) 考核时间:150 min

(4) 考核形式:实操、口试

(5) 设备设施准备:使用 HART375 连接变送器

考生准备:

(1) 工器具、材料及量具等器具准备

(2) 维修文件准备

(3) 辅助人员准备

2. 考核要求

(1) 考核场地要求:现场整洁,工器具摆放有序,符合工业安全和辐射防护要求

(2) 实际操作要求:具体考核要求详见岗位培训评价表

(3) 否定项说明:

考试过程中,非考生本人亲自参加考核;

技能培训中操作步骤不按顺序执行并已经导致操作部分无法成功完成;

遗漏技能培训科目操作步骤中的关键步骤,导致操作部分无法完成;

技能培训操作中严重违反安全生产相关规定的操作步骤;

技能培训口试中答案严重违反安全生产相关规定;

出现严重偏离技能培训目标标准的答案。

无法回答一定数量口试问题;

(4) 其他:无

3. 配分与评分标准

所在单位/处室: 培训地点:

学员姓名: 培训日期:

任务编号:	培训项目名称:	平均执行时间:
	使用现场通讯器 HART 375	2 小时

(1) 绩效评价

P&S	C&S	行动步骤	标准	合格	不合格
P	C	A1:HART 375 Settings 设置菜单主要项目、设置方法、注意事项	主要项目: 背光、时钟、对比度、时间捕获、证书、内存、电源、触摸屏对齐等;		

续表

P&S	C&S	行动步骤	标准	合格	不合格
P	C	A1:HART 375 Settings 设置菜单主要项目、设置方法、注意事项	设置方法: 1. 从HART 375的主菜单中选择Settings; 2. 从设置菜单中选择所需的设置项。 注意事项: 1. 温度可能影响对比度; 2. 执行某些操作时,为防止意外的数据丢失,自动关闭功能将被禁止。		
P	C	A2:HART 375的HART功能应用程序启动方法	1. 接通HART 375电源,缺省应用程序中将显示带HART的375主菜单; 2. 双击 HART Application,如果在线的HART设备与HART 375已连接,HART应用程序的主菜单上将自动显示连接设备的关键参数;如果没有连接设备,几秒钟后显示 HART 应用程序主菜单;要回到375主菜单,可按后退箭按钮;从 HART 应用程序主菜单上,可以选择离线、在线或工具功能;		

说明:代码(S)次序非常重要。这一步必须在上一步之后执行。
代码(C)关键步骤。没有满足该项标准就没有通过评估。
代码P&S,执行或模拟,参考岗位培训绩效测评水平中的执行和模拟。

(2) 知识技能

每个绩效测评,评估者从以下题目中随机选择至少3个问题。

口头提问	可接受答案的关键内容	合格	不合格
K1:HART 375的管理储存类型。	1. 内部Flash-32 Mb非易失性RAM; 2. 系统卡(SC); 3. RAM; 4. 扩展模块(EM)。		
K2:HART 375 如何编辑已保存的离线组态。	1. 从已保存的组态菜单中,双击Edit(编辑); 2. 如果出现警告信息,请仔细阅读警告,按CONT.接受警告并继续,或按EXIT结束创建新单元组态; 3. 标记希望保存到 HART 组态中的可组态变量。双击 Mark all>OK 标记所有变量。双击 Unmark all>OK 清除所有变量的标记; 4. 按SAVE返回到目录菜单。		
K3:HART 375安装临时的可选250 Ω负载阻抗注意事项。	1. 将负载阻抗插入到引线插座中; 2. 打开回路将阻抗与回路串联; 3. 利用引线端子闭合回路。		

续表

口头提问	可接受答案的关键内容	合格	不合格
K4:如何查看与 HART 375 相连设备的过程信息。	1. HART 375 与 HART 回路连接,或直接与设备连接; 2. 按下开/关按钮打开现场通讯器 HART 375; 3. 双击 HART Application。将自动显示在线主菜单; 4. 通过选择 Device setup 选项,可以查看更多的参数信息。		
K5:查看 HART 375 诊断具体步骤。	1. 从 HART 菜单中双击 HART Diagnostics; 2. 双击 DC Voltage Measurement,完成后按 OK 查看测量值,退出 HART 端子电压菜单,重新进行以刷新屏幕显示,电压测量值仅供参考;		
K6:设备内部阻抗为 250 Ω时,HART 回路电流对应的最低电压。	4 mA~1 V、8 mA~2 V、12 mA~3 V、16 mA~4 V、20 mA~5 V		
K7:HART 375 出现间歇性通信时的可能原因。	1. 现场设备终端处回路电流和电压不足; 2. 现场回路上的噪声; 3. 控制系统的噪声或信号失真(例如,供电电源的现场设备、控制系统外部的前端模拟电路等,可能引起 HART 信号失真)。 4. 接线不好。		

(3)打分/评价单

总评:优秀__________合格__________不合格__________

考生是否需要补考(如果有充分的补考措施):__________

评估者签字:__________ 日期:__________

评价(针对合格者)和意见(意见针对不合格者):

学员签字:__________ 日期:__________

评分人: 年 月 日 核分人: 年 月 日

第九部分　智能压力变送器3051 检查和校验

第一章　操作准备

1.1　原理描述

3051 压力(差压)变送器内有一隔离膜片,压力(差压)信号的变化经变送器内含的一种灌充液(硅油与惰性液)通过隔离膜片转换为电容的变化传送至压力传感膜头,压力传感膜头将输入的电容信号直接转换成可供电子板模块处理的数字信号,再经电子线路处理转化为二线制 4～20 mADC 模拟量输出。

3051T 型压差变送器	绝压:校验量程从 0.3～10 000 psi	表压:校验量程从 0.3～10 000 psi	性能:精度:0.04%
3051L 型液位变送器	液位精度 0.075%	校验量程从 2.5 inH_2O～8 310 inH_2O	
3051C 型差压、绝压、表压变送器	绝压:0.1 inH_2O～2 000 psi	表压:校验量程从 2.5 inH_2O～2 000 psi	性能:精度:0.04%;量程比:100:1

罗斯蒙特智能变送器 3051 是美国艾默生公司旗下的罗斯蒙特公司生产的差压、压力变送器,其中的 3051 智能差压变送器被广泛用用于压力、流量、物位的测量。其结构如下。

1.1.1　传感膜头

3051 系列变送器传感膜头与过程介质和外部环境保持机械、电气及热隔离,可释放传感器杯体上的机械应力,提高静压性能。3051 型传感器膜头还可进行温度测量,用于进行温度补偿。传感膜头内的线路板能将输入的电容与温度信号转换成可供电子板模块进一步处理的数字化信号。

1.1.2　电子线路板

电子板采用专用集成电路(ASIC),该板接受来自传感膜头的数字输入信号及其修正系

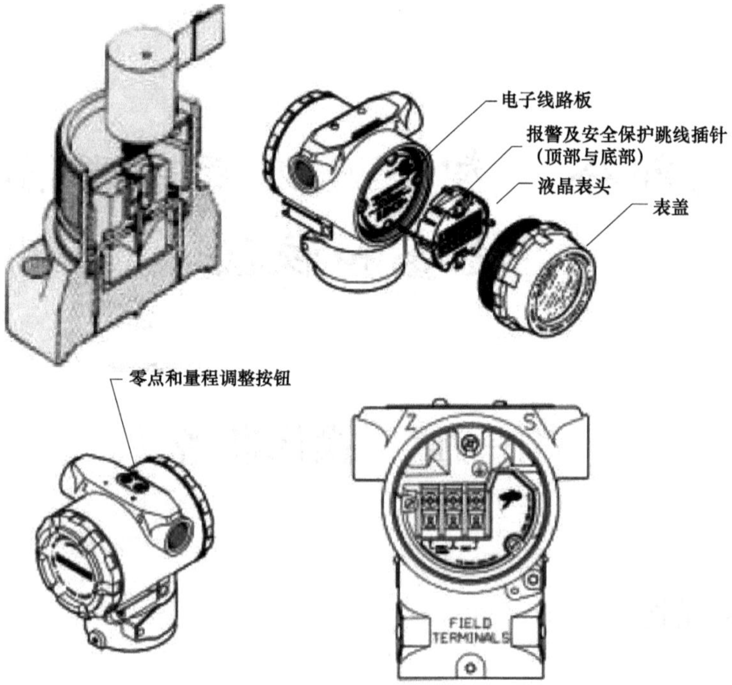

图 1-1 3051C 型差压与表压传感膜头

数,对信号进行修正与线性化。电子板模块的输出部分将数字信号转为模拟量输出,并与 HART 手操器进行通讯。标准的 3051 型模拟量输出为 4～20 mA;低功耗变送器为电压输出(1～5 V 或 0.8～3.2 V)。

可选液晶表头插在电子板上,以压力、流量或液位工程单位或模拟量程百分比显示数字输出。

1.1.3 数据存储

组态数据存储于变送器电子板的永久性 EEPROM 中,变送器掉电后,数据仍保存,故而上电后变送器能立即工作。

1.1.4 数/模转换与信号传送

过程变量以数字式数据存储,可以进行精确的修正和工程单位的转换。信号经修正后的数据转换为模拟输出信号。HART 手操器可以直接以数据信号方式存取传感器读数,不经过数/模转换以得到更高精度。

1.1.5 性能指标

3051C 型压力(差压)变送器性能指标

参考精度:±0.065%量程

测量范围:差压测量范围由 0.5 inH_2O～2 000 psi(0.12～13 800 kPa);

表压测量范围由 2.5 inH_2O～2 000 psi(0.62～13 800 kPa)。

动态性能：延迟时间——45 毫秒；

刷新速率——22 次/秒。

安装位置影响：零点最多漂移±1.25 inH_2O(0.31 kPa)，可修正掉。无量程影响。

振动影响：只考虑谐振频率的影响，其他振动影响均忽略不计。在谐振下，与管道轴向成任意角度的方向施加 15～2 000 Hz 的振动进行测试，振动影响小于±0.1%URL/g。

电源影响：小于±0.005%量程/V。

射频干扰影响：小于±0.1%量程，20～1 000 Hz 场强达到 30 V/m。

回路负载极限：最大回路电阻由外部电源供电电压决定，关系如下：

最大回路电阻=43.5×(电源电压-10.5)

通讯要求回路最小电阻值 250 Ω。

电源：标准变送器(4～20 mA)空载时工作在 10.5～55 V DC。

输出：二线 4～20 mA，可选择线性或平方根输出。

温度极限：环境温度-40～85 ℃；

储存温度-46～110 ℃。

湿度极限：0～100%相对湿度。

启动时间：变送器加电 2 秒钟内达到性能指标。

阻尼：模拟输出对阶跃输入变化的响应时间 0～36 秒可选。其中不包括传感膜头的响应时间。

1.1.6　通讯格式

3051 型采用 HART 协议进行通讯。在模拟量输出上叠加高频信号可以进行远程通信。罗斯蒙特采用该技术能在不影响回路完整性的情况下，实现同步通信和输出。

软件功能：HART 协议使用户可以容易的使用 3051 型的组态、测试与具体设定的功能。

1.1.7　使用 HART 375 对 3051 系列压力变送器进行组态

HART 手操器为 3051 型智能压力变送器提供通讯能力。HART 手操器菜单树图为组态功能提供一个概览，而快捷指令序列也可直接利用软件功能。

Online(联机)菜单

如果手操器接入带有工作状态变送器的工作电路中，则会自动显示 Online(联机)菜单。在 Online(联机)菜单上，按下适当的键选取所需的功能，并且按照屏幕指示完成这个功能。

HART 快捷指令

HART 手操器的快捷指令序列由专用键盘下面的字母数字键盘上的按键 1-9 确定。其指令序列只能在 Online(联机)菜单下操作，要从其他菜单进入 Online(联机)菜单，可按下 HOME(F3)键。

HART 手操器的快捷指令序列如表 1-1 所示。

表 1-1　HART 手操器的快捷指令序列

功能	HART 手操器快捷键指令
报警和饱和水平	1、4、2、7
模拟输出	3

续表

功能	HART 手操器快捷键指令
模拟输出报警形式	1、4、3、2、4
突发模拟控制	1、4、3、3、3
突发操作	1、4、3、3、3
校验	1、2、3
表头定制设置	1、3、7、2
表头定制设置值	1、4、3、4、3
阻尼	1、3、6
功能	HART 手操器快捷键指令
日期	1、3、4、1
描述符	1、3、4、2
数/模微调(4~20 mA 输出)	1、2、3、2、1
本机量程/零点调整失效	1、4、4、1、7
现场装置信息	1、4、4、1
完全微调	1、2、3、3
键盘输入一重设量程	1、2、3、1、1
回路测试	1、2、2
量程下限值	4、1
传感器下限微调	1、2、3、3、2
信息	1、3、4、3
表头选项	1、4、3、4
所需前置码数目	1、4、3、3、2
百分比量程	1、1、2
轮询地址	1、4、3、3、1
轮询多点站变送器	向左箭头,4、1、1
压力	2
量程值	1、3、3
重设量程	1、2、3、1
定标数/模微调(4~20 mA 输出)	1、2、3、2、2、
自检(变送器)	1、2、1、1
传感器信息	1、4、4、2
传感器温度	1、1、4
传感器温度单位	1、4、1、2、2
传感器微调点	1、2、3、3、5
状态	1、2、1、2

续表

功能	HART 手操器快捷键指令
工位号	1、3、1
传送功能(设定输出型式)	1、3、5
变送器保护(写保护)	1、3、4、4
微调模拟输出	1、2、3、2
单位(过程变量)	1、3、2
量程上限值	5、2
传感器上限微调	1、2、3、3、3
零点微调	1、2、3、3、1

3051C 或其他压力变送器与 HART 375 手操器的接线如图 1-2 所示，现场可接在表的电源端子处，控制室可接在信号端子处。回路电阻应保证在 250～1 000 Ω的范围内。

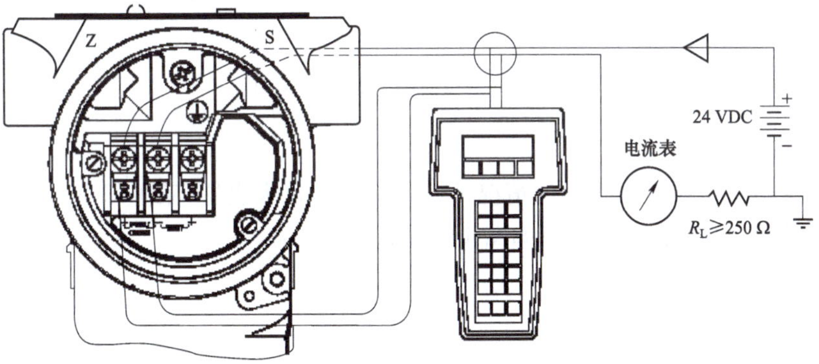

图 1-2　HART　375 手操器与变送器的连接

进入在线画面

打开电源开关，等待 HART 375 进入主菜单画面，如图 1-3 所示界面，此界面有五个选项栏，分别为：HART 应用、现场总线应用、手操器设置、与 PC 通信和写字板。

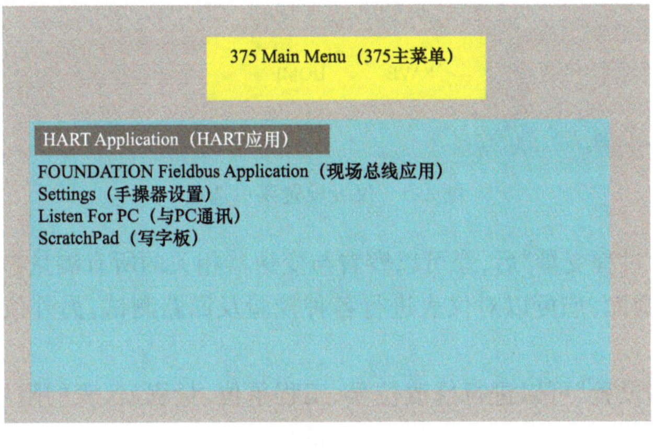

图 1-3　HART　375 主界面

使用光标笔双击“HART 应用栏”，如果手操器与变送器通信正常，则画面应转入在线画面，如图 1-4 所示界面，这个界面会显示在线变送器的各个实时参数，比如实时的过程变量值、电流输出值、量程上限与下限值，其中最重要的是仪表设置这个选项，它是变送器能够进行组态的关键菜单。

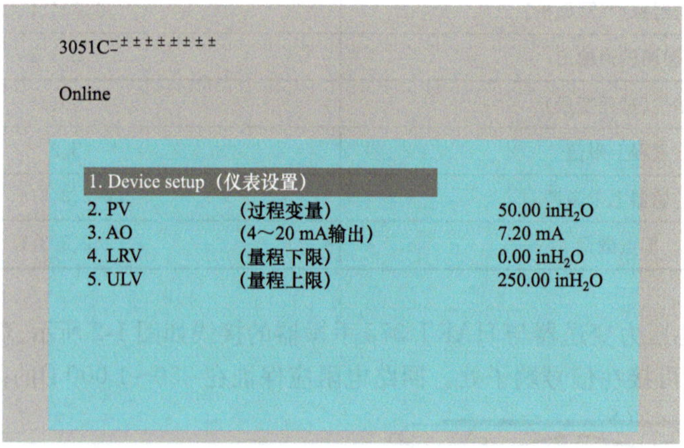

图 1-4　与变送器连接在线画面

组态过程

在变送器与手操器通讯正常的情况下，可以双击“仪表设置”菜单即可进入变送器的组态菜单，仪表组态画面有 5 个选项，如图 1-5 所示显示界面。

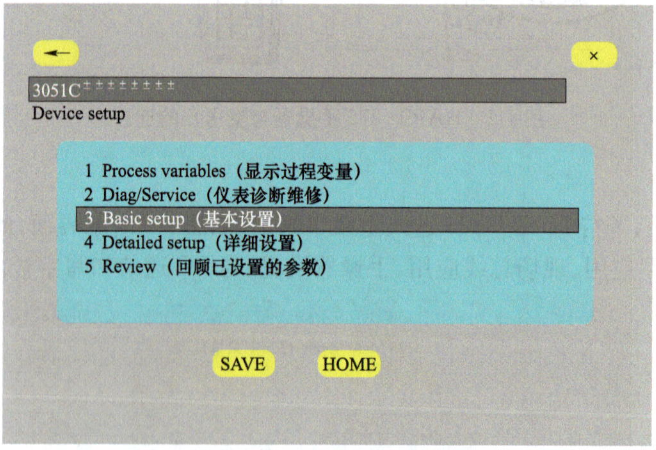

图 1-5　仪表设置菜单选项

A）双击“显示过程变量”后，您可以察看与变送器相关的所有测量参数。

B）进入诊断画面，您可以对仪表进行各种校验及回路测试，另外仪表的各项报警也可以查看！

C）进入“基本设置”可以进行修改位号、工程单位、量程、仪表的阻尼系数与传递涵数，因此，这是最常用的菜单。可以双击 5 个选项的任一个进入该菜单，图 1-6 是菜单 3“基本设置”的子菜单。

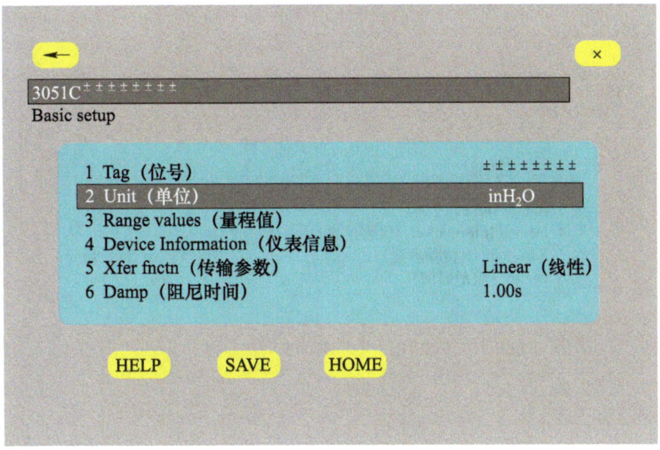

图 1-6 基本设置子菜单

注意：单击左箭头可以退回上一级菜单，单击“×”图标退回主菜单（此时可以关机）。单击“HOME”退回在线菜单。（此菜单为实时更新画面）

双击“单位”进入修改工程单位子菜单，如图 1-7 所示，该子菜单中拥有几十种国际、国内通用的使用单位，可以根据实际使用情况进行选择。

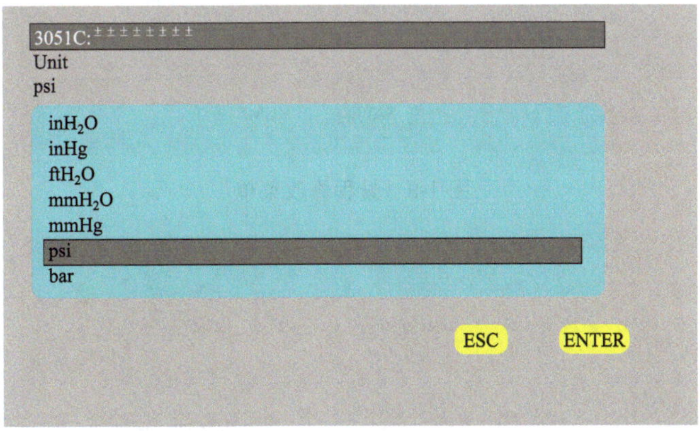

图 1-7 单位修改工程子菜单

使用光笔单击所选定的单位，然后单击“ENTER”，这时候会出现一个提示，告诉你当前过程变量在该选定单位尚未发送至变送器之前仍然为原单位，提示你应在下随菜单中进行发送（SEND）。因此，见到提示后，即按 OK 则出现下随菜单，如图 1-8 所示。

此时单击“SEND”并在见到提示后，按 OK，修改后的单位即下装到变送器中。最后见提示单击 OK 完成该操作。（注意，单位 Unit 左上角“*”在发送成功后，应消失！）

在基本设置中，用光标笔选中“3 量程”并双击，则进入量程修改菜单，如图 1-9 所示，在此菜单中，有两种修改方式。

A） 直接键盘输入，这是最方便的方式。

B） 提供标准压力值并将该压力确认为 4 mA 或 20 mA 的设定点。

图 1-10 为直接键盘输入方式：双击图 1-9 选项 1，可以直接进入下图显示界面。

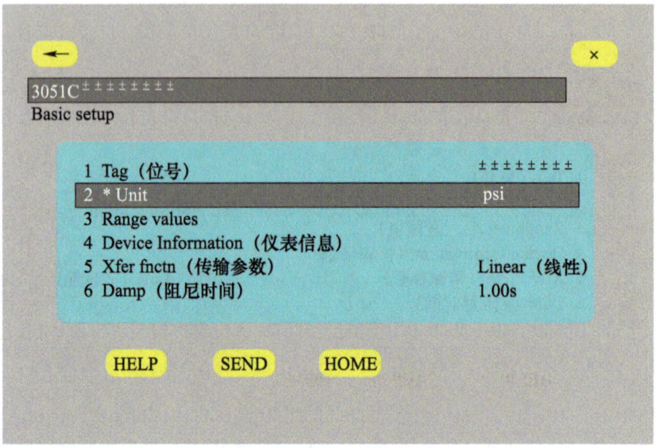

图 1-8 出现发送的随菜单

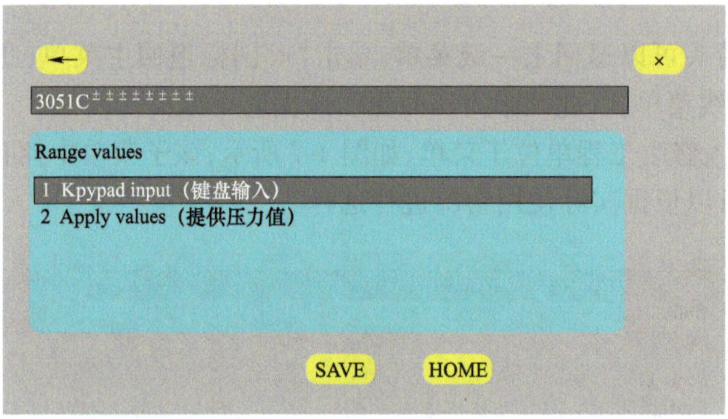

图 1-9 量程修改菜单

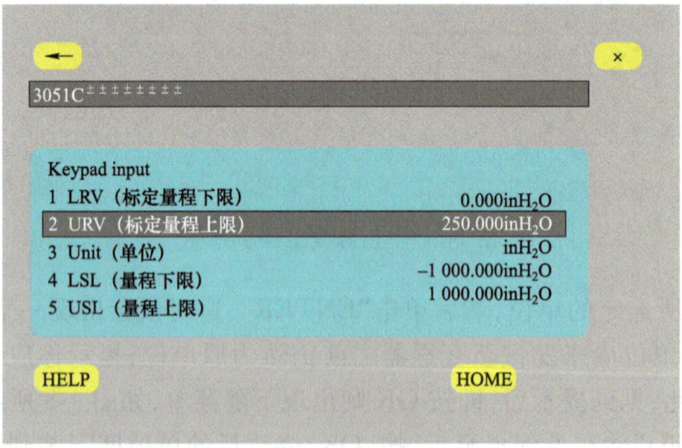

图 1-10 进入量程修改选项

一般来说，如不做迁移，则只需修改量程上限。因此，双击“URV”进入键盘画面，如图 1-11 所示输入数值界面。

可以使用光笔，点击数字键直接输入希望修改的量程。然后点击“ENTER”确认。当返回上一级菜单后，单击“SEND”进行发送，见图 1-12(URV 左上角*号表示该参数尚未发送！)，发送后，有两个提示，请单击 OK 确认即可！

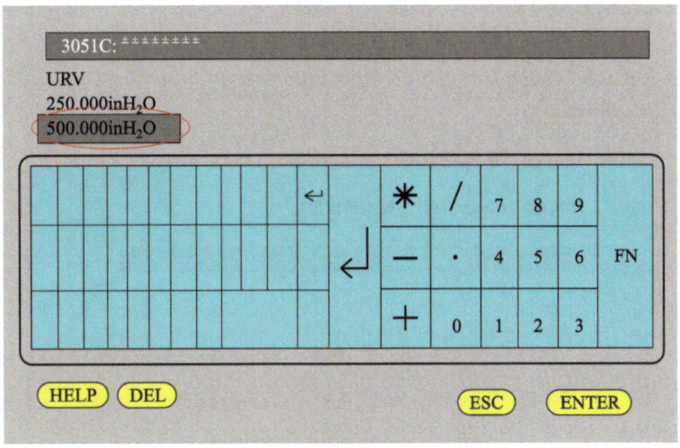

图 1-11　手动输入界面

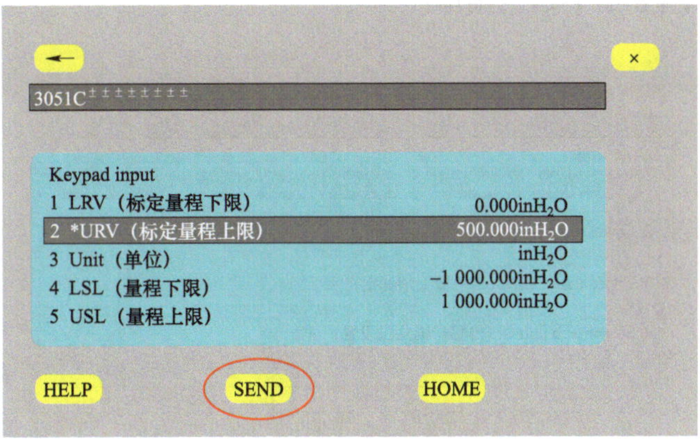

图 1-12　量程修订值发送选项

在基本设置中，如图 1-5 所示中的选项 2 是专门针对仪表的调校及故障诊断设置的。一般地说，变送器完成现场安装后，须进行读数的清零。此功能在 375 菜单中称之为：“ZERO RTIM”。

由图 1-13 选项框中“仪表诊断维修”菜单可以进入和完成“ZERO RTIM”，双击，则进入诊断及服务子菜单，如图 1-14 显示。

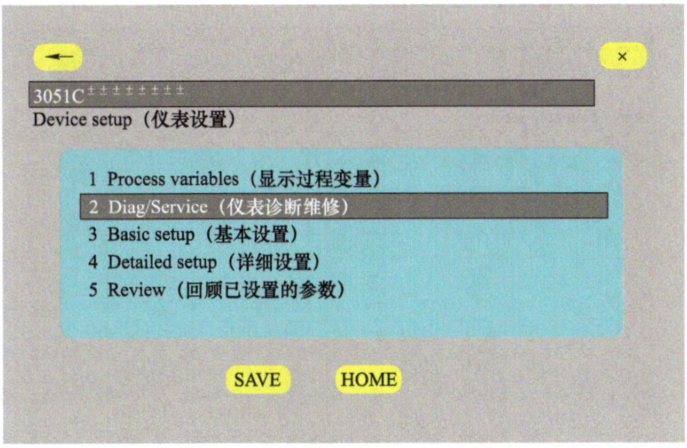

图 1-13　仪表设置界面诊断维护

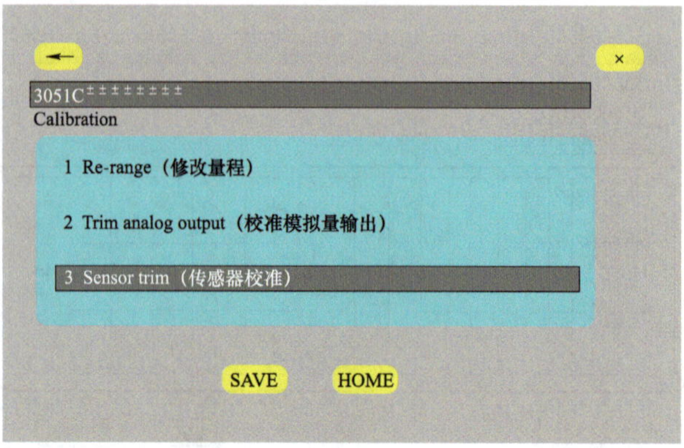

图 1-14 诊断维护子菜单

选中 3 并双击，弹出图 1-15 的菜单：

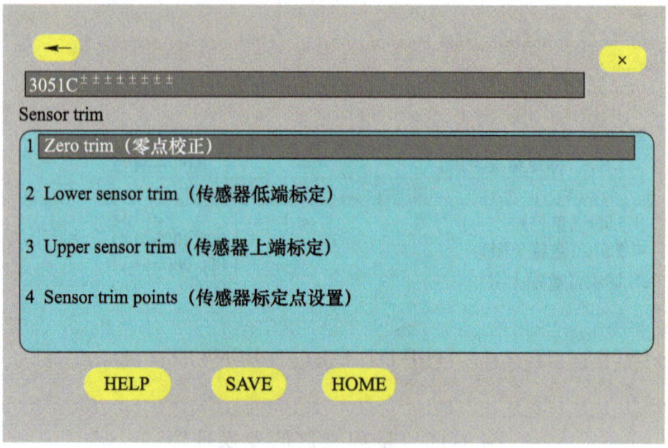

图 1-15 Zero trim 选项

选择 1 并双击，然后点击 OK。对两个提示进行确认，注意，此项校准应确认在控制系统处于手动状态下进行。

接下来，375 将提示仪表应确认处于零点压力状态！即应该在现场操作人员配合下进行压力平衡或放空操作。确认完成上述工作后，点击 OK。见图 1-16、图 1-17。

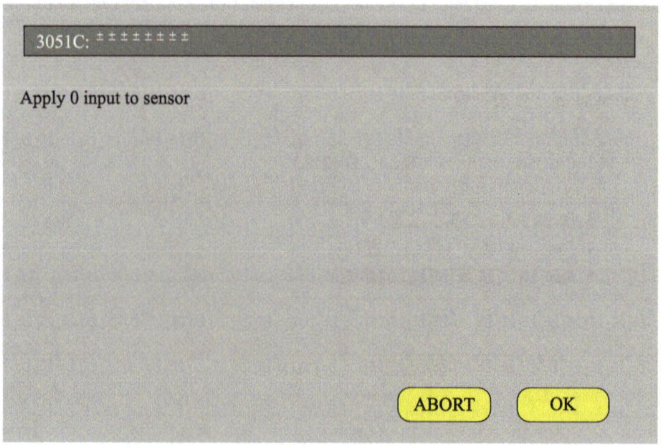

图 1-16 系统提示需要使得压力进入“零”

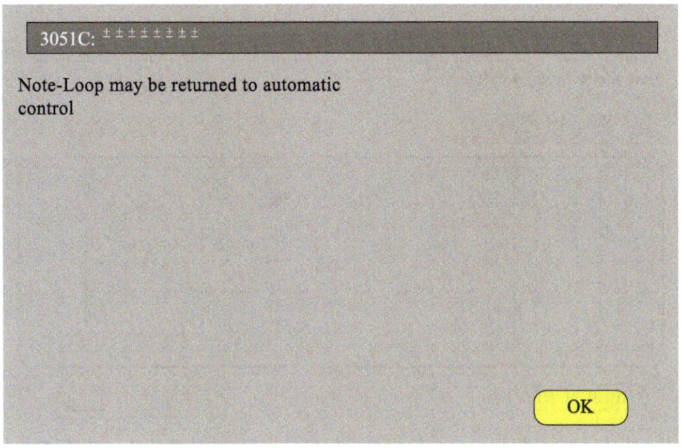

图 1-17 仪表值已稳定

接下来的提示,告诉您仪表需确认零点读数的稳定,然后,点击 OK 结束操作。

最后的操作,应单击“HOME”键返回在线显示。此时,PV 值应为零点值并且 AO (4～20 mA)应为 4.00 mA。

如 PV 仍有误差,可再进行一次。如 PV 正确,但 4.00 mA 有误差,则需进行校验菜单的第 2 项—Trim analog output/校准模拟量输出。

以下为操作菜单,如图 1-18。

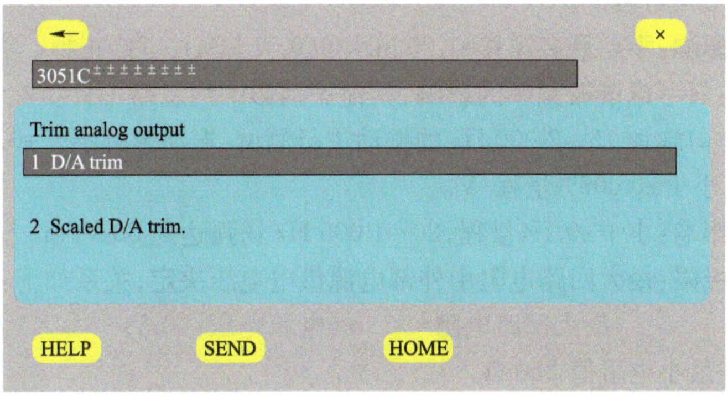

图 1-18 进入校准模拟量输出子菜单

双击选项 1,确认系统处于手动状态,并将标准电流表串入变送器回路然后点击 OK 3 次,进入编辑菜单。

使用光笔点击数字键,输入标准表的读数,例如:4.025 mA,点击 ENTER 确认。接下来的提示将问你此时的输出是否与标准表一致,如一致,则选 1/Yes。如不一致,则需重做,选 2/No。

下一步,将对 20 mA 点进行相同的校准,孰不重复。最后,使用 HOME 键退回在线菜单即可。

注意:为确保手操器与现场仪表通信正常,请确认回路负载电阻为 250～1 000 Ω,且对大多数变送器来说,输出端应保证 4 mA/12 V 的供电,如果变送器回路电缆受到强电干扰(例如与供电系统共用穿线管,则可能引起通讯问题,或回路电缆单端对地绝缘不良等)。在有强干扰情况下,(例如有大功率变频器)应特别注意仪表的接地。

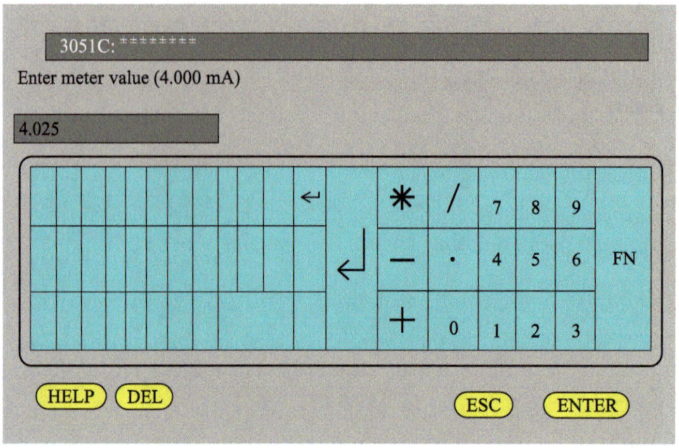

图 1-19 进入输出量编辑菜单

性能指标

以 3051C 型压力(差压)变送器为例进行说明。

a) 参考精度:±0.065%量程

b) 测量范围:差压测量范围由 0.5 inH_2O～2 000 psi(0.12～13 800 kPa);

表压测量范围由 2.5 inH_2O～2 000 psi(0.62～13 800 kPa)。

c) 动态性能:延迟时间——45 毫秒;

刷新速率——22 次/秒。

d) 安装位置影响:零点最多漂移±1.25 inH_2O(0.31 kPa),可修正掉。无量程影响。

e) 振动影响:只考虑谐振频率的影响,其他振动影响均忽略不计。在谐振下,与管道轴向成任意角度的方向施加 15～2 000 Hz 的振动进行测试,振动影响小于±0.1%URL/g。

f) 电源影响:小于±0.005%量程/V。

g) 射频干扰影响:小于±0.1%量程,20～1 000 Hz 场强达到 30 V/m。

h) 回路负载极限:最大回路电阻由外部电源供电电压决定,关系如下:

$$最大回路电阻=43.5\times(电源电压-10.5)$$

通讯要求回路最小电阻值 250 Ω。

i) 电源:标准变送器(4～20 mA)空载时工作在 10.5～55 VDC。

j) 输出:二线 4～20 mA,可选择线性或平方根输出。

k) 温度极限:环境温度-40～85 ℃;

储存温度-46～110 ℃。

l) 湿度极限:0～100%相对湿度。

m) 启动时间:变送器加电 2 秒钟内达到性能指标。

n) 阻尼:模拟输出对阶跃输入变化的响应时间 0～36 秒可选。其中不包括传感膜头的响应时间。

1.1.8 3051 智能型压力变送器校验的注意事项

3051 智能变送器的校验方式与一般的压力变送器校验方式一致,根据场所可以分为在线校验和标定间的校验。无论哪种校验都应注意以下事项:

1）选择合适的标准压力源：首先应该根据被校变送器的量程，选择合适的标准压力源，原则是标准源的精度至少比被校验的设备高一个精度等级，量程是被校验设备的4/3倍。当然限于标准压力源的情况可能没有最适合的设备。但是过大的量程会影响校验的准确性。

2）确认电气回路的连接正确：确认提供的直流电源的电压满足被校变送器工作电源的要求(使用的便携式标准压力源DPI和FLUKE都有自带的电源输出，且能满足要求)，确认便携式标准仪器的供电充足；在确认好电源极性后，应该确保电源输出电压正确。错误的连接将会影响变送器的输出。

3）确认变送器的清洁干净：如果变送器压力腔室内部有水残留将会造成标定时存在较大的误差，同时造成变送器的输出不稳定。

4）确认压力回路的连接正确：标准压力源和压力回路应该进行密封性检查，确保没有泄漏或者泄漏在可以接受的范围内，连接前标准压力源应该进行零点的校正，连接时应该根据被校变送器的量程选择连接在高压或低压侧。

5）校验过程的要求：打压的过程应该注意缓慢加压，在压力、电流稳定时进行读数和调整，同时避免对变送器进行超压的操作。

区别：在校验过程中，3051智能变送器可以更直观地读出当前的压力指示，并且可以通过手操器对变送器进行零点和量程的校准。

1.2　工器具准备

工器具见表1-2。

表1-2　工器具准备

工器具名称	规格型号	数量	用途
螺丝刀	“十”“一”字	2	拆接线
万用表	FLUKE179	1	测量电流信号
手操器	HART375/475	1	设置变送器参数

1.3　模拟体准备

技能培训中心模拟体。

1.4　辐射防护准备

无。

1.5 工业安全准备

无。

1.6 配合人员准备

无。

1.7 场地准备

现场铺设白布用于摆放工器具;铺设橡胶板,合理分配场地,确保工具、设备的合理分布,方便检修;在场地外围布置警示带。

第二章　操作实施

2.1　操作实施 1　3051 型变送器的校验

3051 型 4～20 mA 变送器校验接线图如图 2-1 所示。

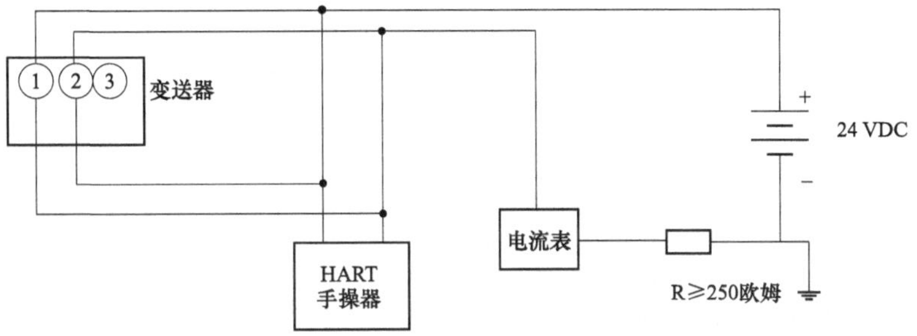

图 2-1　3051 型 4～20 mA 变送器校验接线图

3051 型智能变送器的校验步骤：

1）重设量程——在所需压力下设定 4 mA 和 20 mA 点；

2）传感器微调——调整工厂特性化曲线，使在特定压力范围内变送器具有最佳性能；

3）模拟输出微调——调整模拟输出，使之与工厂标准或者控制回路相匹配。

操作内容：3051 智能型压力变送器(工作间)校验

工前会议记录表（示例）

	日期：
工作负责人/项目负责人会前需要确认的事项：	
维修工作包完整齐全，工作票证齐全，风险分析全面。 安全措施正确完备并已落实到位，隔离边界明确，工具和备品备件齐全。 工作组成员精神状态良好，个人防护用品和安全用具齐全。 水、电、气、汽源情况检查，确认试验期间对这些源的使用便利性和安全性。	
工作负责人/项目负责人向工作小组成员交代以下事项：	
□ 工作目的、工作对象、工作范围 □ 对工作组成员进行工作分工，明确工作地点及作业范围 □ 工作风险分析及预防性措施	

续表

工作负责人/项目负责人与工作小组成员讨论并记录以下事项：
程序关键步骤、高风险步骤提示及预防性措施： 以往同类工作经验反馈介绍： 其他事项：
声明：本人已参加此次工前会并已清楚工前会记录单中的内容及要求，并保证在工作实施过程中严格遵守和执行。 工作组全体成员签字/日期：

说明：
1）工作负责人负责组织并主持召开工前会并完成文件的记录工作；
2）开工前填写完成此表格，未完成或现场无此文件不准开工；
3）工作组全体成员在了解记录单全部内容，并同意工前会声明后签字；
4）记录单中的项目方框涉及的就打"√"，没有涉及的内容就打"×"；
5）讨论记录事项空间不足可在背面记录，没有涉及的请填写"无"。

操作步骤(工单)

1）确认工作对象；
2）检查确认标准仪器；
3）用手操器对 3051 智能型压力变送器进行设置参数、零点、阻尼检查；
4）连接 3051 智能型压力变送器校验回路；
5）对 3051 智能型压力变送器进行设置参数、零点、阻尼检查；
6）对 3051 智能型压力变送器进行校验，并确认压力变送器合格；
7）拆除 3051 智能型压力变送器校验回路；
8）检查清洁 3051 智能型压力变送器；
9）确认工作完成，清理工作现场。

实际操作见表 2-1。

表 2-1 实际操作步骤

序号	操作步骤	操作要求	工器具	测评标准	备注
1	确认工作对象	根据标定单确认设备。		自检/互检确认	
2	检查确认标准仪器	1. 检查标准仪器的量程和有效期； 2. 检查标准压力源的气密性； 3. 确认标准仪器的供电充足。	仪用工具包	1. 确认标准仪器的量程合适、在有效期内； 2. 确认标准压力源无泄漏； 3. 确认标准仪器的供电充足。	

续表

序号	操作步骤	操作要求	工器具	测评标准	备注
3	用手操器对3051智能型压力变送器进行设置参数、零点、阻尼检查	1. 连接供电回路； 2. 连接终端电阻； 3. 连接手操器。	工具包、终端电阻、手操器	1. 确认电气回路正常； 2. 确认通信接线正负； 3. 确认通信正常。	
4	连接3051智能型压力变送器校验回路	连接压力回路。	仪用工具包、标准仪器	1. 确认变送器压力腔室已清洁； 2. 确认压力回路连接正确，无泄漏； 3. 确认电气回路连接正确。	
5	对3051智能型压力变送器进行校验	按标定单对3051智能型压力进行标定。	仪用工具包、标准仪器	1. 按标定单要求对温度变送器进行标定； 2. 校验操作正确，标定结果合格； 3. 仪表/工具使用正确。	
6	拆除3051智能型压力变送器校验回路	1. 拆除压力回路； 2. 拆除电气回路。	仪用工具包	1. 卸压、拆除压力回路； 2. 断电，拆除电气回路。	
7	检查清洁3051智能型压力变送器	1. 确认压力腔室清洁，封堵腔室接头； 2. 清洁变送器外壳； 3. 检查电缆头、接线端子； 4. 检查表盖密封圈。	仪用工具包	1. 压力腔室已清洁，腔室接头已封堵； 2. 外壳已清洁； 3. 电缆头、接线端子紧固； 4. 确认密封圈完好。	
8	确认工作完成，清理工作现场	工完料净。		模拟实施。	

2.2　实施中需要特别注意的几个关键点

在进行3051智能型压力变送器（工作间）校验过程中，为了保证工作顺利进行，必须注意如下的关键点：

1）选择合适的标准压力源。

2）确认电气回路的连接正确。

3）确认手操器正常通信。

4）确认变送器的清洁干净。

5）确认压力回路的连接正确。

打压的过程应该注意缓慢加压，在压力、电流稳定时进行读数和调整，同时避免对变送器进行超压的操作。

第三章　故障检查和处理

常见故障现象和判断方法检查和处理见表 3-1。

表 3-1　常见故障现象和判断方法检查和处理

序号	故障现象	判断方法	故障原因分析	故障排除方法
1	变送器无输出或输出远大于 20 mA	1. 检查供电电压的极性 2. 检查变送器电气回路	1. 供电电压的极性接反 2. 变送器电气回路连接错误	1. 正确连接供电电压 2. 正确连接电气回路
2	压力无法稳定	检查压力回路及设备的气密性	连接头/变送器有漏	紧固漏点
3	压力升高,电流下降	检查变送器的压力接入口	压力接入口接反	接入正确的变送器压力接入口
4	HART 通讯不上	检查内阻、线路连接	正负接反,内阻不足 250 Ω,接错端子	纠正接线
5	手操器不断要求升级或报警	弹出菜单	通信接线不牢固,升级提醒可以取消	确认接线牢固

第四章　操作结束

4.1　总结培训过程

本次培训针对仪控维修新员工,较为详细的阐述了 3051 智能型压力变送器(工作间)校验的各个方面以及对仪控维修人员行为规范的要求,对于现场工作具有指导意义

4.2　评判

学员对解体过程进行阐述,并说明其中的关键点以及注意事项。教员对学员的陈述简要记录,根据阐述评判学员的掌握情况。教员指出学员阐述过程中的错误以及需要注意的事项,并且依据评判表,对学员的学习情况做出整体评判。

4.3　清理现场

工作结束后,做到工完料尽场地清。工具整理并与工具清单进行对比,确保工具无缺失,并检查工具的可用性,记录损坏情况并汇报。对更换的领料物资与领料单进行核实,确保所有可更换的物资已更换。清理工作过程中的耗材,进行分类处理,放置到对应的塑料袋中。清理现场的塑料布,橡胶板,必要时用白布清理现场。

4.4　工后会

工后会是对整个工作过程的回顾以及必要的经验反馈。维修工后会记录表见表 4-1。

表 4-1　维修工后会记录表（示例）

<table>
<tr><td colspan="4">工作内容:</td><td>工单号:</td></tr>
<tr><td colspan="2">电厂:</td><td>机组:</td><td colspan="2">工作负责人/项目负责人:</td></tr>
<tr><td colspan="3">计划完工时间:</td><td colspan="2">实际完工时间:</td></tr>
<tr><td colspan="2">序号</td><td>检查项目</td><td>检查结果</td><td>异常情况记录</td></tr>
<tr><td rowspan="5">工作回顾</td><td>1</td><td>工作许可证已归还</td><td>□ 是　□ 否</td><td></td></tr>
<tr><td>2</td><td>检修现场清理完成</td><td>□ 是　□ 否</td><td></td></tr>
<tr><td>3</td><td>设备标牌清晰无损伤</td><td>□ 是　□ 否</td><td></td></tr>
<tr><td>4</td><td>检修任务达到预期结果</td><td>□ 是　□ 否</td><td></td></tr>
<tr><td>5</td><td>试验设备和工器具已归还</td><td>□ 是　□ 否</td><td></td></tr>
</table>

续表

序号		检查项目	检查结果	异常情况记录
经验反馈	6	工期安排合理	□ 是 □ 否	
	7	工作人员配置充足	□ 是 □ 否	
	8	工作文件准备充分	□ 是 □ 否	
	9	工作人员的检修技能满足要求	□ 是 □ 否	
	10	规程、图纸需要升版	□ 是 □ 否	
	11	库存备件需要补充	□ 是 □ 否	
	12	更换下来的旧部件需要利旧翻新维修	□ 是 □ 否	
	13	检修过程中出现预期外的现象和报警	□ 是 □ 否	
	14	提出缺陷单、QDR、状态报告等	□ 有 □ 无	
	15	编写良好实践、经验反馈	□ 有 □ 无	
	16	工作中需要协调、改进建议等	□ 有 □ 无	
其他事项	17			

工作组成员签名/日期：

说明：

1. 工作负责人/项目负责人负责组织工后总结并记录。
2. 工后总结记录表中每一项都必须打“√”确认，不要遗漏。
3. 如有异常，请详细填写异常情况说明，以及后续处理方案。
4. 其他事项根据讨论情况记录，经讨论没有涉及的请填写“无”。
5. 工后总结结束后，全体工作人员签字确认。

第五章　经验反馈

3051 压力变送器在使用过程中出现的一些故障分析和处理主要由以下几种方法。

1）替换法:准备一块正常使用的 3051 压力变送器直接替换怀疑有故障的变送器,这样可以简单快捷的判定是 3051 压力变送器本身的故障还是管路或其他设备的故障。

2）断路法:将怀疑有故障的部分与其他部分分开来,查看故障是否消失,如果消失,确定故障所在,否则可进行下一步查找,如:智能差压变送器不能正常 HART 远程通讯,可将电源从仪表本体上断开,用现场另加电源的方法为变送器通电进行通信,以查看电缆是否叠加约 2 kHz 的电磁信号而干扰通信。

3）短路检测:在保证安全的情况下,将相关回路直接短接,如:差压变送器输出值偏小,可将导压管断开,从一次取压阀外直接将差压信号直接引到差压变送器双侧,观察变送器输出,以判断导压管路的堵、漏的连通性。

第六章 习 题

6.1 填空题(每题 5 分)

1. 过程变量以数字式数据存储,可以进行________和________的转换。

答:精确的修正 工程单位

2. 组态数据存储于变送器电子板的永久性________中,变送器掉电后,数据仍保存,故而上电后变送器能________工作

答:EEPROM 立即

3. 3051 型采用________协议进行通信

答:HART

4. HART 375 进入主菜单画面后,此界面有五个选项栏,分别为:________应用、________应用、手操器设置、与 PC 通讯和写字板

答:HART 现场总线

6.2 判断题(每题 4 分)

1. 组态数据存储于变送器电子板的永久性 EEPROM 中,变送器掉电后,数据仍保存,故而上电后变送器能立即工作。(√)

2. 过程变量以数字式数据存储,可以进行精确的修正和工程单位的转换。信号经修正后的数据转换为模拟输出信号。HART 手操器可以直接以数据信号方式存取传感器读数,不经过数/模转换以得到更高精度。(√)

3. 3051 型采用 HART 协议进行通讯。在模拟量输出上叠加高频信号可以进行远程通讯。罗斯蒙特采用该技术能在不影响回路完整性的情况下,实现同步通讯和输出。(√)

4. HART 手操器为 3051 型智能压力变送器提供通讯能力。HART 手操器菜单树图为组态功能提供一个概览,而快捷指令序列也可直接利用软件功能。(√)

5. 3051C 或其他压力变送器与 HART 375 手操器的回路电阻应保证在 250~1 000 Ω的范围内。(√)

6.3 简答题(每题 10 分)

简述 3051 压力(差压)变送器工作原理。

答:3051 压力(差压)变送器内有一隔离膜片,压力(差压)信号的变化经变送器内含的一种灌充液(硅油与惰性液)通过隔离膜片转换为电容的变化传送至压力传感膜头,压力传感膜头将输入的电容信号直接转换成可供电子板模块处理的数字信号,再经电子线路处理转

化为二线制4～20 mADC模拟量输出

6.4　实操题(模板)

鉴定点:传感器零点微调

试题1:3051传感器零点微调(变送器4 mA对应0压力)

1. 准备要求

考场准备:

(1) 试题名称:3051传感器零点微调(变送器4 mA对应0压力)

(2) 本题分值:100

(3) 考核时间:45 min

(4) 考核形式:实操或模拟

(5) 设备设施准备:

工器具名称	规格型号	数量	用途
螺丝刀	“十”“一”字	2	拆接线
万用表	FLUKE179	1	测量电流信号
手操器	HART375/475	1	设置变送器参数

考生准备:

(1) 试题名称:3051传感器零点微调(变送器4 mA对应0压力)

(2) 本题分值:100

(3) 考核时间:45 min

(4) 考核形式:实操或模拟

(5) 工具及其他准备:个人工具及劳保用品。

2. 考核要求

(1) 本题分值:100

(2) 考核时间:45 min

(3) 考核形式:实操或模拟

(4) 具体考核要求:按照工作组织过程流程,进行3051传感器零点微调。

(5) 否定项说明:发生安全、质量、设备事故。

3. 配分与评分标准

序号	考核内容	考核要点	配分	评分标准	扣分	得分
1	工作准备	1. 劳动保护用品穿戴 2. 现场检修场地创建 3. 设备标签有效期、电源检查	15	1. 缺少一项扣3分,最多扣5分。 2. 每错一项(譬如工器具摆放凌乱)扣2分,最多扣5分。 3. 未确认一项扣3分,最多扣5分。	15	15

续表

序号	考核内容	考核要点	配分	评分标准	扣分	得分
2	3051 传感器零点微调	1. 连接测量回路 2. 快捷键:1、2、3、3、1 3. 出现警告信息,按下 OK 下的按键,出现警告信息,再按下 OK 下的按键 4. 提醒将变送器输入置 0,置 0 后,按下 OK 下的按键 5. 自动完成零点微调,出现提醒信息(回路可能返回自动),按下 OK 下的按键,自动回到上一级菜单 6. 按下 HOME 下的按键,返回联机 菜单(Online)) 7. 现场清理、恢复	65	1. 回路连接错误,最多扣 10 分。 2. 操作错误,每处酌情扣 2 分,每遗漏紧固一端子扣 2 分,最多扣 10 分。 3. 操作错误,每处酌情扣 5 分,每遗漏紧固一端子扣 5 分,最多扣 10 分。 4. 操作错误,每处酌情扣 5 分,每遗漏紧固一端子扣 5 分,最多扣 10 分 5. 操作错误,每处酌情扣 5 分,每遗漏紧固一端子扣 5 分,最多扣 10 分 6. 操作错误,每处酌情扣 5 分,每遗漏紧固一端子扣 5 分,最多扣 10 分 7. 不符合规程,每处酌情扣 1~2 分,最多扣 5 分。	65	65
3	安全文明生产	1. 态度 2. 职业素养 3. 现场 6S 4. 安全意识	20	1. 态度端正得 5 分。 2. 符合职业守则和职业道德基本规范得 5 分。 3. 符合 6S 要求得 5 分。 4. 有安全意识,注意安全防护得 5 分。	20	20
合计			100			

否定项:发生安全、质量、设备事故。

评分人：　年　月　日　　　　核分人：　年　月　日

第十部分　电磁阀的检查

第一章　操作准备

1.1　电磁阀工作原理特点和分类

电磁阀是依靠电磁线圈产生电磁力来驱动阀门的开、关流体的控制元件，是管路控制过程常用的执行器之一。电磁阀按工作原理可分为直动式、分步直动式、先导式三大类，从阀瓣结构和材料上的不同与原理上的区别又分为六个分支小类(直动膜片结构、分步重片结构、先导膜式结构、直动活塞结构、分步直动活塞结构、先导活塞结构)。

1.2　直动式电磁阀工作原理特点

原理：通电时，电磁线圈产生电磁力，直接吸合阀芯，阀芯变位。断电时，电磁力消失，阀芯靠弹簧复位。

特点：在真空、负压、零压时能正常工作，但一般通径不超过 25 mm。

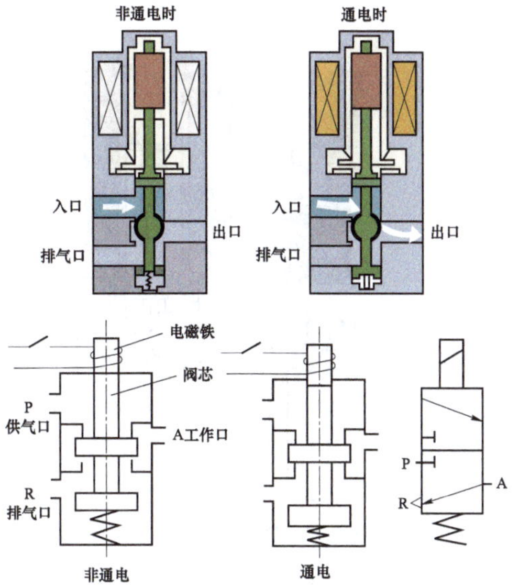

图 1-1　直动式电磁阀通/失电状态图

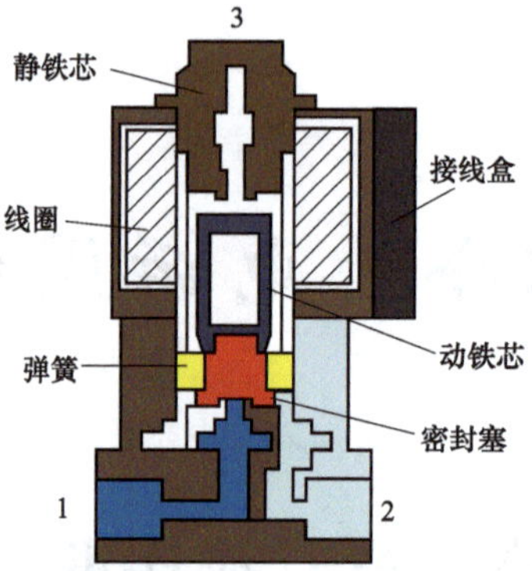

图 1-2 直动式电磁阀结构示意图

1.3 分步直动式电磁阀工作原理特点

原理:它是一种直动式和先导式相结合的原理。常闭式——当入口与出口没有压差时,通电后电磁力直接打开先导孔连接主阀活塞依次向上提起,阀门打开;当入口与出口达到启动压差时,通电后,电磁力先打开先导孔,主阀活塞上腔压力下降,从而利用压差和电磁力拉动主活塞,阀口打开;断电时,靠弹簧复位关闭先导孔,主活塞上腔增压,推动主活塞向下移动,阀关闭。常开式与常闭式相反。

特点:在零压差或真空、高压时亦能可靠工作,但功率较大,要求竖直安装。

1.4 先导式电磁阀工作原理特点

原理:常闭式——通电时,电磁力吸合先导孔阀芯,先导孔打开,主阀活塞上腔压力下

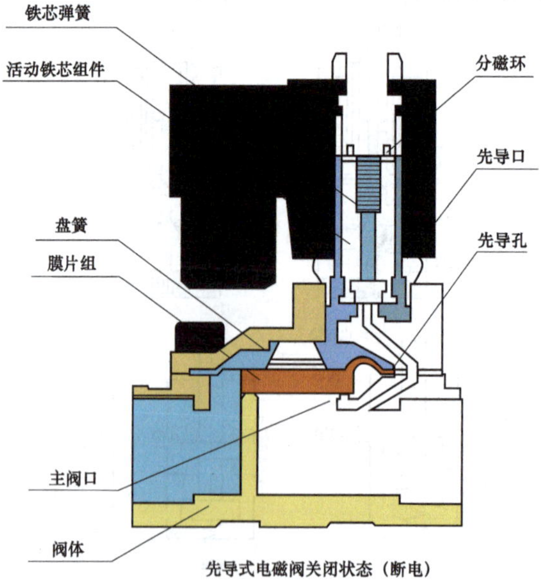

图 1-3 先导式电磁阀结构示意图

降，在主活塞上腔和下腔形成上低下高的压力，这样下腔压力推动主活塞打开阀门；断电时，弹簧力复位关闭先导孔，主活塞上腔增压，在主活塞上腔和下腔形成上高下低的压力，介质压力和弹簧力推动主活塞，阀关闭。常开式与常闭式相反。特点：流体压力范围上限很高，但必须满足流体压差条件。

1.5　电磁阀工作电源的分类及使用注意事项

1）电磁阀的工作电源有直流和交流之分，在使用电磁阀时必须注意。否则，直流电磁阀接入了交流电源，其电磁吸力很小导致无法工作；如果交流电磁阀接入了直流电源，就会出现电流过大使线圈温度升高把电磁阀烧坏；

2）电磁阀的供电电源应与铭牌上的额定电压相符，因为电源电压过高，会使电磁阀电流过大而温升异常，且电磁吸力太大导致冲击力过大，而影响阀的可靠性。如果电源电压过低，则电磁阀电磁吸力下降过多，会影响到开阀能力，其难以可靠工作；

3）工作电源电压允许的波动范围一般为：交流±15%，直流±10%左右，如若超差，须采取稳压措施；

4）目前秦山核电站使用的电磁阀的工作电源种类有：

(1）交流：220 VAC、110 VAC（三厂）；

(2）直流：24 VDC、48 VDC（三厂）。

1.6　电磁阀的使用及维修注意事项

1）电磁阀的拆装操作必须在回路没有压力，电磁阀失电状态下进行；

2）电磁阀在安装之前应按产品使用说明书的规定要求，检查线圈与阀体间的绝缘电阻和线圈阻抗；

3）电磁阀表面应无影响性能的缺陷，如破损、部件连接松动、表面烧焦痕迹等；

4）电磁阀各部件完整，如固定电磁线圈用的铭牌、弹簧垫片等没有缺失；

5）电磁阀的阀体箭头方向应与介质流向保持一致；

6）电磁阀阀体安装及电缆连接应牢固可靠；

7）电磁阀在关闭状态下应无内漏现象，电磁阀的阀体密封面和各接头处应无泄漏现象；

8）电磁阀的排气口不能堵塞；

9）电磁阀在使用前应进行动作试验，动作应灵活、无卡涩，外壳无过热现象（不超过65 ℃）。

1.7　模拟体准备

模拟体位于技能培训中心，模拟体处于可用状态。检查模拟体是否有损坏，核实可否正常动作，以确保教学过程的顺利实施。

1.8 辐射防护准备

模拟体位于技能培训中心,无辐射风险。

1.9 工业安全准备

按照工业安全规定执行,所有人员穿戴劳动保护用品。具体的工业安全准备需根据现场环境而确定,但基本的工业安全需要准备。所有人员必须佩戴安全帽、防砸鞋、工作服、手套等。检修场地使用警示带进行围栏,确保工作过程中无非工作人员进入。

1.10 配合人员准备

需仪控人员配合教员。

1.11 场地准备

清理场地,确保检修场地无其他异物;合理分配场地,确保工具、设备的合理分布,方便检修;在场地外围布置警示带。

第二章　操作实施

2.1　操作实施:电磁阀的清洗检查

1. 维修工前会记录表(示例)

工作内容:			工单号:
电厂:	机组:	系统:	工作地点:
设备编码:		工作负责人/项目负责人:	

一、工作负责人/项目负责人会前需要确认的事项:

☐ 维修工作包完整齐全　☐ 工具和备品备件齐全　☐ 风险分析全面
☐ 安全措施正确完备并已落实到位　☐ 隔离边界明确　☐ 工作票证齐全
☐ 工作组成员精神状态良好　☐ 个人防护用品和安全用具齐全
☐ 水、电、气、汽源情况检查,确认工作期间对这些源的使用便利性和安全性

二、工作负责人/项目负责人向工作组成员交代以下事项:

☐ 工作目的、工作对象、工作范围、工作地点
☐ 工作组成员分工
☐ 工作风险分析及预防性措施

三、工作负责人/项目负责人与工作组成员讨论并记录以下事项:

程序关键步骤、高风险步骤提示及预防性措施:

以往同类工作经验反馈:

其他事项:

声明:

本人已参加此次工前会,已清楚工前会的内容及要求,并保证在工作实施过程中严格遵守和执行。

工作组成员签名/日期:

说明:

1. 工作负责人/项目负责人负责组织并主持召开工前会并记录。
2. 开工前工前会记录表必须填写完成,未完成填写或现场无工前会记录表不准开工。
3. 工作组全体成员在了解工前会全部内容和要求,并同意工前会声明后签字。
4. 工前会记录表中确认项目涉及的就打"√",没有涉及的打"×"。
5. 工前会中讨论记录事项空间不足可在背面记录,没有涉及的请填写"无"。

2. 实际步骤

序号	操作步骤	操作要求	工器具	测评标准	备注
1	拆解电磁阀进行清洗	1. 拆下的零部件摆放整齐； 2. 零部件清洗干净。	电子仪器清洗剂、无纺布等	1. 拆下的零部件摆放整齐； 2. 零部件清洗干净； 3. 工器具使用正确。	
2	对电磁阀零部件进行更换或保养	1. 更换需更换的零部件； 2. 用专用润滑剂对传动部件进行润滑保养。	专用润滑剂	1. 更换需更换的零部件； 2. 润滑剂涂抹均匀； 3. 工器具使用正确。	
3	回装电磁阀，并确认无遗漏零部件	回装正确，部件紧固，并确认无遗漏零部件。		1. 回装正确； 2. 部件紧固，无松动； 3. 无遗漏零部件。	
4	检查线圈与阀体间的绝缘电阻和线圈阻抗	1. 合适的绝缘表测量线圈与阀体间的绝缘电阻； 2. 线圈阻抗在误差允许的范围内。	绝缘表、万用表	1. 绝缘表类型选择正确； 2. 绝缘测量方法正确。	
5	确认电磁阀动作试验，动作应灵活、无卡涩，外壳无过热现象	电磁阀动作试验。	检漏液、呆扳手	1. 电磁阀动作应灵活、无卡涩； 2. 外壳无过热现象。	
6	确认工作完成，清理工作现场。	工完料净。		模拟实施。	

2.2 关键点

在进行电磁阀的清洗检查过程中，为了保证工作顺利进行，必须注意如下的关键点：

1）电磁阀的拆装操作必须在回路没有压力，电磁阀失电状态下进行；

2）拆下的零部件应摆放整齐，以免遗漏；

3）严禁使用电子仪器清洗剂对电磁阀的线圈和铁芯进行清洗，以免破坏绝缘；

4）电磁阀的清洗检查完成后应进行动作试验，确认电磁阀动作应灵活、无卡涩，外壳无过热现象。

第三章　故障检查和处理

常见故障现象、判断方法、原因分析和故障排除方法见表 3-1。

表 3-1　常见故障现象、判断方法、原因分析和故障排除方法

序号	故障现象	判断方法	故障原因分析	故障排除方法
1	电磁阀通电后不工作	1. 检查电源接线； 2. 检查电源电压是否在工作范围内。	1. 电源接线不良； 2. 电源电压不在工作范围内。	1. 重新接线和接插件的连接； 2. 提供正确的工作电压。
2	电磁阀不能动作	1. 检查主阀芯或铁动芯的密封件； 2. 检查电磁阀阀芯或动铁芯→进行清洗。	1. 主阀芯或铁动芯的密封件已损坏； 2. 有杂质进入电磁阀阀芯或动铁芯。	1. 更换密封件； 2. 进行清洗。
3	内泄漏	检查密封件，弹簧。	密封件损坏，弹簧装配不良。	更换密封件、重新装配弹簧。
4	通电时有噪声	检查电磁头是否紧固。	电磁头坚固件松动。	重新拧紧电磁头坚固件。

第四章　操作结束

4.1　工后会

工后会是对整个工作的过程的回顾以及必要的经验反馈。

表 4-1　维修工后会记录表（示例）

<table>
<tr><td colspan="3">工作内容：</td><td>工单号：</td></tr>
<tr><td colspan="2">电厂：</td><td>机组：</td><td>工作负责人/项目负责人：</td></tr>
<tr><td colspan="3">计划完工时间：</td><td>实际完工时间：</td></tr>
</table>

序号		检查项目	检查结果	异常情况记录
工作回顾	1	工作许可证已归还	□ 是　□ 否	
	2	检修现场清理完成	□ 是　□ 否	
	3	设备标牌清晰无损伤	□ 是　□ 否	
	4	检修任务达到预期结果	□ 是　□ 否	
	5	试验设备和工器具已归还	□ 是　□ 否	
经验反馈	6	工期安排合理	□ 是　□ 否	
	7	工作人员配置充足	□ 是　□ 否	
	8	工作文件准备充分	□ 是　□ 否	
	9	工作人员的检修技能满足要求	□ 是　□ 否	
	10	规程、图纸需要升版	□ 是　□ 否	
	11	库存备件需要补充	□ 是　□ 否	
	12	更换下来的旧部件需要利旧翻新维修	□ 是　□ 否	
	13	检修过程中出现预期外的现象和报警	□ 是　□ 否	
	14	提出缺陷单、QDR、状态报告等	□ 有　□ 无	
	15	编写良好实践、经验反馈	□ 有　□ 无	
	16	工作中需要协调、改进建议等	□ 有　□ 无	
其他事项	17			
工作组成员签名/日期：				

说明：
1. 工作负责人/项目负责人负责组织工后总结并记录。
2. 工后总结记录表中每一项都必须打“√”确认，不要遗漏。
3. 如有异常，请详细填写异常情况说明，以及后续处理方案。
4. 其他事项根据讨论情况记录，经讨论没有涉及的请填写“无”。
5. 工后总结结束后，全体工作人员签字确认。

4.2　评判

学员对电磁阀的检查过程进行阐述，并说明其中的关键点以及注意事项。教员对学员的陈述简要记录，根据阐述评判学员的掌握情况。教员指出学员阐述过程中的错误以及需要注意的事项，并且依据评判表，对学员的学习情况作出整体评判。

第五章 经验反馈

主题 1:执行汽轮机主脱扣电磁阀 64114-SV5103#1A 通道试验失败(CR20073886)状态简述:

12 月 10 日,主控执行 SRST-799(主跳闸电磁阀单通道试验)。当执行 A 通道电磁阀 64114-SV5103#1 时,按下"MASTER TRIP A"按钮时,"MASTER TRIP A"按钮红灯没有如试验预期亮起,导致试验失败。

原因分析评价:

主跳闸电磁阀有两个通道,分别是 A 通道和 B 通道,当两个通道都动作时汽轮机跳机。这次在进行主跳闸电磁阀 A 试验时试验灯不亮,经过现场检查发现当时电磁阀的阀芯在按下试验按钮时没有动作。活动电磁阀阀芯时发现阀芯有卡涩的现象,经过几次活动后卡涩现象缓解,重新进行主跳闸电磁阀 A 通道试验成功。

经讨论分析认为,在机组正常运行时,主跳闸电磁阀内的控制油是不动的,而在大修油冲洗时保安机构的电磁阀也几乎没有进行冲洗。这部分的油只有在停机的情况下才会回流到 EH 油箱中。由于长时间油不流动,可能杂质淤积在主跳闸电磁阀 A 中(因为保安油先进入电磁阀 A 再进入电磁阀 B),而大修虽然有清洗电磁阀的工作,但没有对电磁阀进行拆解后的清洗检查,所以经过长时间的运行后电磁阀的阀芯有卡涩现象。虽然化学定期进行 EH 油的取样分析工作,但取样点离前箱保安机构较远,同时该处的EH油是不流动的,所以无法检测出该处的油质。而活动阀芯后试验成功,阀芯动作正常,说明通过活动阀芯使阀芯接触面上的杂质减少,阀芯不再卡涩。但目前这些分析都是通过现象进行的判断,实际卡涩的原因要等到将主跳闸电磁阀更换,进行拆解检查后才能有明确的结果。

主题 2:67512-SV225 解体检查的经验反馈(CR20093186)

关键词:解体阀 气体 意外 喷出

事件描述:

2009 年 8 月 22 日在执行工单 234487(解体清理 67512-SV225),在解体电磁阀前已通过其后面的压力表确认电磁阀已卸压,但在解体清理过程中突然出现后短时的气体从电磁阀上喷出。分析原因为解体清理 67512-SV225 的安措为隔离 SV225 并卸压,但没有将 7512-PV219/218 之间的气体并没有排空。而在执行解体清理 67512-SV225 时,同时还在执行同一管路的气动隔离阀 7512-PV219/218 仪控预防性检查工作。当 7512-PV219/218 仪控预防性检查动作 7512-PV218 时,7512-PV219/218 之间的气体通过 67512-SV225 排出。

原因分析及评价:在解体清理 67512-SV225 工作时,将 67512-SV225 的前后隔离并卸压,切 67512-SV225 后一直处于排空位置,但没有考虑到 7512-PV219/218 两个阀门之间有积气。所以当 67512-SV225 在解体清理时,执行 7512-PV219/218 预防性维修时阀门打开,7512-PV219/218 之间的气体通过 67512-SV225 排出。

第六章　习　题

6.1　填空题(每题4分)

1. 电磁阀是依靠________产生电磁力来驱动阀门的开、关流体的控制元件。

答:电磁线圈

2. 电磁阀按工作原理可分为________、分步直动式、先导式三大类。

答:直动式

3. 如果交流电磁阀接入了直流电源,就会出现________使线圈温度升高把电磁阀烧坏。

答:电流过大

4. 工作电源电压允许的波动范围一般为:交流±15%,直流________左右,如若超差,须采取稳压措施。

答:±10%

5. 电磁阀在安装之前应按产品使用说明书的规定要求,检查线圈与阀体间的________。

答:绝缘电阻和线圈阻抗

6. 电磁阀的阀体箭头方向应与介质流向保持________。

答:一致

7. 电磁阀的________不能堵塞。

答:排气口

6.2　简答题(每题4分)

1. 直动式电磁阀工作原理特点。

原理:通电时,电磁线圈产生电磁力,直接吸合阀芯,阀芯变位。断电时,电磁力消失,阀芯靠弹簧复位。

特点:在真空、负压、零压时能正常工作,但一般通径不超过25 mm。

2. 秦山核电站使用的电磁阀的工作电源种类有那些。

1) 交流:220 VAC、110 VAC(三厂);

2) 直流:24 VDC、48 VDC(三厂)。

3. 在进行电磁阀的清洗检查过程中,应注意那些关键点?

1) 电磁阀的拆装操作必须在回路没有压力,电磁阀失电状态下进行;

2) 拆下的零部件应摆放整齐,以免遗漏;

3) 严禁使用电子仪器清洗剂对电磁阀的线圈和铁芯进行清洗,以免破坏绝缘;

4) 电磁阀的清洗检查完成后应进行动作试验,确认电磁阀动作应灵活、无卡涩,外壳无过热现象。

6.3 操作题(60 分)

鉴定点:电磁阀的清洗检查

试题:电磁阀的清洗检查

1. 准备要求

考场准备:

(1) 试题名称:电磁阀的清洗检查

(2) 本题分值:60

(3) 考核时间:45 min

(4) 考核形式:实操

(5) 设备设施准备

序号	名称	规格	单位	数量	备注
1	电磁阀		台	1	
2	仪用工具		套	1	
3	电子仪器清洗剂		瓶	1	
4	专用润滑剂		瓶	1	
5	绝缘表		台	1	
6	无纺布		米	2	
7	电磁阀电源				

考生准备:

无

2. 考核要求

(1) 本题分值:60

(2) 考核时间:45 min

(3) 考核形式:实操

(4) 具体考核要求:电磁阀的清洗干净,检查步骤正确

(5) 否定项说明:无

3. 配分与评分标准

序号	考核内容	考核要点	配分	评分标准	扣分	得分
1	拆解电磁阀进行清洗	1. 拆下的零部件摆放; 2. 零部件清洗干净。	10	1. 拆下的零部件未摆放整齐,扣 2 分; 2. 零部件未清洗干净,扣 4 分; 3. 工器具使用不正确,扣 4 分。		

续表

序号	考核内容	考核要点	配分	评分标准	扣分	得分
2	对电磁阀零部件进行更换或保养	1. 更换需更换的零部件； 2. 用专用润滑剂对传动部件进行润滑保养。	10	1. 未更换需更换的零部件;,扣4分； 2. 润滑剂涂抹不均匀,扣4分； 3. 工器具使用不正确,扣2分。		
3	回装电磁阀,并确认无遗漏零部件	回装正确,部件紧固,并确认无遗漏零部件。	10	1. 回装不正确,扣4分； 2. 部件有松动,扣4分； 3. 有遗漏零部件,扣10分。		
4	检查线圈与阀体间的绝缘电阻和线圈阻抗	1. 合适的绝缘表测量线圈与阀体间的绝缘电阻； 2. 线圈阻抗在误差允许的范围内。	15	1. 绝缘表类型选择不正确,扣10分； 2. 绝缘测量方法不正确,扣5分。		
5	电磁阀动作试验	确认电磁阀动作试验,动作应灵活、无卡涩,外壳无过热现象。	10	1. 未确认电磁阀动作灵活、无卡涩；扣5分； 2. 未确认外壳无过热现象,扣5分。		
6	确认工作完成,清理工作现场	工完料净。	5	未工完料净,扣5分。		

否定项:无

总分:

评分人:　　年　　月　　日　　　　　　　　核分人:　　年　　月　　日

第十一部分　指针式压力表检查

第一章　操作准备

1.1　指针式压力表工作原理和构成

指针式压力表通过表内的敏感元件(弹簧管、膜盒、隔膜膜片)的弹性形变,再由表内机芯的转换机构将压力形变传导至指针,引起指针转动来显示压力。仪表由测量系统(包括接头、敏感元件),传动机构(包括拔杆机构、齿轮传动机构、游丝),指示部件(包括指针与刻度盘)和外壳(包括表壳、衬圈和表玻璃)所组成。

1.2　指针式压力表的常见类型

1.2.1　弹簧管压力表

1）原理:弹簧管敏感元件是弯成圆形,截面积显椭圆形的弹性 C 形管。测量介质的压力作用在波动管的内侧,这样波动管椭圆截面会趋于圆形截面。由于波动管微小变形,形成一定的环应力。此环应力会使波动管向外延伸。由于弹性波动管头部没有固定,其就会产生小小变形,其变形的大小取决于测量介质的压力大小。波动管的变形通过机芯间接地由指针显示测量介质的压力。

2）适用范围:通用型

1.2.2　膜盒压力表

1）原理:膜盒敏感元件由两块连接在一起的显圆形波浪的膜片组成。测量介质的压力作用在膜盒腔内侧,由此所产生的变形可用来间接测量介质的压力。压力值的大小由指针显示。

2）适用范围:膜盒压力表一般用来测量气体的压力,并能测量微压。当几个膜盒敏感元件叠在一起后会产生较大的传递力来测量极微小的压力。

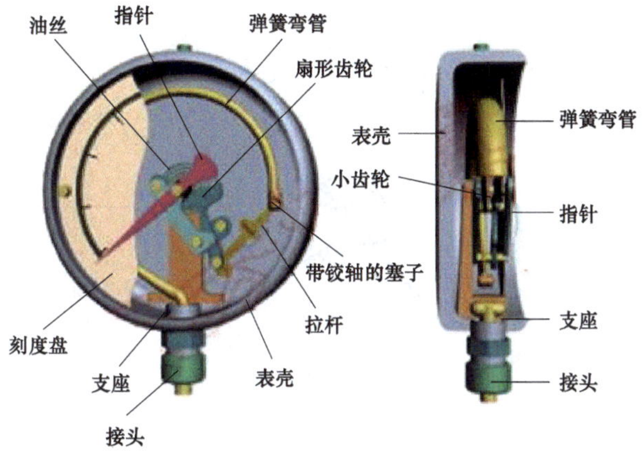

图 1-1　弹簧管压力表

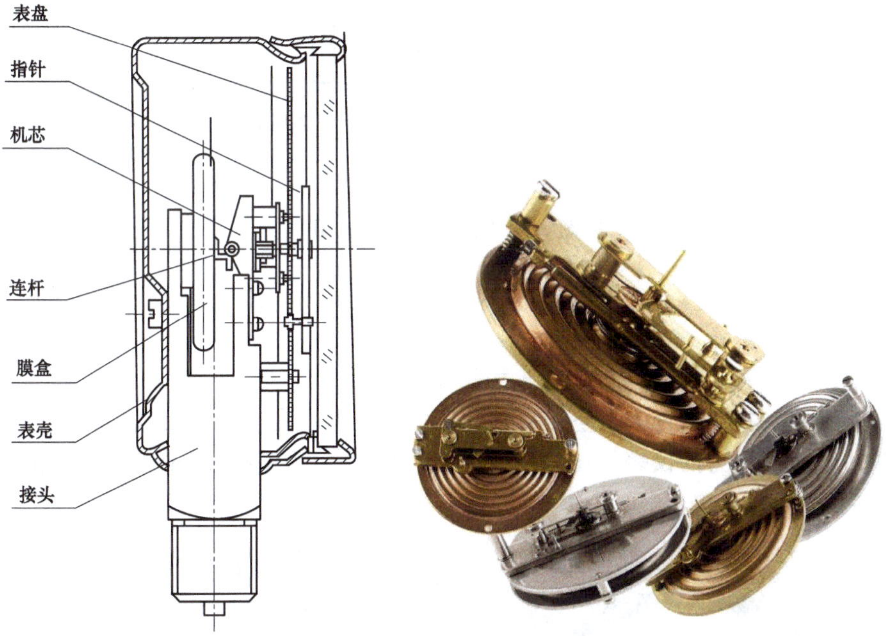

图 1-2　膜盒压力表结构图

1.2.3　隔膜压力表

1）原理：隔膜压力表是由隔膜隔离器与通用型压力仪表组成一个系统的隔膜表，当测量介质的压力 P 作用于隔膜，则隔膜产生变形，压缩压力仪表测压系统的密封液，使其形成 P-ΔP 的压力。当隔膜的刚性足够小时，则ΔP也很小，压力仪表测压系统形成的压力就近于测量介质的压力。

2）适用范围：能适用于测量强腐蚀、高温、高黏度、易结晶、易凝固、有固体浮游物的介质压力以及必须避免测量介质直接进入通用型压力仪表和防止沉淀物积聚且易清洗的场合。

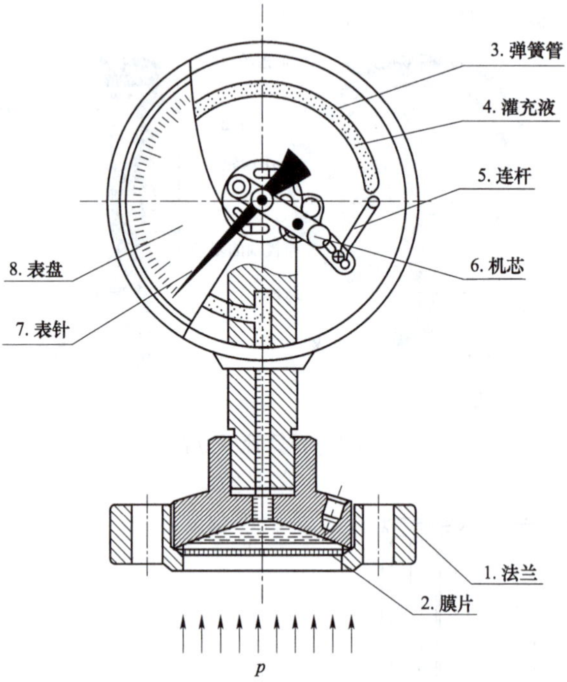

图 1-3 隔膜压力表结构图

1.2.4 真空表

1) 原理:真空表的原理与弹簧管压力表相近。

2) 适用范围:真空表分为真空压力表和压力真空表。真空压力表:以大气压力为基准,用于测量小于大气压力的仪表。压力真空表:以大气压力为基准,用于测量大于和小于大气压力的仪表。

图 1-4 真空压力表和压力真空表图

1.2.5　耐震压力表

特点:耐震压力表是在普通压力表的基础上,依靠内部充灌阻尼油和配套缓冲装置等措施,具有良好的耐震性能。适用于被测介质的压力有强脉冲变化或压力冲击和在生产工艺中经常突然卸荷的场合,以及环境震动较大的场所。耐震压力表能测气体、液体脉动压力的平均值,克服介质强烈脉冲及环境震动对仪表带来的损害,确保读数的准确性。

图 1-5　耐震压力表图

1.3　压力术语

1) 正压与负压(如图 1-6):大于大气压力为正压,小于大气压力为负压。

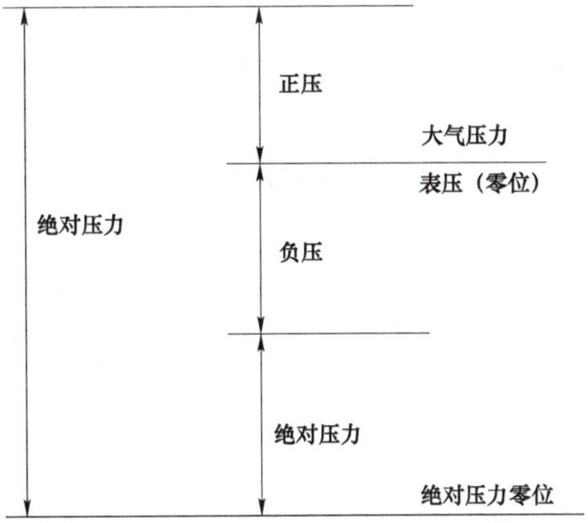

图 1-6　正压、负压、绝对压力、相对压力关系图

2）相对压力(表压力)：以大气压力作为基准所表示的压力，称为相对压力。

由于大多数测压仪表所测得的压力都是相对压力，故相对压力也称表压力。

3）绝对压力：以绝对真空作为基准所表示的压力，称为绝对压力。

4）真空度(如图 1-6)：当绝对压力小于大气压力时，可用容器内的绝对压力不足一个大气压的数值来表示。称为“真空度”。

5）绝对压力=大气压力+相对压力、真空度=绝对压力一大气压力

6）我国法定的压力单位为 Pa(N/㎡)，称为帕斯卡，简称帕。

1 MPa(兆帕)=1.0×10^6 Pa(帕)、1 kPa(千帕)=1.0×10^3 Pa(帕)

1.4 测量范围的确定

为了保证弹性元件能在弹性变形的安全范围内可靠地工作，在选择压力表量程时，必须根据被测压力的大小和压力变化的快慢，留有足够的余地，因此，压力表的上限值应该高于工艺生产中可能的最大压力值。根据“化工自控设计技术规定”，在测量稳定压力时，最大工作压力不应超过测量上限值的 2/3；测量脉动压力时，最大工作压力不应超过测量上限值的 1/2；测量高压时，最大工作压力不应超过测量上限值的 3/5。一般被测压力的最小值应不低于仪表测量上限值的 1/3。从而保证仪表的输出量与输入量之间的线性关系。

1.5 指针式压力表安装的注意事项

1）指针式压力表的安装位置应符合安装状态的要求，表盘一般应垂直放置，安装位置的高低应便于工作人员观测；

2）指针式压力表安装处与测压点的距离应尽量短，要保证完好的密封性，不能出现泄漏现象；

3）油浸式压力表内的油不能充装太满，否则会影响压力表的指示；

4）在安装的指针式压力表前端应有缓冲器；为便于检验，在仪表下方应装有切断阀；

5）当介质较脏或有脉冲压力时，可采用过滤器、缓冲器和稳压器等。

1.6 指针式压力表使用/维修的注意事项

1）工作开展前，工作人员需熟悉工艺系统的压力、温度、介质等情况；

2）仪表拆装前需关闭隔离阀；

3）在带温带压系统运行时，仪表拆装前与其连接的接头处需进行降温处理；

4）在带温带压系统运行时，为防止隔离阀有泄漏，拆除过程要缓慢进行；

5）气动仪表和管线拆除后需对各连接口封口，避免杂质进入；

6）普通锥螺纹接头的仪表安装时需缠生料带或涂螺纹密封胶，直螺纹接头的仪表安装时需安装密封垫片；

7）对于法兰连接的仪表，法兰螺栓应分数次并以对称方式拧紧；

8）仪表安装后，气体回路需用检漏液检查回路密封性；

9）仪表投运时应缓慢打开隔离阀，以防仪表承受压力的突然冲击。

1.7　模拟体准备

模拟体位于技能培训中心，模拟体处于可用状态。检查模拟体是否有损坏，核实可否正常动作，以确保教学过程的顺利实施。

1.8　辐射防护准备

模拟体位于技能培训中心，模拟体无辐射风险。

1.9　工业安全准备

按照工业安全规定执行，所有人员穿戴劳动保护用品。具体的工业安全准备需根据现场环境而确定，但基本的工业安全需要准备。所有人员必须佩戴安全帽、防砸鞋、工作服、手套等。检修场地使用警示带进行围栏，确保工作过程中无非工作人员进入。

1.10　配合人员准备

需仪控人员配合教员。

1.11　场地准备

清理场地，确保检修场地无其他异物；合理分配场地，确保工具、设备的合理分布，方便检修；在场地外围布置警示带。

第二章　操作实施

2.1　操作内容：指针式压力表的检查

1. 工前会记录表(示例)见表 2-1。

表 2-1　工前会记录表（示例）

<table>
<tr><td colspan="3">工作内容：</td><td>工单号：</td></tr>
<tr><td>电厂：</td><td>机组：</td><td>系统：</td><td>工作地点：</td></tr>
<tr><td colspan="2">设备编码：</td><td colspan="2">工作负责人/项目负责人：</td></tr>
<tr><td colspan="4">一、工作负责人/项目负责人会前需要确认的事项：</td></tr>
<tr><td></td><td colspan="3">□ 维修工作包完整齐全　□ 工具和备品备件齐全　□ 风险分析全面
□ 安全措施正确完备并已落实到位　□ 隔离边界明确　□ 工作票证齐全
□ 工作组成员精神状态良好　□ 个人防护用品和安全用具齐全
□ 水、电、气、汽源情况检查，确认工作期间对这些源的使用便利性和安全性</td></tr>
<tr><td colspan="4">二、工作负责人/项目负责人向工作组成员交代以下事项：</td></tr>
<tr><td></td><td colspan="3">□ 工作目的、工作对象、工作范围、工作地点
□ 工作组成员分工
□ 工作风险分析及预防性措施</td></tr>
<tr><td colspan="4">三、工作负责人/项目负责人与工作组成员讨论并记录以下事项：</td></tr>
<tr><td></td><td colspan="3">程序关键步骤、高风险步骤提示及预防性措施：</td></tr>
<tr><td></td><td colspan="3">以往同类工作经验反馈：</td></tr>
<tr><td></td><td colspan="3">其他事项：</td></tr>
<tr><td colspan="4">声明：
本人已参加此次工前会，已清楚工前会的内容及要求，并保证在工作实施过程中严格遵守和执行。
工作组成员签名/日期：</td></tr>
</table>

说明：

1. 工作负责人/项目负责人负责组织并主持召开工前会并记录。
2. 开工前工前会记录表必须填写完成，未完成填写或现场无工前会记录表不准开工。
3. 工作组全体成员在了解工前会全部内容和要求，并同意工前会声明后签字。
4. 工前会记录表中确认项目涉及的就打“√”，没有涉及的打“×”。
5. 工前会中讨论记录事项空间不足可在背面记录，没有涉及的请填写“无”。

2. 实际操作见表 2-2。

表 2-2　实际操作

序号	操作步骤	操作要求	工器具	测评标准	备注
1	确认工作对象	自检/互检工作对象。		自检/互检工作对象；	
2	确认压力表所测管线的当前工况	确认内容： 1. 所测管线的当前的压力、温度； 2. 所测管线的介质(轻水/重水/油)。		1. 确认所测管线的当前的压力、温度； 2. 确认所测管线的介质。	
3	关闭压力表隔离阀，拆下压力表	1. 确认压力表隔离阀； 2. 关闭压力表隔离阀； 3. 缓慢松开压力表的管接头，进行卸压后再拆下压力表； 4. 包裹裸露的管接头，防止异物进入。	呆扳手、手套、白布、绑扎带	1. 确认压力表隔离阀； 2. 确认压力表隔离阀关闭，无泄漏； 3. 确认压力表指针归零； 4. 包裹裸露的管接头； 5. 工具使用正确。	
4	校正压力表，确认压力表合格	校正压力表。	标准压力计、仪用工具	1. 压力表校正方法正确； 2. 压力表的误差在允许范围内； 3. 工具使用正确。	
5	回装压力表	1. 压力表接头和管接头； 2. 涂抹螺纹密封胶或安装新密封垫片； 3. 拧紧压力表，压力表表盘面向工作人员。	呆扳手、仪用工具	1. 压力表接头和管接头清洁； 2. 螺纹密封胶涂抹方法或新密封垫片安装正确； 3. 压力表拧紧，压力表表盘面向工作人员。	
6	缓慢开启压力表隔离阀	缓慢开启压力表隔离阀。		1. 压力表隔离阀开启缓慢，压力表指针无瞬间冲高； 2. 压力表隔离阀全开后，回转 1/4 圈。	
7	确认压力表无泄漏，仪表指示正常	1. 检查压力表及接头，确认无泄漏； 2. 仪表指示正常。		1. 确认压力表无泄漏； 2. 压力表指示与当前工况相符。	
8	确认工作完成，清理工作现场	工完料净。		模拟实施。	

2.2　关键点

在进行指针式压力表的检查过程中，为了保证工作顺利进行，必须注意如下的关键点：

1) 工作开展前，工作人员需熟悉工艺系统的压力、温度、介质等情况；

2）仪表拆装前需关闭隔离阀；

3）应缓慢松开压力表的管接头，进行卸压后再拆下压力表；

4）包裹裸露的管接头，防止异物进入；

5）仪表投运时应缓慢打开隔离阀，以防仪表承受压力的突然冲击。

第三章　故障检查和处理

常见故障现象、判断方法、原因分析和故障排除方法见表 3-1。

表 3-1　常见故障现象、判断方法、原因分析和故障排除方法

序号	故障现象	判断方法	故障原因分析	故障排除方法
1	当压力升高后，压力表指针不动	1. 检查压力表连管或存水弯管 2. 检查压力表指针	1. 压力表连管或存水弯管堵塞 2. 压力表指针松动	1. 清洗压力表接头或更换压力表 2. 在零位，重新固定压力表指针
2	指针抖动较大	1. 检查系统的压力波动情况 2. 检查压力表机械传动机构	1. 系统的压力波动较大 2. 压力表机械传动机构松动	1. 压力表前加装缓冲器 2. 紧固传动机构或更换压力表
3	指针在无压时回不到零位	1. 检查弹簧弯管 2. 检查压力表指针 3. 检查压力表连管或存水弯管堵塞	1. 弹簧弯管产生永久变形失去弹性 2. 指针与中心轴松动，或指针卡住 3. 压力表连管或存水弯管的通道堵塞	1. 更换压力表 2. 在零位，重新固定压力表指针 3. 清洗压力表接头或更换压力表

第四章 操作结束

4.1 工后会

工后会是对整个工作的过程的回顾以及必要的经验反馈。

表 4-1 维修工后会记录表（示例）

<table>
<tr><td colspan="4">工作内容：</td><td>工单号：</td></tr>
<tr><td colspan="3">电厂：</td><td colspan="2">工作负责人/项目负责人：</td></tr>
<tr><td colspan="3">计划完工时间：</td><td colspan="2">实际完工时间：</td></tr>
<tr><td colspan="2">序号</td><td>检查项目</td><td>检查结果</td><td>异常情况记录</td></tr>
<tr><td rowspan="5">工作回顾</td><td>1</td><td>工作许可证已归还</td><td>□ 是 □ 否</td><td></td></tr>
<tr><td>2</td><td>检修现场清理完成</td><td>□ 是 □ 否</td><td></td></tr>
<tr><td>3</td><td>设备标牌清晰无损伤</td><td>□ 是 □ 否</td><td></td></tr>
<tr><td>4</td><td>检修任务达到预期结果</td><td>□ 是 □ 否</td><td></td></tr>
<tr><td>5</td><td>试验设备和工器具已归还</td><td>□ 是 □ 否</td><td></td></tr>
<tr><td rowspan="11">经验反馈</td><td>6</td><td>工期安排合理</td><td>□ 是 □ 否</td><td></td></tr>
<tr><td>7</td><td>工作人员配置充足</td><td>□ 是 □ 否</td><td></td></tr>
<tr><td>8</td><td>工作文件准备充分</td><td>□ 是 □ 否</td><td></td></tr>
<tr><td>9</td><td>工作人员的检修技能满足要求</td><td>□ 是 □ 否</td><td></td></tr>
<tr><td>10</td><td>规程、图纸需要升版</td><td>□ 是 □ 否</td><td></td></tr>
<tr><td>11</td><td>库存备件需要补充</td><td>□ 是 □ 否</td><td></td></tr>
<tr><td>12</td><td>更换下来的旧部件需要利旧翻新维修</td><td>□ 是 □ 否</td><td></td></tr>
<tr><td>13</td><td>检修过程中出现预期外的现象和报警</td><td>□ 是 □ 否</td><td></td></tr>
<tr><td>14</td><td>提出缺陷单、QDR、状态报告等</td><td>□ 有 □ 无</td><td></td></tr>
<tr><td>15</td><td>编写良好实践、经验反馈</td><td>□ 有 □ 无</td><td></td></tr>
<tr><td>16</td><td>工作中需要协调、改进建议等</td><td>□ 有 □ 无</td><td></td></tr>
<tr><td>其他事项</td><td>17</td><td></td><td></td><td></td></tr>
<tr><td colspan="5">工作组成员签名/日期：</td></tr>
</table>

说明：

1. 工作负责人/项目负责人负责组织工后总结并记录。
2. 工后总结记录表中每一项都必须打“√”确认，不要遗漏。
3. 如有异常，请详细填写异常情况说明，以及后续处理方案。
4. 其他事项根据讨论情况记录，经讨论没有涉及的请填写“无”。
5. 工后总结结束后，全体工作人员签字确认。

4.2　评判

学员对指针式压力表的检查过程进行阐述，并说明其中的关键点以及注意事项。教员对学员的陈述简要记录，根据阐述评判学员的掌握情况。教员指出学员阐述过程中的错误以及需要注意的事项，并且依据评判表，对学员的学习情况作出整体评判。

第五章　经验反馈

辅助给水泵作为热阱设备期间，泵出口及入口压力表被拆除。CR20061448

关键词：辅助给水泵　热阱　超工作范围

➢ 事件简述

2006 年 10 月 5 日，一名运行人员现场检查时，发现在围有“大修备用热阱设备，严禁工作”的辅助给水泵围栏处有维修人员持压力表，经询问发现其中有辅助给水泵入口压力表 PI4312 和出口压力表 PI4328，立即检查工作票，发现工作内容为：根据 98-43230-MOP-0230 要求，给主给水系统压力表添加脉冲管线。

运行人员立即要求维修人员回装该压力表。并进一步明确在有围栏的设备上进行工作前，确认围栏上的标识要求并遵守。

为了避免类似问题的再次发生，质保处向维修处发出纠正措施要求(CAR-006)一份，要求维修处与所有承包商一起认真调查和分析造成此事件的原因，责成相关工作组和人员在管理上和工作控制等方面切实采取预防和整改措施，并对此事件进行内部经验反馈，确保 202 大修后续保质保量地进行。

维修处组织了仪控维修科和协作单位(邹电)对主题事件进行了认真的分析调查，并通过管理例会和安全会议向全处及协作单位通报，明确事件发生的原因是由于在工作准备过程中，技术人员的不严谨造成了热阱相关设备与非热阱相关设备存在同一个工作包，导致了事件的发生。

针对事件维修处开发了相关的纠正行动，并立即执行，对工作包的内容进行了全面的审核，主要是涉及热阱工作的两个系统如 43230 和 71340。并为协作单位指定了技术责任人，在开工前有 TQNPC 的技术人员对现场人员进行指导，确保工作范围可控。

2006 年 11 月 3 日，在确保 202 大修中所有热阱相关系统工作完成，103 大修工作任务已经评估正确，并在维修处内部进行了认真的经验反馈后，维修处申请关闭了 CAR-006，并获得了公司质量保证处的认可。

因事件与 CA-20061425 性质相同，且发生在其纠正行动实施的过程中，因此内容一致，行动相同。

➢ 原因分析及评价

对缺陷产生原因的分析：

1. 工作包准备人员对热阱概念重视程度不够；

2. 工作包准备过程中，相关的控制环节不严格，把关不细致、不准确；

3. 协作单位人员对热阱情况不了解，在工作包执行过程中不具备发现这种问题的能力；

4. 工作包准备人员没有在工作准备过程将已经发现的问题通过技术手段进行修改以避免问题的再次发生。

第六章　习　题

6.1　填空题(每题 4 分)

1. 指针式压力表的敏感元件包括弹簧管、________、隔膜膜片。

答:膜盒

2. 压力表的常见类型有弹簧压力表、膜盒压力表、________。

答:隔膜压力表

3. 膜盒压力表一般用来测量气体的压力,并能测量________。

答:微压

4. 隔膜压力表是由________与通用型压力仪表组成一个系统的隔膜表。

答:隔膜隔离器

5. 以大气压力作为基准所表示的压力,称为________。

答:相对压力

6. 由于大多数测压仪表所测得的压力都是相对压力,故相对压力也称________。

答:表压力

7. 以绝对真空作为基准所表示的压力,称为________。

答:绝对压力

6.2　简答题(每题 4 分)

1. 指针式压力表的构成

指针式压力表由测量系统(包括接头、敏感元件),传动机构(包括拔杆机构,齿轮传动机构、游丝),指示部件(包括指针与刻度盘)和外壳(包括表壳、衬圈和表玻璃)所组成。

2. 指针式压力表安装的注意事项

1) 压力表的安装位置应符合安装状态的要求,表盘一般应垂直放置,安装位置的高低应便于工作人员观测;

2) 压力表安装处与测压点的距离应尽量短,要保证完好的密封性,不能出现泄漏现象;

3) 油式压力表内的油不能充装太满,否则会影响压力表的指示;

4) 在安装的压力表前端应有缓冲器;为便于检验,在仪表下方应装有切断阀;

5) 当介质较脏或有脉冲压力时,可采用过滤器、缓冲器和稳压器等。

3. 指针式压力表使用/维修的注意事项

1) 工作开展前,工作人员需熟悉工艺系统的压力、温度、介质等情况;

2) 仪表拆装前需关闭隔离阀;

3）在带温带压系统运行时，仪表拆装前与其连接的接头处需进行降温处理；

4）在带温带压系统运行时，为防止隔离阀有泄漏，拆除过程要缓慢进行；

5）气动仪表和管线拆除后需对各连接口封口，避免杂质进入；

6）普通锥螺纹接头的仪表安装时需缠生料带或涂螺纹密封胶，直螺纹接头的仪表安装时需安装密封垫片；

7）对于法兰连接的仪表，法兰螺栓应分数次并以对称方式拧紧；

8）仪表安装后，气体回路需用检漏液检查回路密封性；

9）仪表投运时应缓慢打开隔离阀，以防仪表承受压力的突然冲击。

6.3 操作题(60 分)

鉴定点：指针式压力表的检查

试题：指针式压力表的检查

1. 准备要求

考场准备：

(1) 试题名称：指针式压力表的检查

(2) 本题分值：60

(3) 考核时间：45 min

(4) 考核形式：实操

(5) 设备设施准备

序号	名称	规格	单位	数量	备注
1	压力表		台	1	
2	仪用工具包		套	1	
3	电子仪器清洗剂		瓶	1	
4	螺纹胶		瓶	1	
5	无纺布		米	2	

考生准备：

无。

2. 考核要求

(1) 本题分值：60

(2) 考核时间：45 min

(3) 考核形式：实操

(4) 具体考核要求：指针式压力表的检查步骤正确

(5) 否定项说明：无

3. 配分与评分标准

序号	考核内容	考核要点	配分	评分标准	扣分	得分
1	指针式压力表的检查前的准备	根据《工前会议记录表》进行考核。	5	1. 未明确工作目的、工作对象、工作范围，扣1分； 2. 未对工作组成员进行工作分工，明确工作地点及作业范围，扣1分； 3. 未明确工作风险分析及预防性措施，扣1分； 4. 其他，扣1分。		
2	现场确认工作对象	两人确认工作对象。	5	1. 未确认工作对象，扣3分； 2. 未自检/互检，扣2分。		
3	确认压力表所测管线的当前工况	1. 所测管线的当前的压力、温度； 2. 所测管线的介质(轻水/重水/油)。	5	1. 未确认所测管线的当前的压力、温度，扣3分； 2. 未确认所测管线的介质，扣2分。		
4	关闭压力表隔离阀，拆下压力表	1. 确认压力表隔离阀； 2. 关闭压力表隔离阀； 3. 缓慢松开压力表的管接头，进行卸压后再拆下压力表； 4. 包裹裸露的管接头，防止异物进入。	10	1. 未确认压力表隔离阀，扣2分； 2. 未确认压力表隔离阀关闭，无泄漏，扣2分； 3. 未确认压力表指针归零，扣2分； 4. 未包裹裸露的管接头，扣2分； 5. 工具使用不正确，扣2分。		
5	校正压力表，确认压力表合格	校正压力表。	10	1. 压力表校正方法不正确，扣5分； 2. 压力表的误差不在允许范围内，扣3分； 3. 工具使用不正确，扣2分。		
6	回装压力表	1. 压力表接头和管接头； 2. 涂抹螺纹密封胶或安装新密封垫片； 3. 拧紧压力表，压力表表盘面向工作人员。	10	1. 压力表接头和管接头未清洁，扣4分； 2. 螺纹密封胶涂抹方法或新密封垫片安装不正确，扣4分； 3. 压力表未拧紧，压力表表盘面未向工作人员，扣2分。		
7	缓慢开启压力表隔离阀	缓慢开启压力表隔离阀。	5	1. 隔离阀未开启缓慢，压力表指针瞬间冲高，扣3分； 2. 压力表隔离阀全开后未回转1/4圈，扣2分。		
8	确认压力表无泄漏，仪表指示正常	1. 检查压力表及接头，确认无泄漏； 2. 仪表指示正常。	5	1. 未确认压力表无泄漏，扣2分； 2. 未确认压力表指示与当前工况相符，扣2分。		
9	确认工作完成，清理工作现场	工完料净。	5	未工完料净，扣5分。		
否定项：无						
总分：						

评分人：　　年　　月　　日　　　　　　　　核分人：　　年　　月　　日

第十二部分　热套管铂热电阻检查

第一章　操作准备

1.1　原理描述

1.1.1　温度测量的基本概念

使用测温仪表对物体的温度进行定量的测量。测量温度时，总是选择一种在一定温度范围内随温度变化的物理量作为温度的标志，根据所依据的物理定律，由该物理量的数值显示被测物体的温度。

1.1.2　核电站常用的温度测量方法及仪表

目前，温度测量的方法已达数十种之多。根据温度测量所依据的物理定律和所选择作为温度标志的物理量，核电站常用的温度测量方法可以归纳成下列几类。

(1) 膨胀测温法

采用几何量(体积、长度)作为温度的标志。最常见的是利用液体的体积变化来指示温度的玻璃液体温度计、双金属温度计等。

1) 玻璃液体温度计：这种温度计由温泡、玻璃毛细管和刻度标尺等组成。从结构上可分三种：棒式温度计的标尺直接刻在厚壁毛细管上；内标式温度计的标尺封在玻璃套管中；外标式温度计的标尺则固定在玻璃毛细管之外。温泡和毛细管中装有某种液体。最常用的液体为汞、酒精和甲苯等。温度变化时毛细管内液面直接指示出温度。

2) 双金属温度计：把两种线膨胀系数不同的金属组合在一起，一端固定，当温度变化时，因两种金属的伸长率不同，另一端产生位移，带动指针偏转以指示温度。工业用双金属温度计由测温杆(包括感温元件和保护管)和表盘(包括指针、刻度盘和玻璃护面)组成。测温范围为-80～600 ℃。它适用于工业上精度要求不高时的温度测量。

(2) 压力测温法

采用压强作为温度的标志。属于这一类的温度计有工业用压力表式温度计。压力表式温度计其密闭系统由温泡、连接毛细管和压力计弹簧组成，在密闭系统中充有某种媒质。当温泡受热时，其中所增加的压力由毛细管传到压力计弹簧。弹簧的弹性形变使指针偏转以指示温度。温泡中的工作介质有三种:气体、蒸气和液体。① 气体媒质温度计如用氮气作介质,最高可测到 500～550 ℃;用氢气作介质,最低可测到-120 ℃。② 蒸气介质温度计常用某些低沸点的液体如氯乙烷、氯甲烷、乙醚。温泡的一部分容积中放这种液体,其余部分中充满它们的饱和蒸气。③ 液体媒质一般用水银。这类温度计适用于工业上测量精度要求不高的温度测量。

(3) 电学测温法

采用某些随温度变化的电学量作为温度的标志。属于这一类的温度计主要有热电偶温度计、电阻温度计和半导体热敏电阻温度计。

1) 热电偶温度计是一种在工业上使用极广泛的测温仪器。热电偶由两种不同材料的金属丝组成。两种丝材的一端焊接在一起,形成工作端,置于被测温度处;另一端称为自由端,与测量仪表相连,形成一个封闭回路。当工作端与自由端的温度不同时,回路中就会出现热电动势(温差电现象)。当自由端温度固定时(如 0 ℃),热电偶产生的电动势就由工作端的温度决定。热电偶的种类有数十种之多。有的热电偶能测高达 3 000 ℃的高温,有的热电偶能测量接近绝对零度的低温。

2) 电阻温度计根据导体电阻随温度的变化规律来测量温度。最常用的电阻温度计都采用金属丝绕制成的感温元件。主要有铂电阻温度计和铜电阻温度计。低温下还使用铑铁、碳和锗电阻温度计。

3) 半导体热敏电阻温度计利用半导体器件的电阻随温度变化的规律来测定温度,其灵敏度很高。主要用于低精度测量

1.1.3　热电阻(RTD)工作原理

金属电阻有正的温度系数,随着温度的升高,金属的电阻也随之增大。纯金属在一定的范围内有着良好的电阻/温度特性,温度变化一定,则电阻变化一定;若初始温度和电阻已知,则通过测量金属的电阻可得知金属的温度。金属线绕在卷轴上就构成了基本的 RTD,RTD 与待测温度的介质直接或间接(装在热阱中)相接触,通过测量RTD 的电阻就可计算出待测温度。

1.1.4　普通工业型(热套管式)铂电阻

由外保护管,延长导线,测温电阻,氧化铝装配而成,产品结构简单,适用范围广,成本较低,绝大部分测温场合使用的产品均属普通工业型(热套管式),广泛用来测量(-200～850)℃范围内的温度。其物理、化学性能稳定,复现性好。铂热电阻与温度是近似线性关系。其分度号主要有 Pt10 和 Pt100。其结构如下。

1.1.5　铠装铂电阻

由电阻体,引线,绝缘氧化镁及保护套管整体拉制而成,顶部焊接铂电阻,产品结构复杂,价格较高,比普通铂电阻的响应速度更快,抗震性能更好,测温范围更宽,耐振耐冲击,具有良好的抗干扰性,且不易受有害介质的侵蚀。其特点是外形尺寸可以做得很小(最小直径可达 5 mm),并且长度方向可以弯曲,适用于刚性保护管不能插入或需要弯曲测量的部位测温,但必须注意的是由于顶部是测温元件所在位置,所以其端部 30 mm 是不得弯曲的,其结构如下。

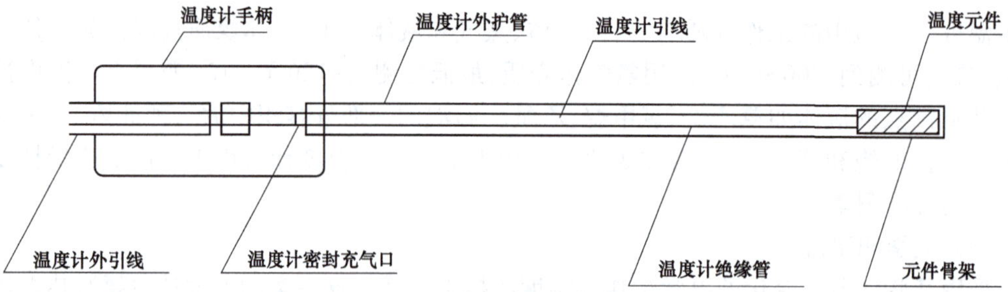

图 1-1 铂电阻温度计结构示意图

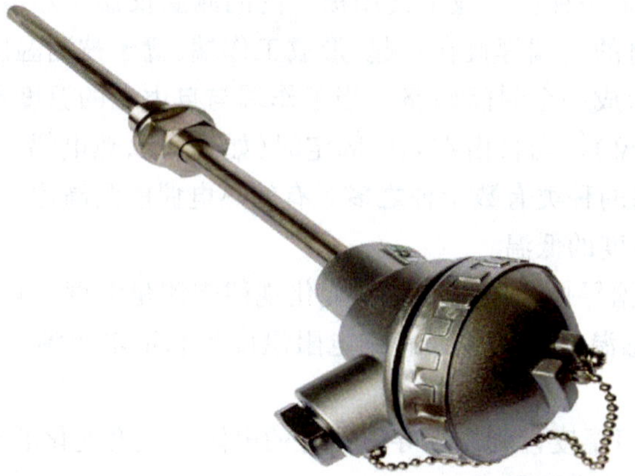

图 1-2 铂电阻温度计

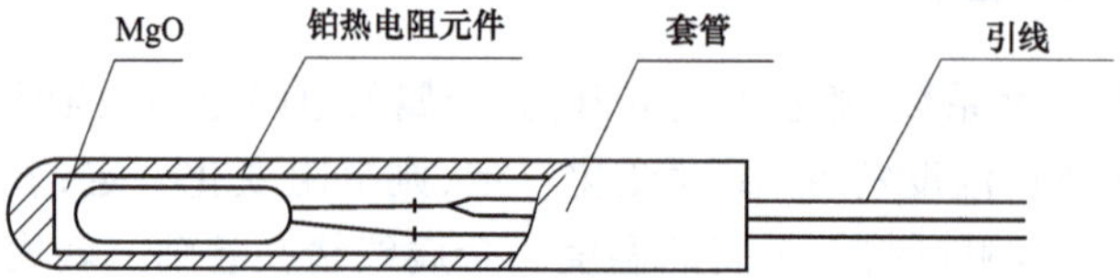

图 1-3 铠装铂电阻温度计结构示意图

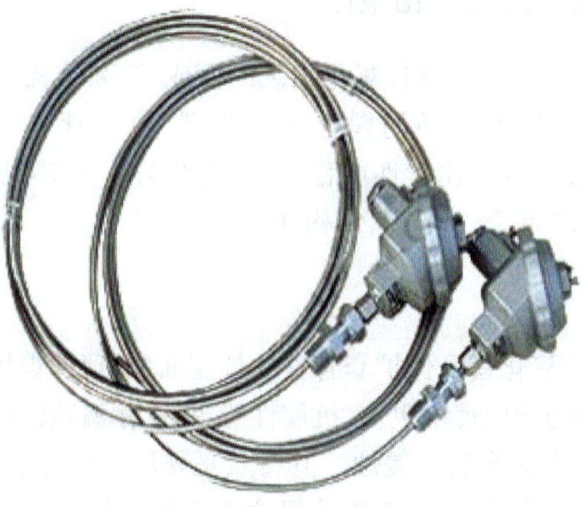

图 1-4 铠装铂电阻温度计

1.1.6 铂电阻的特性

金属铂、镍、铜都可做为制造RTD的材料，但金属铂RTD以其独有的特性而被选作为核电站的一次温测元件：

1）在宽的温度范围内具有最高的精度

2）在长的工作寿期内受核辐射的影响小

3）具有线性的电阻/温度特性

4）性能稳定

金属铂的电阻/温度关系式为：

$$t=\frac{R_t-R_0}{\boldsymbol{\alpha}R_0}+\boldsymbol{\delta}\left(\frac{t}{100}-1\right)\frac{t}{100} \qquad \text{(a)}$$

$\alpha=(R_{100}-R_0)/100R_0$ 电阻温度系数

t——待测温度，℃；

R_t——t ℃时的电阻（测量所得），Ω；

R_0——0 ℃时的电阻，Ω；

R_{100}——100 ℃时的电阻，Ω

δ——常数（近似为 1.5）

在α 一定时，待测温度 t 只是 R_t 的函数，但要通过式(a)求出 t 的运算量较大。鉴于此，生产厂商直接给出了不同α的 RTD 电阻/温度对照表，所以在工程上，确定 RTD 的α 值后，只要测出 R_t，就可以在对照表中查出相应的 t。核电站的类型有：α=0.003 85、0.003 902、0.003 92。

1.1.7 热套管式铂热阻安装的注意事项

1）热套管式铂电阻的安装应尽可能保持垂直，以防止保护套管在高温下产生变形，但在有流速的情况下，则必须迎着被测介质的流向插入，以保证测温元件与流体的充分接触以保证其测量精度。

2）热套管式铂安装时，其插入深度不小于热电阻保护管外径的 8～10 倍，尽可能使热电阻受热部分增长。

3）热电阻安装在管道中时，必须保证测量处的密封性，以防止外界冷空气进入，使读数偏低。

4）热套管式铂安装在户外时，热电阻的接线盒面盖应向上，入线口应向下，以避免雨水或灰尘进入接线盒，而损坏热电阻接线盒内的接线影响其测量精度；

5）为了减小辐射热和热传导所产生的误差，在使用中应使热电阻的保护套管表面和被测介质贴近。

1.1.8 铂电阻探头检查/维修的注意事项

1）保护套管不应有弯曲、扭斜、压扁、堵塞、裂纹、磨损和严重腐蚀等缺陷；

2）热电阻的接点应焊接牢固，表面光滑，无气孔、脱层等；

3）电极不应变脆或产生斑点，金属电极无变色或发黑现象；

4）热电阻无短路及断路现象；

5）热电阻元件应进行绝缘测试。

6）对热电阻进行性能检查

单点检查：当热电阻在现场无法拆卸时，可进行单点对比检查；

多点检验：将热电阻从现场拆除带回校验车间进行检验

1.2 模拟体准备

模拟体位于技能培训中心，模拟体处于可用状态。检查模拟体是否有损坏，核实可否正常动作，以确保教学过程的顺利实施。

1.3 辐射防护准备

模拟体位于技能培训中心，无辐射风险。

1.4 工业安全准备

按照工业安全规定执行，所有人员穿戴劳动保护用品。具体的工业安全准备需根据现场环境而确定，但基本的工业安全需要准备。所有人员必须佩戴安全帽、防砸鞋、工作服、手套等。检修场地使用警示带进行围栏，确保工作过程中无非工作人员进入。

1.5 配合人员准备

需仪控人员配合教员。

1.6 场地准备

清理场地，确保检修场地无其他异物；合理分配场地，确保工具、设备的合理分布，方便检修；在场地外围布置警示带。

第二章　操作实施

2.1　操作实施：热套管式铂电阻探头检查

1. 维修工前会记录表(示例)

工作内容：			工单号：
电厂：	机组：	系统：	工作地点：
设备编码：		工作负责人/项目负责人：	

一、工作负责人/项目负责人会前需要确认的事项：

- □ 维修工作包完整齐全　□ 工具和备品备件齐全　□ 风险分析全面
- □ 安全措施正确完备并已落实到位　□ 隔离边界明确　□ 工作票证齐全
- □ 工作组成员精神状态良好　□ 个人防护用品和安全用具齐全
- □ 水、电、气、汽源情况检查，确认工作期间对这些源的使用便利性和安全性

二、工作负责人/项目负责人向工作组成员交代以下事项：

- □ 工作目的、工作对象、工作范围、工作地点
- □ 工作组成员分工
- □ 工作风险分析及预防性措施

三、工作负责人/项目负责人与工作组成员讨论并记录以下事项：

程序关键步骤、高风险步骤提示及预防性措施：

以往同类工作经验反馈：

其他事项：

声明：

本人已参加此次工前会，已清楚工前会的内容及要求，并保证在工作实施过程中严格遵守和执行。

工作组成员签名/日期：

说明：

1. 工作负责人/项目负责人负责组织并主持召开工前会并记录。
2. 开工前工前会记录表必须填写完成，未完成填写或现场无工前会记录表不准开工。
3. 工作组全体成员在了解工前会全部内容和要求，并同意工前会声明后签字。
4. 工前会记录表中确认项目涉及的就打“√”，没有涉及的打“×”。
5. 工前会中讨论记录事项空间不足可在背面记录，没有涉及的请填写“无”。

2. 操作步骤

序号	操作步骤	操作要求	工器具	测评标准	备注
1	确认工作对象	确认工作对象		自检/互检确认	
2	拆除温度探头接线并包扎	1. 记录/标识每根接线及对应的温度探头端子； 2. 拆除温度探头接线并绝缘胶布分别包扎。	仪用工具包、标签等	1. 正确记录/标识每根接线所对应的温度探头端子； 2. 用绝缘胶布分别包扎，无裸露线头。	
3	拆除温度探头	1. 拆除温度探头； 2. 封堵温度探头安装孔。	呆扳手、堵头等	1. 拆除温度探头，工具使用正确； 2. 温度探头安装孔封堵密闭。	
4	检查温度探头外观	1. 检查温度探头护套管； 2. 检查温度探头接线柱。		1. 探头护套管完整，无缺陷； 2. 探头接线柱牢固，无老化。	
5	测量温度探头的线间电阻及单点对地绝缘	1. 测量温度探头的线间电阻，并记录； 2. 测量温度探头的单点对地绝缘，并记录。	仪用工具、万用表	1. 线间电阻测量正确； 2. 单点对地绝缘测量正确。	
6	校正温度探头，确认温度探头合格	校正温度探头。		确认温度探头合格。	
7	回装温度探头，确认安装到位	1. 回装温度探头； 2. 确认探头安装到位。	仪用工具包	1. 温度探头安装紧固； 2. 确认探头安装到位。	
8	恢复温度探头接线，确认温度指示正常	1. 按记录/标识恢复温度探头接线； 2. 确认温度指示正常。	仪用工具包	1. 探头接线恢复正确； 2. 确认温度指示正常。	
9	确认工作完成，清理工作现场	工完料净。		模拟实施。	

2.2 关键点

在进行现场热套管式铂电阻探头检查过程中，为了保证工作顺利进行，必须注意如下的关键点：

1）拆除温度探头接线前，应记录/标识每根接线所对应的温度探头端子；恢复接线时，应按记录/标识进行恢复；

2）拆除温度探头接线应用绝缘胶布分别包扎，且不能有裸露的线头；拆除温度探头后，温度探头安装孔应封堵。

第三章　故障检查和处理

常见故障现象和判断方法检查和处理见表 3-1。

表 3-1　常见故障现象和判断方法检查和处理

序号	故障现象	判断方法	故障原因分析	故障排除方法
1	温度显示不正确	1. 检查温度探头接线柱、接线 2. 检查温度探头的线间电阻	1. 探头接线柱/接线松动 2. 温度探头短路或开路	1. 紧固探头接线柱/接线 2. 更换温度探头
2	温度显示有波动	1. 检查温度探头的绝缘 2. 检查温度探头接线柱、接线	1. 温度探头的绝缘破坏 2. 探头接线柱/接线松动	1. 更换温度探头 2. 紧固探头接线柱/接线

第四章　操作结束

4.1　工后会

工后会是对整个工作的过程的回顾以及必要的经验反馈。

表 4-1　维修工后会记录表（示例）

工作内容：				工单号：
电厂：		机组：	工作负责人/项目负责人：	
计划完工时间：			实际完工时间：	
序号		检查项目	检查结果	异常情况记录
工作回顾	1	工作许可证已归还	□ 是　□ 否	
	2	检修现场清理完成	□ 是　□ 否	
	3	设备标牌清晰无损伤	□ 是　□ 否	
	4	检修任务达到预期结果	□ 是　□ 否	
	5	试验设备和工器具已归还	□ 是　□ 否	
经验反馈	6	工期安排合理	□ 是　□ 否	
	7	工作人员配置充足	□ 是　□ 否	
	8	工作文件准备充分	□ 是　□ 否	
	9	工作人员的检修技能满足要求	□ 是　□ 否	
	10	规程、图纸需要升版	□ 是　□ 否	
	11	库存备件需要补充	□ 是　□ 否	
	12	更换下来的旧部件需要利旧翻新维修	□ 是　□ 否	
	13	检修过程中出现预期外的现象和报警	□ 是　□ 否	
	14	提出缺陷单、QDR、状态报告等	□ 有　□ 无	
	15	编写良好实践、经验反馈	□ 有　□ 无	
	16	工作中需要协调、改进建议等	□ 有　□ 无	
其他事项	17			
工作组成员签名/日期：				

说明：

1. 工作负责人/项目负责人负责组织工后总结并记录。
2. 工后总结记录表中每一项都必须打"√"确认，不要遗漏。
3. 如有异常，请详细填写异常情况说明，以及后续处理方案。
4. 其他事项根据讨论情况记录，经讨论没有涉及的请填写"无"。
5. 工后总结结束后，全体工作人员签字确认。

4.2 评判

学员对热套管式铂电阻探头检查过程进行阐述,并说明其中的关键点以及注意事项。教员对学员的陈述简要记录,根据阐述评判学员的掌握情况。教员指出学员阐述过程中的错误以及需要注意的事项,并且依据评判表,对学员的学习情况作出整体评判。

第五章　经验反馈

温度探头 67320—T4371 频繁波动造成 T/B 风机频繁启停(CR20083477)

➢ 状态简述

2008 年 10 月 2 日 9 时 20 分，主控反复出现汽机通风盘台 67320-PL4010 CI-987 报警，现场检查发现“HIGH TEM START HVAC ADVISORY”和“ACU4106 COOLING MODE LOW OUTSIDE AIR TEM”报警，并且马上消报，该报警在随后的时间里还出现过几次并马上消报。同时发现 T/B 风机 7322-F4011 至 4022 频繁启停和温度探头 67320-T4371 从 -25～30 ℃间波动。

➢ 原因分析及评价

1. 执行工单 222480 确认温度探头被碰(现场有人刷墙)造成温度指示波动，对温度探头的接线进行处理后温度恢复正常，运行启动风机风机运行正常。

2. 温度控制已经设置几度的死区范围，不需要增加延时。

第六章 习 题

6.1 填空题(每题4分)

1. 测量温度时,总是选择一种在一定温度范围内随________变化的物理量作为温度的标志。

答:温度

2. 金属电阻有________的温度系数,随着温度的升高,金属的电阻也随之________

答:正 增大

3. 普通工业型(热套管式)铂热电阻:由外保护管,________,测温电阻,氧化铝装配而成。

答:延长导线

4. ________:由电阻体,引线,绝缘氧化镁及保护套管整体拉制而成,顶部焊接铂电阻。

答:铠装铂电阻

5. 铠装铂电阻________,抗震性能更好,测温范围更宽,耐振耐冲击,具有良好的抗干扰性,且不易受有害介质的侵蚀。

答:响应速度更快

6. 热电阻的安装应尽可能保持________,以防止保护套管在高温下产生变形。

答:垂直

7. 为了减小辐射热和热传导所产生的误差,在使用中应使热电阻的保护套管表面和被测介质________。

答:贴近

6.2 简答题(每题4分)

1. 铂热电阻的特性。

1) 在宽的温度范围内具有最高的精度;

2) 在长的工作寿期内受核辐射的影响小;

3) 具有线性的电阻/温度特性;

4) 性能稳定。

2. 核电站常用的温度测量方法及代表性仪表。

1) 膨胀测温法:采用几何量(体积、长度)作为温度的标志。最常见的是利用液体的体积变化来指示温度的玻璃液体温度计、双金属温度计等。

2) 压力测温法:采用压强作为温度的标志。属于这一类的温度计有工业用压力表式温度计。

3）电学测温法：采用某些随温度变化的电学量作为温度的标志。属于这一类的温度计主要有热电偶温度计、电阻温度计和半导体热敏电阻温度计。

3. 在进行现场热套管式铂电阻探头检查过程中，为了保证工作顺利进行，必须注意哪些关键点？

1）拆除温度探头接线前，应记录/标识每根接线所对应的温度探头端子；恢复接线时，应按记录/标识进行恢复；

2）拆除温度探头接线应用绝缘胶布分别包扎，且不能有裸露的线头；拆除温度探头后，温度探头安装孔应封堵。

6.3 操作题(60 分)

鉴定点：热套管式铂电阻探头检查

试题：热套管式铂电阻探头检查

1. 准备要求

考场准备：

(1) 试题名称：热套管式铂电阻探头检查

(2) 本题分值：60

(3) 考核时间：30 min

(4) 考核形式：实操

(5) 设备设施准备

序号	名称	规格	单位	数量	备注
1	仪用工具包		套	1	
2	加热炉		台	1	
3	堵头		个	1	

考生准备：无。

2. 考核要求

(1) 本题分值：60

(2) 考核时间：30 min

(3) 考核形式：实操

(4) 具体考核要求：热套管式铂电阻探头检查检查合格，拆装操作步骤正确

(5) 否定项说明：无

3. 配分与评分标准

序号	考核内容	考核要点	配分	评分标准	扣分	得分
1	铂电阻探头检查前准备	根据《工前会议记录表》进行考核。	5	1. 未明确工作目的、工作对象、工作范围,扣1分; 2. 未对工作组成员进行工作分工,明确工作地点及作业范围,扣1分; 3. 未明确工作风险分析及预防性措施,扣2分; 4. 其他,扣1分。		
2	确认工作对象	自检/互检确认工作对象。	5	1. 未自检确认,扣3分; 2. 未互检确认,扣2分。		
3	拆除温度探头接线并包扎	1. 记录/标识每根接线所对应的温度探头端子; 2. 拆除温度探头接线并绝缘胶布分别包扎。	10	1. 未记录/标识每根接线所对应的温度探头端子,扣5分; 2. 未用绝缘胶布分别包扎,且有裸露线头,扣5分。		
4	拆除温度探头	1. 拆除温度探头; 2. 封堵温度探头安装孔。	5	1. 拆除温度探头,工具使用不正确,扣2分; 2. 温度探头安装孔未封堵,扣3分。		
5	温度探头外观	1. 检查温度探头护套管; 2. 检查温度探头接线柱。	5	1. 未确认探头护套管完整,无缺陷,扣2分; 2. 未确认探头接线柱牢固,无老化,扣2分。		
6	测量温度探头的线间电阻及单点对地绝缘	1. 测量温度探头的线间电阻,并记录; 2. 测量温度探头的单点对地绝缘,并记录。	10	1. 线间电阻测量不正确,扣5分; 2. 单点对地绝缘测量不正确,扣5分。		
7	校正温度探头,确认温度探头合格	校正温度探头。	5	1. 温度探头校正方法有误,扣3分; 2. 标定仪器使用不正确,扣2分。		
8	回装温度探头,确认安装到位	1. 回装温度探头; 2. 确认探头安装到位。	5	1. 温度探头未安装紧固,扣2分; 2. 未确认探头安装到位,扣3分。		
9	恢复温度探头接线,确认温度指示正常	1. 按记录/标识恢复温度探头接线; 2. 确认温度指示正常。	5	1. 未确认探头接线恢复正确,扣3分; 2. 未确认温度指示正常,扣2分。		
10	确认工作完成,清理工作现场	工完料净。	5	未工完料净,扣5分。		
否定项:无						
总分:						

评分人: 年 月 日 核分人: 年 月 日

第十三部分　热电阻温度变送器检查校验

第一章　操作准备

1.1　热电阻温度变送器工作原理

惠斯顿电桥(图 1-1)为温度变送器工作的基本原理:当 $R_1/R_2=R_3/R_4$ 时,电桥平衡,$U_{ab}=0$;当 $R_1\sim R_4$ 中任一阻值变化时,电桥失去平衡,$U_{ab}\neq 0$;当电桥的三个电阻阻值固定时,通过 U_{ab} 的变化,可以得知第四个电阻阻值的变化。在 R_4 等于 0%温度量程时 RTD 的阻值时,选取 $R_1=R_3$,$R_2=R_4$,使电桥平衡;用 RTD 替代 R_4,固定 $R_1\sim R_3$ 的阻值,则当温度升高时(RTD 的阻值增大),U_{ab} 的值会随之成比例变化。

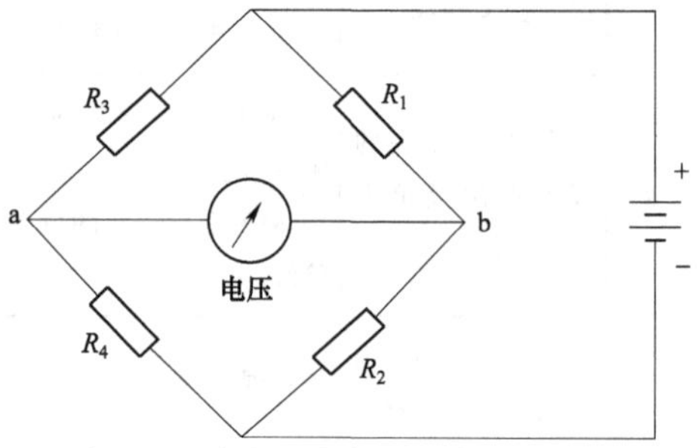

图 1-1　惠斯顿电桥

RTD 安装在现场,通过较长的信号线与温度变送器相连接,信号线的线电阻会随现场温度的变化而发生改变,因此给图 1-1 的惠斯顿电桥带来干扰,降低了其测量精度。所以,在实际的 RTD 温度测量回路中采用三线制 RTD(图 1-2),以消除信号线电阻因现场温度变化对测量回路的影响。

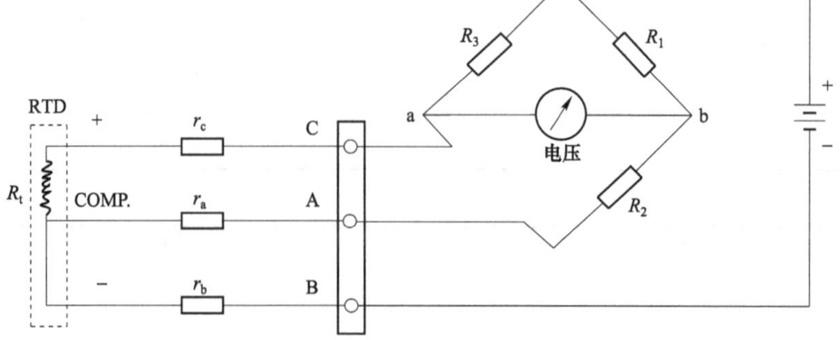

图 1-2　三线制 RTD

A、B、C 三线的长度相等、材质相同，线电阻 r_a、r_b、r_c 随现场温度发生相同的变化，即 $r_a=r_b=r_c$，r_a、r_c 位于电桥的两个桥臂上，对电桥输出 U_{ab} 的影响相互抵消，U_{ab} 的值仍与待测温度 t 成比例。

1.2　RTD 温测回路的组成

以秦山三厂为例，CANDU 机组 RTD 温测回路所使用的温度变送器(TT)有两种，一种是 AGM 公司生产的，其输出为 4～20 mA 的电流；另一种是 SCINTREX 公司生产的，其输出为 0.9～4.5 VDC 的电压。因此，RTD 温测回路的组成在结构上有两种形式，见图 1-3。

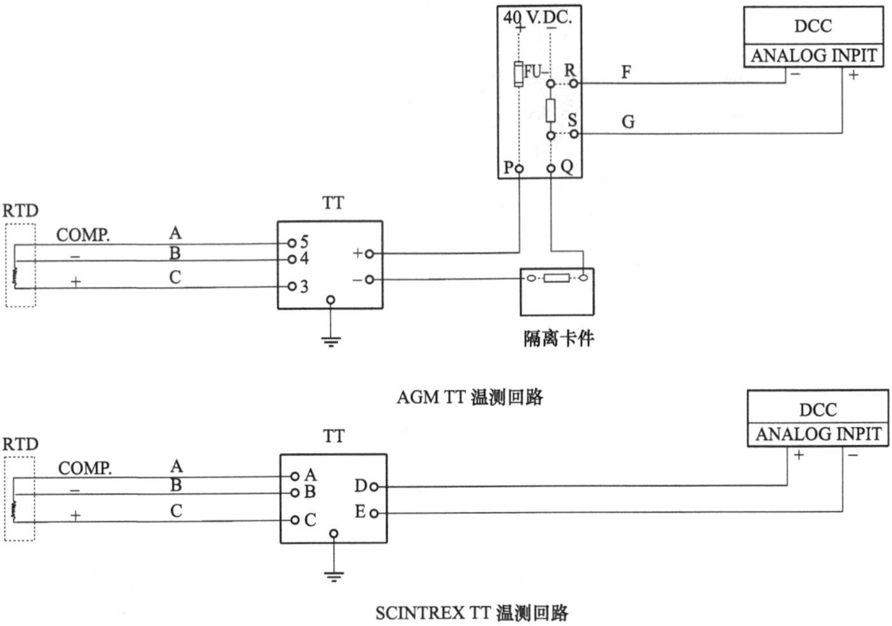

图 1-3　RTD 温测回路组成

RTD 温测回路主要由三部分组成：输入部分(RTD，输入信号线)、TT(温度变送器)、输出部分(电源、隔离卡件、Rs 取压精密电阻 225 Ω、输出信号线、AI 显示)

1.3　RTD 温测回路的应用

RTD 温测回路是核电机组中典型的仪控测量回路，通过它们实现对现场工艺温度的实时监测。温度作为机组运行的重要控制参数之一，在诸多控制回路和控制程序中得以广泛的应用。据不完全统计，秦山三厂每个 CANDU 核电机组有 600 多个 RTD 温测回路，是所有仪控测量回路中数量最多的。RTD 温测回路的准确性和稳定性直接影响着机组运行的安全性、可靠性和经济性。

1.4 热电阻温度变送器的检/校验

以秦山三厂 AGM 公司生产的 HPM4003 热电阻温度变送器为例,见图 1-4。

图 1-4 HPM4003 热电阻温度变送器的示意图

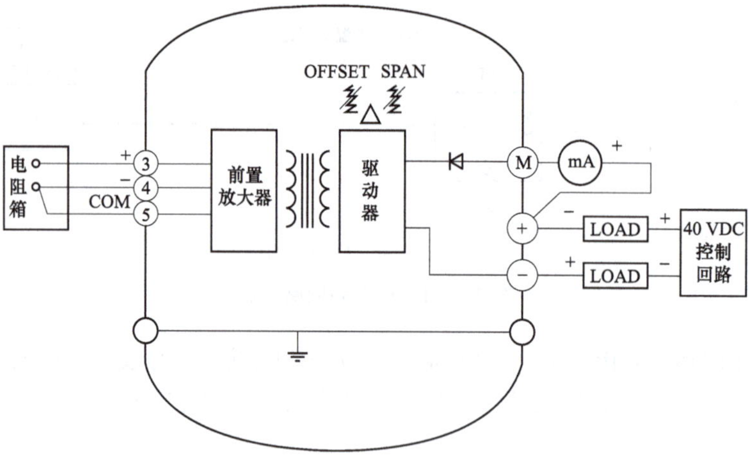

图 1-5 HPM4003 热电阻温度变送器的检查、校验回路接线示意图

1.4.1 热电阻温度变送器检查

- 逐个轻晃各接线端子上的接线,观察输出电流指示表,如发现异常波动则表示此端子存在异常,需检查处理:拆除温度模块盖板中间固定螺丝,打开盖板检查各端子焊点是否存在虚焊及端子是否有断裂,如有异常则进行重焊或更换端子(见图 1-6)。
- 确认温度变送器的“GND”端与仪表盘柜的接地端:接地良好,无交/直流电压干扰。

图 1-6 HPM4003 热电阻温度变送器内部接线及焊点示意图

1.4.2 热电阻温度变送器校验

1) 按照被校温度变送器的系统接线图，断开被校温度变送器输入、输出端的接线。

2) 将被校温度变送器的输入端 3(+)连接到精密电阻箱的一端；输入端 4(-)和 5(Comp)连接到精密电阻箱的另一端。

3) 将万用表，置于“mA”挡(≥20 mA)，然后接在仪表的输出端上。

4) 将精密电阻箱的数值设定到相对于零点的温度阻值。

5) 用防静电仪用螺丝刀调节仪表面板上的零位(0)电位器，以获得零输出信号(标准为 4 mA)。

6) 将精密电阻箱的数值设定到相对于满量程的温度阻值。

7) 用防静电仪用螺丝刀调节仪表面板上的量程(S)电位器，以获得满量程输出信号(标准为 20 mA)。

8) 使用精密电阻箱设定对应的温度阻值确认温度变送器零位和满位满足精度要求。

9) 按 TEAM 标定单的标定要求，来完成各个温度点(0%、25%、50%、75%、100%)的校验，并在 TEAM 标定单中记录变送器输出的电流值。

10) 进行误差计算，若误差在允许的范围内，则证明该变送器已校验好，若误差在允许的范围外，则考虑更换新备件。

1.5 热电阻温度变送器检查/校验的注意事项

1) 就地校验时，会导致温度变送器所在仪表回路开路，主控可能会产生相应 AI IRR、CI 报警，对此须在工作开展前向主控运行人员说明，并根据实际需要做好 DCC 信号隔离、安措等措施；

2) 在拆除温度变送器上的信号线时，要认真记录下信号线的线号与对应的端子号，以保证恢复线路的正确性；

3）外接直流电源提供的电压必须在变送器的工作范围内。

4）连接精密电阻箱的引线长度应当一致，引线与设备端子的连接紧固，防止引入电阻误差；

5）确认温度变送器的“GND”端与仪表盘柜的接地端：接地良好，无交/直流电压干扰；

6）温度变送器的接线端子应无松动、虚焊和针脚断裂等现象；

7）新温度变送器(长期未通电)，应通电预热半小时以上，才可进行校验；

8）温度变送器所在仪表盘柜的温度(温度变送器周围)，应在温度变送器允许的工作环境温度范围内。

1.6 模拟体准备

模拟体位于技能培训中心，模拟体处于可用状态。检查模拟体是否有损坏，核实可否正常动作，以确保教学过程的顺利实施。

1.7 辐射防护准备

模拟体位于技能培训中心，无辐射风险。

1.8 工业安全准备

按照工业安全规定执行，所有人员穿戴劳动保护用品。具体的工业安全准备需根据现场环境而确定，但基本的工业安全需要准备。所有人员必须佩戴安全帽、防砸鞋、工作服、手套等。检修场地使用警示带进行围栏，确保工作过程中无非工作人员进入。

1.9 配合人员准备

需仪控人员配合教员。

1.10 场地准备

清理场地，确保检修场地无其他异物；合理分配场地，确保工具、设备的合理分布，方便检修；在场地外围布置警示带。

第二章　操作实施

2.1　操作实施：热电阻温度变送器的检查/校验

1. 维修工前会记录表(示例)

工作内容：			工单号：
电厂：	机组：	系统：	工作地点：
设备编码：		工作负责人/项目负责人：	

一、工作负责人/项目负责人会前需要确认的事项：

- □ 维修工作包完整齐全　□ 工具和备品备件齐全　□ 风险分析全面
- □ 安全措施正确完备并已落实到位　□ 隔离边界明确　□ 工作票证齐全
- □ 工作组成员精神状态良好　□ 个人防护用品和安全用具齐全
- □ 水、电、气、汽源情况检查，确认工作期间对这些源的使用便利性和安全性

二、工作负责人/项目负责人向工作组成员交代以下事项：

- □ 工作目的、工作对象、工作范围、工作地点
- □ 工作组成员分工
- □ 工作风险分析及预防性措施

三、工作负责人/项目负责人与工作组成员讨论并记录以下事项：

程序关键步骤、高风险步骤提示及预防性措施：

以往同类工作经验反馈：

其他事项：

声明：

本人已参加此次工前会，已清楚工前会的内容及要求，并保证在工作实施过程中严格遵守和执行。

工作组成员签名/日期：

说明：

1. 工作负责人/项目负责人负责组织并主持召开工前会并记录。
2. 开工前工前会记录表必须填写完成，未完成填写或现场无工前会记录表不准开工。
3. 工作组全体成员在了解工前会全部内容和要求，并同意工前会声明后签字。
4. 工前会记录表中确认项目涉及的就打“√”，没有涉及到的打“×”。
5. 工前会中讨论记录事项空间不足可在背面记录，没有涉及的请填写“无”。

2. 实际步骤

序号	操作步骤	操作要求	工器具	测评标准	备注
1	确认工作对象	确认工作对象。		自检/互检确认。	
2	检查温度变送器	1. 检查温度变送器的接线端子； 2. 检查温度变送器的接地。	仪用工具包	1. 确认温度变送器的接线端子紧固； 2. 确认温度变送器的接地良好。	
3	拆除温度变送器接线	记录/标识每根接线及对应的温度变送器端子。	仪用工具包	1. 记录/标识每根接线及对应的温度变送器端子； 2. 工具使用正确。	
4	对温度变送器进行校验	1. 正确连接回路和接线； 2. 按标定单对温度变送器进行标定。	仪用工具包、精密电阻箱	1. 回路和接线连接正确； 2. 按标定单要求对温度变送器进行标定； 3. 标定结果合格； 4. 仪表/工具使用正确。	
5	恢复温度变送器接线，确认温度仪表指示正常	1. 按记录/标识恢复温度变送器接线； 2. 确认温度仪表指示正常。	仪用工具包	1. 按记录/标识恢复温度变送器接线正确； 2. 确认温度仪表指示正常。	
6	确认工作完成，清理工作现场	工完料净。		模拟实施。	

2.2 关键点

在进行现场热电阻温度变送器的检查/校验过程中，为了保证工作顺利进行，必须注意如下的关键点：

1）就地校验时，会导致温度变送器所在仪表回路开路，主控可能会产生相应 AI、IRR、CI 报警，对此须在工作开展前向主控运行人员说明，并根据实际需要做好 DCC 信号隔离、安措等措施；

2）在拆除温度变送器上的信号线时，要认真记录下信号线的线号与对应的端子号，以保证恢复线路的正确性；

3）外接直流电源提供的电压必须在变送器的工作范围内。

第三章　故障检查和处理

常见故障现象、判断方法、原因分析和故障排除方法见表 3-1。

表 3-1　常见故障现象、判断方法、原因分析和故障排除方法

序号	故障现象	判断方法	故障原因分析	故障排除方法
1	温度显示不正确	1. 检查温度变送器的端子和接线； 2. 检查温度温度变送器。	1. 端子和接线松动； 2. 温度温度变送器漂移。	1. 端子和接线松动； 2. 校正温度温度变送器。
2	温度显示有波动	1. 检查温度探头的绝缘； 2. 检查温度变送器的接地。	1. 温度探头的绝缘破坏； 2. 有干扰信号串入。	1. 更换温度探头； 2. 排除干扰信号。

第四章　操作结束

4.1　工后会

工后会是对整个工作的过程的回顾以及必要的经验反馈。

表 4-1　维修工后会记录表（示例）

工作内容：					工单号：
电厂：		机组：	工作负责人/项目负责人：		
计划完工时间：			实际完工时间：		
序号		检查项目	检查结果	异常情况记录	
工作回顾	1	工作许可证已归还	□ 是　□ 否		
	2	检修现场清理完成	□ 是　□ 否		
	3	设备标牌清晰无损伤	□ 是　□ 否		
	4	检修任务达到预期结果	□ 是　□ 否		
	5	试验设备和工器具已归还	□ 是　□ 否		
经验反馈	6	工期安排合理	□ 是　□ 否		
	7	工作人员配置充足	□ 是　□ 否		
	8	工作文件准备充分	□ 是　□ 否		
	9	工作人员的检修技能满足要求	□ 是　□ 否		
	10	规程、图纸需要升版	□ 是　□ 否		
	11	库存备件需要补充	□ 是　□ 否		
	12	更换下来的旧部件需要利旧翻新维修	□ 是　□ 否		
	13	检修过程中出现预期外的现象和报警	□ 是　□ 否		
	14	提出缺陷单、QDR、状态报告等	□ 有　□ 无		
	15	编写良好实践、经验反馈	□ 有　□ 无		
	16	工作中需要协调、改进建议等	□ 有　□ 无		
其他事项	17				
工作组成员签名/日期：					

说明：

1. 工作负责人/项目负责人负责组织工后总结并记录。
2. 工后总结记录表中每一项都必须打“√”确认，不要遗漏。
3. 如有异常，请详细填写异常情况说明，以及后续处理方案。
4. 其他事项根据讨论情况记录，经讨论没有涉及的请填写“无”。
5. 工后总结结束后，全体工作人员签字确认。

4.2　评判

学员对热电阻温度变送器的检查/校验过程进行阐述,并说明其中的关键点以及注意事项。教员对学员的陈述简要记录,根据阐述评判学员的掌握情况。教员指出学员阐述过程中的错误以及需要注意的事项,并且依据评判表,对学员的学习情况作出整体评判。

第五章 经验反馈

202大修经验反馈—给水系统温度变送器标定事件(CA-20061425)

1. 状态简述

10月3日上午,邹电仪控人员执行工单WO-0601849:给水系统(不包括辅助给水)仪控设备的标定的工作。当执行到标定温度变送器2-64323-TT-4468时主控出现报警,主控人员及时终止了该项工作。经维修处仪控人员核实此温度变送器属于辅助给水泵设备,在对工单WO-0601849中的清单进行逐项确认后,发现该工单中有6台设备属于辅助给水系统,事件暴露出维修处在工作包的技术准备工作中不够准确和细致的问题。

2. 原因分析评价

1) 工作包准备人员对热阱概念重视程度不够;

2) 工作包准备过程中,相关的控制环节不严格,把关不细致、不准确;

3) 协作单位人员对热阱情况不了解,在工作包执行过程中不具备发现这种问题的能力;

4) 工作包准备人员没有在工作准备过程将已经发现的问题通过技术手段进行修改以避免问题的再次发生。

"通道出口温度基准偏差测量"试验的维修工作报告中没有必要的数据记录

1. 状态简述

2005年5月27日2号机组在0.1%FP时执行通道温度基准偏差检查时L21通道温度与平均温度差值大于要求值,维修仪控人员随即按照工作申请内容对2号机组63102系统的L21通道进行温度回路的检查,后发现是L21温度回路中的温度变送器漂移所导致。维修仪控人员对变送器进行了偏差校准,温度恢复正常值,故障排除。但是工作负责人在工作报告中没有填写工作中对偏差校准前、后的数据。

2. 原因分析评价

1. 根据此状态报告的内容,查到相关工作包为WR-69068-CM-00,工作报告编号为:9802-MA-63100-69868-CM-00,此项工作的工作负责人在本项工作的处理中对2号机组L21温度通道的温度变送器进行了校准,但是校准的数据没有在工作报告中有所反映。

2. 此类作法违背了98-90001-STI-MT02《维修工作包》管理程序的第6.3.4项中的"工作报告至少要求问题描述的确认、故障原因的认定、处理过程描述、处理后的结果记录、工作中替换或拆除零部件处置建议五个部分。"

第六章　习　题

6.1　填空题(每题4分)

1. ________是温度变送器工作的基本原理。

答:惠斯顿电桥

2. 热电阻(RTD)温度测量回路中采用三线制________。以消除信号线电阻因现场________对测量回路的影响。

答:RTD　温度变化

3. 热电阻温测回路的输入是________,输出是直流电流(4~20 mA)或直流电压。

答:电阻值

4. 连接精密电阻箱的引线长度应当________,引线与设备端子的连接________,防止引入电阻误差。

答:一致　紧固

5. 温度变送器的“GND”端应与仪表盘柜的接地端:________。

答:接地良好,无交/直流电压干扰

6. 温度变送器的接线端子应无________、虚焊和针脚断裂等现象。

答:松动

7. 新温度变送器________,应通电预热________,才可进行校验。

答:长期未通电　半小以上

8. 温度变送器所在仪表盘柜的温度________,应在温度变送器允许的工作环境温度范围内。

答:温度变送器周围

6.2　简答题(每题4分)

1. 绘制三线制热电阻(RTD)的原理接线图。

答:

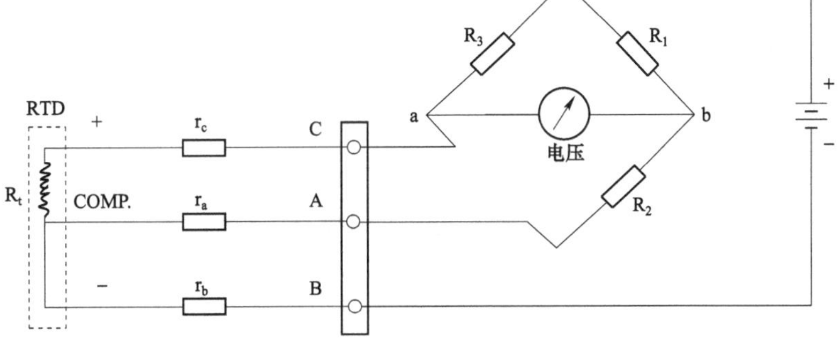

2. RTD 温测回路主要组成。

RTD 温测回路主要由三部分组成：输入部分(RTD，输入信号线)、TT(温度变送器)、输出部分(电源、隔离卡件、Rs 取压精密电阻 225 Ω、输出信号线、AI 显示)

3. 在进行现场热电阻温度变送器的检查和校验过程中，为了保证工作顺利进行，必须注意那些关键点。

1）就地校验时，会导致温度变送器所在仪表回路开路，主控可能会产生相应 AI IRR、CI 报警，对此须在工作开展前向主控运行人员说明，并根据实际需要做好 DCC 信号隔离、安措等措施；

2）在拆除温度变送器上的信号线时，要认真记录下信号线的线号与对应的端子号，以保证恢复线路的正确性；

3）外接直流电源提供的电压必须在变送器的工作范围内。

6.3 操作题(60 分)

鉴定点：热电阻温度变送器的检查/校验

试题：热电阻温度变送器的检查/校验

1. 准备要求

考场准备：

(1) 试题名称：热电阻温度变送器的检查/校验

(2) 本题分值：60

(3) 考核时间：45 min

(4) 考核形式：实操

(5) 设备设施准备

序号	名称	规格	单位	数量	备注
1	仪用工具包		套	1	
2	精密电阻箱		台	1	
3	AGM 温度变送器				

考生准备：无。

2. 考核要求

(1) 本题分值：60

(2) 考核时间：30 min

(3) 考核形式：实操

(4) 具体考核要求：掌握热电阻温度变送器的检查/校验。

(5) 否定项说明：无

3. 配分与评分标准

序号	考核内容	考核要点	配分	评分标准	扣分	得分
1	热电阻温度变送器的检查/校验前准备	根据《工前会议 记录表》进行考核	5	1. 未明确工作目的、工作对象、工作范围,扣1分; 2. 未对工作组成员进行工作 分工,明确工作地点及作业范围,扣1分; 3. 未明确工作风险分析及预防性措施,扣2分; 4. 其他,扣1分。		
2	确认工作对象	自检/互检确认工作对象	5	1. 未自检确认,扣3分; 2. 未互检确认,扣2分。		
3	检查温度变送器	1. 检查温度变送器的接线端子 2. 检查温度变送器的接地	10	1. 未确认温度变送器的接线端子紧固,扣5分; 2. 未确认温度变送器的接地良好,扣5分。		
4	拆除温度变送器接线	记录/标识每根接线及对应的温度变送器端子	10	1. 未记录/标识每根接线及对应的温度变送器端子,扣5分; 2. 工具使用不正确,扣5分。		
5	对温度变送器进行校验	1. 正确连接回路和接线 2. 按标定单对温度变送器进行标定	15	1. 回路和接线连接不正确,扣5分; 2. 未按标定单要求对温度变送器进行标定,每点扣1分; 3. 标定结果合格,扣5分; 4. 仪表/工具使用正确,扣2分。		
6	恢复温度变送器接线,确认温度仪表指示正常	1. 按记录/标识恢复温度变送器接线 2. 确认温度仪表指示正常	10	1. 未按记录/标识恢复温度变送器接线正确,扣5分; 2. 未确认温度仪表指示正常,扣5分。		
7	确认工作完成,清理工作现场。	工完料净	5	未工完料净,扣5分。		

否定项:无

总分:

评分人: 年 月 日 核分人: 年 月 日

第十四部分　电容式压力变送器 1151 校验

第一章　操作准备

1.1　压力变送器的工作原理

1.1.1　压力测量的基本概念

工程技术中压力是指“垂直作用在物体单位面积上的力”。在国际单位制(SI)和我国法定计量单位中，压力的单位是“帕斯卡”，简称“帕”，符号为“Pa”。1 Pa=1 N·m^2。即 1 N 的力垂直均匀作用在 1 m^2 的面积上所形成的压力叫 1 Pa。大气压力、表压力、绝对压力的关系：

如果令 P 为绝对压力，P_0 为当时当地的大气压力，P_e 为表压力，则有

$$P=P_e+P_0 \quad P_e=P-P_0$$

当 $P_e>0$ 时，表压力 P_e 称为正压，简称压力；当 $P_e<0$ 时，表压力 P_e 称为负压，或真空，或真空度。

1.1.2　压力变送器的原理概述

对压力和压差信号进行远距离传递最有效的方法是采用电变送的方法。所谓电变送方法就是通过电气位移变换器将压力和压差产生的弹性元件的机械位移量转换成某种电气量，然后加以传送。电变送方法有电容式、电感式、力平衡式、波纹管式、膜片式、压阻式和霍尔式等。

1.2　电容式压力变送器原理简介

1) 电容式压力(或压差)变送器由感测部分和测量电路两部分组成，电容器的电容量由其两个极板的大小、形状、相对位置以及极板之间的电介质的介电系数所决定。若一个极板固定不动，而另一个极板随压力(或压差)而变化其位置，因此电容器的电容量 C 即随着压力

(或压差)的变化而变化,通过测量电路将电容量C的变化转换电流或电压输出信号,送至有关单元实现显示和控制。这就是电容式压力(或压差)变送器的工作原理。

2) 为了提高电容式压力(或压差)传感器的灵敏度和改善其输出特性,实际采用的常是差动的形式,也就是将可动极板放置于两块固定极之间,当压力(或压差)变化时,一个电容的电量增大而另一个电容的电容量则减小,因此其灵敏度可提高一倍而非线性又可大大降低。

1.3　1151电容式压力变送器的结构及工作原理

1.3.1　电容式压力变送器的结构

变送器的结构可以简单的分成测量部分和转换部分。测量部分主要包括敏感部件δ室和法兰组件,测量部分的“H”和“L”分别表示变送器的高压侧低压侧。转换部分有测量电路和壳体组成,测量电路的功能是把δ室电容量的变化转换为4～20 mA电流信号。

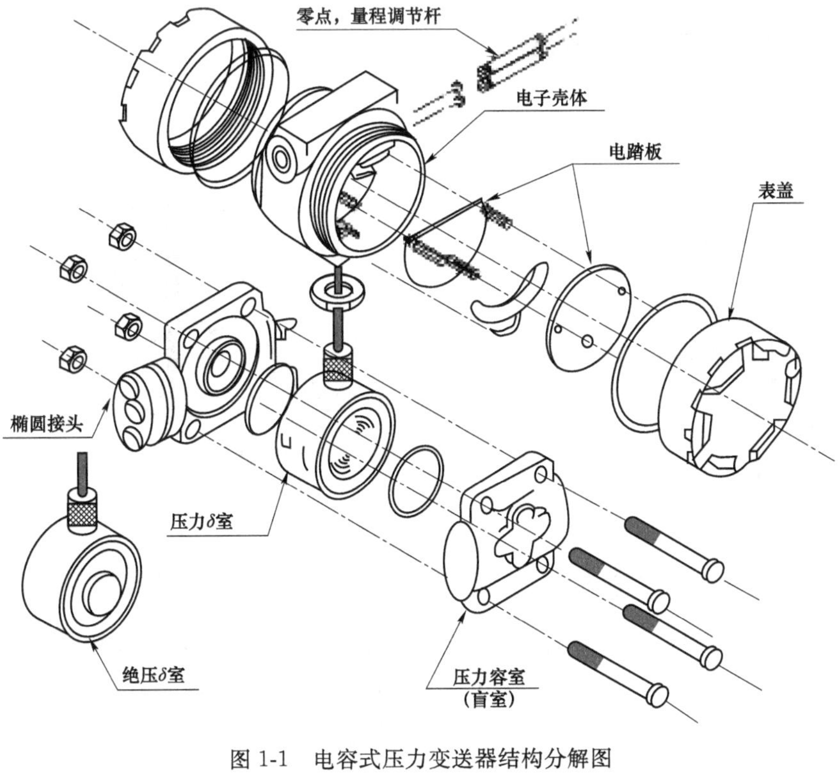

图1-1　电容式压力变送器结构分解图

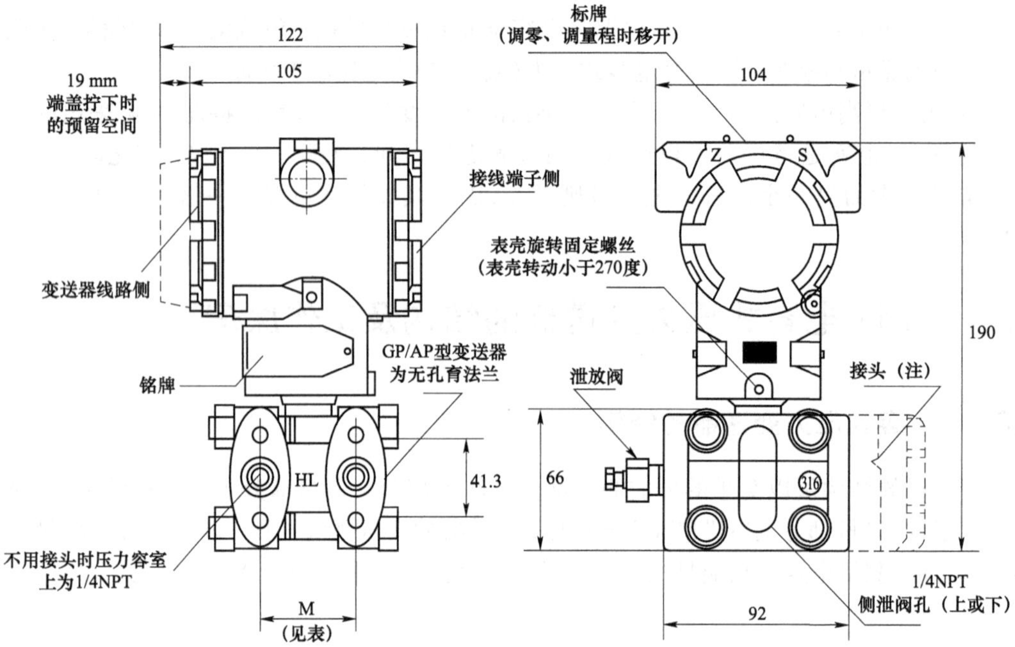

图 1-2 电容式压力变送器结构视图

1.3.2 电容式压力变送器的δ室

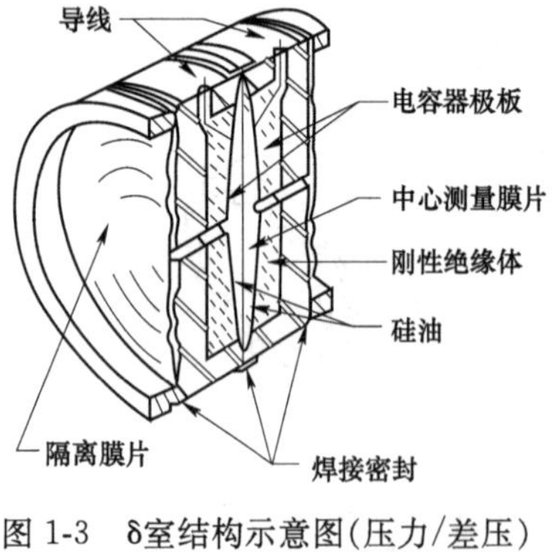

图 1-3 δ室结构示意图(压力/差压)

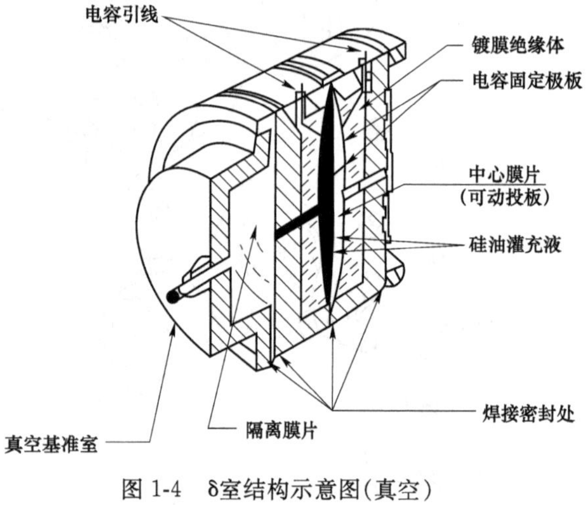

图 1-4 δ室结构示意图(真空)

1）电容式压力(或压差)变送器的测量部分核心是δ室,电容器的电容量由其两个极板的大小、形状、相对位置以及极板之间的电介质的介电系数所决定。若一个极板固定不动,而另一个极板随压力(或压差)而变化其位置,因此电容器的电容量 C 即随着压力(或压差)的变化而变化,它主要完成差压—位移—电容的转换功能。

2）电容式压力(或压差)变送器的δ室共有两种:

① 压力变送器的 δ 室,一侧接受被测压力信号,另一侧则与大气压力贯通,因此可用于测量表压力或正压。差压变送器的 δ 室,两侧同时接受被测压力信号,因此可用于测量表压

力或正/负压。

② 绝对压力变送器的δ室一侧接受被测绝对压力信号,另一侧被封闭成高真空基准室,它可以测量除气系统、蒸馏塔、蒸发器等的绝对压力。

1.3.3　电容式压力变送器转换电路

1）转换电路包括以下几部分:解调器、震荡器、震荡控制放大器、调零电路、调量程电路、电流控制放大器、电流转换器、迁移电路、电流限制电路、反向保护、阻尼调整电路、线性调整电路等。

2）解调器、震荡器、震荡控制放大器的作用是将(CL-CH)/(CL+CH)成比例的转换为测量电流。

3）调零电路、调量程电路实现变送器的零点、量程的调整。

4）迁移电路实现变送器零点和量程的迁移。

5）电流限制电路防止输出电流过大,损坏变送器内部的元器件。

6）反向保护电路防止变送器电源极性接反情况下损坏元器件。

7）I=K(CL-CH)/(CL+CH)

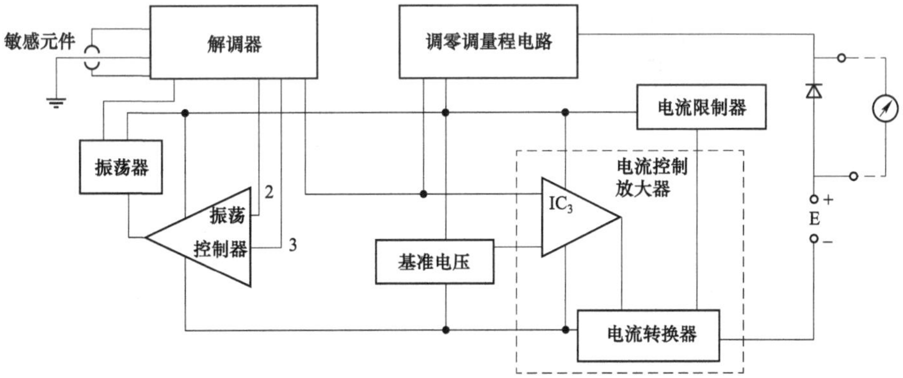

图 1-5　变送器原理框图

1.4　1151电容式压力变送器的性能参数及调整

1）精度:±0.25%

2）输出:4～20 mA 对应输入(① 线性:与压力/差压成正比;② 开方:与压力/差压的平方根成正比)

3）电源要求:根据负载的不同要求对电源的要求有所不同,最低电源要求在负载近似为零的时候为12 V DC,常规电站一般是24 V DC,三厂的电源是40 V DC。性能曲线如下图。

4）量程调整:量程的调整可以在最大量程的1/6到最大量程的任何一个范围内,但不能超出允许的最大量程压力。量程调节旋钮(图 1-8):顺时针调节输出增大,反时针调节输出减小;

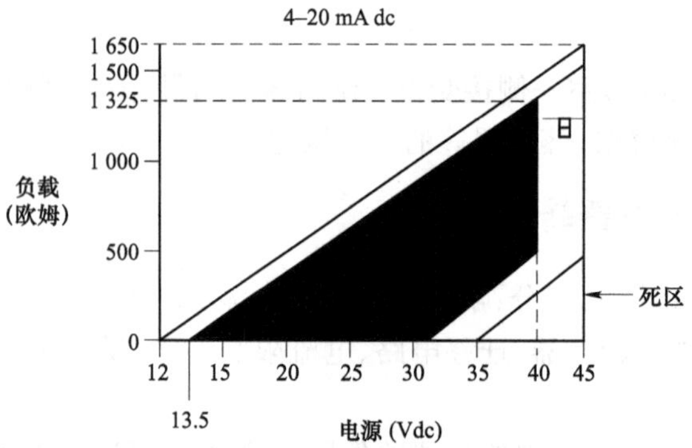

图 1-6 电源与负载关系原理框图

5）零点调整：零点可以在正向(提高)500%和负向(压缩)600%的范围内调整，详见下图 1-7，迁移时，零点的调整需要进行跳线(跨接片)的设置或者需要焊接(见图 1-9)。零位调节旋钮(图 1-8)：顺时针调节输出增大，反时针调节输出减小。

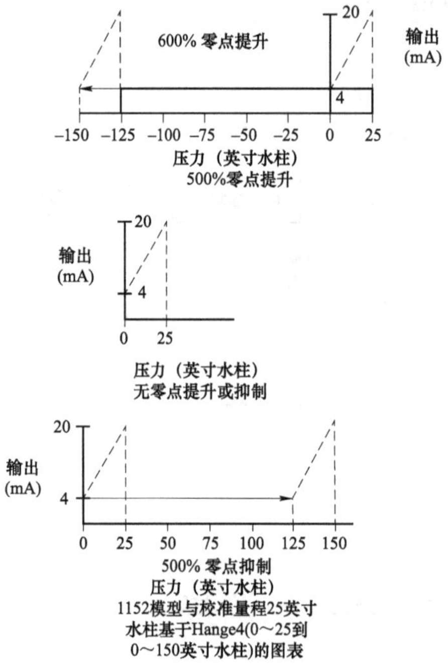

图 1-7 零点迁移与输出关系原理框图

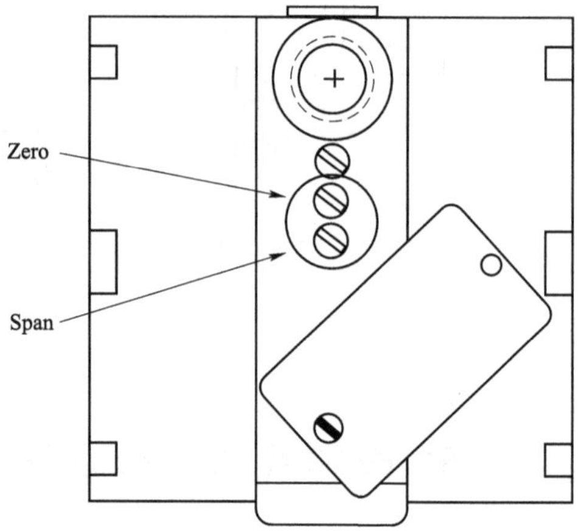

图 1-8 变送器零位、量程调节旋钮位置示意图

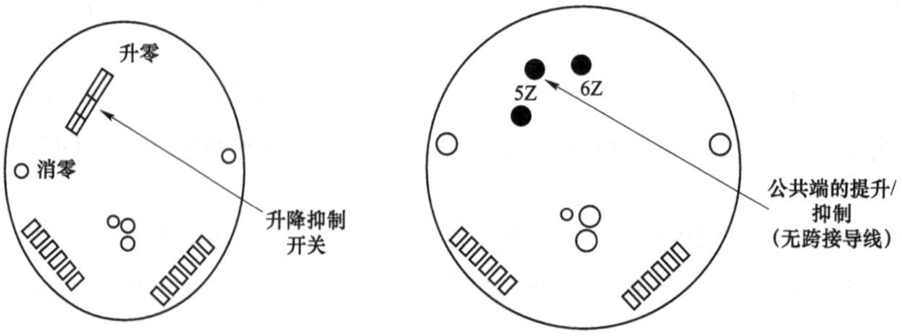

图 1-9 变送器零位迁移，跨接片位置和焊接点位置示意图

6）温度限值：对于不同型号的变送器有所不同，需要查看相关的说明。变送器的储存和工作一定要保证在其允许范围温度内，否则会对变送器的性能和寿命产生影响。

7）阻尼时间：一般在 0.2～2 秒之间连续可调。放大器板焊接面有微调阻尼器，它用来抑制由被测压力引起的输出快速波动。其时间常数在 0.2～1.0 秒之间，出厂时阻尼器调整到逆时针极限信号上，时间常数为 0.2 秒。阻尼调节旋钮（图 1-10）：顺时针调节阻尼时间增大，反时针调节阻尼时间减小；

8）线性调整：变送器的量程和零点校准后，其输出电流表对应的标准分别为 4 mA、8 mA、12 mA、16 mA、20 mA。校准时如某基点出现偏差大于±0.25%满量程，应通过线性螺钮进行调整，变送器进行线性调整后，应重新校准零点和量程。线性调节旋钮（图 1-10）：顺时针调节输出增大，反时针调节输出减小；

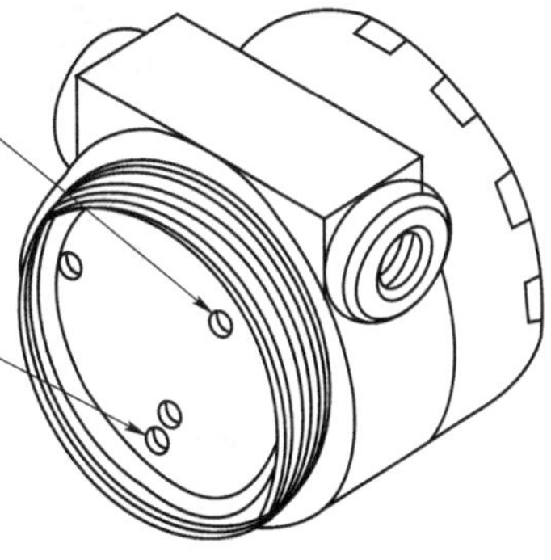

图 1-10　变送器阻尼调节旋钮、线性调节旋钮位置示意图

1.5　电容式压力变送器的分类及应用

1.5.1　电容式压力变送器的分类

电容式变送器包括 GP 型（表压力）、DP 型（差压）、DR 型（微差压）、AP 型（绝对压力）、HP 型（高静压）、LT 型（法兰式液位变送器）、DP/GP 型（远传差压/压力变送器）等类型。电容式变送器与智能放大板组合，可构成智能型压力变送器，它可通过符合 HART 协议的手操器相互通讯，进行设定和监控。

1.5.2　电容式压力变送器的应用

电容式变送器主要用于测量气体、液体和蒸汽的压力、差压（流量）、负压、高静压、液位和绝对压力等参数，然后将其转换成 4～20 mADC 信号输出。

1.6　电容式压力变送器的校验

1.6.1　变送器的典型测量回路和校验连接图

1）变送器的典型测量回路见图 1-11；主要由压力变送器、直流电源、过程仪表等构成；

2）变送器的典型测量回路和校验连接见图 1-12；主要由压力变送器、标准压力计（压力模块、高精度数显表）、打压泵等构成；

1.6.2　电容式压力变送器校验的注意事项

压力变送器的校验根据场所可以分为在线校验和标定间的校验。无论哪种校验都应注

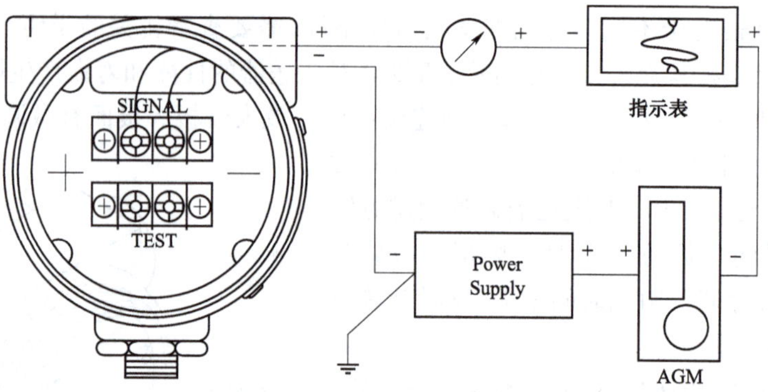

图 1-11　变送器的典型测量回路

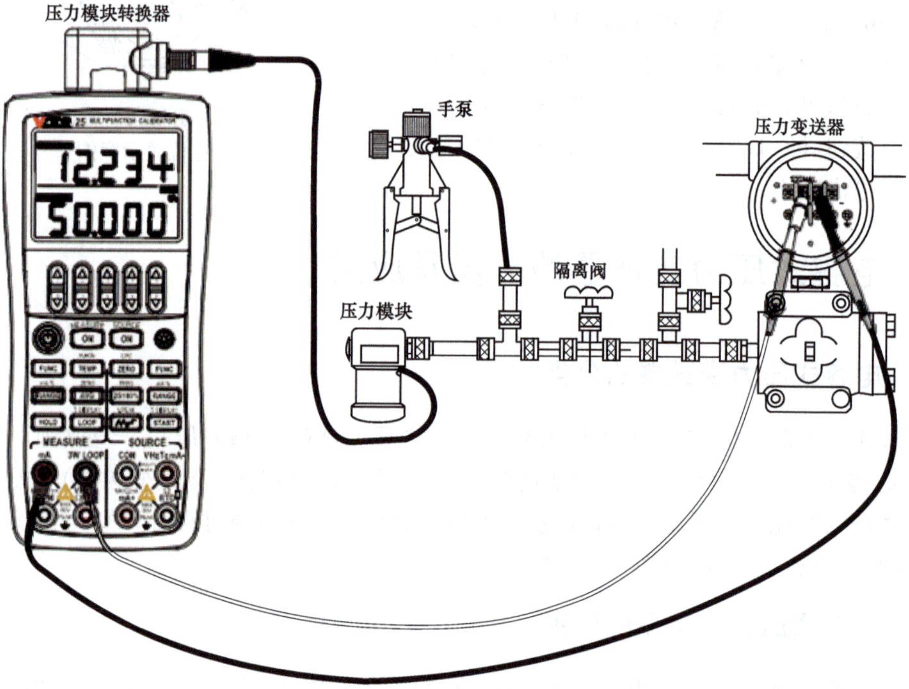

图 1-12　变送器的校验连接图

意以下事项：

1）选择合适的标准压力源：首先应该根据被校变送器的量程，选择合适的标准压力源，原则是标准源的精度至少比被校验的设备高一个精度等级，量程是被校验设备的 4/3 倍。当然限于标准压力源的情况可能没有最适合的设备。但是过大的量程会影响校验的准确性。

2）确认电气回路的连接正确：确认提供的直流电源的电压满足被校变送器工作电源的要求(使用的便携式标准压力源 DPI 和 FLUKE 都有自带的电源输出，且能满足要求)，确认便携式标准仪器的供电充足；在确认好电源极性后，应该确保电源输出电压正确。错误的连接将会影响变送器的输出。

3）确认变送器的清洁干净：如果变送器压力腔室内部有水残留将会造成标定时存在较

大的误差，同时造成变送器的输出不稳定。

4）确认压力回路的连接正确：标准压力源和压力回路应该进行密封性检查，确保没有泄漏或者泄漏在可以接受的范围内，连接前标准压力源应该进行零点的校正，连接时应该根据被校变送器的量程选择连接在高压或低压侧。

5）校验过程的要求：打压的过程应该注意缓慢加压，在压力、电流稳定时进行读数和调整，同时避免对变送器进行超压的操作。

1.6.3　电容式压力变送器校验的步骤及要点

1）电容式压力变送器校验的步骤：变送器的校验一般是对变送器进行示值的检查，一般采用包括零点、量程、常用点在内的五点标定（5 点：0%、25%、50%、75%、100%）对于新的变送器可能还会进行零点迁移、阻尼时间调整，对于线性较差的变送器还可能会进行线性的调整。

2）零点、量程的快速调校法：调零点时对满度几乎没有影响，但调满度时对零点有影响，在不带迁移时其影响约为量程调整量的 1/5，即量程向上调整 1 mA，零点将向上移动约 0.2 mA，反之亦然。例如：输入满量程压力为 100 kPa，该读数为 19.900 mA，调量程电位器使输出 19.900+(20.000−19.900)×1.25=20.025 mA。量程增加 0.125 mA，则零点增加 (1/5)×0.125=0.025.调零点电位器使输出为 20.000 mA。零点和满量程调校正常后，再检查中间各刻度，看其是否超差，必要时进行微调。然后进行迁移、线性、阻尼的调整工作。

1.6.4　压力变送器标定单的使用（填写）

压力变送器标定单，以秦山三厂为例（见图 1-13），其使用（填写）方法如下：

1）设备编码：设备的系统编码和中文名称

2）SCN 号：设备的设备管理编号

3）系统 BSI：设备所属的系统编码和中文名称；

4）设备序列号：设备制造厂的设备编号；

5）厂房房间：设备所在的厂房编号；

6）工单号：包含执行此项工作任务的工作申请单（WO）；

7）设备制造厂/制造厂名称：设备制造厂（设备在管理系统中的代码）；

8）工作量程：也可称为设备的工业量程，即此设备测量显示的系统参数（压力、流量等）量程；

9）标定周期：设备标定/校验的周期；

10）输入信号：也可称为设备的物理量程，即对应 0～100%输出的输入压力值；

11）输出信号：0～100%输入信号对应输出电流值（mA）；

12）标定精度：设备标定/校验所允许的最大误差范围；

13）输入/输出信号的标准值：输入/输出信号按全量程五点标定（0%、25%、50%、75%、100%）所对应的输入/输出信号的标准值；

14）输出信号的实际值/误差%（标定前）：变送器标定前，按全量程五点标定（0%、25%、50%、75%、100%），上/下行程打压输入标准压力值得出的实际电流值和误差；

秦山第三核电厂 2号机组

编号:90428

通用类标定单					
设备编码	2-63831-LT-148		3831TK4 液位变送器		
SCN 号	601L9693	系统 BSI	38310	重水蒸汽回收系统	
设备序列号		厂房房间	S2-208	工单号	6112068
设备制造厂	50006040	制造厂名称	GULTUN		
工作量程	0～800 mm			标定周期	3 年
输入信号	0.01-8.66 kPa			标定精度	±0.25%
输出信号	4～20 mA				

输入信号		输出信号				
		标准值/mA	实际值/mA		误差/%	
%	标准值 kPa	输出	标定前	标定后	标定前	标定后
0	0.01	4	3.932	4.006	−0.425	0.038
25	2.172 5	8	7.937	8.006	−0.394	0.038
50	4.335	12	11.959	12.011	−0.256	0.069
75	6.975	16	15.987	16.003	−0.269	0.019
100	8.66	20	19.971	19.99	−0.181	−0.063
75	6.975	16	11.957	16.003	−0.269	0.019
50	4.335	12	11.956	12.011	−0.256	0.069
25	2.172 5	8	7.937	8.006	−0.394	0.038
0	0.01	4	3.932	4.006	−0.425	0.038

标准仪器名称	序列号		有效期
压力校验仪	61061425		2016/8/2
标定人	王海军	标定日期	2016-2-24
校核人	杨辉	校核日期	2016-2-25
备注			

图 1-13　压力变送器标定单

15）输出信号的实际值/误差%(标定后):变送器标定后,按全量程五点标定(0%、25%、50%、75%、100%),上/下行程打压输入标准压力值得出的实际电流值和误差;

16）标准仪器名称/序列号/有效期:标定/校验变送器所使用标准仪器的名称/序列号/标准仪器使用有效期;

17）标定人/标定日期：标定/校验变送器的操作者和完成操作的时间；

18）校核人/校核日期：对标定/校验变送器的结果进行校核和完成校核的时间。

1.6.5 压力变送器标定的误差计算

1）误差计算公式：

$$\frac{|\text{标准值压力变送器标定}-\text{实测值}|}{\text{总量程}（20\,\text{mA}-4\,\text{mA}）}\times 100\%=\text{误差}\%$$

2）以标定单 25%点标定前结果为例：

$$\frac{|8.000-7.937|}{16}\times 100\% = 0.394\%$$

3）判定压力变送器是否合格，以量程五点标定中（标定前/标定后）的最大误差值与设备的标定精度比较，在标定精度范围内的为合格；以标定单结果为例，标定前最大误差值（−0.425%）超出标定精度（±0.25%）范围，不合格；标定后最大误差值（0.069%）在标定精度（±0.25%）范围内，合格。

1.7 模拟体准备

模拟体位于技能培训中心，模拟体处于可用状态。检查模拟体是否有损坏，核实可否正常动作，以确保教学过程的顺利实施。

1.8 辐射防护准备

模拟体位于技能培训中心，无辐射风险。

1.9 工业安全准备

按照工业安全规定执行，所有人员穿戴劳动保护用品。具体的工业安全准备需根据现场环境而确定，但基本的工业安全需要准备。所有人员必须佩戴安全帽、防砸鞋、工作服、手套等。检修场地使用警示带进行围栏，确保工作过程中无非工作人员进入。

1.10 配合人员准备

需仪控人员配合教员。

1.11 场地准备

清理场地，确保检修场地无其他异物；合理分配场地，确保工具、设备的合理分布，方便检修；在场地外围布置警示带。

第二章　操作实施

2.1　操作实施：电容式压力变送器(工作间)校验

1. 维修工前会记录表(示例)

<table>
<tr><td colspan="3">工作内容：</td><td>工单号：</td></tr>
<tr><td>电厂：</td><td>机组：</td><td>系统：</td><td>工作地点：</td></tr>
<tr><td colspan="2">设备编码：</td><td colspan="2">工作负责人/项目负责人：</td></tr>
<tr><td colspan="4">一、工作负责人/项目负责人会前需要确认的事项：</td></tr>
<tr><td></td><td colspan="3">□ 维修工作包完整齐全　□ 工具和备品备件齐全　□ 风险分析全面
□ 安全措施正确完备并已落实到位　□ 隔离边界明确　□ 工作票证齐全
□ 工作组成员精神状态良好　□ 个人防护用品和安全用具齐全
□ 水、电、气、汽源情况检查，确认工作期间对这些源的使用便利性和安全性</td></tr>
<tr><td colspan="4">二、工作负责人/项目负责人向工作组成员交代以下事项：</td></tr>
<tr><td></td><td colspan="3">□ 工作目的、工作对象、工作范围、工作地点
□ 工作组成员分工
□ 工作风险分析及预防性措施</td></tr>
<tr><td colspan="4">三、工作负责人/项目负责人与工作组成员讨论并记录以下事项：</td></tr>
<tr><td></td><td colspan="3">程序关键步骤、高风险步骤提示及预防性措施：</td></tr>
<tr><td></td><td colspan="3">以往同类工作经验反馈：</td></tr>
<tr><td></td><td colspan="3">其他事项：</td></tr>
<tr><td colspan="4">声明：
本人已参加此次工前会，已清楚工前会的内容及要求，并保证在工作实施过程中严格遵守和执行。
工作组成员签名/日期：</td></tr>
</table>

说明：

1. 工作负责人/项目负责人负责组织并主持召开工前会并记录。
2. 开工前工前会记录表必须填写完成，未完成填写或现场无工前会记录表不准开工。
3. 工作组全体成员在了解工前会全部内容和要求，并同意工前会声明后签字。
4. 工前会记录表中确认项目涉及到的就打“√”，没有涉及到的打“×”。
5. 工前会中讨论记录事项空间不足可在背面记录，没有涉及到的请填写“无”。

2. 实际操作

序号	操作步骤	操作要求	工器具	测评标准	备注
1	确认工作对象	根据标定单确认设备。		自检/互检确认。	
2	检查确认标准仪器	1. 检查标准仪器的量程和有效期； 2. 检查标准压力源的气密性； 3. 确认标准仪器的供电充足。	仪用工具包	1. 确认标准仪器的量程合适、在有效期内； 2. 确认标准压力源无泄漏； 3. 确认标准仪器的供电充足。	
3	连接电容式压力变送器校验回路	1. 连接压力回路； 2. 连接电气回路。	仪用工具包、标准仪器	1. 确认变送器压力腔室已清洁； 2. 确认压力回路连接正确，无泄漏； 3. 确认电气回路连接正确。	
4	对电容式压力变送器进行校验	按标定单对电容式压力进行标定。	仪用工具包、标准仪器	1. 按标定单要求对温度变送器进行标定； 2. 校验操作正确，标定结果合格； 3. 仪表/工具使用正确。	
5	拆除电容式压力变送器校验回路	1. 拆除压力回路； 2. 拆除电气回路。	仪用工具包	1. 卸压、拆除压力回路； 2. 断电，拆除电气回路。	
6	检查清洁电容式压力变送器	1. 确认压力腔室清洁，封堵腔室接头； 2. 清洁变送器外壳； 3. 检查电缆头、接线端子； 4. 检查表盖密封圈。	仪用工具包	1. 压力腔室已清洁，腔室接头已封堵； 2. 外壳已清洁； 3. 电缆头、接线端子紧固； 4. 确认密封圈完好。	
7	确认工作完成，清理工作现场	工完料净。		模拟实施。	

2.2　关键点

在进行电容式压力变送器(工作间)校验过程中，为了保证工作顺利进行，必须注意如下的关键点：

1）选择合适的标准压力源。

2）确认电气回路的连接正确。

3）确认变送器的清洁干净。

4）确认压力回路的连接正确。

5）打压的过程应该注意缓慢加压，在压力、电流稳定时进行读数和调整，同时避免对变送器进行超压的操作。

第三章　故障检查和处理

常见故障现象、判断方法、原因分析和故障排除方法见表 3-1。

表 3-1　常见故障现象、判断方法、原因分析和故障排除方法

序号	故障现象	判断方法	故障原因分析	故障排除方法
1	变送器无输出或输出远大于 20 mA	1. 检查供电电压的极性 2. 检查变送器电气回路	1. 供电电压的极性接反 2. 变送器电气回路连接错误	1. 正确连接供电电压 2. 正确连接电气回路
2	压力无法稳定	检查压力回路及设备的气密性	连接头/变送器有漏	紧固漏点
3	压力升高，电流下降	检查变送器的压力接入口	压力接入口接反	接入正确的变送器压力接入口

第四章　操作结束

4.1　工后会

工后会是对整个工作的过程的回顾以及必要的经验反馈。

维修工后会记录表(示例)见表 4-1。

表 4-1　维修工后会记录表（示例）

工作内容：					工单号：
电厂：		机组：	工作负责人/项目负责人：		
计划完工时间：			实际完工时间：		
序号		检查项目	检查结果		异常情况记录
工作回顾	1	工作许可证已归还	□ 是　□ 否		
	2	检修现场清理完成	□ 是　□ 否		
	3	设备标牌清晰无损伤	□ 是　□ 否		
	4	检修任务达到预期结果	□ 是　□ 否		
	5	试验设备和工器具已归还	□ 是　□ 否		
经验反馈	6	工期安排合理	□ 是　□ 否		
	7	工作人员配置充足	□ 是　□ 否		
	8	工作文件准备充分	□ 是　□ 否		
	9	工作人员的检修技能满足要求	□ 是　□ 否		
	10	规程、图纸需要升版	□ 是　□ 否		
	11	库存备件需要补充	□ 是　□ 否		
	12	更换下来的旧部件需要利旧翻新维修	□ 是　□ 否		
	13	检修过程中出现预期外的现象和报警	□ 是　□ 否		
	14	提出缺陷单、QDR、状态报告等	□ 有　□ 无		
	15	编写良好实践、经验反馈	□ 有　□ 无		
	16	工作中需要协调、改进建议等	□ 有　□ 无		
其他事项	17				
工作组成员签名/日期：					

说明：

1. 工作负责人/项目负责人负责组织工后总结并记录。
2. 工后总结记录表中每一项都必须打“√”确认，不要遗漏。
3. 如有异常，请详细填写异常情况说明，以及后续处理方案。
4. 其他事项根据讨论情况记录，经讨论没有涉及的请填写“无”。
5. 工后总结结束后，全体工作人员签字确认。

4.2 评判

学员对电容式压力变送器校验过程进行阐述,并说明其中的关键点以及注意事项。教员对学员的陈述简要记录,根据阐述评判学员的掌握情况。教员指出学员阐述过程中的错误以及需要注意的事项,并且依据评判表,对学员的学习情况作出整体评判。

第五章　经验反馈

题目 1:三厂 2 号 SG 液位变送器 LT-2A 标定单表格的输入数据与 INTEC 中的数据不一致。CR20071401

➢ 事件简述

2007 年 5 月 11 日,仪控维修人员执行 WO-0616915(标定 SG2 液位变送器、液位开关,液位指示)在标定 2 号蒸汽发生器液位变送器过程中发现一问题如下:

1-63620-LT-2A 标定单中表格的校验量程为-35.951 TO-9.849 kPa/3.89 TO 19.97 mA,与标定单中上方 CALIBRATION/SCALE:-35.94 TO-9.84 kPa/3.89 TO 19.97 mA 不一致,而 1-63620-LT-2B 和 1-63620-LT-2C 无此情况,查询历史工作包,发现由 9801-UY-63620-WR-10964-A-00(2002 年 5 月 10 日)依据 98-63620-IAS-001(R1)重新标定蒸汽发生器液位测量的所有变送器,1-63620-LT-2B 和 1-63620-LT-2C 已经由-35.951 TO-9.849 kPa/3.89 TO 19.97 mA 修改为:-35.94 TO-9.84 kPa/3.89 TO19.97 mA,而 1-63620-LT-2A 则没有修改过来。

➢ 原因分析及评价:

在机组调试期间,因 98-63620-IAS-001(R0)升版成 R1 版本,而工作人员在执行 9801-UY-63620-WR-10964-A-00(重新标定蒸发器液位测量的所有变送器)时出现疏忽,没有将 1-63620-LT-2A 按照 98-63620-IAS-001(R1)中正确的量程重新标定过来。

题目 2:汽机冲动级压力信号迁移过程中导致主给水隔离

➢ 事件概述

2014 年 10 月 26 日上午,方家山 1 号机组 10%功率运行。维修仪控人员开紧急工作票,使用《启动到带 100%负荷调节系统功能试验》规程,执行 TP1 GRE50-C-启动到带 100%负荷调节系统功能试验,27 日工作票终结后,维修仪控人员才想起试验中的“对 1GRE022/023/024/044MP(汽机冲动级压力)信号迁移”一项工作未完成(漏做),由于即将开始进行并网后的试验,如果此时不完成信号迁移,则会造成后期试验数据不准确。27 日下午,仪控人员在没有重新开工作票,没有重新制定安措,未告知运行人员的情况下,对 1GRE022/023/024/044MP 做了信号迁移及变送器的标定工作。在随后加模拟压力信号对变送器量程做标定时,1GRE044MP 信号至满量程,导致主辅给水调节阀全开,3 台蒸汽发生器水位快速上升,触发主给水隔离。

➢ 主要失效

1）工作票总结前没有确认工作是否已经完成,遗漏了工作项目;

2）重新执行未完成项目时没有按制度要求开工作票。工作开始前也没有跟主控室沟通;

3）工作票中工作内容不明确;

4）维修人员防人因失误工具应用不足,没有质疑的工作态度,不确定时没有暂停工作。

➢ 经验教训

核电厂不同生产阶段,工作特点和人员行为不同。在阶段切换后,工作人员养成的工作习惯应该立即转换。管理层应该高度关注不同阶段的不同要求,进行宣贯和强化。在电厂的各类活动中,工作人员应该严格遵守相关的制度和规程,明确每项工作的具体内容,使用防人因失误工具,减少人因事件。通过对以上几起人因事件的分析,提醒相关经验反馈如下。

1)随着调试工作的即将全面完成,设备状态控制由调试转为运行人员全面控制。工作人员应该转变观念,任何现场设备操作,都应该得到运行人员的控制和许可。

2)机组调试到运行初期,部分试验程序可能不完善。比较常见的是试验完成后,没有系统恢复的步骤,经验表明,这种情况下,靠人的记忆恢复系统往往容易导致失误。建议能够关注试验程序的完整性,增加试验步骤完成后系统恢复的操作步骤。

3)系统,尤其是仪控系统的阀门可能存在标识不完整的情况。建议能够尽量完成每个阀门的标牌悬挂。并提醒工作人员,操作没有阀门标牌的阀门,请寻求支持,弄清楚以后再操作。

4)要杜绝维修活动中存在的人员无票、未授权的情况下操作设备的现象,尤其是机组转为运行阶段以后。

5)工作前应该明确工作内容,严禁超范围工作。

6)现场标识应该准确清晰,消除人因失误陷阱。

7)工作中应该正确地使用防人因失误工具,做好自检和他检,时刻保持质疑的工作态度,发现问题及时汇报。

第六章　习　题

6.1　填空题(每题 4 分)

1. ________就是通过电气位移变换器将压力和压差产生的弹性元件的机械位移量转换成某种电气量,然后加以传送。

答:电变送方法

2. 电容式压力变送器的测量传递是:________

答:$\Delta P \rightarrow \Delta C \rightarrow mA$

3. 电容式压力变送器的测量部分主要包括________和法兰组件。

答:敏感部件 δ 室

4. 电流限制电路是防止________,损坏变送器内部的元器件。

答:输出电流过大

5. 变送器调校时,调零点时对满度几乎没有影响,但调满度时对________有影响。

答:零点

6. 量程的调整可以在最大量程的 1/6 到最大量程的任何一个范围内,但不能超出允许的________。

答:最大量程压力

7. 1151 电容式压力变送器(普通型)的迁移量为:正迁移________;负迁移________

答:500%　600%

8. 电容式变送器包括____________________。

答:GP 型(表压力)、DP 型(差压)、DR 型(微差压)、AP 型(绝对压力)和 HP 型(高静压)等

6.2　简答题(每题 4 分)

1. 画出变送器的典型测量回路图。

答:

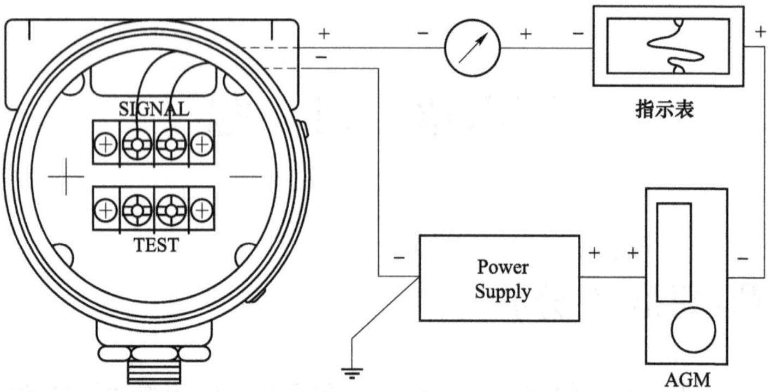

2. 电容式压力变送器校验的步骤。

答:电容式压力变送器校验的步骤:变送器的校验一般是对变送器进行示值的检查,一般采用包括零点、量程、常用点在内的五点标定(5 点:0%、25%、50%、75%、100%),对于新的变送器可能还会进行零点迁移、阻尼时间调整,对于线性较差的变送器还可能会进行线性的调整。

3. 在进行电容式压力变送器(工作间)校验过程中,为了保证工作顺利进行,必须那些关键点:

答:1) 选择合适的标准压力源。

2) 确认电气回路的连接正确。

3) 确认变送器的清洁干净。

4) 确认压力回路的连接正确。

5) 打压的过程应该注意缓慢加压,在压力、电流稳定时进行读数和调整,同时避免对变送器进行超压的操作。

6.3 操作题(60 分)

鉴定点:电容式压力变送器(工作间)校验

试题:电容式压力变送器(工作间)校验

1. 准备要求

考场准备:

(1) 试题名称:电容式压力变送器(工作间)校验

(2) 本题分值:60

(3) 考核时间:45 min

(4) 考核形式:实操

(5) 设备设施准备

序号	名称	规格	单位	数量	备注
1	仪用工具包		套	1	
2	标准仪器		套	1	
3	电容式压力变送器	1151DP5EM1	台		

考生准备：无。

2. 考核要求

(1) 本题分值：60

(2) 考核时间：30 min

(3) 考核形式：实操

(4) 具体考核要求：掌握电容式压力变送器的校验

(5) 否定项说明：

3. 配分与评分标准

序号	考核内容	考核要点	配分	评分标准	扣分	得分
1	确认工作对象	根据标定单确认设备。	5	根据标定单确认设备，未自检，扣 3 分；未互检，扣 2 分。		
2	检查确认标准仪器	1. 确认标准仪器的量程和有效期； 2. 检查标准压力源的气密性； 3. 确认标准仪器的供电充足。	10	1. 未确认标准仪器的量程合适，扣 4 分； 2. 未确认标准仪器在有效期内，扣 2 分； 3. 未确认标准压力源无泄漏，扣 2 分； 4. 未确认标准仪器供电充足，扣 2 分。		
3	连接电容式压力变送器校验回路	1. 连接压力回路； 2. 连接电气回路。	10	1. 未确认变送器压力腔室已清洁，扣 2 分； 2. 未确认压力回路连接正确，无泄漏，扣 4 分； 3. 未确认电气回路连接正确，扣 4 分。		
4	对电容式压力变送器进行校验	按标定单对电容式压力进行标定。	10	1. 标定单漏点，每点扣 1 分； 2. 校验操作不正确，扣 2 分 标定结果不合格；扣 4 分； 3. 仪表/工具使用不正确，每项扣 2 分。		
5	拆除电容式压力变送器校验回路	1. 拆除压力回路； 2. 拆除电气回路。	10	1. 未卸压，拆除压力回路不规范；每点扣 3 分； 2. 未断电，拆除电气回路不规范；每点扣 3 分。		
6	检查清洁电容式压力变送器	1. 确认压力腔室清洁，封堵腔室接头； 2. 清洁变送器外壳； 3. 检查电缆头、接线端子； 4. 检查表盖密封圈。	10	1. 压力腔室未清洁，腔室接头未封堵；每点扣 3 分； 2. 外壳未清洁，扣 2 分； 3. 未确认电缆头、接线端子紧固，扣 2 分； 4. 未确认密封圈完好，扣 2 分。		
7	确认工作完成，清理工作现场	工完料净。	5	未工完料净，扣 5 分。		
否定项：无						
总分：						

评分人：　　年　　月　　日　　　　　　　　　　　　核分人：　　年　　月　　日

第十五部分　使用手操泵(高压)

第一章　操作准备

1.1　FLUKE-700HTP 高压手操泵的功能

FLUKE 700HTP 是一种手操作液压测试泵,用于产生高达 10 000 psi/690 bar 的校准压力。它可与 FLUKE 系列高压模块相连一起使用,进行压力校准;FLUKE 700HTP 将蒸馏水、去离子水或液压油用作高压输入设备(如压力变送器或压力表)的校准源。

通过手动对可变泵行程进行调节,可改变每个行程输送的体积和压力;集成式压力调节微调旋钮可进行精细压力调节;在执行压力校准与测试时,两个 1/4 in.NPT 压力端口,一个用于参考(压力模块或压力表),另一个用于被测设备。

1.2　FLUKE-700HTP 高压手操泵的结构部件功能及主要技术参数

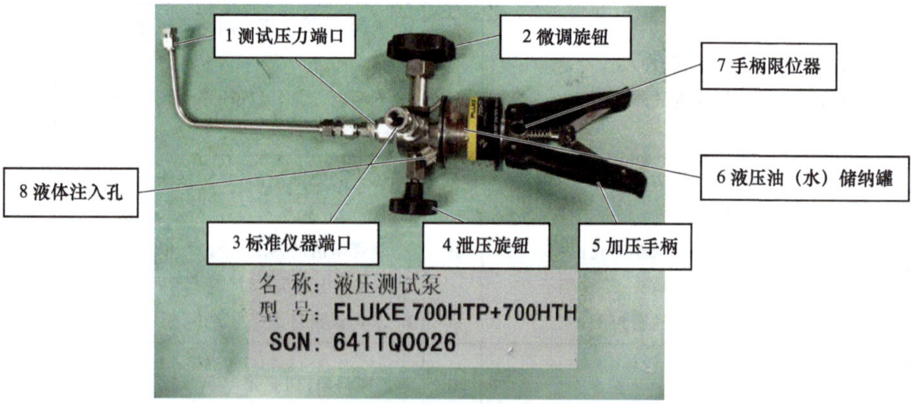

图 1-1　FLUKE-700HTP 高压手操泵结构图

1.2.1　高压手操泵结构部件的功能

1）测试压力端口:用于连接被测压力仪器的端口,1/4 in NPT 内螺纹头。

2) 微调旋钮:以小增量调节施加的压力。

3) 标准仪器端口:用于连接 Fluke 700 系列压力模块的端口,1/4 in NPT 内螺纹头。

4) 泄压旋钮:用于关闭/排泄压力。

5) 加压手柄:对液体加压,从而提高压力。

6) 液压油(水)储纳罐:容量 100 mL(矿物型液压油、蒸馏水或液压油)。

7) 手柄限位器:限制手柄的行程。

8) 液体注入孔:用于灌注液压油(水)。

1.2.2　高压手操泵的主要技术参数

1) 最大压力:10 000 psi(690 bar);

2) 液压介质:蒸馏水、液压油 100(30 W)。

1.3　FLUKE-700HTP 高压手操泵的操作步骤

1.3.1　高压手操泵使用前确认

1) 确认被测设备里的介质是气体还是液体;

2) 若是液体(高压)的使用高压手操泵,需确认高压手操泵中的液体(如果是轻水回路的使用除盐水,如果是重水的则要求是重水)是否满足要求;

3) 若是气压(低压)的则使用气压手操泵。

1.3.2　灌装高压手操泵

在将高压手操泵连接至被测设备之前,高压手操泵必须填充液体和灌泵。

1) 取下液体注入孔盖(部件 8),用蒸馏水或液压油将液压油(水)储纳罐加至满罐的 2/3 (66 mL);回装液体注入孔盖(部件 8);

2) 将微调旋钮(部件 2)调节至大约中等范围;

3) 顺时针方向调节泄压旋钮(部件 4),直至全闭位置;

4) 捏合加压手柄(部件 5),加压液体,直到泵口及连接管线口出现液体。

1.3.3　检查高压手操泵的密封性

1) 密封测试压力端口(部件 1),选择与被测设备相应量程的 FLUKE 压力模块和手操泵标准仪器端口(部件 3)连接,并把专用压力模块的输出信号线连接到 FLUKE744 上监测打压的压力值。

2) 将高压手操泵加压至被测设备压力的最大值,检查确认无泄露。

注意:随着压力升高,捏合手柄时变得困难。利用手柄限位器(部件 7)可限制手柄的行程,使其更容易捏合,也可以防止打压超出 FLUKE 压力模块和被测设备的压力最大值,造成设备损坏。

3) 如需将手柄限位器打开或关闭,请捏合手柄,然后将手柄限位器(部件 7)旋转至手柄限位器上标示的“打开”或“关闭”位置。

4）逆时针方向缓慢旋转泄压旋钮(部件 4)，释放压力，将测试泵中残留的空气挤出。

1.3.4 测试(校验)被测设备

将测试压力端口和被测设备相连，并用固定扳手紧固，保证无泄露。压力测量回路连接见图 1-2。

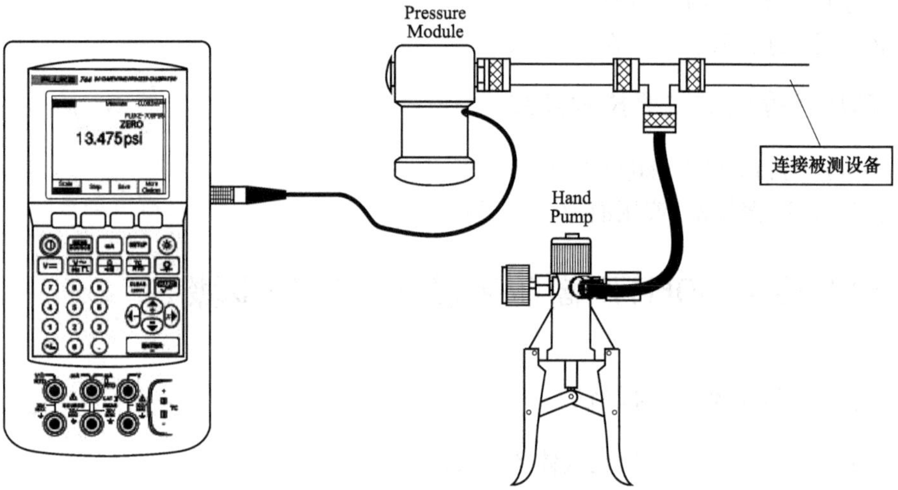

图 1-2 压力测量回路连接示意图

1）将微调旋钮(部件 2)调节至大约中等范围。

2）顺时针方向调节泄压旋钮(部件 4)，直至全闭位置。

3）打开被测设备上的隔离阀。

4）捏合加压手柄(部件 5)，对被测设备进行加压。

5）当加压速率上升加快时，捏合手柄，将手柄限位器(部件 7)旋转至手柄限位器上标示的“关闭”位置后再进行加压，防止超压造成设备损坏。

6）在接近目标值时，可以通过调节微调旋钮(部件 2)，进行相应加压和减压，直到目标值。

7）测试(校验)完成后，先关闭被测设备上的隔离阀。

8）通过手操泵上的泄压旋钮(部件 4)进行缓慢卸压。

9）确认压力卸掉后，按要求将手操泵和被测设备连接的接头拆除。

1.4 FLUKE-700HTP 高压手操泵的使用维护注意事项

1）使用前需要确认被测设备的回路里的液体是重水还是轻水。

2）使用前必须先检查确认高压手操泵密封性。

3）为防止超压造成设备损坏，当加压速率上升加快时，捏合手柄，将手柄限位器(部件7)旋转至手柄限位器上标示的“关闭”位置后再进行加压。

4）高压手操泵在不用时一定要将水回路清空，并清洗干净。

1.5 模拟体准备

模拟体位于技能培训中心,模拟体处于可用状态。检查模拟体是否有损坏,核实可否正常动作,以确保教学过程的顺利实施。

1.6 辐射防护准备

模拟体位于技能培训中心,无辐射风险。

1.7 工业安全准备

按照工业安全规定执行,所有人员穿戴劳动保护用品。具体的工业安全准备需根据现场环境而确定,但基本的工业安全需要准备。所有人员必须佩戴安全帽、防砸鞋、工作服、手套等。检修场地使用警示带进行围栏,确保工作过程中无非工作人员进入。

1.8 配合人员准备

需仪控人员配合教员。

1.9 场地准备

清理场地,确保检修场地无其他异物;合理分配场地,确保工具、设备的合理分布,方便检修;在场地外围布置警示带。

第二章　操作实施

2.1　操作内容：检查 FLUKE-700HTP 高压手操泵

1. 维修工前会记录表(示例)

工作内容：			工单号：
电厂：	机组：	系统：	工作地点：
设备编码：		工作负责人/项目负责人：	

一、工作负责人/项目负责人会前需要确认的事项：

- □ 维修工作包完整齐全　□ 工具和备品备件齐全　□ 风险分析全面
- □ 安全措施正确完备并已落实到位　□ 隔离边界明确　□ 工作票证齐全
- □ 工作组成员精神状态良好　□ 个人防护用品和安全用具齐全
- □ 水、电、气、汽源情况检查，确认工作期间对这些源的使用便利性和安全性

二、工作负责人/项目负责人向工作组成员交代以下事项：

- □ 工作目的、工作对象、工作范围、工作地点
- □ 工作组成员分工
- □ 工作风险分析及预防性措施

三、工作负责人/项目负责人与工作组成员讨论并记录以下事项：

程序关键步骤、高风险步骤提示及预防性措施：

以往同类工作经验反馈：

其他事项：

声明：

本人已参加此次工前会，已清楚工前会的内容及要求，并保证在工作实施过程中严格遵守和执行。

工作组成员签名/日期：

说明：

1. 工作负责人/项目负责人负责组织并主持召开工前会并记录。
2. 开工前工前会记录表必须填写完成，未完成填写或现场无工前会记录表不准开工。
3. 工作组全体成员在了解工前会全部内容和要求，并同意工前会声明后签字。
4. 工前会记录表中确认项目涉及的就打"√"，没有涉及的打"×"。
5. 工前会中讨论记录事项空间不足可在背面记录，没有涉及到的请填写"无"。

2. 实际操作

序号	操作步骤	操作要求	工器具	测评标准	备注
1	高压手操泵使用前确认	自检/互检确认被测设备里的介质		自检/互检确认被测设备里的介质是重水还是轻水	
2	灌装高压手操泵	1. 灌装液压油(水)储纳罐; 2. 灌装手操泵及连接管线。	注射器	1. 取下液体注入孔盖,用蒸馏水或液压油将液压油(水)储纳罐加至满罐的2/3 ;回装液体注入孔盖。 2. 将微调旋钮调节至大约中等范围。 3. 顺时针方向调节泄压旋钮,直至全闭位置。 4. 捏合加压手柄,加压液体,直到泵口及连接管线口出现液体。	
3	检查高压手操泵的密封性	确认高压手操泵的无泄漏。		1. 密封测试压力端口,选择与被测设备相应量程的 FLUKE 压力模块和手操泵标准仪器端口连接,并把专用压力模块的输出信号线连接到 FLUKE 744 上监测打压的压力值。 2. 将高压手操泵加压至被测设备压力的最大值,检查确认无泄露。 3. 逆时针方向缓慢旋转泄压旋钮,释放压力,将测试泵中残留的空气挤出。	
4	确认工作完成,清理工作现场	工完料净。		模拟实施。	

2.2 关键点

在进行检查高压手操泵过程中,为了保证工作顺利进行,必须注意如下的关键点:

1) 高压手操泵使用前必须确认被测设备里的介质;

2) 高压手操泵使用前必须进行密封性检查;

3) 为防止超压造成设备损坏,当加压速率上升加快时,捏合手柄,将手柄限位器旋转至手柄限位器上标示的"关闭"位置后再进行加压。

第三章　故障检查和处理

常见故障现象、判断方法、原因分析和故障排除方法见表 3-1。

表 3-1　常见故障现象、判断方法、原因分析和故障排除方法

序号	故障现象	判断方法	故障原因分析	故障排除方法
1	高压手操泵无法加压	压力模块检测不到压力上升	打压活塞“O”形圈破损	更换打压活塞“O”形圈
2	加压时，液压油（水）储纳罐液位不下降	加压时，液压油（水）储纳罐液位不下降	1. 吸水软管堵塞 2. 吸水软管吸入口裸露在液面上	清洗吸水软管管线将吸水软管吸入口调整到液体底部

第四章　操作结束

4.1　工后会

工后会是对整个工作的过程的回顾以及必要的经验反馈。维修工后会记录表(示例)见表 4-1。

表 4-1　维修工后会记录表（示例）

<table>
<tr><td colspan="4">工作内容：</td><td>工单号：</td></tr>
<tr><td colspan="3">电厂：</td><td colspan="2">机组：</td></tr>
<tr><td colspan="3"></td><td colspan="2">工作负责人/项目负责人：</td></tr>
<tr><td colspan="3">计划完工时间：</td><td colspan="2">实际完工时间：</td></tr>
<tr><td colspan="2">序号</td><td>检查项目</td><td>检查结果</td><td>异常情况记录</td></tr>
<tr><td rowspan="5">工作回顾</td><td>1</td><td>工作许可证已归还</td><td>□ 是　□ 否</td><td></td></tr>
<tr><td>2</td><td>检修现场清理完成</td><td>□ 是　□ 否</td><td></td></tr>
<tr><td>3</td><td>设备标牌清晰无损伤</td><td>□ 是　□ 否</td><td></td></tr>
<tr><td>4</td><td>检修任务达到预期结果</td><td>□ 是　□ 否</td><td></td></tr>
<tr><td>5</td><td>试验设备和工器具已归还</td><td>□ 是　□ 否</td><td></td></tr>
<tr><td rowspan="11">经验反馈</td><td>6</td><td>工期安排合理</td><td>□ 是　□ 否</td><td></td></tr>
<tr><td>7</td><td>工作人员配置充足</td><td>□ 是　□ 否</td><td></td></tr>
<tr><td>8</td><td>工作文件准备充分</td><td>□ 是　□ 否</td><td></td></tr>
<tr><td>9</td><td>工作人员的检修技能满足要求</td><td>□ 是　□ 否</td><td></td></tr>
<tr><td>10</td><td>规程、图纸需要升版</td><td>□ 是　□ 否</td><td></td></tr>
<tr><td>11</td><td>库存备件需要补充</td><td>□ 是　□ 否</td><td></td></tr>
<tr><td>12</td><td>更换下来的旧部件需要利旧翻新维修</td><td>□ 是　□ 否</td><td></td></tr>
<tr><td>13</td><td>检修过程中出现预期外的现象和报警</td><td>□ 是　□ 否</td><td></td></tr>
<tr><td>14</td><td>提出缺陷单、QDR、状态报告等</td><td>□ 有　□ 无</td><td></td></tr>
<tr><td>15</td><td>编写良好实践、经验反馈</td><td>□ 有　□ 无</td><td></td></tr>
<tr><td>16</td><td>工作中需要协调、改进建议等</td><td>□ 有　□ 无</td><td></td></tr>
<tr><td>其他事项</td><td>17</td><td></td><td></td><td></td></tr>
<tr><td colspan="5">工作组成员签名/日期：</td></tr>
</table>

说明：

1. 工作负责人/项目负责人负责组织工后总结并记录。
2. 工后总结记录表中每一项都必须打“√”确认，不要遗漏。
3. 如有异常，请详细填写异常情况说明，以及后续处理方案。
4. 其他事项根据讨论情况记录，经讨论没有涉及的请填写“无”。
5. 工后总结结束后，全体工作人员签字确认。

4.2 评判

学员对使用高压手操泵过程进行阐述,并说明其中的关键点以及注意事项。教员对学员的陈述简要记录,根据阐述评判学员的掌握情况。教员指出学员阐述过程中的错误以及需要注意的事项,并且依据评判表,对学员的学习情况作出整体评判。

第五章　经验反馈

1. 高压手操泵长期使用,并且不使用时未得到清洗清空保存,使液体中的杂质长期磨损打压活塞"O"形圈,使打压活塞"O"形圈破损。

经验教训:高压手操泵必须使用合格的液体(减少杂质);高压手操泵在不用时一定要将水回路清空,并清洗干净。

2. 高压手操泵加压不当(过快),导致压力模块破损。

经验教训:为防止超压造成设备损坏,当加压速率上升加快时,应使用手柄限位器限制加压行程(捏合手柄,将手柄限位器旋转至手柄限位器上标示的"关闭"位置后再进行加压)。

第六章 习 题

6.1 填空题(每题3分)

1. 测试压力端口用于连接________的端口,1/4 inNPT 雌头。

答:被测压力设备

2. 微调旋钮是以________调节施加的压力。

答:小增量

3. 标准仪器端口用于连接 FLUKE 700 系列________的端口,1/4 inNPT 雌头。

答:压力模块

4. 泄压旋钮用于________压力。

答:关闭/排泄

5. 加压手柄用于对________加压,从而提高压力。

答:液体

6. 液压油(水)储纳罐的容量是________(矿物型液压油、蒸馏水或液压油)。

答:100 mL

7. 手柄限位器用于________。

答:限制手的行程

8. 液体注入孔用于________。

答:灌注液油(水)

6.2 判断题(每题4分)

1. 高压手操泵使用前无须确认被测设备里的介质。(×)
2. 高压手操泵加压时,应顺时针方向调节泄压旋钮,直至全闭位置。(√)
3. 为防止超压造成设备损坏,当加压速率上升加快时,应使用手柄限位器限制加压行程。(√)
4. 高压手操泵使用前无须先检查确认高压手操泵的密封性。(×)

6.3 操作题(60分)

鉴定点:FLUKE-700HTP 高压手操泵使用前检查

试题:检查 FLUKE-700HTP 高压手操泵

1. 准备要求

考场准备:

(1) 试题名称:检查 FLUKE-700HTP 高压手操泵

(2) 本题分值:60

(3) 考核时间:30 min

(4) 考核形式:实操

(5) 设备设施准备

序号	名称	规格	单位	数量	备注
1	高压手操泵	FLUKE-700HTP	台	1	
2	FLUKE 回路校验仪	FLUKE-744	台	1	
3	FLUKE 压力模块	2 MPa	块	1	
4	连接管及接头		个	若干	
5	注射器	100 mL	个	1	
6	纯净水	500 mL	瓶	1	

考生准备:公(英)制呆扳手一套

2. 考核要求

(1) 本题分值:60

(2) 考核时间:30 min

(3) 考核形式:实操

(4) 具体考核要求:正确完成 FLUKE-700HTP 高压手操泵使用前检查

(5) 否定项说明:无

3. 配分与评分标准

序号	考核内容	考核要点	配分	评分标准	扣分	得分
1	高压手操泵使用前确认	自检/互检确认被测设备里的介质	10	1. 未自检确认被测设备里的介质是重水还是轻水,扣 5 分; 2. 未互检确认被测设备里的介质是重水还是轻水,扣 5 分。		
2	灌装高压手操泵	1. 灌装液压油(水)储纳罐; 2. 灌装手操泵及连接管线。	15	1. 取下液体注入孔盖,用蒸馏水或液压油将液压油(水)储纳罐加至满罐的 2/3;回装液体注入孔盖。操作不正确,每点扣 1 分。 2. 未将微调旋钮调节至大约中等范围,扣 2 分。 3. 顺时针方向调节泄压旋钮,直至全闭位置扣 5 分。 4. 捏合加压手柄,加压液体,直到泵口及连接管线口出现液体。操作不正确,扣 5 分。		

续表

序号	考核内容	考核要点	配分	评分标准	扣分	得分
3	检查高压手操泵的密封性	确认高压手操泵的无泄漏	30	1. 密封测试压力端口,选择与被测设备相应量程的 FLUKE 压力模块和手操泵标准仪器端口连接,并把专用压力模块的输出信号线连接到 FLUKE 744 上监测打压的压力值;操作不正确,扣 10 分。 2. 将高压手操泵加压至被测设备压力的最大值,检查确认无泄露;操作不正确,扣 15 分。 3. 逆时针方向缓慢旋转泄压旋钮,释放压力,将测试泵中残留的空气挤出;操作不正确,扣 5 分。		
4	确认工作完成,清理工作现场。	工完料净	5	未工完料净,扣 5 分。		

否定项:无

总分:

评分人: 年 月 日 核分人: 年 月 日

第十六部分　时间继电器校验

第一章　操作准备

1.1　原理描述

1.1.1　延时电继电器

动作与时间有关的继电器称为时间继电器，通常情况下时间继电器分为延时得电（SO，即 Slow Operate/Delay on Energization）、延时失电（SR，即 Slow Release/Delay on De-energisation）以及脉冲触发延时失电（RD，即 Reverse Delay/Pulse Output on Energisation）等几种类型，以下即对上述类型进行简单介绍。

顾名思义，延时得电继电器即延后一段时间后线圈得电的时间继电器，其初始状态不带电。图 1-1 即为该类型继电器的典型应用和工作时序图，图中 T 即为延时得电继电器，R_1 为

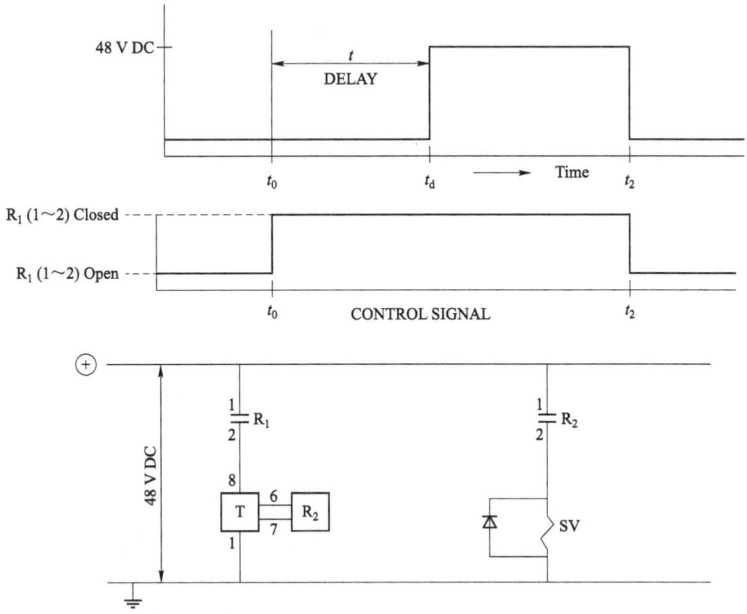

图 1-1　延时得电继电器的典型应用和工作时序图

该时间继电器的外部触发继电器，R_2为该时间继电器的输出控制继电器。在 t_0时，外部触发继电器 R_1的触点 1、2 闭合，时间继电器"T"控制端"8"带电，时间继电器触发开始计时，在时间继电器的设定周期t结束时，其输出端"6,7"得电，继电器R_2得电，其常开触点1、2将闭合，现场负载电磁阀 SV 得电。当继电器 R_1的触点 1、2 断开(控制信号失去)，时间继电器 T 则立即失电，其输出继电器 R_2失电，对应 R_2触点 1、2 断开，现场负载失电。

1.1.2 延时失电继电器

延时失电继电器即延后一段时间后线圈失电的时间继电器，其初始状态带电。图 1-2 即为该类型继电器的典型应用和工作时序图，图中 T 即为延时得电继电器，R_1为该时间继电器的外部触发继电器，R_2 为该时间继电器的输出控制继电器。在 t_0 时刻，外部触发继电器 R_1的触点 1、2 闭合，时间继电器"T"控制端"5"带电，则继电器 T 线圈立刻带电，其输出端 3、4带电，输出控制继电器 R_2 带电，其对应触点 1、2 闭合，现场负载电磁阀得电。当外部触发继电器 R_1端子 1、2 断开(控制信号失去)，时间继电器 T 开始触发计时，经 t时间的延迟，T 失电，其输出失电，继电器 R_2线圈失电，对应触点 1、2 断开，现场负载电磁阀失电。

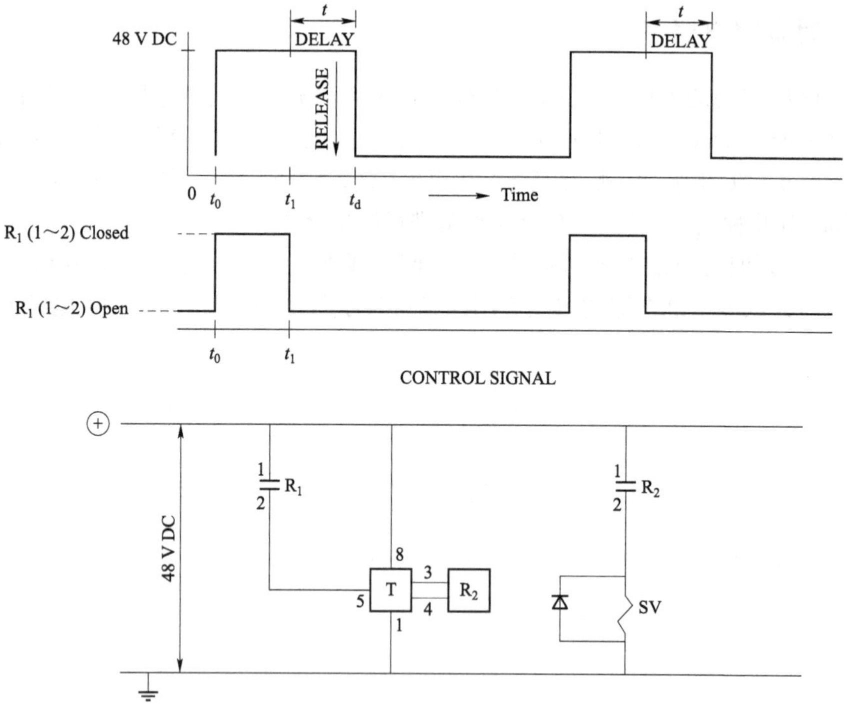

图 1-2 延时失电继电器的典型应用和工作时序图

1.1.3 脉冲触发延时失电

脉冲触发延时失电继电器即延后一段时间后线圈失电的时间继电器，其初始状态不带电。图 1-3 即为该类型继电器的典型应用和工作时序图，图中 T 即为延时得电继电器，R_1为该时间继电器的外部触发继电器，R_2为该时间继电器的输出控制继电器。在 t_0时刻，外部触

发继电器 R_1 的触点 1、2 闭合(脉冲信号),时间继电器“T”控制端“5”带电,则继电器 T 线圈立即带电,其输出端 3、4 带电,输出控制继电器 R_2 带电,其对应触点 1、2 闭合,现场负载电磁阀得电。同时在继电器 T 得电的同时(t_0 时刻),其开始计时,经 t 时间的延迟,继电器 T 线圈失电,其输出端 3、4 失电,继电器 R_2 线圈失电,对应触点 1、2 断开,现场负载电磁阀失电。与普通延时失电继电器不同的是,一旦脉冲触发延时失电继电器“T”触发开始计时后,即使其控制端失电也不会影响其工作状态,但如果整个系统供电电源失去,则继电器 T 输出端失电。

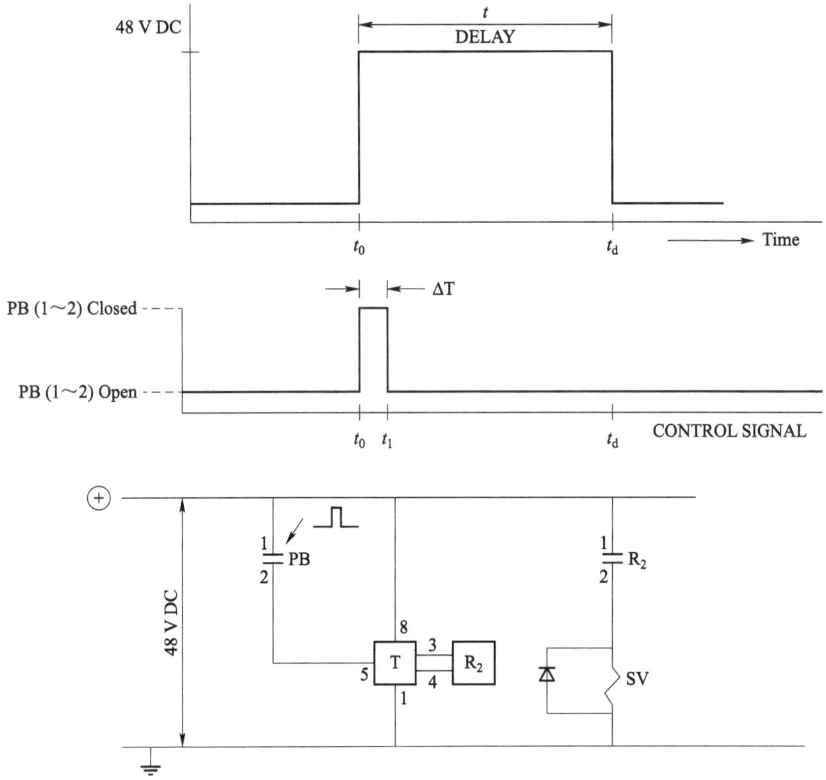

图 1-3 脉冲触发延时失电继电器的典型应用和工作时序图

其中状态显示部分包括用户名、组名或画面名、当前日期和时间、内部存储器开关状态(ON/OFF)、内部存储器显示数据写入区域的使用情况、内部存储器事件数据写入区域的使用情况、外部存储媒体的状态、键锁图标和报警图标等内容。

数据显示部分主要显示当前记录的数据,AX106 最大可以同时显示 6 个通道的被测量。该显示部分中各种显示模式的切换有两种方法,一种是直接按操作键的上、下键在数据分组之间切换,按左右键在几种显示模式中切换;另一种是按[显示/确认]键弹出显示选择菜单,通过对菜单的选择,详细定义显示内容。

1.1.4 时间继电器一般性能指标

一般而言,时间继电器的通用指标如下:

1) 供电电源约 40～55 V DC,通常使用 48 V DC;

2）丧失供电电源，也就丧失时间继电器的输出，即使其控制信号依然存在；
3）额定工作条件下，工作精度一般为±1%；
4）在极端情况下，总体精度也能达到±3%以上；
5）工作环境温度在 0～55 ℃。

1.2　文件准备

涉及现场工作的文件等。

1.3　工器具准备

专用工器具：PW4361E 型继电保护测试仪。
常用工器具：个人工器具等根据实际情况。

1.4　辐射防护准备

无。

1.5　工业安全准备

无。

1.6　配合人员准备

无。

第二章　操作实施

2.1　操作实施 1　延时得电时间继电器的校验

表 2-1　延时得电时间继电器的校验

序号	操作步骤	操作要求	操作工器具	测评标准	备注
1	现场检查	检查现场电源接头情况	万用表	220 VAC	
2	拆下时间继电器	按操作要求拆下欲标定的时间继电器	个人工器具	按操作要求完成	
3	运行继电保护测试仪	将继电保护测试仪通电，并运行	PW4361E 型继电保护测试仪	按操作要求完成	
4	进入测试程序	点击 PW网口 进入程序，选择 手动实验 ，进入继电器测试界面	PW4361E 型继电保护测试仪	按操作要求完成	
5	连接继电器到继电保护测试仪	将测试继电器线圈的"+""−"端子分别接到继电器测试仪上的直流电源的"+""−"端，注意用绝缘胶带包扎测试电缆与继电器针脚的连接处	PW4361E 型继电保护测试仪	按操作要求完成	
6	连接继电器触点到继电保护测试仪	连接待测试继电器的一对常闭触点到继电保护测试仪的开关量输入接口，注意用绝缘胶带包扎测试电缆与继电器针脚的连接处	PW4361E 型继电保护测试仪	按操作要求完成	
7	设置测试条件	在电脑继电器测试界面上，对于变量选项选择"直流电压" 和"幅值"，设置步长为 48 V，直流电压为 0，然后回车	PW4361E 型继电保护测试仪	按操作要求完成	
8	按下[开始]键	按下测试仪的[开始]键	PW4361E 型继电保护测试仪	按操作要求完成	
9	按[输出保持]键	按下测试仪[输出保持]键	PW4361E 型继电保护测试仪	按操作要求完成	
10	按下前面板"△"键	按下测试仪前面板"△" 键	PW4361E 型继电保护测试仪	按操作要求完成	
11	再次按[输出保持]键	再次按下测试仪[输出保持]键解锁	PW4361E 型继电保护测试仪	按操作要求完成	
12	执行测试	此时继电保护测试仪即开始测试，连续执行三次，记录延时时间，检查是否满足要求，不满足就对延时时间进行调整	PW4361E 型继电保护测试仪	按操作要求完成	

续表

序号	操作步骤	操作要求	操作工器具	测评标准	备注
13	重复上述操作	重复上述操作，直至待测试继电器所有触点均完成测试检查。	PW4361E 型继电保护测试仪	按操作要求完成	
14	回装继电器	将拆下的继电器回装至原始位置	个人工器具	按操作要求完成	
15	记录相关表格	在相关表格中记录相关结果		记录清晰无涂改	

2.2 操作实施 2 延时失电时间继电器的校验

表 2-2 延时失电时间继电器的校验

序号	操作步骤	操作要求	操作工器具	测评标准	备注
1	现场检查	检查现场电源接头情况	万用表	220 VAC	
2	拆下时间继电器	按操作要求拆下欲标定的时间继电器	个人工器具	按操作要求完成	
3	运行继电保护测试仪	将继电保护测试仪通电，并运行	PW4361E 型继电保护测试仪	按操作要求完成	
4	进入测试程序	点击 PW网口 进入程序，选择 手动实验 ，进入继电器测试界面	PW4361E 型继电保护测试仪	按操作要求完成	
5	连接继电器到继电保护测试仪	将测试继电器线圈的“+”“-”端子分别接到继电器测试仪上的直流电源的“+”“-”端，注意用绝缘胶带包扎测试电缆与继电器针脚的连接处	PW4361E 型继电保护测试仪	按操作要求完成	
6	连接继电器触点到继电保护测试仪	连接待测试继电器的一对常闭触点到继电保护测试仪的开关量输入接口，注意用绝缘胶带包扎测试电缆与继电器针脚的连接处	PW4361E 型继电保护测试仪	按操作要求完成	
7	设置测试条件	在电脑继电器测试界面上，对于变量选项选择“直流电压”和“幅值”，设置步长为 48 V，直流电压为 48 V，然后回车	PW4361E 型继电保护测试仪	按操作要求完成	
8	按下[开始]键	按下测试仪的[开始]键	PW4361E 型继电保护测试仪	按操作要求完成	
9	按[输出保持]键	按下测试仪[输出保持]键	PW4361E 型继电保护测试仪	按操作要求完成	
10	按下前面板“▽”键	按下测试仪前面板“▽” 键	PW4361E 型继电保护测试仪	按操作要求完成	
11	再次按[输出保持]键	再次按下测试仪[输出保持]键解锁	PW4361E 型继电保护测试仪	按操作要求完成	

续表

序号	操作步骤	操作要求	操作工器具	测评标准	备注
12	执行测试	此时继电保护测试仪即开始测试，连续执行三次，记录延时时间，检查是否满足要求，不满足就对延时时间进行调整	PW4361E 型继电保护测试仪	按操作要求完成	
13	重复上述操作	重复上述操作，直至待测试继电器所有触点均完成测试检查	PW4361E 型继电保护测试仪	按操作要求完成	
14	回装继电器	将拆下的继电器回装至原始位置	个人工器具	按操作要求完成	
15	记录相关表格	在相关表格中记录相关结果		记录清晰无涂改	

2.3　操作实施 3　脉冲触发延时失电时间继电器的校验

表 2-3　脉冲触发延时失电时间继电器的校验

序号	操作步骤	操作要求	操作工器具	测评标准	备注
1	现场检查	检查现场电源接头情况	万用表	220 VAC	
2	拆下时间继电器	按操作要求拆下欲标定的时间继电器	个人工器具	按操作要求完成	
3	运行继电保护测试仪	将继电保护测试仪通电，并运行	PW4361E 型继电保护测试仪	按操作要求完成	
4	进入测试程序	点击[PW网口]进入程序，选择[手动实验]，进入继电器测试界面	PW4361E 型继电保护测试仪	按操作要求完成	
5	连接继电器到继电保护测试仪	将测试继电器线圈的“+”“-”端子分别接到继电器测试仪上的直流电源的“+”“-”端，注意用绝缘胶带包扎测试电缆与继电器针脚的连接处	PW4361E 型继电保护测试仪	按操作要求完成	
6	连接继电器触点到继电保护测试仪	连接待测试继电器的一对常闭触点到继电保护测试仪的开关量输入接口，注意用绝缘胶带包扎测试电缆与继电器针脚的连接处	PW4361E 型继电保护测试仪	按操作要求完成	
7	设置测试条件	在电脑继电器测试界面上，对于变量选项选择“直流电压”和“幅值”，设置步长为 48 V，直流电压为 48 V，然后回车	PW4361E 型继电保护测试仪	按操作要求完成	
8	按下[开始]键	按下测试仪的[开始]键	PW4361E 型继电保护测试仪	按操作要求完成	
9	按[输出保持]键	按下测试仪[输出保持]键	PW4361E 型继电保护测试仪	按操作要求完成	

续表

序号	操作步骤	操作要求	操作工器具	测评标准	备注
10	按下前面板“▽”键	按下测试仪前面板“▽” 键	PW4361E 型继电保护测试仪	按操作要求完成	
11	再次按[输出保持]键	再次按下测试仪[输出保持]键解锁	PW4361E 型继电保护测试仪	按操作要求完成	
12	执行测试	此时继电保护测试仪即开始测试,连续执行三次,记录延时时间,检查是否满足要求,不满足就对延时时间进行调整	PW4361E 型继电保护测试仪	按操作要求完成	
13	重复上述操作	重复上述操作,直至待测试继电器所有触点均完成测试检查	PW4361E 型继电保护测试仪	按操作要求完成	
14	回装继电器	将拆下的继电器回装至原始位置	个人工器具	按操作要求完成	
15	记录相关表格	在相关表格中记录相关结果		记录清晰无涂改	

2.4 实施中需要特别注意的几个关键点

1) 关键点 1

在拆解现场继电器过程中,涉及拆线时,必须用绝缘胶带包裹裸露接头。

2) 关键点 2

在继电器测试过程中,必须用绝缘胶带包裹测试电缆与继电器针脚的连接部分。

3) 关键点 3

因现场继电器插座多已老化变脆,插拔过程应小心谨慎,避免损坏相应的插座。

第三章　故障检查和处理

常见故障现象和判断方法检查和处理见表 3-1。

表 3-1　常见故障现象和判断方法检查和处理

序号	故障现象	判断方法	故障原因分析	故障排除方法
1	通电后，继电保护测试仪出现过热、断路等指示	观察继电保护测试仪的各项指示	供电电源偏低	更换或供电电源
2	通电后，继电保护测试仪电源指示灯不亮	观察继电保护测试仪的状态指示灯	熔丝毁坏、无电源输入或指示灯损坏，执行相应检查	检查供电失败的原因
3	点击软件开机按钮，电脑不能与校验仪联机	检查几点保护测试仪的报警信息	电脑不能与继电保护测试仪联机	检查继电保护测试仪电源，驱动程序等

第四章　操作结束

4.1　总结回顾培训过程以及关键点

本次培训针对仪控维修新员工,较为详细的阐述了时间继电校验各个方面的使用方法和知识以及对仪控检修人员行为规范的要求,对于现场工作具有指导意义

4.2　针对学员技能培训进行点评

学员对时间继电校验操作过程进行阐述,并说明其中的关键点以及注意事项。教员对学员的陈述简要记录,根据阐述评判学员的掌握情况。教员指出学员阐述过程中的错误以及需要注意的事项,并且依据评判表,对学员的学习情况做出整体评判。

4.3　召开技能培训操作工作会

工后会是对整个工作过程的回顾以及必要的经验反馈。维修工后会记录表见表 4-1。

表 4-1　维修工后会记录表（示例）

<table>
<tr><td colspan="4">工作内容：</td><td>工单号：</td></tr>
<tr><td colspan="3">电厂：</td><td colspan="2">机组：　工作负责人/项目负责人：</td></tr>
<tr><td colspan="3">计划完工时间：</td><td colspan="2">实际完工时间：</td></tr>
<tr><td colspan="2">序号</td><td>检查项目</td><td>检查结果</td><td>异常情况记录</td></tr>
<tr><td rowspan="5">一
工作
回顾</td><td>1</td><td>工作许可证已归还</td><td>□是
□否</td><td></td></tr>
<tr><td>2</td><td>检修现场清理完成</td><td>□是
□否</td><td></td></tr>
<tr><td>3</td><td>设备标牌清晰无损伤</td><td>□是
□否</td><td></td></tr>
<tr><td>4</td><td>检修任务达到预期结果</td><td>□是
□否</td><td></td></tr>
<tr><td>5</td><td>试验设备和工器具已归还</td><td>□是
□否</td><td></td></tr>
<tr><td rowspan="2">二
经验
反馈</td><td>6</td><td>工期安排合理</td><td>□是
□否</td><td></td></tr>
<tr><td>7</td><td>工作人员配置充足</td><td>□是
□否</td><td></td></tr>
</table>

续表

序号		检查项目	检查结果	异常情况记录
二 经验 反馈	8	工作文件准备充分	□是 □否	
	9	工作人员的检修技能满足要求	□是 □否	
	10	规程、图纸需要升版	□是 □否	
	11	库存备件需要补充	□是 □否	
	12	更换下来的旧部件需要利旧翻新维修	□是 □否	
	13	检修过程中出现预期外的现象和报警	□是 □否	
	14	提出缺陷单、QDR、状态报告等	□有 □无	
	15	编写良好实践、经验反馈	□有 □无	
	16	工作中需要协调、改进建议等	□有 □无	
三 其他 事项	17			
工作组成员签名/日期：				

4.4　征求学员对技能培训及教材的信息反馈

征求学员对本次时间继电校验培训及教材的评价。

第五章　经验反馈

201602205 主蒸汽安全阀速冷逻辑试验回路延时继电器 2-63432-RL515K 性能降级

状态描述：ECC K 通道主蒸汽安全阀速冷逻辑试验回路延时继电器 2-63432-RL515K 延时时间在最近三个月的试验中有超差的趋势，设定值为：30 s(29.75±0.24 s)，10 月为 29.529 s，11 月为 29.53 s，12 月为 29.528 s，怀疑该延时继电器性能已降级。

潜在后果：如该延时继电器时间超差，将导致主蒸汽安全阀速冷逻辑试验无法顺利完成，机组进入 TS 限制。

原因分析与评价：原来 ECCS 系统的延时继电器的更换周期是 15 年，后来根据大修周期优化的要求，将 ECCS 的延时继电器的更换周期缩短为 14 年，此故障是由于延时继电器的老化导致的。ECCS 系统的延时继电器预防性维修更换规划将在机组第 10 次大修中执行，查询历史工单，发现最近更换的延时继电器只有一个，尚无将延时继电器的更换时间提前的必要，而且在机组正常运行期间延时继电器出现故障也可以直接更换，针对上述情况无需其他行动。

结论：从该状态报告来看。时间继电器在使用中必须会产生因老化或其他原因造成的漂移，因此有必要合理化预防性维修大纲，定时标定相应的延时继电器，以消除或减少因时间继电器漂移造成的系统故障。

CR201612075 在进行 SRST506K(P301K)时，5 分钟延时继电器超时

状态描述：在进行 SRST506K(P301K)时，报警“3432-CH K HT HDR.P301/302 LOC2462”出现后，5 分钟倒计时开始，当时间计时到 5 分钟后，“P301/P302 SUSTAINED PRESS SET”项目的“INJECTION”显示为“LNG”，联系维修人员处理，并进入 TS。

潜在后果：K 通道主系统持续低压力这个条件参数无法在规定的时间内满足。

原因分析与评价：5 分钟延时继电器超时，需要重新标定检查。

结论：同状态报告 1。

第六章　习　题

6.1　选择题(每题 5 分)

1. 对于现场时间继电器的校验,可选用的仪表为(　)。

A. 继电保护校验仪　　B. 万用表

C. 回路校验仪　　D. 以上均不是

2. 除了采用(　),还可以使用(　)来校验时间继电器。

A. 继电保护校验仪万用表　　B. 电压源万用表

C. 继电保护校验仪记录仪　　D. 记录仪万用表

3. 对于时间很长的继电器,最佳校验仪表为(　)。

A. 继电保护校验仪　　B. 记录仪

C. 电压源　　D. 回路校验仪

6.2　填空题(每题 5 分)

1. 连接继电保护校验仪与继电器针脚时,应做好________措施。

答:绝缘

2. 时间继电器一般分为________、________和________等几类。继电保护测试仪中的________即指触发电压。

答:延时得电(SO)　延时失电(SR)　脉冲触发延时失电　步进值

6.3　简答题(每题 5 分)

1. 在继电器保护校验仪上怎样进入继电器测试窗口?

答:点击[PW网口]进入程序,选择[手动实验],进入继电器测试界面

2. 如何改变显示曲线宽度?

答:后者在控制信号小时候状态不变。

3. 为什么要设置群组?

答:造成老化继电器插座损坏。

4. 为什么要设置显示区域?

答:时间继电器在长期运行后会不可避免的产生漂移。

6.4 实操题

鉴定点:720 MW 核电机组 S1-224

试题:时间继电器校验

1. 准备要求

考场准备:

(1) 试题名称:时间继电器校验

(2) 本题分值:80

(3) 考核时间:40 min

(4) 考核形式:实操

(5) 设备设施准备

序号	名称	规格	单位	数量	备注
1	继电保护测试仪	PW4361E	台	1	测试对象
2	时间继电器	ETR4-70A	个	1	测试对象
3	万用表	FLUKE 286	块	1	测量工具
4	拖线盘	普通	个	1	
5	绝缘胶带	3 M	卷	1	线头包扎

考生准备:

(1) 试题名称:时间继电器校验

(2) 本题分值:80

(3) 考核时间:40 min

(4) 考核形式:实操

(5) 工具及其他准备:无

2. 考核要求

(1) 本题分值:80

(2) 考核时间:40 min

(3) 考核形式:实操

(4) 具体考核要求:考核场地要求:现场整洁,工器具摆放有序,符合工业安全和辐射防护要求

(5) 否定项说明:

1) 考试过程中,非考生本人亲自参加考核;

2) 技能培训中操作步骤不按顺序执行并已经导致操作部分无法成功完成;

3) 遗漏技能培训科目操作步骤中的关键步骤,导致操作部分无法完成;

4) 技能培训操作中严重违反安全生产相关规定的操作步骤;

5）技能培训口试中答案严重违反安全生产相关规定；
6）出现严重偏离技能培训目标标准的答案；
7）无法回答一定数量口试问题；
8）辅助人员帮助或提示考生酌情予以扣分。
3. 配分与评分标准

序号	考核内容	考核要点	配分	评分标准	扣分	得分
1	实操前工作准备	1. 工器具、材料、备件准备 2. 文件准备 3. 工业安全及辐射防护准备 4. 场地布置准备	20分	1.要求工器具、材料备件齐全，有遗漏项目酌情扣分。 2. 相关文件准备（如需要）。 3. 个人防护用品穿戴齐全，辐射防护要求按实际情况执行，未按要求准备酌情扣分。 4. 工器具、材料等分类摆放整洁，视准备情况酌情扣分。		
2	维修工器具的正确使用	维修工具、专用工具、量具等	30分	1. 未正确使用工器具酌情扣分。 2. 使用前未使用万用表检查记录仪电源电压扣10分。 3. 未检查相关铭牌等扣10分。 4. 无纸记录仪设置不当酌情扣分。		
3	文明检修情况	零部件摆放、维修操作过程	20分	1. 工器具摆放有序，酌情扣分。 2. 野蛮操作，酌情扣分。 3. 未使用绝缘胶带包裹接线位置的直接扣3分。		
4	操作时间	时间控制	10分	每超过3分钟扣1分。		

否定项：1. 起吊过程中，设备掉落；
　　　　2. 没有作好防异物措施。

评分人：　　年　　月　　日　　　　　　　　　　核分人：　　年　　月　　日

第十七部分　横河无纸记录仪使用

第一章　操作准备

1.1　横河无纸记录仪概述

1.1.1　横河 AX106 无纸记录仪性能

横河 AX106 无纸记录仪采用 5 英寸单色 LCD 显示屏，用以测量直流电压、热电偶、热电阻、开关量输入等现场信号，以曲线、数字、棒图等形式显示在 LCD 上。作为记录仪的一项主要功能，工艺参数的记录、显示、存储和调用分析在 AX106 中设计的十分方便，也可以通过对外储存介质的读取来实现在电脑上的分析。

横河 AX106 无纸记录仪采用嵌入式方式，一般安装于盘柜上，由盘柜内部提供电源，安装时要尽量保持记录仪水平放置，且选择通风好振动小的位置。

1.1.2　横河 AX106 无纸记录仪按键设置

横河 AX106 无纸记录仪按键设置如图 1-1，设置有所有的按键，用来完成参数设置、测量、存储、查看等基本操作。

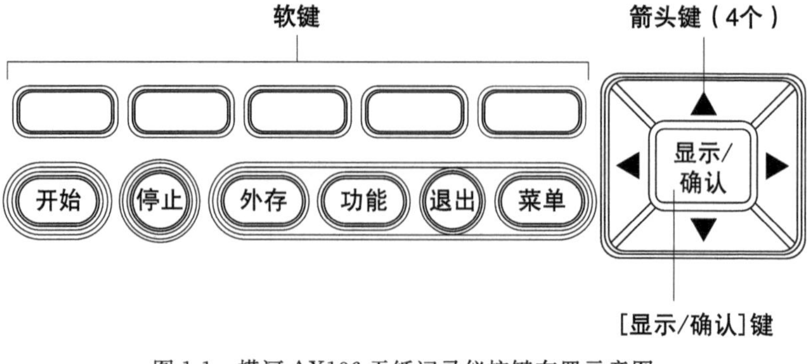

图 1-1　横河 AX106 无纸记录仪按键布置示意图

1）操作键　有上、下、左、右四个方向键和[显示/确认]键，用于运行画面的切换，在设定功能的设定画面下用于设定项目的选择和设定的确认操作等。

2）[开始]键 开始记录并存储键，在记录仪设置完成后按下该键即开始记录相关工艺参数。

3）[停止]键 停止记录键，按下按键相关工艺参数将不会被记录。

4）[退出]键 退出设置界面并进入运行界面。

5）[菜单]键 进入菜单界面或从菜单界面返回到运行界面。

6）[外存]键 在状态拦上显示软盘等外部存储媒体的状态。

7）[功能]键 用于在设置模式下进行各种功能的设定，也用于从设定模式返回运行模式。

8）软键 按[功能]键后，对软键指定功能并在画面下面部分显示。设定模式/基本设定模式时，对软键指定项目，并在画面下面部分显示。

利用上述键的对横河 AX106 无纸记录仪进行设置的具体方法详见第二章。

1.1.3 横河 AX106 无纸记录仪显示界面

运行画面主要由两部分组成：状态显示部分和数据显示部分，如图 1-2。

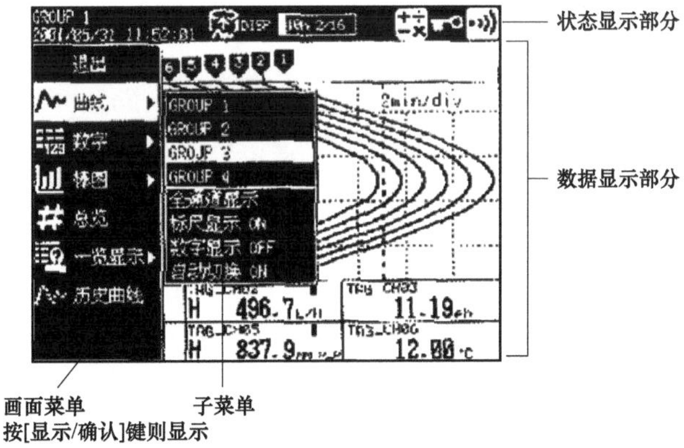

图 1-2 横河 AX106 无纸记录仪运行显示图

其中状态显示部分包括用户名、组名或画面名、当前日期和时间、内部存储器开关状态(ON/OFF)、内部存储器显示数据写入区域的使用情况、内部存储器事件数据写入区域的使用情况、外部存储媒体的状态、键锁图标和报警图标等内容。

数据显示部分主要显示当前记录的数据，AX106 最大可以同时显示 6 个通道的被测量。该显示部分中各种显示模式的切换有两种方法，一种是直接按操作键的上、下键在数据分组之间切换，按左右键在几种显示模式中切换；另一种是按[显示/确认]键弹出显示选择菜单，通过对菜单的选择，详细定义显示内容。

1.2 文件准备

涉及现场工作的文件等。

1.3 工器具准备

专用工器具:无。
常用工器具:个人工器具等根据实际情况。

1.4 辐射防护准备

无。

1.5 工业安全准备

穿戴防护用品。

1.6 配合人员准备

根据实际情况确定。

第二章　操作实施

2.1　操作实施 1　记录仪安装

记录仪安装见表 2-1。

表 2-1　记录仪安装

序号	操作步骤	操作要求	工器具	测评标准	备注
1	现场电源检查	检查现场电源电压	万用表	220/120 VAC	
2	记录仪内阻检查	检查记录仪内阻	万用表	百欧级	
3	安装记录仪	从前方沿安装孔推入记录仪,在盘柜内部安装支撑架和挡板,以固定记录仪	个人工器具	按操作要求完成	
4	调整记录仪水平	用水平尺检查记录仪安装后的水平情况并进行合理调整。	水平尺	按操作要求完成	
5	记录仪电源接线	采用环形接线鼻连接盘柜内部电源线至记录仪的电源输入接线端子	个人工器具	按操作要求完成	
6	记录仪自检	打开记录仪电源开关	记录仪	按操作要求完成	

2.2　操作实施 2　设定直流电压输入 VDC

设定直流电压输入 VDC 见表 2-2。

表 2-2　设定直流电压输入 VDC

序号	操作步骤	操作要求	工器具	测评标准	备注
1	按下[菜单]按键	轻按[菜单]键	记录仪	按操作要求完成	
2	进入设定界面	轻按 1 号软键,弹出如下界面 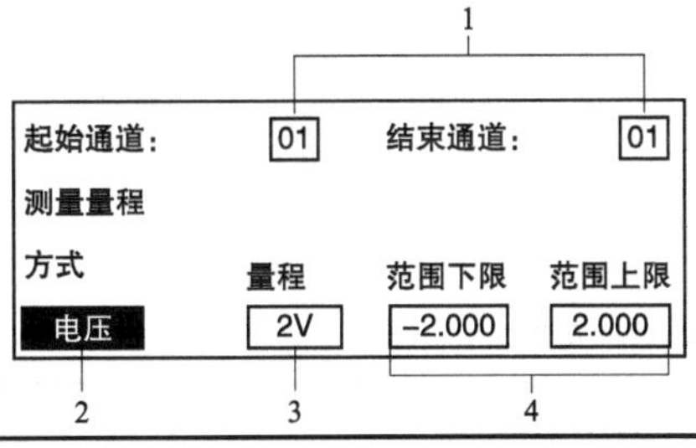	记录仪	按操作要求完成	

续表

序号	操作步骤	操作要求	工器具	测评标准	备注
3	选择输入通道	根据实际情况选择输入通道，若输入信号类型以及量程相同，则可同时选择并设定多个通道	记录仪	按操作要求完成	
4	选择输入方式	选择输入方式为电压	记录仪	按操作要求完成	
5	确定输入量程	根据实际情况确定输入量程	记录仪	按操作要求完成	
6	确定输入上下限	根据实际情况确定输入信号的上下限值	记录仪	按操作要求完成	
7	完成所有同类型通道的设定	重复操作直至所有电压输入通道均设置完成	记录仪	按操作要求完成	
8	保存设置	轻按[显示/确定]键	记录仪	按操作要求完成	
9	退出设定界面	轻按[退出]键，退出设定界面	记录仪	按操作要求完成	

2.3 操作实施 3 设定直流电流输入 IDC

设定直流电流输入 IDC 操作见表 2-3。

表 2-3 设定直流电流输入 IDC 操作

序号	操作步骤	操作要求	工器具	测评标准	备注
1	转换输入电流为电压	连接一个 250 Ω标准电阻至输入信号端端子	记录仪	按操作要求完成	
2	按下[菜单]按键	轻按[菜单]键	记录仪	按操作要求完成	
3	进入设定界面	轻按 1 号软键，进入设定界面	记录仪	按操作要求完成	
4	选择输入通道	根据实际情况选择输入通道	记录仪	按操作要求完成	
5	选择输入方式	选择输入方式为电压	记录仪	按操作要求完成	
6	确定输入量程	根据输入电流转换的电压确定输入量程	记录仪	按操作要求完成	
7	确定输入上下限	根据输入电流转换的电压确定输入信号的上下限值	记录仪	按操作要求完成	
8	完成所有同类型通道的设定	重复操作直至所有电流输入通道均设置完成	记录仪	按操作要求完成	
9	保存设置	轻按[显示/确定]键	记录仪	按操作要求完成	
10	退出设定界面	轻按[退出]键，退出设定界面	记录仪	按操作要求完成	

2.4 操作实施 4 设定开关量输入 DI

设定开关量输入 DI 操作见表 2-4。

表 2-4 设定开关量输入 DI 操作

序号	操作步骤	操作要求	工器具	测评标准	备注
1	按下[菜单]按键	轻按[菜单]键	记录仪	按操作要求完成	
2	进入设定界面	轻按 1 号软键进入设定界面	记录仪	按操作要求完成	
3	选择输入通道	根据实际情况选择输入通道	记录仪	按操作要求完成	
4	选择输入方式	选择输入方式为 DI	记录仪	按操作要求完成	
5	确定输入量程	选择量程为电平	记录仪	按操作要求完成	
6	确定输入上下限	确定下限为 0,上限为 1	记录仪	按操作要求完成	
7	完成所有同类型通道的设定	重复操作直至所有开关量通道均设置完成	记录仪	按操作要求完成	
8	保存设置	轻按[显示/确定]键	记录仪	按操作要求完成	
9	退出设定界面	轻按[退出]键,退出设定界面	记录仪	按操作要求完成	

2.5 操作实施 5 设定标尺

设定标尺操作见表 2-5。

表 2-5 设定标尺操作

序号	操作步骤	操作要求	工器具	测评标准	备注
1	按下[菜单]按键	轻按[菜单]键	记录仪	按操作要求完成	
2	进入设定界面	轻按 1 号软键进入设定界面	记录仪	按操作要求完成	
3	选择输入通道	根据实际情况选择输入通道	记录仪	按操作要求完成	
4	选择输入方式	选择输入方式为标尺	记录仪	按操作要求完成	
5	选择输入类型	根据实际情况从电压、TC、RTD、DI 中选择	记录仪	按操作要求完成	
6	确定输入量程	根据输入类型选择	记录仪	按操作要求完成	
7	确定输入上下限	根据实际情况确定	记录仪	按操作要求完成	
8	确定输入单位	根据输入类型选择	记录仪	按操作要求完成	
9	完成所有同类型通道的设定	重复操作直至所有标尺通道均设置完成	记录仪	按操作要求完成	
10	保存设置	轻按[显示/确定]键	记录仪	按操作要求完成	
11	退出设定界面	轻按[退出]键,退出设定界面	记录仪	按操作要求完成	

2.6 操作实施 6 设定不可用(设置不使用的通道)

设定不可用(设置不使用的通道)见表 2-6。

表 2-6 设定不可用（设置不使用的通道）

序号	操作步骤	操作要求	工器具	测评标准	备注
1	按下[菜单]按键	轻按[菜单]键	记录仪	按操作要求完成	
2	进入设定界面	轻按 1 号软键进入设定界面	记录仪	按操作要求完成	
3	选择输入通道	根据实际情况选择输入通道	记录仪	按操作要求完成	
4	选择输入方式	选择输入方式为不可用	记录仪	按操作要求完成	
5	完成所有同类型通道的设定	重复操作直至所有不使用的通道均设置完成	记录仪	按操作要求完成	
6	保存设置	轻按[显示/确定]键	记录仪	按操作要求完成	
7	退出设定界面	轻按[退出]键,退出设定界面	记录仪	按操作要求完成	

2.7 操作实施 7 编辑输入信号标记

编辑输入信号标记见表 2-7。

表 2-7 编辑输入信号标记

序号	操作步骤	操作要求	工器具	测评标准	备注
1	按下[菜单]按键	轻按[菜单]键	记录仪	按操作要求完成	
2	进入画面设置界面	轻按 2 号软键,进入画面设置界面	记录仪	按操作要求完成	
3	选择输入通道	根据实际情况选择欲标记的通道	记录仪	按操作要求完成	
4	编辑标记	在标记栏内编译信号标记,信号标记为 16 位字母或数字	记录仪	按操作要求完成	
5	确认标记完成	按下标记画面中的[确认]按钮	记录仪	按操作要求完成	
6	完成所有通道的标记	重复操作,直至欲添加标记的通道均编辑完成	记录仪	按操作要求完成	
7	保存设置	轻按[显示/确定]键	记录仪	按操作要求完成	
8	退出设定界面	轻按[退出]键,退出设定界面	记录仪	按操作要求完成	

2.8 操作实施8 选择通道编号/标记显示

选择通道编号/标记显示操作见表2-8。

表2-8 选择通道编号/标记显示操作

序号	操作步骤	操作要求	工器具	测评标准	备注
1	按下[菜单]按键	轻按[菜单]键	记录仪	按操作要求完成	
2	进入基本显示设置界面	持续按住[功能]键3秒以上	记录仪	按操作要求完成	
3	进入选择通道编号/标记显示界面	先按[下页 1/3]键对应的软键后，再按5号对应的软键，出现如下的界面 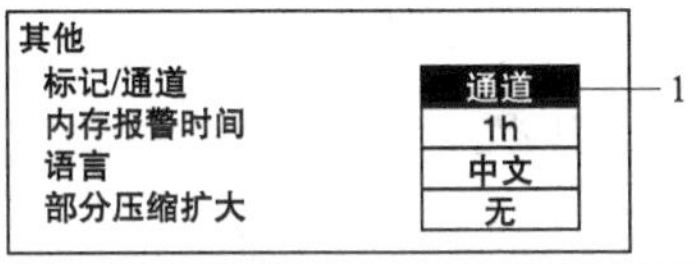 	记录仪	按操作要求完成	
4	保存设置	轻按[显示/确定]键	记录仪	按操作要求完成	
5	退出设定界面	轻按[退出]键，退出设定界面	记录仪	按操作要求完成	

2.9 操作实施9 设定显示更新周期和数据保存周期

设定显示更新周期和数据保存周期见表2-9。

表2-9 设定显示更新周期和数据保存周期

序号	操作步骤	操作要求	工器具	测评标准	备注
1	按下[菜单]按键	轻按[菜单]键	记录仪	按操作要求完成	
2	进入显示更新周期设置界面	轻按3号对应的软键，出现如下的界面 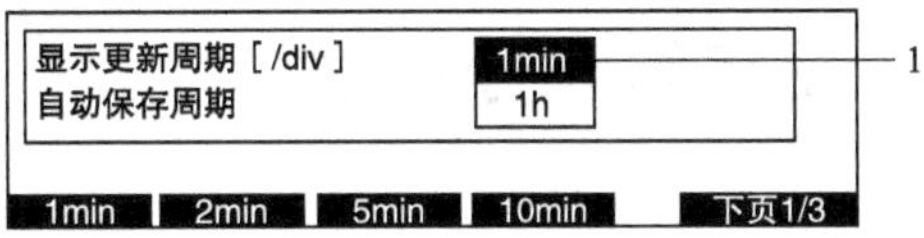 	记录仪	按操作要求完成	
3	确定显示更新周期	根据实际情况确定显示更新周期	记录仪	按操作要求完成	
4	确定自动保存周期	根据实际情况确定自动保存周期	记录仪	按操作要求完成	
5	保存设置	轻按[显示/确定]键	记录仪	按操作要求完成	
6	退出设定界面	轻按[退出]键，退出设定界面	记录仪	按操作要求完成	

2.10 操作实施 10 设定信息字符串

设定信息字符串操作见表 2-10。

表 2-10 设定信息字符串操作

序号	操作步骤	操作要求	工器具	测评标准	备注
1	按下[菜单]按键	轻按[菜单]键	记录仪	按操作要求完成	
2	进入信息字符串设置界面	轻按 4 号对应的软键,出现如下的界面 	记录仪	按操作要求完成	
3	编辑信号字符串	根据实际情况编辑信号字符串	记录仪	按操作要求完成	
4	保存编辑结果	轻按[显示/确认]键	记录仪	按操作要求完成	
5	完成所有通道字符串设置	重复操作直至所有通道字符串设置完成	记录仪	按操作要求完成	
6	保存设置	轻按[显示/确定]键	记录仪	按操作要求完成	
7	退出设定界面	轻按[退出]键,退出设定界面	记录仪	按操作要求完成	

2.11 操作实施 11 设定组和分割线

设定组和分割线操作见表 2-11。

表 2-11 设定组和分割线操作

序号	操作步骤	操作要求	工器具	测评标准	备注
1	按下[菜单]按键	轻按[菜单]键	记录仪	按操作要求完成	
2	按[下页 1/3]键	轻按[下页 1/3]键	记录仪	按操作要求完成	
3	按 5 号对应的软键	按 5 号对应的软键	记录仪	按操作要求完成	

续表

序号	操作步骤	操作要求	工器具	测评标准	备注
4	进入组和分割线设置界面	轻按 1 号对应的软键，出现如下的界面 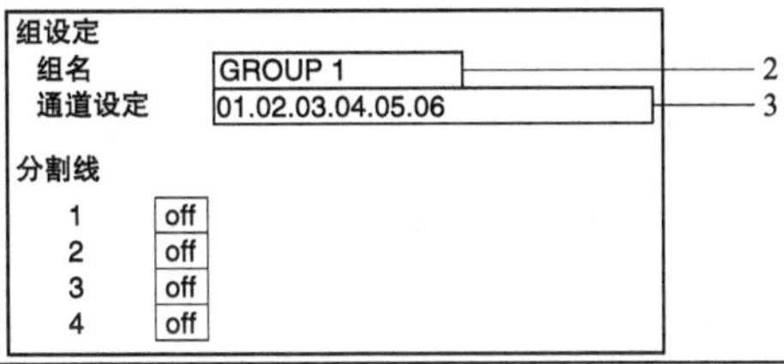 	记录仪	按操作要求完成	
5	编辑组名	在 2 位置编辑组名(最多可设置 4 个组)	记录仪	按操作要求完成	
6	选择组内通道	选择组内通道，通道键由“，”分割，每组最多可设置 6 个通道	记录仪	按操作要求完成	
7	设置组内分割线	根据需要选择四个分割线的状态，为“ON” 时会自动弹出相对位置，如 20%、40%、60%、80%等根据实际需要进行选择	记录仪	按操作要求完成	
8	完成所有组设置	重复操作直至所有组及分割线设置完成	记录仪	按操作要求完成	
9	保存设置	轻按[显示/确定]键	记录仪	按操作要求完成	
10	退出设定界面	轻按[退出]键，退出设定界面	记录仪	按操作要求完成	

2.12　操作实施 12　设定区域显示

设定区域显示操作见表 2-12。

表 2-12　设定区域显示操作

序号	操作步骤	操作要求	工器具	测评标准	备注
1	按下[菜单]按键	轻按[菜单]键	记录仪	按操作要求完成	
2	按[下页 1/3]键	轻按[下页 1/3]键	记录仪	按操作要求完成	
3	按 5 号对应的软键	按 5 号对应的软键	记录仪	按操作要求完成	
4	进入区域显示设置界面	轻按 2 号对应的软键，出现如下的界面 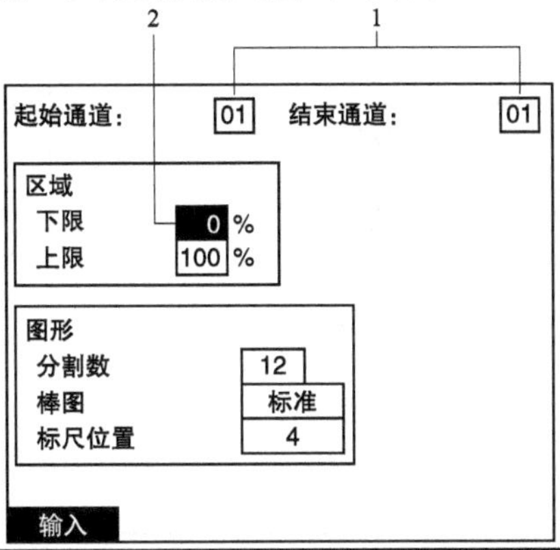 	记录仪	按操作要求完成	

续表

序号	操作步骤	操作要求	工器具	测评标准	备注
5	选择通道	选择在当前区域显示的通道编号	记录仪	按操作要求完成	
6	选择当前区域的上、下限	在 2 位置选择当前区域的上、限，上限可选范围为 0～95%，下限可选 5%～100%	记录仪	按操作要求完成	
7	完成其他通道的显示区域设定	重复步骤 6，直至所有通道选择显示区域选择完成	记录仪	按操作要求完成	
8	保存设置	轻按[显示/确定]键	记录仪	按操作要求完成	
9	退出设定界面	轻按[退出]键，退出设定界面	记录仪	按操作要求完成	

2.13 操作实施 13 设定显示属性

设定显示属性操作见表 2-13。

表 2-13 设定显示属性操作

序号	操作步骤	操作要求	工器具	测评标准	备注
1	按下[菜单]按键	轻按[菜单]键	记录仪	按操作要求完成	
2	按[下页 1/3]键	轻按[下页 1/3]键	记录仪	按操作要求完成	
3	按 5 号对应的软键	按 5 号对应的软键	记录仪	按操作要求完成	
4	进入显示属性设置界面	轻按 3 号对应的软键，出现如下的界面 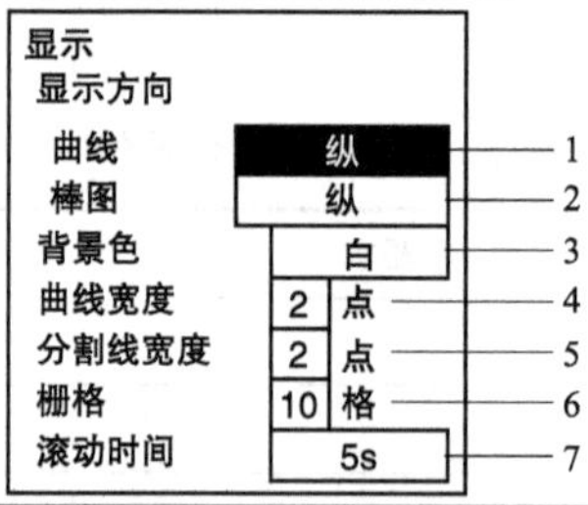	记录仪	按操作要求完成	
5	选择显示方向	在位置 1 处选择曲线显示方向为横或纵	记录仪	按操作要求完成	
6	选择棒图显示方向	在位置 2 处选择棒图显示方向为横或纵	记录仪	按操作要求完成	
7	选择背景色	在位置 3 处选择背景色为白色或蓝色	记录仪	按操作要求完成	
8	选择曲线宽度	在位置 4 处选择曲线宽度(1～3 点)	记录仪	按操作要求完成	
9	选择分割线宽度	在位置 5 处选择分割线宽度(1～3 点)	记录仪	按操作要求完成	
10	选择栅格宽度	在位置 6 处选择栅格宽度(4～12 格)	记录仪	按操作要求完成	
11	选择滚动时间	确定画面滚动时间(可选 5 秒、10 秒、20 秒、30 秒和 1 分钟)	记录仪	按操作要求完成	
12	保存设置	轻按[显示/确认]键	记录仪	按操作要求完成	
13	退出设定界面	轻按[退出]键，退出设定界面	记录仪	按操作要求完成	

2.14　实施中需要特别注意的几个关键点

1）关键点1

设置各通道的输入类型、量程时必须考量现场实际信号的输入范围。

2）关键点2

尽量设置组和分割线，以更好的显示相关工艺参数。

3）关键点3

自动保存时间请结合存储卡容量以及相关工艺参数的重要性考虑，即兼顾记录时间和记录精度。

第三章　故障检查和处理

常见故障现象和判断方法检查和处理见表 3-1。

表 3-1　常见故障现象和判断方法检查和处理

序号	故障现象	判断方法	故障原因分析	故障排除方法
1	通电后，记录仪无任何显示	目视检查记录仪显示情况	记录仪未得电	检查电源、熔丝以及电源接线
2	背光亮，但无曲线或字符显示	目视检查记录仪显示情况	信号未输入记录仪或记录仪故障	检查输入信号电缆或更换记录仪
3	改变通道输入，显示无变化	目视检查记录仪显示情况	通道设置与实际不一致	根据实际输入设置相应通道
4	通道测量不准确	检查记录仪显示与测量实际输入	输入通道设置不正确	根据实际情况设置相应通道

第四章　操作结束

4.1　总结回顾培训过程以及关键点

本次培训针对仪控维修新员工,较为详细的阐述了横河无纸记录仪使用各个方面的使用方法和知识以及对仪控检修人员行为规范的要求,对于现场工作具有指导意义

4.2　针对学员技能培训进行点评

学员对横河无纸记录仪使用操作过程进行阐述,并说明其中的关键点以及注意事项。教员对学员的陈述简要记录,根据阐述评判学员的掌握情况。教员指出学员阐述过程中的错误以及需要注意的事项,并且依据评判表,对学员的学习情况做出整体评判。

4.3　召开技能培训操作工作会

工后会是对整个工作过程的回顾以及必要的经验反馈。维修工后会记录表见表 4-1。

表 4-1　维修工后会记录表（示例）

<table>
<tr><td colspan="4">工作内容：</td><td>工单号：</td></tr>
<tr><td colspan="3">电厂：</td><td>机组：</td><td colspan="2">工作负责人/项目负责人：</td></tr>
<tr><td colspan="3">计划完工时间：</td><td colspan="2">实际完工时间：</td></tr>
<tr><td colspan="2">序号</td><td>检查项目</td><td>检查结果</td><td>异常情况记录</td></tr>
<tr><td rowspan="5">一
工作
回顾</td><td>1</td><td>工作许可证已归还</td><td>□是
□否</td><td></td></tr>
<tr><td>2</td><td>检修现场清理完成</td><td>□是
□否</td><td></td></tr>
<tr><td>3</td><td>设备标牌清晰无损伤</td><td>□是
□否</td><td></td></tr>
<tr><td>4</td><td>检修任务达到预期结果</td><td>□是
□否</td><td></td></tr>
<tr><td>5</td><td>试验设备和工器具已归还</td><td>□是
□否</td><td></td></tr>
<tr><td rowspan="2">二
经验
反馈</td><td>6</td><td>工期安排合理</td><td>□是
□否</td><td></td></tr>
<tr><td>7</td><td>工作人员配置充足</td><td>□是
□否</td><td></td></tr>
</table>

续表

序号		检查项目	检查结果	异常情况记录
二 经验 反馈	8	工作文件准备充分	□是 □否	
	9	工作人员的检修技能满足要求	□是 □否	
	10	规程、图纸需要升版	□是 □否	
	11	库存备件需要补充	□是 □否	
	12	更换下来的旧部件需要利旧翻新维修	□是 □否	
	13	检修过程中出现预期外的现象和报警	□是 □否	
	14	提出缺陷单、QDR、状态报告等	□有 □无	
	15	编写良好实践、经验反馈	□有 □无	
	16	工作中需要协调、改进建议等	□有 □无	
三 其他 事项	17			
工作组成员签名/日期:				

4.4 征求学员对技能培训及教材的信息反馈

征求学员对本次横河无纸记录仪使用培训及教材的评价。

第五章　经验反馈

横河无纸记录仪仅用于记录或监视相关系统或设备的运行状况，不参与控制，因此其相关的内部经验反馈较少。但从过往维修工作来看，因老化造成横河无纸记录仪的各种故障还是比较多的，主要体现在黑屏、屏幕破裂、颜色退化、部分显示失效等情况，因此已要求将各系统中安装的横河无纸记录仪放入预防性维修大纲中，每 10 年对相应的记录仪进行整体更换。

第六章　习　题

6.1　选择题(每题五分)

1. 对于横河 AX106 无纸记录仪中不需用到的通道,一般设置为(A)。

A. 不可用　B. 电压　C. 标尺　D. 电流

2. 对于同类型的输入,最好设置(C)以使信号更直观。

A. 触发信号　B. 分割线　C. 群组　D. 手动触发

3. 对于周期性信号需要合理选择(B),以至少完整显示一个周期。

A. 采样周期　B. 显示更新周期　C. 通道　D. 分辨率

注:以上试题在口试时每题 2 分。

6.2　填空题(每题五分)

1. 横河 AX106 无纸记录仪共设置________通道。

答:6 个

2. 若记录现场来的电流信号,需要首先连接一个________到该信号的输出端子上。

答:250 Ω标准电阻

3. 可以设置________来指示异常的输入参数。

答:报警

注:以上试题在口试时每题 2 分。

6.3　简答题

1. 怎样修改更改显示更新周期?

答:按菜单键后进入显示更新周期更改界面。

2. 如何改变显示曲线宽度?

答:进入显示属性界面进行更改。

3. 为什么要设置群组?

答:设定群组能直观清晰的观察和比较选定通道的输入情况,能更好的分析现场系统的运行情况。

4. 为什么要设置显示区域?

答:当要并行显示几个通道的曲线,而不希望曲线重叠时,可以使用区域显示。

6.4　实操题(模板)

鉴定点:720 MW 核电机组 S1-224

试题:使用横河无纸记录仪

1. 准备要求

考场准备:

(1) 试题名称:使用横河无纸记录仪

(2) 本题分值:80

(3) 考核时间:40 min

(4) 考核形式:实操

(5) 设备设施准备

序号	名称	规格	单位	数量	备注
1	横河无纸记录仪	AX106	台	1	测试对象
2	电压电流源	Altek 934	台	1	信号源
3	万用表	FLUKE 286	块	1	测量工具
4	螺丝刀	通用	套	1	接线拆线工具
5	剥线钳	通用	把	1	剥线工具
6	虎钳	通用	把	1	剪线工具
7	绝缘胶带	3 M	卷	1	线头包扎

考生准备:

(1) 试题名称:使用横河无纸记录仪

(2) 本题分值:80

(3) 考核时间:40 min

(4) 考核形式:实操

(5) 工具及其他准备:无

2. 考核要求

(1) 本题分值:80

(2) 考核时间:40 min

(3) 考核形式:实操

(4) 具体考核要求:考核场地要求:现场整洁,工器具摆放有序,符合工业安全和辐射防护要求

(5) 否定项说明:

1) 考试过程中,非考生本人亲自参加考核;

2) 技能培训中操作步骤不按顺序执行并已经导致操作部分无法成功完成;

3）遗漏技能培训科目操作步骤中的关键步骤，导致操作部分无法完成；

4）技能培训操作中严重违反安全生产相关规定的操作步骤；

5）技能培训口试中答案严重违反安全生产相关规定；

6）出现严重偏离技能培训目标标准的答案；

7）无法回答一定数量口试问题；

8）辅助人员帮助或提示考生酌情予以扣分

3. 配分与评分标准

序号	考核内容	考核要点	配分	评分标准	得分	扣分
1	实操前工作准备	1. 工器具、材料、备件准备 2. 文件准备 3. 工业安全及辐射防护准备 4. 场地布置准备	20分	1. 要求工器具、材料备件齐全，有遗漏项目酌情扣分。 2. 相关文件准备(如需要)。 3. 个人防护用品穿戴齐全，辐射防护要求按实际情况执行，未按要求准备酌情扣分。 4. 工器具、材料等分类摆放整洁，视准备情况酌情扣分。		
2	维修工器具的正确使用	维修工具、专用工具、量具等	30分	1.未正确使用工器具酌情扣分。 2. 使用前未使用万用表检查记录仪电源电压扣10分。 3. 未检查相关铭牌等扣10分。 4. 无纸记录仪设置不当酌情扣分。		
3	文明检修情况	零部件摆放、维修操作过程	20分	1. 工器具摆放有序，酌情扣分。 2. 野蛮操作，酌情扣分。 3. 未使用绝缘胶带包裹接线位置的直接扣3分。		
4	操作时间	时间控制	10分	每超过3分钟扣1分。		

否定项：1. 起吊过程中，设备掉落；

2. 没有作好防异物措施。

评分人： 年 月 日 核分人： 年 月 日

第十八部分　使用 HIOKI 记录仪

第一章　操作准备

1.1　原理描述

1.1.1　存储记录仪的定义

所谓的存储记录仪即将采样后的电压等信号转换为波形或数字代码进行显示或存储，以便于后续工况分析，图 1-1 即为存储记录仪的原理图。

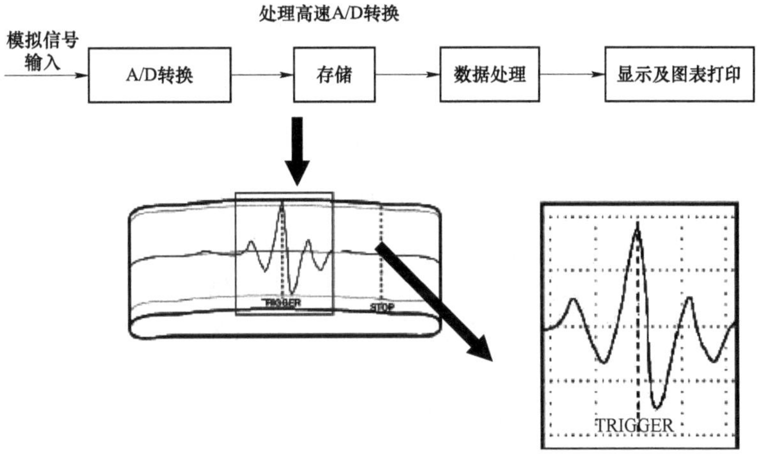

图 1-1　存储记录仪原理图

其中对于 A/D 转换部分，见图 1-2，采样速度越快，X 轴上的数据就越精确，分辨率越高，Y 轴上的数据就越精确。

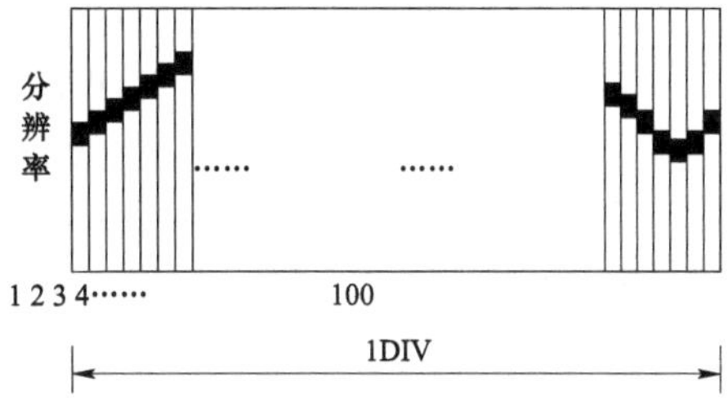

图 1-2　存储记录仪 A/D 转换

1.1.2　HIOKI 8835 的基本结构与设置

1）前面板

HIOKI 8835 记录仪前面板上设置有所有的按

键以及旋钮,用来完成参数设置、调节、测量、存储、打印和查看等基本操作,图 1-3 即为其示意图。

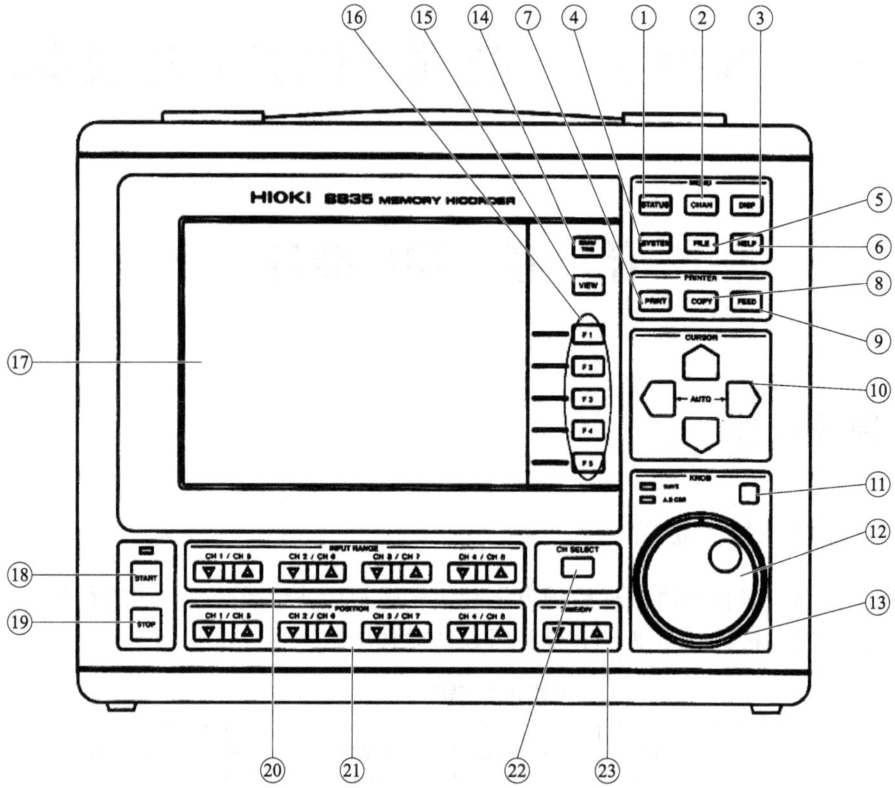

图 1-3 HIOKI 8835 前面板示意图

① STATUS 键	进入状态屏,该屏用来设置大多数的测量参数。
② CHAN 键	进入通道屏,该屏用来对输入通道进行设置。
③ DISP 键	进入显示屏,显示测量和分析结果。
④ SYSTEM 键	进入系统屏,该屏用来进行系统设置,如比例功能等。
⑤ FILE 键	进入文件屏,该屏用来读写波形数据等。
⑥ HELP 键	提供在线帮助。
⑦ PRINT 键	打印存储的波形。
⑧ COPY 键	打印当前屏幕显示内容。
⑨ FEED 键	打印纸进纸键。
⑩ CURSOR 键组	含四个方向键,用来在四个方向移动闪烁光标。
⑪ 选择键	旋钮⑫及飞梭⑬之间的切换键。
⑫ 旋钮	旋转旋钮用来改变数值、移动 A/B 光标、卷动波形等。
⑬ 飞梭	移动的速度与旋转的角度成正比。
⑭ MANU TRIG 键	手动触发键。
⑮ VIEW 键	指示目前显示屏幕相对于整个记录长度的位置信息。

⑯ F1~F5 键　　用来选定设置的项目。
⑰ LCD 显示器　　显示器件。
⑱ START 键　　开始测量和分析，在测量期间，键上的发光二极管亮。
⑲ STOP 键　　停止测量和分析，需连按该键两次停止测量。
⑳ RANGE 键　　设定输入通道的测量范围。
㉑ POSITION 键　　设定输入通道的零位。
㉒ CH SELECT 键　　选择测量通道。
㉓ TIME/DIV 键　　设定输入信号的采样和存储速度。

2）右面板

右面板为电源输入部分、测量信号输入接口部分以及存储卡插入部分等的接口界面，图 1-4 即为其示意图。

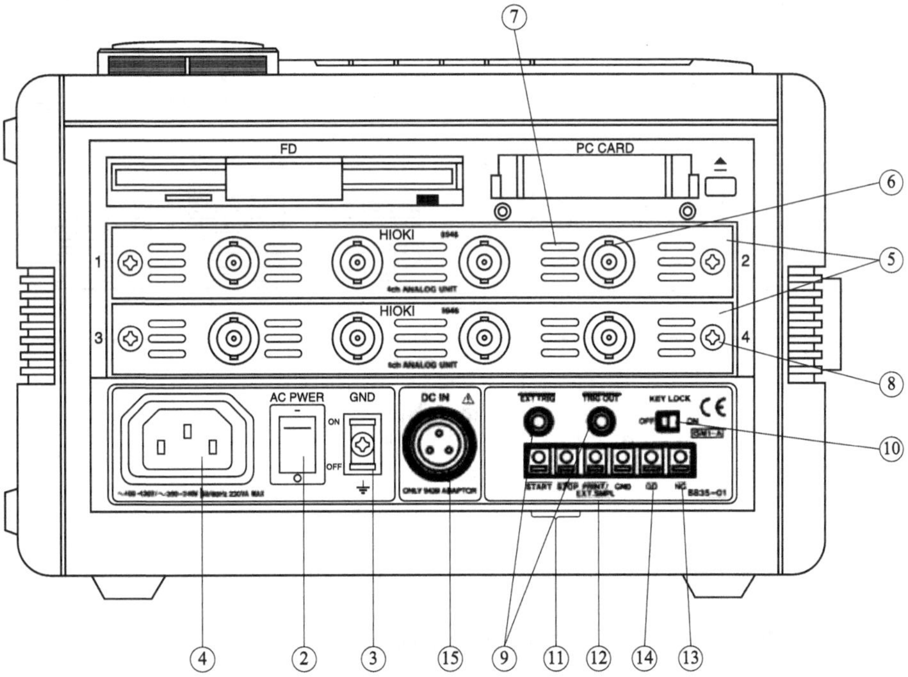

图 1-4　HIOKI 8835 右面板示意图

① AC 电源开关　　打开或关闭仪器电源。
② 功能接地端子　　接地线接线端子，一般不连接。
③ 交流电源插座　　电源线插入此处。
④ 输入模块插槽　　安装测量卡件。
⑤ 模拟输入接口　　接测试信号。
⑥ 通风孔
⑦ 固定螺钉　　用来固定插入式模块。
⑧ 外部触发端子　　外部触发信号接入点，也作为触发信号输出。
⑨ 键盘锁开关　　拨到“ON”位置时，记录仪所有按键无效。
⑩ 外部“启动/停止”　　外部开始/停止控制信号接入端。

⑪ 外部打印/采样端子　外部打印控制信号接入端子。
⑫ “不通过”输出端子　图形评价为“不通过”时输出信号端子。
⑬ “通过”输出端子　图形评价为“通过”时输出信号端子。
⑭ 直流电源连接端子　直流电源接到此处。

3）上面板

上面板主要是逻辑输入接口，图 1-5 即为其示意图。

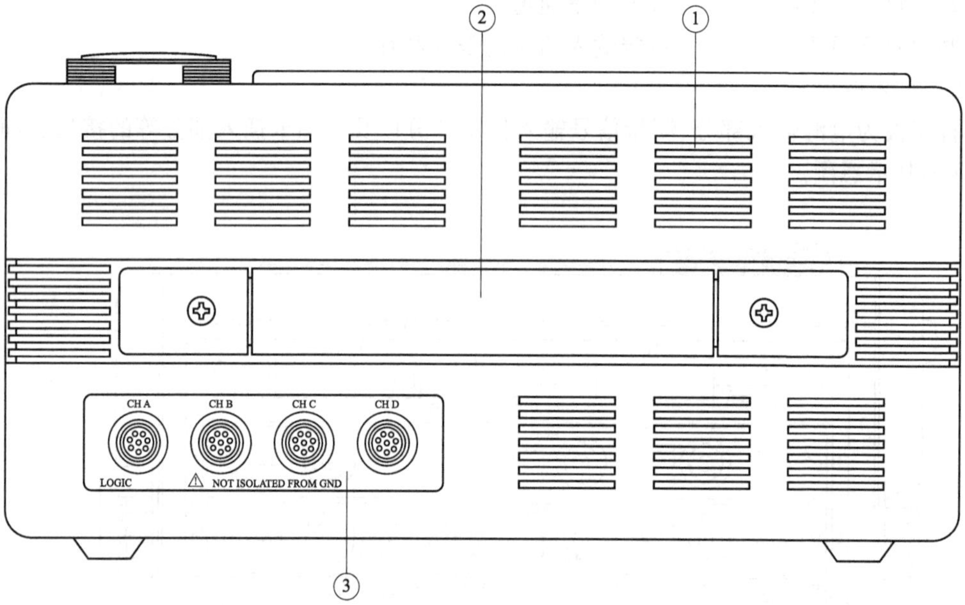

图 1-5　HIOKI 8835 上面板示意图

① 通风孔。
② 携带装置。
③ 逻辑信号接口　与逻辑探头连接，适用于通道 A 到 D。

1.1.3 HIOKI 8835 记录仪常用工作模式说明

HIOKI8835 有三种记录模式可供选择，即 MEMORY 记录模式、RECORDER 记录模式和 RMS 记录模式，其中 MEMORY 记录模式最为常用，其特点是采样和存储的速度快，可以达到记录仪的最高采样率，但由于内存大小的限值，该模式的记录时间受限。该记录模式的原理如图 1-6。

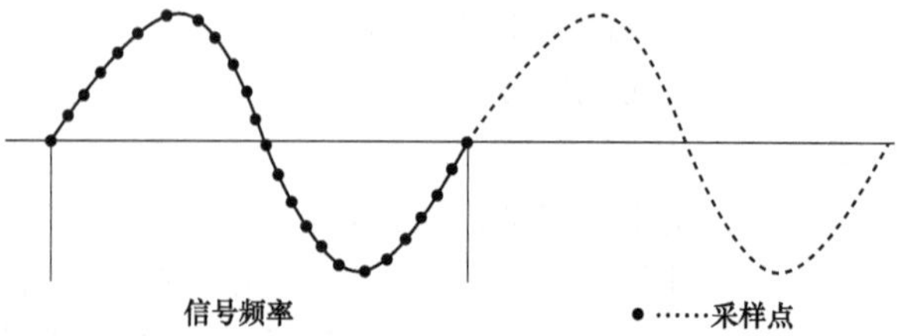

图 1-6　HIOKI 8835 Memory 记录模式原理图

RECORDER 记录模式的特点是可以较长时间的连续记录，非常接近原来的走纸记录仪。该记录模式对于每个采样点都会记录一个最大值和一个最小值，从而做到不漏掉出现的突变信号，该模式的工作原理如下图 1-7。

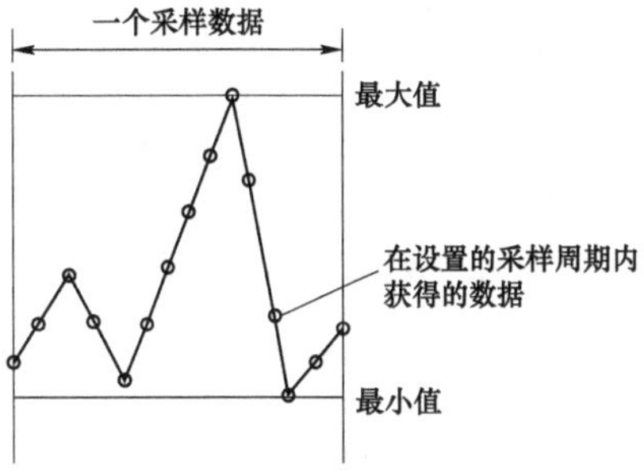

图 1-7　HIOKI 8835 记录仪 Recorder 记录模式原理图

RMS 记录模式类似 Memory 记录模式，但仅适用于测量交流信号的有效值。

根据上述不同记录模式的特点，针对不同的被测信号，选择合适的记录模式才能达到预期的工作目的。一般情况下，对于被测信号为交流信号时建议采用 MEMORY 记录模式或 RMS 记录模式，若被测信号需要长时间连续记录的直流信号时建议采用 RECORDER 记录模式。

1.1.4　各设置屏幕简介

1）STATUS 屏幕设置

在记录仪开机自检完成后，第一次按下“STATUS”键，即出现如图 1-8 的显示界面，此时移动光标至屏幕最上方中间部位，即可以选择记录模式为“MEMORY”，向下移动光标，则可以对屏幕中间各项进行设定。对于各项设置定义不明确的，可以通过按压“HELP”键来查看各设定项目的定义，从而进行恰当的选择。

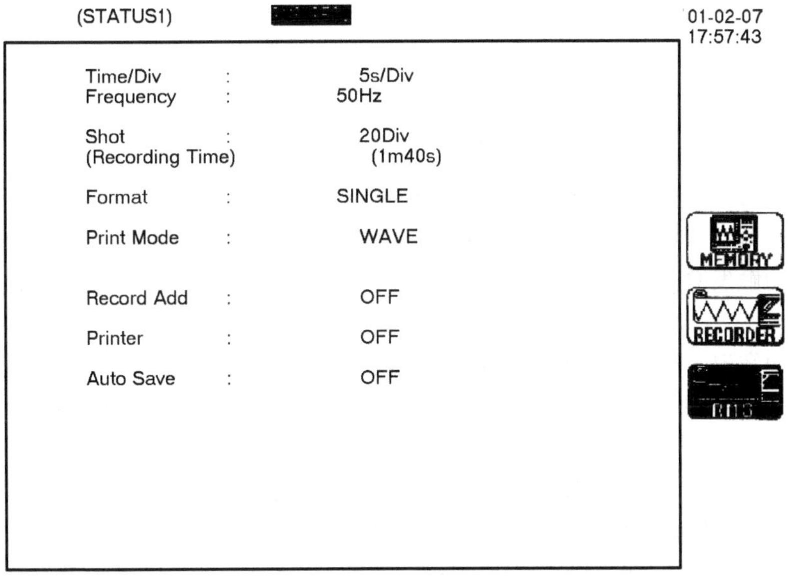

图 1-8　HIOKI 8835 记录仪 STATUS 1 设置屏幕

Time/Div	用于设定每个小格的时间长度，即时间轴精度。
Shot	设定记录长度的格数。
Format	设定显示格式。
Print Mode	选择以波形或数字作为打印输出形式。

Roll Mode　　　　选择是否在采样同时显示波形。

Auto Print　　　　选择是否在采样测量结束后自动打印输出。

Auto Save　　　　选择是否在采样测量结束后自动保存测量结果。

Overlay　　　　　选择在空间不足时是否对原来的测量结果进行覆盖。

随后再次按压 STATUS 键,即可进入 STATUS 2 屏幕,见图 1-9。

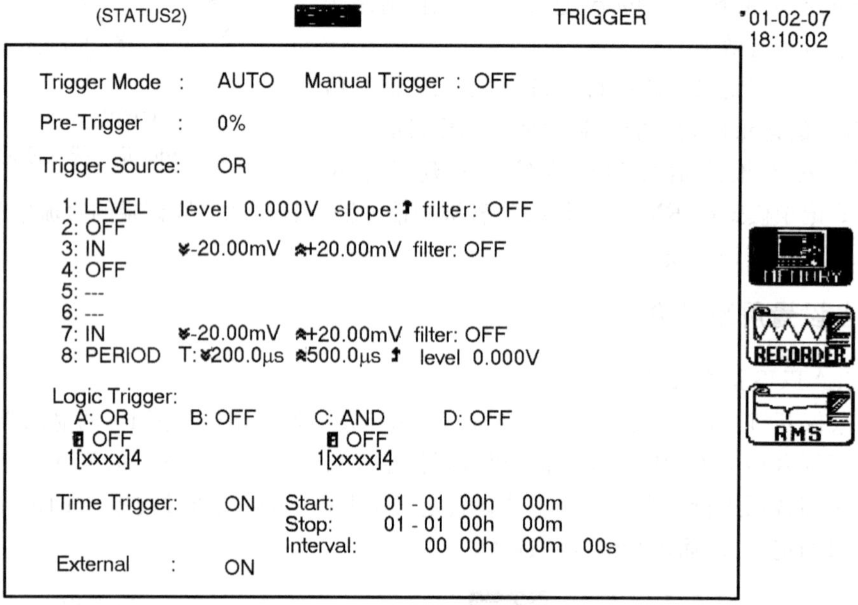

图 1-9　HIOKI 8835 记录仪 STATUS 2 设置屏幕

其中需要特别说明的下列内容:

(1) "Trigger"是指利用信号来控制记录的开始或停止的时刻。

(2) "Triggered"是指一个信号已激活,使得记录已经开始或结束。

(3) 通过 STATUS2 屏幕或 DISPLAY 屏幕可以设置多种功能的触发参数。

(4) 手动触发总是在 MANU TRIG 钮被按下时才发生的,而不管其他触发信号如何设置。

(5) 假如在记录中改变了触发设置(源,预触发),则测量重新开始时使用新设置。

(6) 当使用预触发时,在测量开始后一个特定时期不能触发(在此时间中,"pre-trigger standby"会出现在屏幕上)。

(7) 当可以触发时,会显示"waiting for trigger"(等待触发)。

(8) 假如时间轴在存储记录模式中被设定为"EXT(外部)",则预触发不能被设定。

在 STATUS 2 屏幕根据实际需要选择合适的触发模式、触发源等。其中选择触发模式时,可选择:

Single:仅触发一次,在"START"按键被按下后,即等待触发条件满足,一旦触发即开始记录波形,并延续到预置的记录长度,随后测量自动结束。

Repeat:可重复多次重复,但触发间隔长于记录时间方能被再次触发,如测量 50 Hz 的交流信号,选择该触发模式时,每次触发后记录时间不得长于 20 模式,方能使得该信号在每个周期均被触发；按下“STOP”按键后，测量结束。

Auto：自动设定为连续触发。假如触发条件在 1 秒内不满足，自动开始波形记录，并延续到预置的记录长度。按下“STOP”按键后，测量结束。

在选择完触发模式后，即可选择是否需要预触发。

对于各通道的触发类型而言，解释如下：

(1) 模拟触发：利用模拟输入作为触发信号，其分为以下 6 种

i. 电平触发(存储记录，记录模式)当输入信号穿过预设触发电平时触发。穿越的斜率(↑,↓)也可以预先设定。

ii. 窗内触发(存储记录，记录模式)

当输入信号进入设定的上、下限之间时触发。

iii. 窗外触发(存储记录，记录模式)

当输入信号不在设定的上、下限之间时触发。

iv. 电压降触发(存储记录，记录模式)当电压峰值降至设定值以下则触发。

v. 周期触发(存储记录，记录模式)当电压周期偏离指定范围时触发开始。

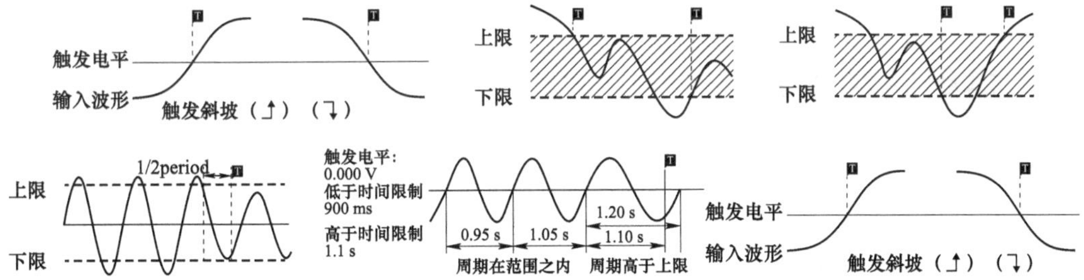

图 1-10 各通道的触发类型

vi. RMS 基准触发

当输入信号沿特定方向(斜率↑,↓)穿过预设触发基准(有效值)时触发。

(2) 逻辑触发：利用逻辑通道的信号作为触发源，需要制定逻辑通道之间的逻辑关系(and/or)，当触发条件满足时触发。

(3) 外部触发：利用一个外部信号作为触发源。外部触发可以是 EXTTRIG、端子短路或使用边缘下降信号并低于 2.5 V。

(4) 计时触发：此功能用于定时计录，其能在预设的开始时间到结束时间之间按设定的时间间隔完成连续的触发。

(5) 手动触发：按下“MANU TRIG”按键后即直接手动触发，此时触发源 AND/OR 逻辑关系将失效。

2) CHAN 显示屏

按下“CHAN”按键则进入通道设定，首先需要根据实际情况来选择通道数目，颜色、在纵坐标的位置、横坐标的时间间隔即 DIV 等。

3) SYSTEM 显示屏

按下“SYSTEM”按键进入系统设置，进行系统时间设定等操作，还可进行比例功能设置、注释功能以及游标功能等高级功能。

4）FILE显示屏

按下“FILE”按键进入文件编辑显示界面，可对文件进行拷贝、删除等操作。

1.2 文件准备

涉及现场工作的文件等。

1.3 工器具准备

1）专用工器具：HIOKI记录仪。

2）常用工器具：个人工器具等根据实际情况。

1.4 模拟体准备

技能培训中心。

1.5 辐射防护准备

无。

1.6 工业安全准备

穿戴防护用品。

第二章　操作实施

2.1　操作实施 1　记录仪检查

记录仪检查操作见表 2-1。

表 2-1　记录仪检查

序号	操作步骤	操作要求	操作工器具	测评标准	备注
1	现场检查	检查现场电源接头情况	万用表	220 V AC	
2	连接记录仪	连接记录仪至 220 V AC 电源	插线板或电源拖线盘	按操作要求完成	
3	记录仪自检	打开记录仪电源开关	无	按操作要求完成	

2.2　操作实施 2　STATUS1 界面设定

STATUS1 界面设定操作见表 2-2。

表 2-2　STATUS1 界面设定

序号	操作步骤	操作要求	操作工器具	测评标准	备注
1	按下“STATUS”按键	轻按“STATUS”键	记录仪	按操作要求完成	
2	选择记录模式为“MEMORY”	将光标移动到(STSTUS1)后面的记录模式处,按下 F1 键选择记录模式为“MEMORY”	记录仪	按操作要求完成	
3	选择合适的 Time/Div Frequency	根据实际情况选择合适的横坐标轴参数	记录仪	按操作要求完成	
4	选择合适的 Shot (Recording Time)	根据实际情况选择合适的采用精度	记录仪	按操作要求完成	
5	选择显示窗口数目	选择“Single”单窗口显示	记录仪	按操作要求完成	
6	选择打印模式	选择打印模式为“Wave”,即打印波形	记录仪	按操作要求完成	
7	确定 Roll Mode 选项	确定 Roll Mode 选项为“Off”	记录仪	按操作要求完成	
8	确定 Auto Print 选项	确定 Auto Print 选项为“Off”	记录仪	按操作要求完成	
9	确定 Auto Save 选项	确定 Auto Save 选项为“Off”	记录仪	按操作要求完成	
10	确定 Overlay 选项	确定 Overlay 选项为“Off”	记录仪	按操作要求完成	

操作实施 2 中序 2,选择记录模式为“MEMORY”,当移动光标到某个参数时,若该参数存在几个不同的选项,则在显示屏右侧会自动跳出相应的选项,每个选项都对应一个功能键即 F1~F5 等,要选择某个选项则按下对应其的功能键 Fn 即可。当选项过多时,可能会分屏显示,此时按下 F5,可在不同选项屏中进行跳转。

2.3 操作实施 3 STSTUS 2 界面设置

STSTUS 2 界面设置操作见表 2-3。

表 2-3 STSTUS 2 界面设置

序号	操作步骤	操作要求	操作工器具	测评标准	备注
1	按下“STATUS”键	再次按下“STATUS” 键	记录仪	按操作要求完成	
2	选择触发模式	根据实际需求选择合适的触发模式,通常选择“Auto”	记录仪	按操作要求完成	
3	设置手动触发	根据实际情况选择是否需要手动触发	记录仪	按操作要求完成	
4	设置 Pre-trigger	根据实际情况选择是否需要预触发	记录仪	按操作要求完成	
5	设置触发源逻辑关系	选择“OR”即或逻辑关系	记录仪	按操作要求完成	
6	设置触发类型	根据实际需要设置各通道的触发类型	记录仪	按操作要求完成	
7	设置逻辑触发	根据实际需要设置各逻辑通道,通常逻辑通道均不使用	记录仪	按操作要求完成	
8	设置外部触发	根据实际需要设置外部触发,通常情况不采用	记录仪	按操作要求完成	

操作实施 3 中序 6,设置触发类型,根据实际情况对各通道的触发类型进行设置,即选择第一章提到的六种模拟触发的类型之一。每个通道均可进行设置,并结合序 5 中选择的触发源逻辑关系来确定最终的触发类型,若选择触发源逻辑关系为“And”,则设置的各通道触发条件均满足时才能触发,若如选择触发源逻辑关系为“Or”,则设置的各通道触发条件满足任何一个均能触发记录仪开始工作。

2.4 操作实施 4 Channel 显示界面设置

Channel 显示界面设置见表 2-4。

表 2-4 Channel 显示界面设置

序号	操作步骤	操作要求	操作工器具	测评标准	备注
1	按下“STATUS”按键	轻按“CHAN”按键	记录仪	按操作要求完成	

续表

序号	操作步骤	操作要求	操作工器具	测评标准	备注
2	选择通道数目	根据实际需要,选择合适的测量通道数目	记录仪	按操作要求完成	
3	确定各通道颜色	为便于区分,对不同通道的颜色进行确定	记录仪	按操作要求完成	
4	确定各通道显示图形	确定各通道的显示图形	记录仪	按操作要求完成	
5	确定各通道电压轴的范围	根据实际情况,对每个通道的电压轴即纵坐标分度进行确定	记录仪	按操作要求完成	
6	连接各输入通道	给各输入通道接线	记录仪	按操作要求完成	
7	确定各通道零位	观察各通道的零位是否重合	记录仪	按操作要求完成	
8	调整各通道零位	根据实际情况对各通道零位进行调整	记录仪	按操作要求完成	
9	调整电压轴的放大与衰减	根据实际情况对各通道电压轴进行放大或衰减	记录仪	按操作要求完成	
10	设置滤波	根据实际情况确定各通道是否需要设置低通滤波	记录仪	按操作要求完成	

2.5 操作实施 5 SYSTEM 显示界面设置

SYSTEM 界面通常用来设置系统时间以及部分高级设置如注释功能、游标功能,一般而言不用进行设置。

2.6 操作步骤 6 开始测量

开始测量操作见表 2-5。

表 2-5 开始测量

序号	操作步骤	操作要求	操作工器具	测评标准	备注
1	按下“DISPLAY”键	按下“DISPLAY” 键	记录仪	按操作要求完成	
2	按下“START”键	按下“STATUS” 键	记录仪	按操作要求完成	

2.7 操作步骤 7 结束测量

结束测量操作见表 2-6。

表 2-6 结束测量

序号	操作步骤	操作要求	操作工器具	测评标准	备注
1	按下“STOP”键	按下“STOP” 键	记录仪	按操作要求完成	
2	再次按下“STOP”键	按下“STOP” 键	记录仪	按操作要求完成	
3	检查测量结果	根据实际情况检查测量结果	记录仪或电脑等	按操作要求完成	

2.8 实施中需要特别注意的几个关键点

1）关键点 1

设置各通道的电压轴必须考虑现场实际信号的输入范围，还必须结合零位调整进行设置。

2）关键点 2

在设置电压轴范围时，可手动触发进行观察实际输入波形作为参考。

3）关键点 3

采样时间和记录时间必须和触发模式综合考虑，如触发模式为“Repeat”，则每次记录时间必须小于触发信号的周期，否则部分触发信号将无效并被忽略。

第三章　故障检查和处理

3.1　出错信息类型

记录仪提供 2 种水平的出错信息，即错误信息和警告信息。其区别如下：

1）错误信息

● 屏幕底部会出现"ERROR nn"信息，此信息仅在错误消除后或按下"STOP" 键后，方可消除。

● 若蜂鸣器设置为开，则在显示错误信息的同时蜂鸣器鸣叫。

2）警告信息

● 在屏幕底部显示"警告"和信息，几秒后消失。

● 警告信息在按压任意键时消失。

● 若蜂鸣器设置为开，则仅当显示信息的同时蜂鸣器响 1 次。

3.2　常见故障检查和处理

常见的故障现象、出错信息、故障原因分析及检查和处理见表 3-1。

表 3-1　常见的故障现象、出错信息、故障原因分析及检查和处理

序号	故障现象	出错信息类型	故障原因分析	故障排除方法
1	打印失败，显示故障代码为 ERROR 1	错误信息	打印纸用完或打印纸未安装好	重新安装打印纸
2	打印失败，显示故障代码为 ERROR 2	错误信息	打印机滑杆不到位	将打印机滑杆滑到位
3	打印失败，显示故障代码为 ERROR 11	错误信息	打印机设置不正确	系统设置为外部打印机但外接打印机未设置
4	打印失败，显示故障代码为 ERROR 12	错误信息	打印机设置不正确	系统设置为外部打印机但外接打印机未连接或未开机
5	打印失败，显示故障代码为 ERROR 13	错误信息	打印纸用完	打印纸用完，需更换
6	打印失败，显示故障代码为 ERROR 14	错误信息	打印机故障	打印机故障，检查内部打印机
7	打印纸上无图像	警告信息	打印纸正反装错	对调打印纸正反面

续表

序号	故障现象	出错信息类型	故障原因分析	故障排除方法
8	WARNING 70	警告信息	未插入软盘	未插入软盘，需插入软盘。
9	WARNING 71	警告信息	文件非 8835 生成	不能打开不是由 8835 生成的数据文件。
10	WARNING 80	警告信息	未插入 PC 卡	插入 PC 卡。
11	WARNING 202	警告信息	打印机滑杆位置错误	内置打印机滑杆处于高位，将其滑至低位。
12	WARNING 208	警告信息	不能存储，介质写保护	取消存储介质的写保护。
13	WARNING 209	警告信息	存储空间近乎满	存储空间近乎满，换存储介质或删除文件以扩大存储空间。
14	WARNING 214	警告信息	预触发设置无效	设置的预触发无效，取消或重新设置如取消附加记录功能。

第四章　操作结束

4.1　总结回顾培训过程以及关键点

本次培训针对仪控维修新员工,较为详细的阐述了使用 HIOKI 记录仪各个方面的使用方法和知识以及对仪控检修人员行为规范的要求,对于现场工作具有指导意义

4.2　针对学员技能培训进行点评

学员对使用HIOKI记录仪使用操作过程进行阐述,并说明其中的关键点以及注意事项。教员对学员的陈述简要记录,根据阐述评判学员的掌握情况。教员指出学员阐述过程中的错误以及需要注意的事项,并且依据评判表,对学员的学习情况做出整体评判。

4.3　召开技能培训操作工作会

工后会是对整个工作过程的回顾以及必要的经验反馈。维修工后会记录表见表 4-1。

表 4-1　维修工后会记录表（示例）

<table>
<tr><td colspan="4">工作内容：</td><td>工单号：</td></tr>
<tr><td colspan="3">电厂：</td><td colspan="2">机组：　工作负责人/项目负责人：</td></tr>
<tr><td colspan="3">计划完工时间：</td><td colspan="2">实际完工时间：</td></tr>
<tr><td colspan="2">序号</td><td>检查项目</td><td>检查结果</td><td>异常情况记录</td></tr>
<tr><td rowspan="5">一
工作回顾</td><td>1</td><td>工作许可证已归还</td><td>□是
□否</td><td></td></tr>
<tr><td>2</td><td>检修现场清理完成</td><td>□是
□否</td><td></td></tr>
<tr><td>3</td><td>设备标牌清晰无损伤</td><td>□是
□否</td><td></td></tr>
<tr><td>4</td><td>检修任务达到预期结果</td><td>□是
□否</td><td></td></tr>
<tr><td>5</td><td>试验设备和工器具已归还</td><td>□是
□否</td><td></td></tr>
</table>

续表

序号		检查项目	检查结果	异常情况记录
二 经验反馈	6	工期安排合理	□是 □否	
	7	工作人员配置充足	□是 □否	
	8	工作文件准备充分	□是 □否	
	9	工作人员的检修技能满足要求	□是 □否	
	10	规程、图纸需要升版	□是 □否	
	11	库存备件需要补充	□是 □否	
	12	更换下来的旧部件需要利旧翻新维修	□是 □否	
	13	检修过程中出现预期外的现象和报警	□是 □否	
	14	提出缺陷单、QDR、状态报告等	□有 □无	
	15	编写良好实践、经验反馈	□有 □无	
	16	工作中需要协调、改进建议等	□有 □无	
三 其他事项	17			

工作组成员签名/日期：

4.4 征求学员对技能培训及教材的信息反馈

征求学员对本次使用 HIOKI 记录仪培训及教材的评价。

第五章　经验反馈

HIOKI 记录仪作为维修工具，虽未见相关的内部反馈，但从过往的使用经验来看，因不同型号的记录仪的逻辑触发输入端设置时很复杂，不建议用于现场在线测试。因其设置必须考虑内部逻辑与现场各逻辑(TTL 逻辑、CMOS 逻辑和 ECL 逻辑)的对应关系，否则容易导致记录仪烧坏，甚至因其现场系统异动，造成不必要的损失。如确要进行逻辑测试，请转用逻辑测试仪进行相应的工作。

第六章　习　题

6.1　选择题(每题 5 分)

1. 若选择一台仪器检查几个小时的模拟信号,可能的最佳选择是(A)。

A. 记录仪　　B. 万用表　　C. 示波器　　D. 逻辑分析仪

2. 若现场某信号电压值出现陡降的瞬变情况,最合适的触发类型是(C)。

A. 范围内触发　　B. 范围外触发　　C. 电压降触发　　D. 手动触发

3. 周期性信号采用(　)触发模式最佳,但须注意记录时间应(B)信号周期。

A. Single,大于　　B. Repeat,小于

C.Auto,无所谓　　D. Single,小于

注:以上试题在口试时每题 2 分。

6.2　填空题(每题 5 分)

1. 记录仪一般的采样精度为________级别,而示波器则为________级别,因此在监测工艺信号时应根据实际情况选择合适的仪器仪表。

答:μs　ns

2. 在________界面按压 VIEW 键,即可快速查看输入通道的分布情况。

答:任意

3. 不同型号模拟量输入模块的允许电压是不同的,具体数据可以从模块表面的________来确定,测量之前需要确认,以防过压后烧毁模块。

答:标注

注:以上试题在口试时每题 2 分。

6.3　简答题(每题 5 分)

1. 如何将记录仪记录的波形在电脑上查看、编辑?

答:将记录文件保存成*.bin 文件后放到电脑中即可查看编辑。

2. 在记录仪中如何精确查看离零点很远的信号的小幅波动?

答:通过设置偏置和放大倍数即可。

3. 怎样查看确认 HIOKI 8835 的最大采样率?

答:在 Status 1 界面即可查看。

4. 在记录仪中如何选择打印和拷贝的输出对象?

答:使用 PRINT 键,屏幕数据的输出设备以及输出颜色可以一一进行指定。使用 COPY

键,屏幕数据的输出设备以及输出颜色可以一进行指定。

注:以上试题在口试时每题 2 分。

6.4　实操题

鉴定点:技能培训中心 303 教室

试题:使用 HIOKI 记录仪

1. 准备要求

考场准备:

(1) 试题名称:时间继电器校验

(2) 本题分值:80

(3) 考核时间:40 min

(4) 考核形式:实操

(5) 设备设施准备

序号	名称	规格	单位	数量	备注
1	HIOKI 记录仪	8838	台	1	测试工具
2	电流电压源	ALTEK934	台	1	源信号
3	万用表	FLUKE 286	块	1	测量工具
4	拖线盘	普通	个	1	
5	绝缘胶带	3 M	卷	1	线头包扎

考生准备:

(1) 试题名称:使用 HIOKI 记录仪

(2) 本题分值:80

(3) 考核时间:40 min

(4) 考核形式:实操

(5) 工具及其他准备:无

2. 考核要求

(1) 本题分值:80

(2) 考核时间:40 min

(3) 考核形式:实操

(4) 具体考核要求:考核场地要求:现场整洁,工器具摆放有序,符合工业安全和辐射防护要求

(5) 否定项说明:

1) 考试过程中,非考生本人亲自参加考核;

2) 技能培训中操作步骤不按顺序执行并已经导致操作部分无法成功完成;

3) 遗漏技能培训科目操作步骤中的关键步骤,导致操作部分无法完成;

4）技能培训操作中严重违反安全生产相关规定的操作步骤；

5）技能培训口试中答案严重违反安全生产相关规定；

6）出现严重偏离技能培训目标标准的答案；

7）无法回答一定数量口试问题；

8）辅助人员帮助或提示考生酌情予以扣分。

3. 配分与评分标准

序号	考核内容	考核要点	配分	评分标准	扣分	得分
1	实操前工作准备	1. 工器具、材料、备件准备 2. 文件准备 3. 工业安全及辐射防护准备 4. 场地布置准备	20分	1. 要求工器具、材料备件齐全，有遗漏项目酌情扣分。 2. 相关文件准备(如需要)。 3. 个人防护用品穿戴齐全，辐射防护要求按实际情况执行，未按要求准备酌情扣分。 4. 工器具、材料等分类摆放整洁，视准备情况酌情扣分。		
2	维修工器具的正确使用	维修工具、专用工具、量具等	30分	1. 未正确使用工器具酌情扣分。 2. 使用前未使用万用表检查记录仪电源电压扣10分。 3. 未检查相关铭牌等扣10分。 4. 无纸记录仪设置不当酌情扣分。		
3	文明检修情况	零部件摆放、维修操作过程	20分	1. 工器具摆放有序，酌情扣分。 2. 野蛮操作，酌情扣分。 3. 未使用绝缘胶带包裹接线位置的直接扣3分。		
4	操作时间	时间控制	10分	每超过3分钟扣1分。		

否定项：1. 严重违反安全生产相关规定的操作步骤；

2. 操作步骤不按顺序执行并已经导致操作部分无法成功完成。

评分人： 年 月 日　　　　核分人： 年 月 日

第十九部分　仪表弯管和 Swagelok 接头、Parker 接头的安装

第一章　操作准备

1.1　原理描述

1.1.1　管接头的优越性能

管接头在设计、性能、安装等方面都因该具有优越的性能，才能表示管接头的优越性。

在设计方面管接头应包括以下几个方面：

1) 自动对中性

2) 既可用于厚壁管也可用于薄壁管。

3) 在密封前面具有减振支持。

4) 所有部件都用接头本体相同材料组成，从而达到温度兼容性并具有抗腐蚀能力。

5) 具有一定的弹性余地，以确保温度变化不会产生泄漏。

6) 在机械加工的表面上密封。

7) 卡套和本体之间密封处不是管子的受力部位。

8) 补偿管子材料的正常变化。

9) 不产生扭矩或在管子上留有残余压力。

10) 不会减弱有效壁厚。

11) 不明显减少流通面积。

在性能方面管接头应包括以下几个方面：

1) 可承受高达管子爆破的压力而不泄漏。

2) 可在真空、低压或高压下工作。

3) 在低温下始终如一地密封。

4) 在大范围温度变化条件下能稳定地密封。

5) 在反复拆装条件下能重复密封。

在安装方面管接头应包括以下几个方面：

1) 用几何动作(5/4 转)而不是扭矩达到稳定地装配。

2) 初始装配前后不再需要拆开检查。

3) 不需要特殊安装工具。

1.1.2 SWAGELOK PARKER 管接头的结构和工作原理

SWAGELOK 接头、PARKER 管接头是一个由接头本体、螺母、前后卡套组成的无扩口的机械夹持接头。所有零件都是由满足特别严格要求的实心棒材制成。SWAGELOK 接头、PARKER接头有一系列构造和材料可以选择,可满足不同程度腐蚀性流体和恶劣环境下工作的需要。

SWAGELOK 接头、PARKER 管接头是一个结构紧凑的密封和夹紧密装置。卓越的设计、精密的加工公差以及严格的质量保证程序,再加上正确的安装就形成了无泄漏的全金属密封和夹持装置。

SWAGELOK 接头、PARKER 管接头由接头本体、螺母、前后卡套组成,其功能如下:

1) 将管子插入完全装配好的接头中,注意要把管子一直插到底部。

2) 将扳手固定住接头本体,把螺帽拧紧 5/4 圈。在此过程中接头内部依次发生一系列预先设计好的动作。

a) 通过螺纹机械式推进,螺母向前运行使后卡套向前。

b) 后卡套推动前卡套向前。

c) 接头本体的尖端向内挤压前卡套。

d) 前卡套消除它的内径与管子外径之间的公差。

e) 随着管子向前向内运动,它的后缘由后卡套抬起而顶向接头本体斜面密封的位置。

f) 随着管子更大的变形和本体斜面与前卡套接触面积的增大,更大的阻力迫使后卡套向内,从而在管子上形成第二级紧密的支撑。

g) 在用扳手拧紧 5/4 圈时,螺母前进了 1/16″。在这 1/16″运动过程中,密封盒夹持的作用也就完成。

h) 在这个经过证明的设计中,其独特的性能之一就是当管子材料、壁厚和硬度在一系列范围内变化时,能保持其密封和夹持作用。由于管子对前卡套运动的阻力决定了后卡套夹持力的大小,因此管子壁越厚夹持力越大。这是一个非常重要的设计特点,因为壁厚管子常用于高压和其他非常压力——振动、脉冲、冲击等工作环境下。因此 SWAGELOK 接头、PARKER 管接头设计上就保证了在壁厚管子上比在较为缓和工作条件下使用的薄壁管子上具有更大的夹持力。

1.1.3 SWAGELOK、PARKER 管接头材料代码

SWAGELOK 接头、PARKER 管接头材料种类很多,在选择和购买时需要明确现场使用的管接头代码,具体材料代码如下:

材料	材料代码	材料	材料代码
铝	A–	合金 600	INC–
黄铜	B–	钛	TI–

续表

材料	材料代码	材料	材料代码
碳钢	S-	304 L 不锈钢	304 L-
400/R-405/R 合金	M-	321 不锈钢	321-
尼龙	NY-	347 不锈钢	347-
全氟烷氧	PEA-	镍铜 30-70	CN70
316 不锈钢	SS-	镍铜 10-90	CN90
铁氧龙	T-	镍	N1-
合金 20	C20-	钽	TA-
合金 B2	HB-	锆合金	ZR2-
合金-C-276	HC-		

1.1.4 仪表管概述和建议

仪表管的仔细选择、确定规格、采购和处理、是成功使用 SWAGELOK 接头、PARKER 管接头的基础，一些通用规则如下。

1）金属管子必须比较材料软。例如，不锈钢管就绝不能和黄铜接头连接。

2）当管子和接头由同一材料制成时，管材必须完全退火。机械级、结构级、或装饰级的管子绝不能用于流体系统。

3）极其柔软的管子需要使用插件。管子外径的严格密封需要一定管子阻力。

4）管子壁厚的极限值应对照建议的最大、最小壁厚进行检查。管壁太厚不易被卡套作用变形；太薄会由于卡套作用而塌陷，也可能缺乏足够的阻力，使卡套不能压平管子表面原有的缺陷。

5）管子的表面光洁度对良好密封很重要。压膜太深的管子在其外径上可见到焊接，或有压扁点、擦伤及刮痕。这种管子外径与管接头相连时可能会密封不好。

6）对不易装入接头螺母、卡套和主体的椭圆形管，不能强行用力把它装入。如果这样做，可能在最大直径处擦伤管子外径表面，造成密封困难。

7）层合管或多壁管，如编织软管，通常不能使用 SWAGELOK 接头、PARKER 管接头。因为 SWAGELOK 接头、PARKER 管接头在管子外径密封，流体会在软管或管层间泄漏，造成“鼓泡”现象并可能引起管壁断裂的可能。

1.1.5 不同材料仪表管特点

不同材料的仪表管种类较多，常用的主要有碳钢仪表管、铜仪表管、不锈钢仪表管，材料不同仪表管的特性也不同。

1）碳钢仪表管：优质，柔软，退火无缝碳钢液压管。管子应无擦伤，适于弯曲和扩口。

2）铜仪表管：优质，柔软，退火无缝铜管，一般用于气动阀门的仪用压空管，空调管等。

3）不锈钢仪表管：材料有 304 L、316 L 等，一般用于仪表取压管、取样管等，也有部分用于不锈钢仪表管。

1.1.6 仪表管和管道管的区别

仪表管比管道更适于连接流体系统配件。采用仪表管进行连接有以下优点：

1）易于安装——管道的连接如用 SWAGELOK 和 PARKER 接头，仅需要使用 2 把扳手，不要攻丝、扩口、焊接等。

2）强度对重量比率高——因为无需螺纹，仪表管的整个壁厚可全部用于承受压力。螺纹减小管道管的有效壁厚。仪表管还有重量轻，易于装配等特点。

3）压力降小——仪表管系统内径是均匀弯曲和平滑的，不存在管道管系统中的急剧弯曲和不连续性。

4）所需接头少——弯曲减少所需接头数量和潜在的泄漏点，仪表管十分灵活并能在许多障碍物附近弯曲绕过。

5）防漏——高压下，管道管接头经常泄漏，用 SWAGELOK 或 PARKER 接头连接管子系统，即使不用密封胶也不会泄漏。

6）易于维护——每个 SWAGELOK 或 PARKER 接头是一个独立的整体，易于拆装。

1.1.7 仪表管的保护和布置

良好的搬运方法会减少擦伤、刮痕和凹陷，这些缺陷会影响密封效果。管子绝不应从货车或货架上拖下。当管子拖下货车或货车边缘时，其重量足以擦伤或划伤管子的外表面。尤其当抽拉一根管子时，下面其他管子外表面上还残留有毛刺时，就会产生刮伤。管子绝不应从水泥、混凝土、沥青或砂地等坚硬的表面上拖过。铜或铝这类软型管材的搬运应格外小心，以防破碎或变扁。

管子安装在系统上时，第一步就是画系统布局图，以确定所需管接头的数量和管子的长度。谨慎细致地确定管子铺线，会节省时间和降低日后重新铺线的可能，在铺设管线时，要注意以下几点：

1）管子布置应避开通道门、螺栓和设备的维护入口。

2）当管子连接在必须经常取下进行修理或维护的元件上时，管子的连接和铺线方式应该便于拆卸。

3）管子应绕开调节装置，而不妨碍操作者接近调节装置。

4）不要将底部的管线作为踏脚杆，通常这样可避免机械损伤。较高管线上也存在一种潜在的危险，因为它们可能被当做扶手架使用。

5）长线路管子应得到支撑以防下垂，流体密度和管子尺寸决定支撑件的稀疏密度。通常，支撑物允许管子在轴向自由运动，仅需支持管子重量。管子不应用来支撑阀门、过滤器和减压阀等物体的重量。尺寸为 1/4″至 1/2″的管子的支撑距离约 1 m，5/8″至 7/8″的管子支撑距离约 1.5 m，而 1″和 1″以上的管子约 2 m。

6）当阀门或其他装置在操作时需要承受扭矩时，要确保所造成的扭转不会传递到管子上。

7）管子应垂直而不是水平排放，以避免积聚灰尘、腐蚀物和污物。如果需要水平排放，管子应加以遮盖。

8）当铺设多线路时，接头应交错排列以方便安装和节省空间。

9）应安装膨胀回路以防拉应力的产生，并允许热膨胀，特别是两个固定接头之间的直管不能同时顶住两个接头底部。

1.1.8　仪表管的校直

在仪表管进入接头时，要有足够长的直管，以确保管子在接头内能够插到底部；平直的管子易于支撑，并使维护更简单，所以说管子校直是很重要的。铜、铝等软管材料在购买时常常是绕成卷状供应，在准备使用管子前，必须进行一定的校直。

右手抓住管子的末端，把它按在桌面、木板、地板或人行道等平直表面上。如果表面粗糙，铺上垫子，以保证管件不被擦伤。用左手从这端开始滚动管环，右手随着管环滚动而沿管子移动，这样，管子就平放在平面上。展开管环，而不是将管端从管环侧面拔出。从管环侧面展开，会扭曲或削弱管子，并会使管子变扁。每次管子展开的长度不要超过需要量，反复展开和卷回会使环形管子变形、硬化和强化。

拉直铜管的另一通用方法是将管材放在光滑的地方或长凳上，用平木板敲击突起点，敲击力不要太大，否则会形成平点。

1.1.9　弯管和接头安装的专用工具

在进行仪表管安装时，需要使用一些特殊工具，如弯管工具、管子切割工具、管子去毛刺工具等。

弯管工具：弯管工具有手动弯管工具和电动弯管工具之分，同时其又可以分为压缩和拉伸两大类。在压缩型弯管器中，弯曲工具静止不动，滚动支撑块旋转以使管子弯曲，左边管子也保持静止不动。在拉伸型弯管器中，弯曲模移动，管材左端随模子移动，右端被拉过静态压力点。

管子切割工具：管子切割方法，分别是割管刀和钢锯。割管刀通常由下列部件组成：框架、手轮、推动切割轮前进的螺旋机构、切割轮本身、在切割过程中使用支撑管子的滚筒，可以用于铜管、不锈钢管等仪表管的切割。如果找不到合适尺寸的管子切割刀具，就可使用钢锯。在使用钢锯时，管子切口必须保持与管轴向垂直。

管子去毛刺工具：在使用割管刀或钢锯切割管子，切割完毕后都必须去除管子内外径的毛刺。因为细小的金属毛刺、碎片能够堵塞很小的定位孔和通气孔，也会堵塞系统过滤器，会划伤阀座或阀杆尖，会损害 O 形环之类的软密封，会减少管子内径，影响流通性。管子毛刺可用光滑锉刀清除也可以用专用的管子去毛刺工具(倒角器)。

1.2　文件准备

无。

1.3　工器具准备

常用工器具：扳手(根据管子接头大小选择，常用的 3/8″管子接头使用 5/8″和 11/16″呆扳手),卷尺,记号笔。

专用工器具:管子割刀、弯管器、倒角器。

1.4 模拟体准备

SWAGELOK 或 PARKER 接头,3/8″仪表管。

1.5 辐射防护准备

无。

1.6 工业安全准备

必要的防护用品:防砸鞋、安全帽等(现场安装)。

第二章　操作实施

2.1　操作实施 1　仪表管线割取

仪表管线割取操作见表 2-1。

表 2-1　仪表管线割取

序号	操作步骤	操作要求	工器具	测评标准	备注
1	仪表管线选择	根据现场设备安装要求，选取合适尺寸、材料、壁厚的仪表管线。如壁厚为 0.049″的 3/8″不锈钢仪表管。	无	按操作要求完成	无
2	仪表管校直（主要针对铜管、铝管等）	1. 右手抓住管子的末端，把它按在桌面、木板、地板或人行道等平直表面上。 2. 用左手从这端开始滚动管环。 3. 右手随着管环滚动而沿管子移动，管子平放在平面上。展开管环，而不是将管端从管环侧面拔出。	无	按操作要求完成	无
3	仪表管放置到割管刀中	1. 逆时针旋转割管机手轮，直到仪表管线能装入到切割片和滚筒之间的空隙。 2. 选取所需要切割管线的长度对准切割片。 3. 顺时针旋转割管机手轮，直到切割片和滚筒均接触到所割得仪表管。	割管机、卷尺	按操作要求完成	无
4	切割仪表管	1. 将割管刀绕管子旋转。 2. 每旋转两圈，顺时针转动割管刀手轮 1/8″圈直至管子割断。	割管机	按操作要求完成	无
5	去除仪表管切割处外径的毛刺	1. 将倒角器外径端放在管端外径上。 2. 将倒角器来回往复或顺时针方向旋转。	倒角器	按操作要求完成	无
6	去除仪表管切割处内径的毛刺	1. 将倒角器内径端放在管端内径上。 2. 将倒角器来回往复或顺时针方向旋转。	倒角器	按操作要求完成	无
7	清理管道	用布将管端擦干净。	白布	按操作要求完成	无

2.2 操作实施 2 弯曲管子

弯曲管子操作见表 2-2。

表 2-2 弯曲管子

序号	操作步骤	操作要求	工器具	测评标准	备注
1	测量弯曲点长度	用卷尺从管端测量需要弯管的长度，并在管子上作好标记。	卷尺、记号笔	按操作要求完成	
2	将管子放置到弯管器中	1. 将管子放置到弯管器的凹槽中。 2. 将弯管器的 90° 刻度与管子标记处对齐。 3. 将弯管器夹钳固定到管子上。	弯管器	按操作要求完成	
3	弯管	弯曲管子到要求的度数。	弯管器	按操作要求完成	

2.3 操作实施 3 新卡套接头的安装

新卡套接头的安装操作见表 2-3。

表 2-3 新卡套接头的安装

序号	操作步骤	操作要求	工器具	测评标准	备注
1	卡套接头检查	1. 确认卡套接头本体与卡套的材料一致。 2. 确认前卡套在前后卡套在后且前后卡套没有反装。 3. 旋紧卡套接头的螺母。	无	按操作要求完成	
2	将需要安装的管子插入到接头中	将需要安装的管子插入到接头中，确保管子牢固地抵住接头底部。	无	按操作要求完成	
3	拧紧接头前的标记	在拧紧卡套接头螺母前，在螺母 6 点钟位置上画一个记号。	记号笔	按操作要求完成	
4	拧紧接头	1. 用固定扳手牢牢地卡住接头本体。 2. 用固定扳手卡住接头螺母，顺时针方向旋转 5/4 圈。	固定扳手	按操作要求完成	

2.4 操作实施 4 卡套接头的重复安装

卡套接头的重复安装见表 2-4。

表 2-4　卡套接头的重复安装

序号	操作步骤	操作要求	工器具	测评标准	备注
1	拆卸现场安装的卡套接头	1. 用固定扳手牢牢地卡住接头本体。 2. 用固定扳手卡住接头螺母，逆时针方向旋转直至松开。	固定扳手	操作要求完成	
2	预装好卡套的管子安装	1. 将预装好卡套的管子插入接头本体直到卡套到位。 2. 然后用手拧紧螺母。	无	按操作要求完成	
3	拧紧接头	1. 用扳手将螺母转到先前的位置。 2. 在遇到较大的阻力时，再用扳手轻轻拧一下。	固定扳手	操作要求完成	

2.5　操作实施 5　新 NPT 螺纹接头的安装

新 NPT 螺纹接头的安装操作见表 2-5。

表 2-5　新 NPT 螺纹接头的安装

序号	操作步骤	操作要求	工器具	测评标准	备注
1	NPT 接头上胶	1. 从第一圈螺纹开始将 NPT 螺纹部分涂上螺纹密封胶。 2. 确保螺纹密封胶没有涂在 NPT 接头的第一圈螺纹上。	螺纹密封胶	按操作要求完成	
2	安装紧固 NPT 接头	1. 将接头安装到设备或管道的接口处。 2. 用呆扳手卡住接头本体的六角处，顺时针旋紧接头。	呆扳手	按操作要求完成	

2.6　操作实施 6　NPT 螺纹接头重复安装

NPT 螺纹接头重复安装操作见表 2-6。

表 2-6　NPT 螺纹接头重复安装

序号	操作步骤	操作要求	工器具	测评标准	备注
1	NPT 螺纹接头拆除	用呆扳手卡住接头本体的六角处，逆时针旋紧接头。	呆扳手	按操作要求完成	
2	清理 NPT 螺纹接头	清洗内外 NPT 螺纹，确保去除污染或先前残留的螺纹密封胶。	铜刷	按操作要求完成	

续表

序号	操作步骤	操作要求	工器具	测评标准	备注
3	NPT 接头上胶	1. 从第一圈螺纹开始将NPT螺纹部分涂上螺纹密封胶。 2. 确保螺纹密封胶没有涂在NPT接头的第一圈螺纹上。	螺纹密封胶	按操作要求完成	
4	安装紧固NPT接头	1. 将接头安装到设备或管道的接口处。 2. 用呆扳手卡住接头本体的六角处,顺时针旋紧接头。	呆扳手	按操作要求完成	

2.7 操作实施 7 清理工作现场

清理工作现场操作见表 2-7。

表 2-7 清理工作现场

序号	操作步骤	操作要求	工器具	测评标准	备注
1	零部件整理和去污	解体的密封零部件用塑料袋封装好送到去污中心进行去污处理。	无	按操作要求完成	
2	场地和工器具清理	清理工作现场地,做到工完料尽,工器具去污后归还或存放在适当位置。	无	场地符合 6 S 管理要求	
3	废物清理打包	产生的废物已收集并放到指定地点。	无	按操作要求完成	

2.8 实施中需要特别注意的几个关键点

1）不同品牌、不同材料的接头不能混用

SWAGELOK、PARKER 接头及其他类似卡套接头从外形看类似,在工作中一不注意就会混在一起使用。因每个品牌接头公差等均有不同,如不同品牌的接头混合使用,将导致安装的接头泄漏或耐压降低,所以不同品牌的接头不能混用。

不同材料的接头因其接头硬度不同,所以不同材料的接头不能混用,如铜接头不能用于不锈钢管子,不锈钢接头不能用于铜管,铜卡套不能与不锈钢接头配合使用。

2）卡套接头的螺纹不需要涂密封胶

SWAGELOK、PARKER 的卡套接头是靠其前、后卡套与安装管道密封,并不是靠螺纹密封,所以在安装卡套接头时,只要根据标准安装完成就行,不需要在卡套接头螺纹处涂密封胶,涂上密封胶容易导致接头拆装困难。

第三章　故障检查和处理

3.1　常见故障现象和判断方法检查和处理

常见故障现象和判断方法检查和处理见表 3-1。

表 3-1　常见故障现象和判断方法检查和处理

序号	故障现象	判断方法
1	管子不能插入接头	需要安装的仪表管无法正常插入接头中。
2	管接头不能拧到足够的圈数	管接头安装时不能拧紧到 1 1/4 圈。
3	在管接头初步安装后管子泄漏	管子安装完成后,投入运行时发现泄漏。
4	维修后重新连接处的管子泄漏	管子重新安装完成后,投入运行时发现泄漏。

3.2　常见故障原因分析和故障排除方法

常见故障原因分析和故障排除方法见表 3-2。

表 3-2　常见故障原因分析和故障排除方法

序号	故障原因分析	故障排除方法
1	切割管子时,在管子上留下毛刺	清除外径毛刺,使用去毛刺工具。
2	用钢锯切割管子时,轴承过硬或者使用过钝的钢锯造成管子变扁平	用钢锯切割软管时需细心谨慎。
3	电机与泵填料函对中不好,或联轴器端面有高点	调整对中,打磨清理联轴端面至光滑清洁。
4	管子尺寸与管接头不一致	确保使用尺寸正确的管接头。
5	钢和不锈圆管十分坚硬而且不是专用于流体系统	选择合适的仪表管线。
6	螺纹上有灰尘或其他污垢	保护好所有螺纹和密封表面避免污染。
7	没有足够拧紧管接头	拧紧管接头。
8	管子没有插到接头本体底部	切断带卡套的管子并替换;插入管子直至其完全达到接头本体底部。
9	不同品牌接头混用	选择同一品牌接头安装。

第四章　操作结束

4.1　总结回顾培训过程以及关键点

本次培训针对仪控维修新员工,较为详细的阐述了仪表弯管和 Swagelok 接头、Parker 接头的安装的各个工作原理和安装方法以及对仪控检修人员行为规范的要求,对于现场工作具有指导意义

4.2　针对学员技能培训进行点评

学员对仪表弯管和 Swagelok 接头、Parker 接头安装过程进行阐述,并说明其中的关键点以及注意事项。教员对学员的陈述简要记录,根据阐述评判学员的掌握情况。教员指出学员阐述过程中的错误以及需要注意的事项,并且依据评判表,对学员的学习情况做出整体评判。

4.3　召开技能培训操作工作会

工后会是对整个工作过程的回顾以及必要的经验反馈。维修工后会记录表见表 4-1。

表 4-1　维修工后会记录表（示例）

<table>
<tr><td colspan="5">工作内容:</td><td>工单号:</td></tr>
<tr><td colspan="3">电厂:</td><td>机组:</td><td colspan="2">工作负责人/项目负责人:</td></tr>
<tr><td colspan="4">计划完工时间:</td><td colspan="2">实际完工时间:</td></tr>
<tr><td colspan="2">序号</td><td colspan="2">检查项目</td><td>检查结果</td><td>异常情况记录</td></tr>
<tr><td rowspan="5">一
工
作
回
顾</td><td>1</td><td colspan="2">工作许可证已归还</td><td>□是
□否</td><td></td></tr>
<tr><td>2</td><td colspan="2">检修现场清理完成</td><td>□是
□否</td><td></td></tr>
<tr><td>3</td><td colspan="2">设备标牌清晰无损伤</td><td>□是
□否</td><td></td></tr>
<tr><td>4</td><td colspan="2">检修任务达到预期结果</td><td>□是
□否</td><td></td></tr>
<tr><td>5</td><td colspan="2">试验设备和工器具已归还</td><td>□是
□否</td><td></td></tr>
</table>

续表

<table>
<tr><th colspan="2">序号</th><th>检查项目</th><th>检查结果</th><th>异常情况记录</th></tr>
<tr><td rowspan="11">二
经
验
反
馈</td><td>6</td><td>工期安排合理</td><td>□是
□否</td><td></td></tr>
<tr><td>7</td><td>工作人员配置充足</td><td>□是
□否</td><td></td></tr>
<tr><td>8</td><td>工作文件准备充分</td><td>□是
□否</td><td></td></tr>
<tr><td>9</td><td>工作人员的检修技能满足要求</td><td>□是
□否</td><td></td></tr>
<tr><td>10</td><td>规程、图纸需要升版</td><td>□是
□否</td><td></td></tr>
<tr><td>11</td><td>库存备件需要补充</td><td>□是
□否</td><td></td></tr>
<tr><td>12</td><td>更换下来的旧部件需要利旧翻新维修</td><td>□是
□否</td><td></td></tr>
<tr><td>13</td><td>检修过程中出现预期外的现象和报警</td><td>□是
□否</td><td></td></tr>
<tr><td>14</td><td>提出缺陷单、QDR、状态报告等</td><td>□有
□无</td><td></td></tr>
<tr><td>15</td><td>编写良好实践、经验反馈</td><td>□有
□无</td><td></td></tr>
<tr><td>16</td><td>工作中需要协调、改进建议等</td><td>□有
□无</td><td></td></tr>
<tr><td>三
其
他
事
项</td><td>17</td><td></td><td></td><td></td></tr>
</table>

工作组成员签名/日期：

4.4　征求学员对技能培训及教材的信息反馈

征求学员对本次仪表弯管和 Swagelok 接头、Parker 接头培训及教材的评价。

第五章　经验反馈

5.1　为处理 2#主给水泵出口逆止阀气源管线漏气缺陷降功率到 90%FP

2012 年 11 月 18 日上午,2 号机组满功率运行,2 号主给水泵出口逆止阀 43230-PV4608 压空二道隔离阀接口处出现大量漏气,距离漏点 10 cm 处能明显感觉到仪表压缩空气。维修和技术的工程师根据以往曾经发生过的铜质仪表管开裂、卡套滑脱的经验,认为阀门存在因仪表管脱落失去气源而下关的风险。阀门如果下关将直接影响 2 号主给水泵往蒸汽发生器的供水,并引起机组瞬态。由于无法在线消缺,技术人员综合评估后建议将 2 号主给水泵切换到备用的 1 号主给水泵运行。

15 时 34 分,运行人员根据切泵规程降功率到 90%FP,并成功切泵。维修人员检查后确认漏气是由于 2 号主给水泵出口逆止阀气源管线接头处卡套密封不良引起的,更换故障接头和仪表管后,缺陷消除,系统恢复正常运行。16 时 15 分,机组恢复满功率运行。

原因分析及评价:

直接原因:2 号主给水泵出口逆止阀仪表管线接头处卡套密封不良,引起管线漏气。安装的设备不满足所有的规范和要求。部件老化。

5.2　阀门控制压空管线紧固不到位

2011 年 5 月 22 日,2 号机组低水位运行期间,主系统需要通过 2-63341-HC22 打开 2-63341-HCV22 进行补水,当主控操作 2-63341-HC22 时,无法进行主系统补水,现场检查 2-63341-HCV22 的 IP(电气)转换器至阀门定位器间的压空管线几乎处于脱开状态。检查发现是在安装 2-63341-HCV22 的 IP 转换器至阀门定位器间的压空管线时没有完全上紧经过运行振动后脱落的。分析压空管线没有上紧的原因是安装口在阀门定位器的背面,且其背面靠墙,操作有一定难度,相关工作人员没有对管线进行泄漏检查造成的。

原因分析及评价:

工作过程中工作组成员没有完全上紧 IP 转换器至阀门定位器间的压空管线,对管线没有进行泄漏检查,没有有效执行或实施人员行为的自检。

经验教训:

在进行阀门检修时,工作组成员应该有效执行自检和互检的规定。在完成阀门检修时,在工作组成员检查完连接接头泄漏情况后，工作负责人还需要再次独立再次检查，保证所有接头都紧固到位。

有些问题不是在检修完后就会立即产生后果并被及时发现，需要进行细致的检查才能发现。工作不到位(接头不紧，接线松动，管线接错等)都会留下严重的安全隐患。

第六章 习 题

6.1 填空题(每空 5 分,共 25 分)

1. 将管子插入完全装配好的接头中,注意要把管子一直插到________。

答:接头本体底部

2. SWAGELOK 接头、PARKER 管接头材料种类很多,其中 SS 表示材料为________。

答:316 L 不锈钢

3. 当管子连接在必须经常取下进行修理或维护的元件上时,管子的连接和铺线方式应该________拆卸。

答:便于

4. 将扳手固定住接头本体,把螺帽拧紧________圈,表示卡套接头已安装紧固。

答:5/4

5. 在弯曲仪表管时,将弯管器的________与管子需要弯曲长度的标记处对齐。

答:90° 刻度

6.2 选择题(多选题)(每题 6 分,共 30 分,错选或漏选均不得分)

1. 管接头在性能方面因包括以下那几个方面?(ABC)

A. 可承受高达管子爆破的压力而不泄漏

B. 可在真空、低压或高压下工作

C. 在低温下始终如一地密封

D. 在反复拆装条件下不能重复密封

2. 仪表管与管道管的区别有:(ACD)。

A. 易于安装　　B. 压力降大　　C. 所需接头少　　D. 易于维护

3. 在铺设管线时,要注意以下那几点?(ABCDE)

A. 管子布置应避开通道门、螺栓和设备的维护入口

B. 当管子连接在必须经常取下进行修理或维护的元件上时,管子的连接和铺线方式应该便于拆卸

C. 管子应绕开调节装置,而不妨碍操作者接近调节装置

D. 不要将底部的管线作为踏脚杆,通常这样可避免机械损伤。较高管线上也存在一种潜在的危险,因为它们可能被当做扶手架使用

E. 当阀门或其他装置在操作时需要承受扭矩时,要确保所造成的扭转不会传递到管子上

4. 长线路管子应得到支撑以防下垂,以下管道支持距离描写正确的有(ABD)。

A. 尺寸为 1/4″至 1/2″的管子的支撑距离约 1 m

B. 尺寸为 5/8″至 7/8″的管子支撑距离约 1.5 m

C. 尺寸为 5/8″至 7/8″的管子支撑距离约 1.8 m

D. 尺寸为 1″和 1″以上的管子约 2 m

5. SWAGELOK、PARKER 管接头材料种类很多,以下关于材料代码正确的有(ABCD)

A. 黄铜为 B-　　B. 碳钢为 S-

C. 316 不锈钢为 SS-　　D. 尼龙为 NY-

6.3 问答题

1. 在安装接头时,将扳手固定住接头本体,把螺帽拧紧 5/4 圈。在此过程中接头内部依次发生哪些预先设计好的动作。(至少写出三条)(15 分)

答:1) 通过螺纹机械式推进,螺母向前运行使后卡套向前。

2) 后卡套推动前卡套向前。

3) 接头本体的尖端向内挤压前卡套。

4) 前卡套消除它的内径与管子外径之间的公差。

5) 随着管子向前向内运动,它的后缘由后卡套抬起而顶向接头本体斜面密封的位置。

6) 随着管子更大的变形和本体斜面与前卡套接触面积的增大,更大的阻力迫使后卡套向内,从而在管子上形成第二级紧密的支撑。

7) 在用扳手拧紧 5/4 圈时,螺母前进了 1/16″。在这 1/16″运动过程中,密封盒夹持的作用也就完成。

2. 仪表管比管道更适于连接流体系统配件,其优点有哪些。(至少写出三条)(15 分)

答:1) 易于安装——管道的连接如用 SWAGELOK 和 PARKER 接头,仅需要使用 2 把扳手,不要攻丝、扩口、焊接等。

2) 强度对重量比率高——因为无需螺纹,仪表管的整个壁厚可全部用于承受压力。螺纹减小管道管的有效壁厚。仪表管还有重量轻,易于装配等特点。

3) 压力降小——仪表管系统内径是均匀弯曲和平滑的,不存在管道管系统中的急剧弯曲和不连续性。

4) 所需接头少——弯曲减少所需接头数量和潜在的泄漏点,仪表管十分灵活并能在许多障碍物附近弯曲绕过。

5) 防漏——高压下,管道管接头经常泄漏,用 SWAGELOK 或 PARKER 接头连接管子系统,即使不用密封胶也不会泄漏。

6) 易于维护——每个 SWAGELOK 或 PARKER 接头是一个独立的整体,易于拆装。

3. 简述管子切割完成后,遗留毛刺对设备和系统的危害?(15 分)

答:因为细小的金属毛刺、碎片能够堵塞很小的定位孔和通气孔。也会堵塞系统过滤器,会划伤阀座或阀杆尖,会损害 O 形环之类的软密封,会减少管子内径,影响流通性。

6.4 实操题

鉴定点:无特殊要求

试题:仪表管的截取和接头安装

1. 准备要求

考场准备:

(1) 试题名称:仪表管的截取和接头安装

(2) 本题分值:100

(3) 考核时间:60 min

(4) 考核形式:实操

(5) 设备设施准备:60 cm长仪表管一根、仪表管相应尺寸的卡套接头转NPT外螺纹接头一个,仪表管相应尺寸的卡套接头转NPT内螺纹接头一个。

考生准备:

(1) 工器具、材料及量具等器具准备

(2) 维修文件准备

(3) 工业安全和辐射防护准备

2. 考核要求

(1) 考核场地要求:现场整洁,工器具摆放有序,符合工业安全和辐射防护要求

(2) 实际操作要求:具体考核要求详见岗位培训评价表

(3) 否定项说明:

1) 考试过程中,非考生本人亲自参加考核;

2) 技能培训中操作步骤不按顺序执行并已经导致操作部分无法成功完成;

3) 遗漏技能培训科目操作步骤中的关键步骤,导致操作部分无法完成;

4) 技能培训操作中严重违反安全生产相关规定的操作步骤;

5) 出现严重偏离技能培训目标标准的答案。

(4) 其他:其他人员帮助或提示考生酌情予以扣分

3. 其他说明

本实操题考核的前提条件是:仪表管线和卡套接头已准备完成。

4. 配分与评分标准:

序号	考核内容	考核要点	配分	评分标准	扣分	得分
1	实操前工作准备	1. 工器具、材料、备件准备 2. 文件准备 3. 工业安全及辐射防护准备 4. 场地布置准备	15分	1. 要求工器具、材料备件齐全,有遗漏项目酌情扣分。 2. 使用最新版已发布生效的规程。 3. 个人防护用品穿戴齐全,按实际情况执行,未按要求准备酌情扣分。 4. 工器具、材料等分类摆放整洁,视准备情况酌情扣分。		

续表

序号	考核内容	考核要点	配分	评分标准	扣分	得分
2	截取管子	操作实施1步骤执行	30分	1. 仪表管线选择错误扣5分。 2. 量取管线没有做标识扣5分。 3. 割刀不会使用扣5分。 4. 没有去除仪表管切割处外径的毛刺扣5分。 5. 没有去除仪表管切割处内径的毛刺扣5分。 6. 没有清理管道扣5分。		
3	卡套接头安装	操作实施3步骤执行	20分	1. 前后卡套装反扣5分。 2. 管子没有插入接头底部扣5分。 3. 在拧紧卡套接头螺母前,没有在螺母上画一个记号扣5分。 4. 用固定扳手卡住接头螺母,顺时针方向旋转5/4圈不正确扣5分。		
4	NPT螺纹接头的安装	操作实施4步骤执行	10分	1. 没有在螺纹上涂螺纹密封胶扣5分。 2. 螺纹密封胶涂在NPT接头的第一圈螺纹上。扣5分。		
5	文明检修情况	零部件摆放、维修操作过程	15分	1. 要求零部件、工器具摆放有序,酌情扣分。 2. 野蛮操作,酌情扣分。 3. 装配已清洁完成的零部件时,未佩戴清洁白纱手套或医用手套扣3分。		
6	操作时间	时间控制	10分	每超过1分钟扣1分。		
合计			100分			

否定项:发生人员受伤或设备损坏事件。

评分人: 年 月 日 核分人: 年 月 日

第二十部分　基于IA平台的DCS系统

第一章　操作准备

1.1　原理描述

1.1.1　开放式的DCS系统

自20世纪70年代以来,以微机为核心的分布式控制系统(亦称集散控制系统DCS)将现代高科技的最新成就,计算机技术、通讯技术、CRT显示技术和自动控制技术(即四C技术)集为一体,使自动化仪表装置向系统化,分散化,多样化和高性能化的方向产生了一个质的飞跃。由于分布式控制系统的分散结构的思想替代了计算机集中控制,使得系统的可靠性得以极大的提高;高性能的微机处理能力使系统的功能远远超过了以往任何自动化仪表;高速有效的通讯系统和CRT显示技术,为系统资源的共享和集中管理,方便而丰富的人机联系提供了强有力的支持。在这基础上,现代控制理论的实用化成为可能,大大促进了自动控制技术的发展。

早期的DCS系统都局限在各个制造商的产品范围内进行发展,它们采用各自的技术规范和标准。如采用自己开发的计算机系统和操作系统,自己的讯号标准等。各个制造商的产品自成体系,其他厂商的产品或软件很难纳入该系统。这是一种封闭式的DCS系统,不利于长远的技术发展。系统资源得不到充分的共享,也不便于统一管理和维护。美国福克斯波罗公司于1987年在世界上第一个推出了体现开放概念的超越一般DCS的新一代工业控制系统——I/A Series智能自动化系列。经过十多年的努力,开放的概念已被普遍接受,大多数生产自动化控制设备的厂商开始转向开放式。现在几乎每个厂商都在宣称"开放",什么样的系统才是真正的开放型工业控制系统呢?

在第一代DCS系统推出以后,不同厂商的系统之间的通讯问题就提了出来。为了解决计算机系统的互连,国际标准化组织(ISO)提出了开放系统互连(OSI)参考模型。1980年以美国通用机器公司为首的各制造商和用户一起,共同制定了一个具体解决各制造商生产的计算机、机器人、自动化机器视觉系统等相互通讯的协议。称为制造商自动化协议,简称MAP。MAP是按照OSI模型制定的。它实质上是装入OSI模型框架中的通讯标准的规范说明书。它规定了可供模型中各通讯层次选用的通讯标准。"开放"一词的准确含义是指任何两个遵守该模型和有关协议标准的计算机系统均能实现网络互连其技术的规格是公之于众并可以免费得到的。这不是哪一个厂商能够独享的。在成熟的开放技术中，存在着标准测试以验证是否符合规格说明。这种模式给予了用户灵活的应用和自由的选择，用户可以轻易地从一个厂商改变到另一个厂商。

I/A Series 率先突破了封闭式发展的制约，广泛地采用国际标准，其产品符合国际标准化组织(ISO)提出的开放系统互连(OSI)参考模型。这样的系统允许将其他制造厂家的产品纳入自己的系统。也考虑到把将来新开发的设备容纳到 I/A Series 中来。这样随着硬软件技术的发展，I/A Series 必将得到进一步加强。

为了达到开放系统的目的，I/A Series 在硬件、软件和通讯网络的设计上均全面采用国际公认的标准。

在软件上采用与标准的 UNIX 系统完全兼容的 VENIX 和 SOLARIS 操作系统。

I/A Series 的应用软件与硬件彼此独立。不会因硬件更新而使现有的软件失效。另外与 UNIX 兼容的由第三方开发的软件，可以不作修改或稍作修改即可应用于 I/A Series 中。

采用 C 和 FORTRAN 等高级编程语言，以便于软件资源的共享。

I/A Series 是世界上第一个全面采用 IEEE 802 标准的工业控制系统。其节点总线一级采用的是 IEEE 802.3 标准。在宽带和载波带局域网采用了 IEEE 802.4 标准，现场总线采用 IEEE 1118/IEEE 802.3 标准。

I/A Series 自动化系列的最大特点是系统的软件硬件和通讯系统都广泛采用开放型标准设计。硬件品种少，可靠性高，组态灵活。

硬件——I/A Series 四代兼容，从 CISC 到 RISC，从 Intel 到 MICRO SPARC，实现了长寿命的设计思想。由于硬件品种少，大大节省了用户在备件上的开销。现场总线设计思想领导了当今分散控制发展的方向，节省了用户在布线上的开销。

软件——与 UNIX 系统 V 兼容的实时多任务 VENIX 操作系统和 SunSoft Solaris 操作系统，1996 年推出基于 Window NT 的操作系统；采用 C，FORTRAN 等广泛使用的高级编程语言，SQL 关系型数据库语言和 INFORMIX、LOTUS123 等商用软件。软件独立于硬件，这样当福克斯波罗提供新型号的硬件时不会影响已有的应用状况。系统的应用软件可在装载 UNIX 操作系统的个人计算机上运行。在 PC 机上组态的应用软件，可直接装入 I/A Series 系统中运行。先进的目标管理使得工程人员和应用程序只要知道目标的名称就可在同一系统中任何地方得到数据。当软件进行移植或升级时，工程人员几乎无需修改原先的组态。

通讯——建立于 OSI 模型上，符合 IEEE 的标准，遵循 MAP 协议，这样可以使与 MAP 兼容的非福克斯波罗产品纳入 I/A Series 系统。这种非排它性使用户能兼收并蓄各家产品的长处，构成满意的综合控制系统。

显示——采用先进的实时目标管理技术，这是其他系统所无法比拟的。另外 50 系列采用了 X-Window 和 Open Look 技术，可方便地访问整个 I/A Series 系统和所连接的信息网络上的信息。FoxDraw 软件提供三维空间的显示画面。

发展——硬件与软件的发展可相互独立发展。这样在升级硬件时不影响软件，同样在升级软件时不影响硬件。软硬件的互相兼容，为用户的升级提供了多种方案，不会由于个别产品的生命周期而影响整个系统的使用寿命。

一体化——通过通过以太(Ethernet)网接口与信息网络联接,以及提供智能现场仪表(IFD)接口与IFD的数字集成,从而实现了生产管理信息网、生产控制网到测量的一体化。

I/O——线控制器已经具有包括自整定(EXACT)和多变量自整定(EXACT MV)在内的复杂计算能力;I/O 组件全部为变压器耦合隔离和光电隔离,一对一转换,过流保护,不用保险丝,提高系统运行时间。

功耗——系统功耗极低,大大降低能源投资,系统功耗只是常规系统的1/3。

维护——各种处理机和 I/O 卡件都有自诊断程序,可进行报警打印,CRT 报警显示,有故障的组件红灯显示,无需人工判断。所有组件都可带电更换。

1.1.2 I/A Series 系统结构概述

I/A Series 系统由工程师站、操作员站、控制处理采集站、MESH 网络、打印机等组成。系统从体系结构上采用了现场总线技术和开放式计算机与网络技术。

IA 的系统层具有完整的机组监控功能,通过系统网络获得来自过程控制层的模拟测量值,设备状态量 I/O 数据,并对所获得的数据进行处理,最后把处理结果送到 LCD 显示装置同时送至相关数据库。系统可以通过各种方式完成提供操纵员信息支持、诊断、工艺信息和操纵员动作的记录、运行文件维护、机组性能指标的计算等功能。系统通过网络将操作终端的命令信号通过系统网络传递到过程控制系统实现设备驱动。系统的工程师站也通过同样的网络路径进行组态,同时工程师站兼具操作员站的功能。

该结构具有以下特点:

1) 控制器冗余;

2) 通讯冗余;

3) 电源冗余

1.1.3 I/A Series 智能自动化系列的硬件

1. 控制处理机(FCP270)

FCP270 选用的是 AMD Elan520 100 MHz,带储程序的高速通讯能力的处理器。内存包括 16 Mb 的 SDRAM(同步动态随机存储器)和 32 Mb 的闪存,和 FBM 模块的通讯速率是 2 Mbps,作为一可选的容错站,配置包括 2 块并行工作的 CP 单元两块控制处理器模件,作为容错的一对,在任何一块模件发生硬件故障时,可提供连续的运行。两块卡件同时接收处理信息,卡件自身可以检测到故障。故障检测的一种重要途径是在卡件外部接口比较通讯的信息。检测到故障后,两块卡件同时启动自诊断程序以确定故障的卡件。非故障的卡件则继续控制,而不影响正常的系统运行。

基本功能如下。

1) 作为可选的容错站,与相连的现场总线组件 FBM 一起,按照组态好的控制方案对过程进行控制,可实现连续控制、梯形逻辑控制和顺序控制等功能;

2) 进行 FBM 采集上传数据处理和报警检测;最多挂 64 个 FBM 卡件;

3) 通过 FEM100 扩展卡件,可以再增设 4 个底板,共 32 个卡件;

4) 与 MESH 网络的连接,采用 100 Mbps 以太网,光纤接入;

5) 该模块设计紧凑,带有皱面铝壳防电保护;

6) 可在恶劣条件下稳定运行;

处理周期:基本处理周期(BPC=Basic Process Cycle),指CP再次处理同一个FBM模块所需要的时间,最快定义时间为0.05秒。

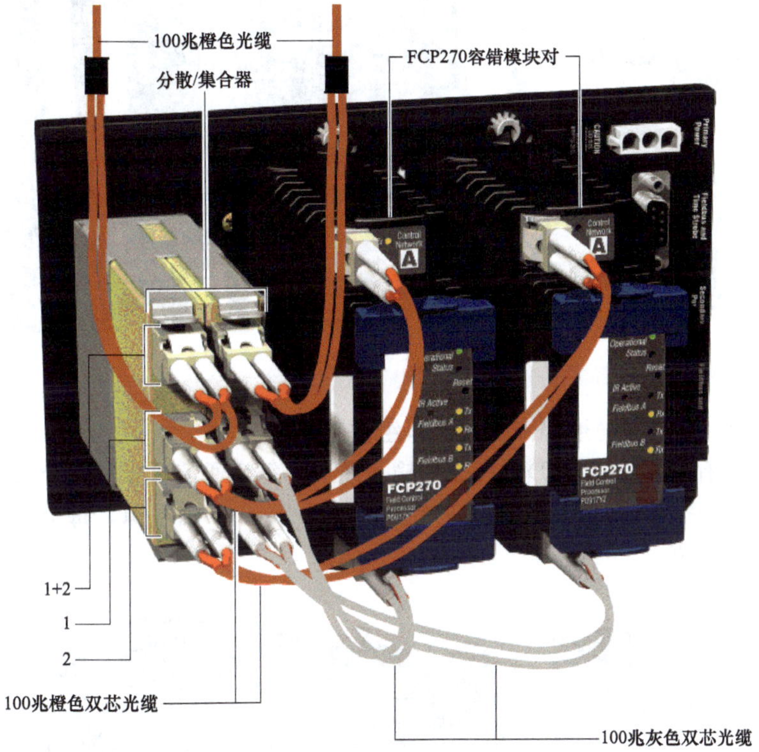

图1-1 FCP270

2. 现场总线组件(FBM)

FBM可连接到运行的I/A Series综合控制软件的控制处理机PC中,与各种现场信号相匹配,执行现场信号的采集/输出功能。该组件分为模拟和数字两种信号类型,每个模拟组件有8个输入输出通道,数字组件为16~32通道。所有现场信号与控制电子线路隔离,对模拟量输入/输出信号采用变压器耦合与光电双重隔离,且每路A/D和D/A转换独立,保障故障对系统影响的最小性

FBM卡件上有红、绿,两种灯,分别代表:

1) 绿灯亮时,硬件运行正常;

2) 红灯亮时,硬件故障;

3) 红绿灯同时亮时,机器正在自检和装载软件。

3. 模拟量输入(AI)卡件

FBM204(0~20 mA通道隔离输入/输出接口组件)

FBM204有4个20 mADC的模拟量输入通道和4个20 mADC模拟量输出通道。每个输入通道可接受一个模拟量输入,例如4~20 mA变送器或自身供电的20 mA信号电源。

每路输出可驱动一外部负载并产生 0～20 mA 的输出信号

图 1-2 FBM204

FBM201(0～20 mA 通道隔离输入接口组件)

FBM201 具有八路 20 mADC 模拟量输入通道。每个通道可接受一个二线制模拟量传感器输入,例如 4～20 mA 变送器或者一个自供电的 20 mA 信号源。每个模拟量输入与其他通道和地完全隔离

图 1-3 FBM201

FBM203(通道隔离,铂/镍电阻,RTD 输入接口组件)

FBM 203 提供八个热电阻(RTD)输入通道,每一通道可接受在 0～320 Ω电阻范围以内的 2 线或 3 线 RTD 传感器输入。每个模拟量输入与其他通道和地之间电气隔离。

FBM202(热电偶/MV 输入接口组件)

FBM202 具有八路隔离的热电偶输入通道以及一路隔离 RTD 参考温度补偿通道(作为冷端温度传感器)。每路热电偶/MW 通道接受用于多种范围的标准热电偶信号,并提供全量程断偶指示特性。每个模拟量输入与其他通道和地线间完全隔离。

图 1-4　FBM203

图 1-5　FBM202

4. 模拟量输出(AO)卡件

FBM204(通道隔离的 0～20 mA 输入/输出组件)

FBM204 有 4 个 20 mA DC 的模拟量输入通道和 4 个 20 mA DC 模拟量输出通道。每个输入通道可接受一个模拟量输入,例如 4～20 mA 变送器或自身供电的 20 mA 信号电源。每路输出可驱动一外部负载并产生 0～20 mA 的输出信号。

5. 开关量量输入(DI)卡件

FBM207/FBM207b/FBM207c(单通道隔离电压监视/触点信号输入接口组件)

FBM207/FBM207b/FBM207c 具有 16 路直流电压监视通道或 16 路触点通道。每个通道均能接受 2 线制直流电压信号(FBM207)或 1 对触点/固态开关信号(FBM207b/FBM207c)

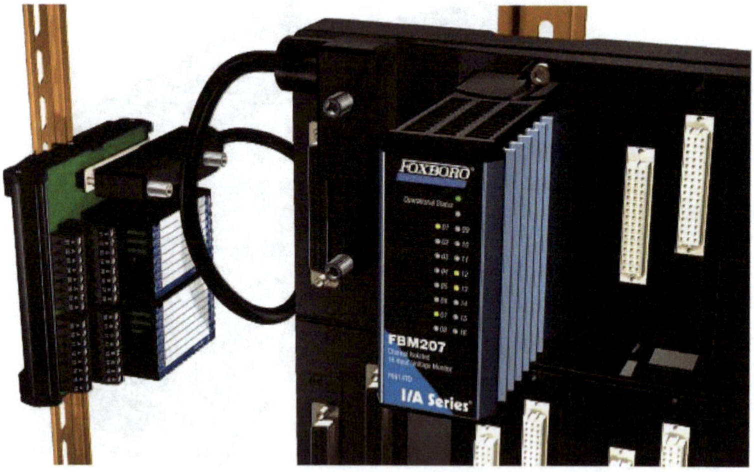

图 1-6 FBM207

6. 开关量量输出(DO)卡件

FBM242(通道隔离的离散量输出接口组件)

FBM242 具有 16 个输出通道,这些通道由外部供电,在 60 V DC 时容量高达 2 A。相关的端子部件提供了 2 A、60 V DC 的离散量输出,触点输出(120 V AC/125 V DC 或 240 V AC)或带有电源分配和保险丝的触点输出。每一路输出与其他通道和地之间都是完全隔离的。

图 1-7 FBM242

7. 现场总线扩展卡件(FEM100)

具有扩展功能,增加 CP 的负载能力,可扩展 4 个基板,对应最多扩展 32 个 FBM 卡件。

8. 电源模块(P0922YU)

电源模块为单元式模块化结构,用来对现场控制站的其他单元供电。电源模块主要用来为各 I/O 单元和控制处理机(FCP270)供电,输出电压为 DC24 V;同时该电源模块也为现场的二线制变送器、干接点及某些I/O单元的I/O调理等电路供电。所有电源模块的输入均为双相 AC220 V,最大输出功率分为 600 W。该电源模块具有过压保护和过流保护功能,并采用冗余性配置,这就大大降低了由于电源而引起的系统故障的可能性,从而提高了系统的可靠性。

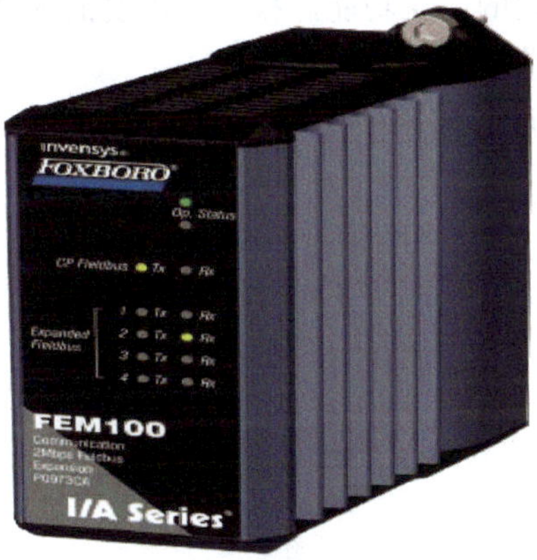

图 1-8　FEM100

图 1-9　P0922YU

9. 卡件底板

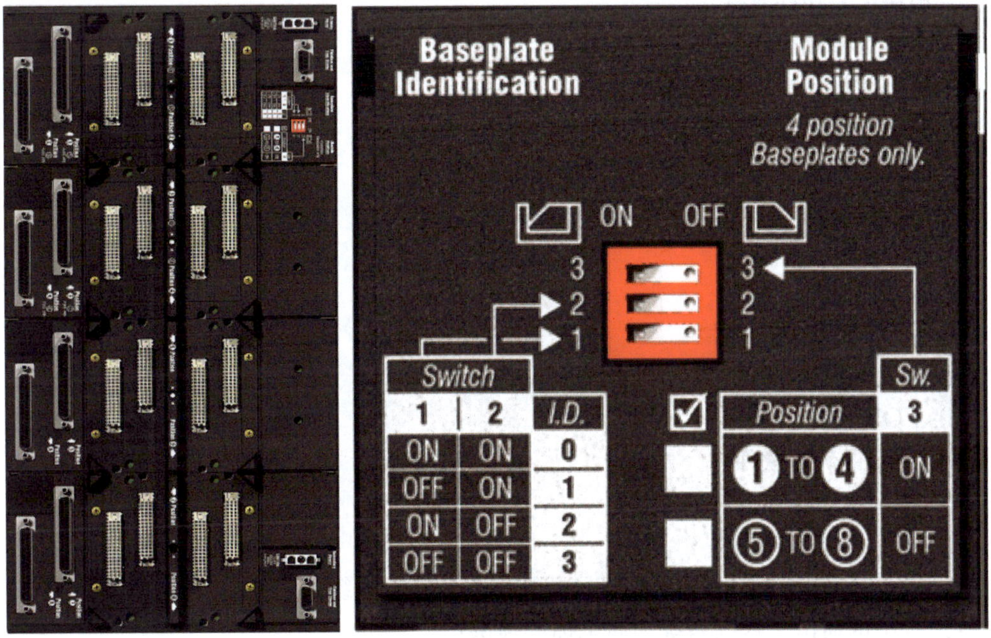

图 1-10　卡件底板

1.1.4　I/A Series 软件及特点

软件的可移植性

1）可连接性和可户操作性

2）数据访问的安全性

3）友好的人机界面

4）开放的开发环境

5）容纳第三方软件能力

I/A Series 提供了有关智能信息管理和过程自动化的广泛功能。根据所需要的局部功能和计算能力，软件充分利用了分布式结构的特点。软件系统提供了：

1）使用工业标准的操作系统和同名数据存取进行软件移植

2）用于整体控制分解的智能控制工具软件

3）使用菜单和窗口来支持和协调人机接口

4）用相关数据库进行全系统的信息管理

5）容易使用的系统组态程序

6）数据存取安全地支持工厂机构

为了增进控制力，有一个庞大的应用软件包：

1）系统组态软件

2）综合控制组态软件

3）系统监视软件

4）设备监视软件

5）模块汇总访问软件

6）操作员信息接口软件

7）系统管理显示处理软件

8）电子表格软件(Lotus 123)

9）历史数据库管理软件

10）生产模型软件

11）数学库

12）物理性能库

13）批量工厂管理软件

14）数据验证软件

15）FOXCAD

16）过程最优化软件

17）应用程序接口软件(AIS)

18）信息网络接口软件

应用执行程序也包括相同的数据目标管理和通讯子系统。因此就提供了相同的在 I/A Series 系统中的通讯。这些系统和通讯标准提供：

1）硬件独立于应用软件，这样就允许硬件的升级不会使原有的应用软件无效应用软件的移植，不只是仅仅在一个 I/A Series 的系统上，也可以在不同于 I/A’ s 的系统上，只要是可运行 UNIX 的个人计算机和其他计算机均可进行。

2）在软件开发环境上可支持多种计算机高级语言，主要有 C 和 FORTRAN。

3）系统中智能化功能适用于与 UNIX 兼容的第三方软件包。

1.1.5 Mesh 网

I/A 8.0 以后的版本采用商用交换机组成 Mesh 网(图 1-11)。通讯标准 IEEE802.3u/802.1w,传输速率 100 M/1 G,传送介质光缆,传送距离多模光缆 2 km;单模光缆 10 km;单模光缆加中继器 100 km。网络结构可以有线型、环型、星型(图 1-12)和树型(图 1-13),树型结构最多四层,最多可挂 1920 个站/节点。

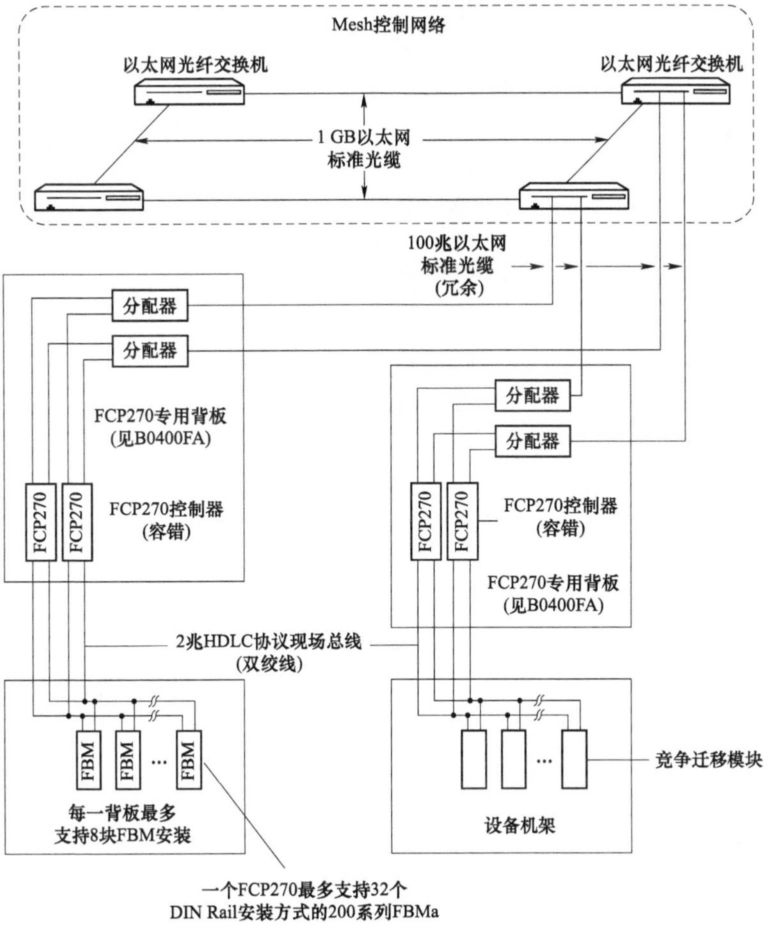

图 1-11 I/A Series 系统 Mesh 网络结构简图

图 1-14 是 FCP270 和 ZCP270 连接 DIN rail FBM 的示意图。左边的 FCP 通过串口连接 FBM 的底板,最多串连 4 块底板,每块底板 8 个 FBM 槽位,FCP270 最多可支持 32 个 FBM。ZCP270 安装在控制室的传统 NodBus 组件箱连接到交换机,通过 FCM100E 与 FBN 通讯,FCM 也安装在 FBM 底板上,4 块底板相连,2 个 FCM 组成容错,占 2 个槽位,因此一对 FCM 连 30 个 FBM。ZCP270 最多可支持 120 个 FBM。

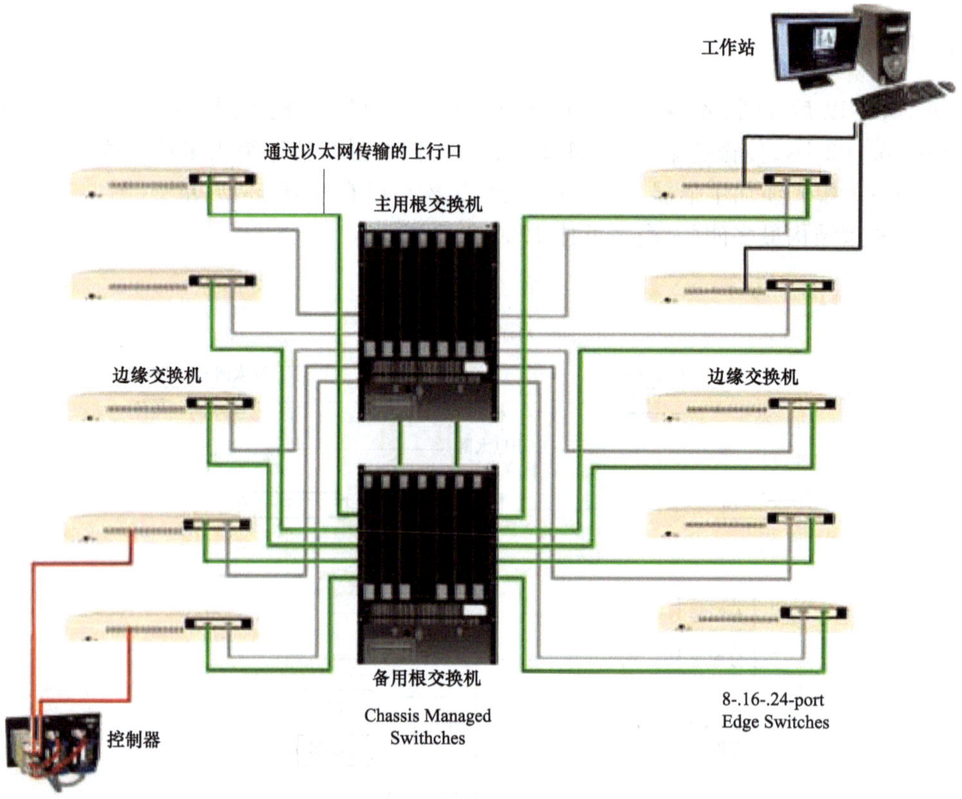

图 1-12 星形 Mesh 网

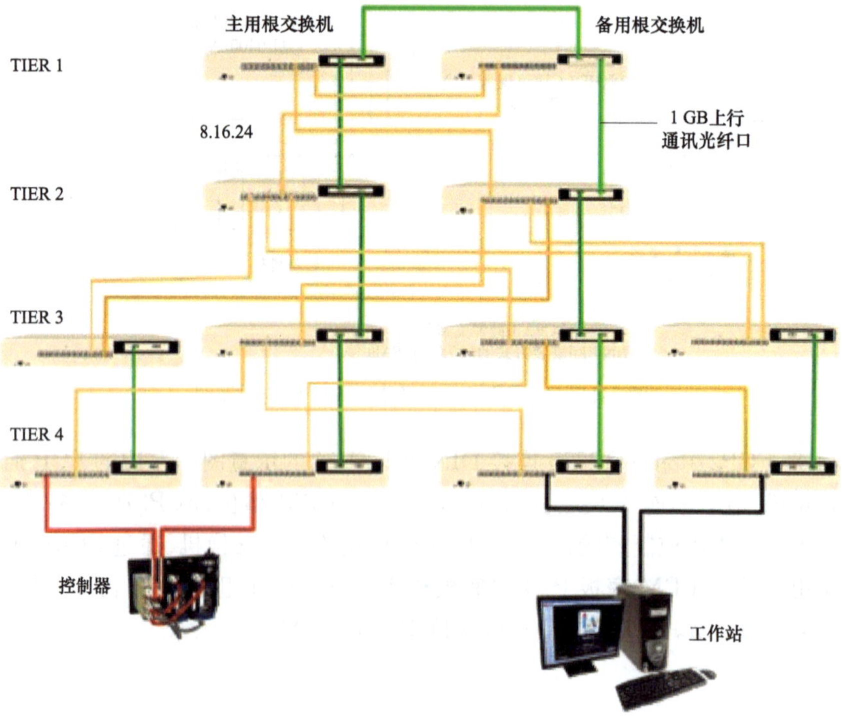

图 1-13 树形 Mesh 网

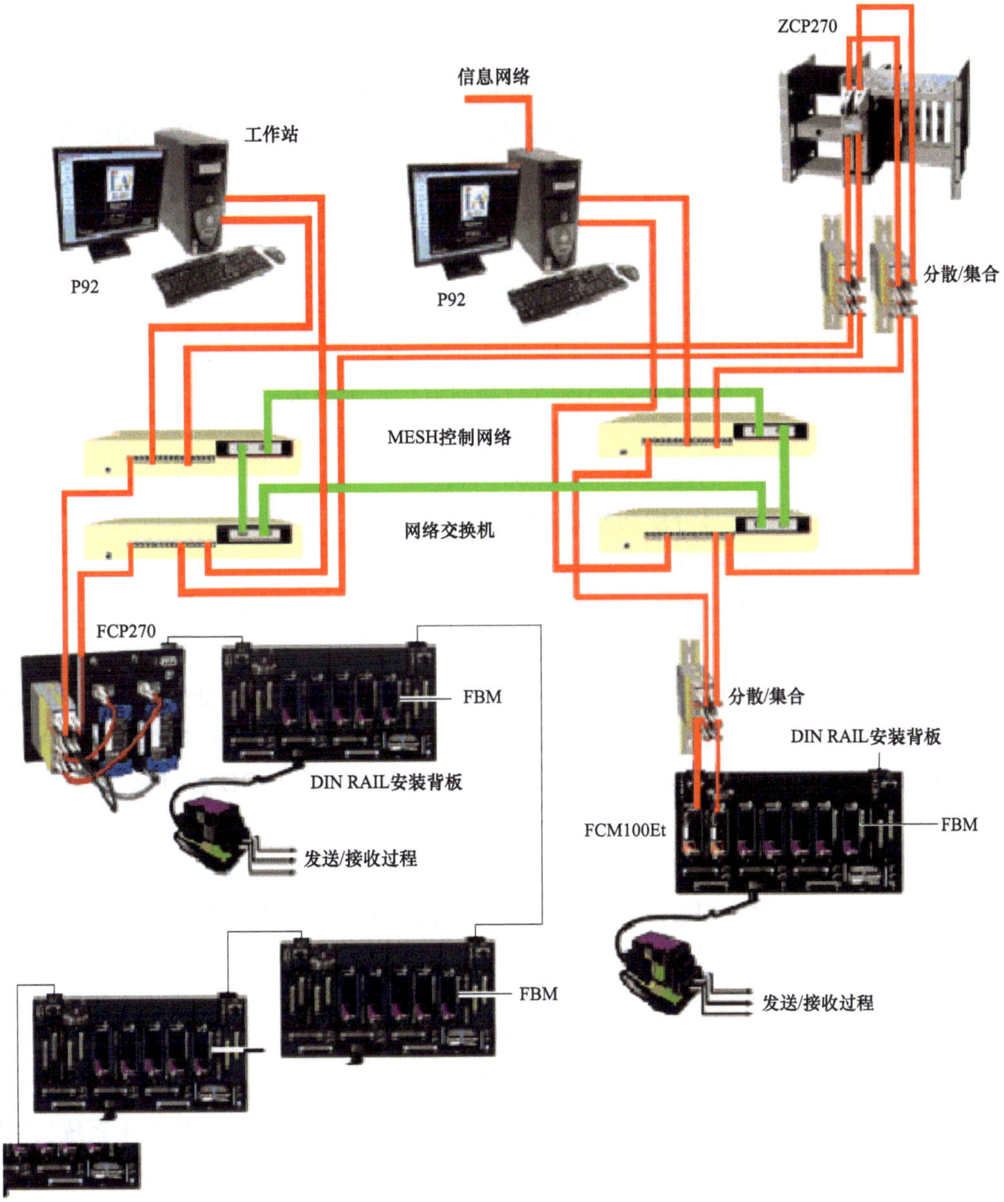

图 1-14　CP270 与 FB 的连接

1.1.6　I/A Series 现场使用举例

为使学员更为直观的了解 I/A Series 现场使用情况，特以现场实际使用情况为例，进行说明：秦山二期 3 号、4 号机组的 KCO 控制系统采用上海 FOXBORO 公司的 I/A Series 产品对常规岛各生产工艺系统进行自动控制，承担现场信号的采集与转换、完成连续控制、逻辑与批量控制等运算并对现场设备或装置进行直接数字控制综合自动控制系统。具体实现以下单一或多种综合功能：

1）以连续生产对象为主，实现以 PID 调节为核心的各种常规和高级控制、模糊及 PID 自整定算法等智能控制；

2）完成以逻辑关系运算为主的逻辑控制和批量控制；

3）可同时以多种周期，对各种类型的过程信号进行大批量采集，形成功能强大的采集站；

4）完成与其他现场智能设备如智能变送器、智能仪表、智能调节器等的通讯，实现不同设备之间的数据交换。

5）交换机柜：放置 2 台交换机和操作员站主机。

在 3 号、4 号常规岛 DCS 控制系统中，每个机柜的控制系统分配完全按系统功能划分，为防止当一个控制站发生故障后，此站内所控制的运行系统和备用系统同时失效，采取如下措施：

1）把重要的互为备用的控制系统分散到不同的站；

2）重要阀门的控制信号分配到不同的模板；

MCS 控制回路(模拟控制回路)：

1）一个控制回路以及一个系统的点分布在同一个 CP 下，一个系统中的多重测点放在同一 CP 下的不同底板上；

2）对于控制回路设计到 APA(电动主给水泵系统)，ARE(给水流量控制系统)和 VVP(主蒸汽系统)的测点，将这几个系统放在同一 CP 下。CEX(凝结水抽取系统)和 ABP(低压给水加热器系统)，ADG(给水除氧器系统)放在一个 CP 下；对于 DO 点，集中布置在一个 CP 中。

SCS 控制回路(顺序控制回路)：

1）APA(电动主给水泵系统)，CEX(凝结水抽取系统)和 GGR(汽机润滑、顶轴和盘车系统)，分别布置在 3 对 CP 中。每台泵相关保护测点，联锁测点集中布置在同一 CP 中；

2）单体设备/系统内部的保护回路走通讯。系统之间的保护条件用硬接线连接；

3）APD(启动给水系统)不与 APA 系统在同一 CP 中；

4）将冷却水相关的系统都放置在一对 CP 中，即 GST(发电机定子冷却水系统)，SEN(辅助冷却水系统)以及 SRI(常规岛闭路冷却水系统)集中布置；

5）将冷却水相关的系统都放置在一对 CP 中，即 GST(发电机定子冷却水系统)，SEN(辅助冷却水系统)以及 SRI(常规岛闭路冷却水系统)集中布置；

6）AGM(电动主给水泵润滑系统)，GFR(EH 油泵系统)以及 GHE(发电机密封油系统)和 GGR(汽机润滑、顶轴和盘车系统)的 A 侧 IO 点放置在一对 CP 中；

7）给水部分的系统和蒸汽部分的系统尽量分别集中布置。

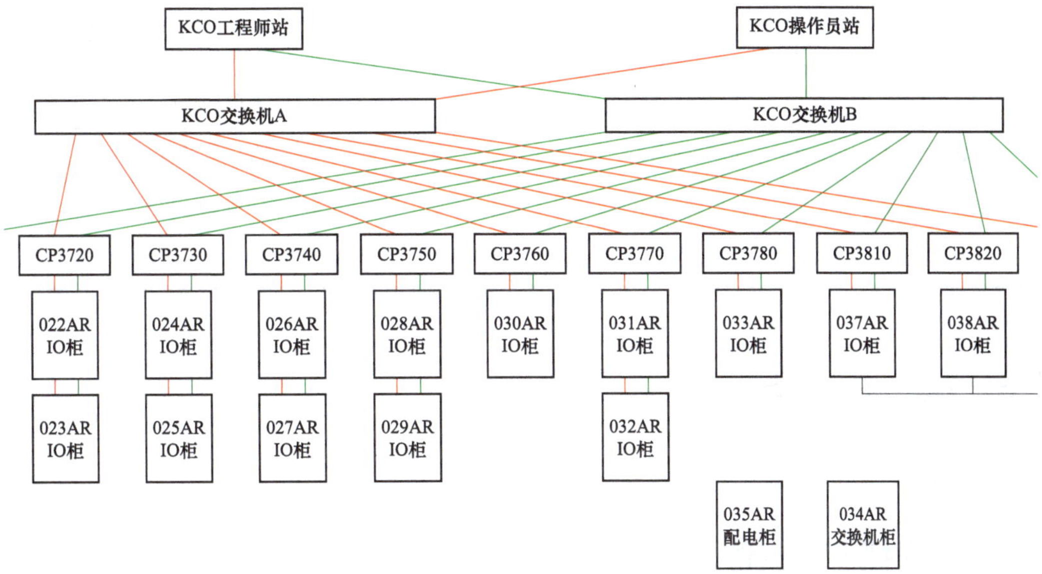

图 1-15　KCO 系统架构 1

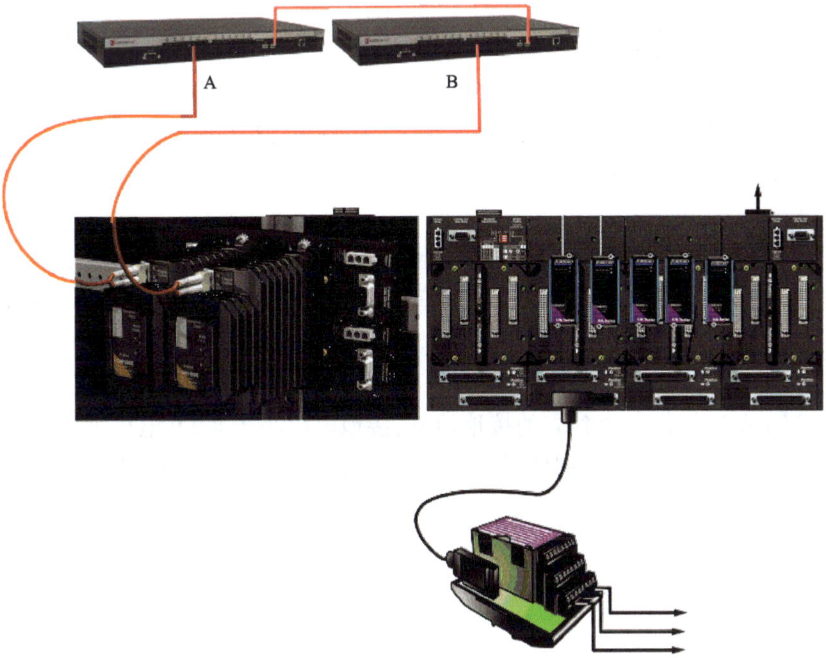

图 1-16　KCO 系统架构 2

1.2　工器具准备

工器具准备见表 1-1。

表 1-1 工器具准备

工器具名称	规格型号	数量	用途
万用表	FLUKE179	2	测量端子的通断
信号发生器	FLUKE744	1	接线端子加模拟信号
专用内六角扳手		1	FBM 卡件的拆卸和安装
一字/十字螺丝刀		2	端子接线的拆卸与恢复

1.3 模拟体准备

技能培训中心模拟体。

1.4 辐射防护准备

无。

1.5 工业安全准备

环境要求:I/A 系统的工作环境必须满足一定的要求,这些要求大致包括对电源的、温度的、湿度的、接地的和空气微粒的。

1) 电源

I/A 系统要求供电电源具备连续性和稳定性,并具备一定时间的电池供应能力以响应市电线路上的意外事件。建议使用带隔离的不间断供电电源 UPS。UPS 的容量视 I/A 系统的规模而定,一般每一机柜加上一操作台配置 1.5 kVA。电池供应时间要求维持 15～30 分钟。

2) 接地

必须为 I/A 系统提供一个独立的接地地桩,接地电阻小于 5 Ω(电厂为 1 Ω)。I/A 系统的安全保护地、交流电源地和内部信号的逻辑地均应接入该地桩。任何非 I/A 设备的接地都不能与该地桩相连。

3) 温度

控制室的温度必须控制在 15～30 ℃之内。

4) 湿度

控制室的湿度必须控制在 45%～65%之间。

5) 空气微粒

必须对控制室的空气微尘进行控制,防止灰尘的进入。请建立控制室的日常规章制度,确保 I/A 系统的正常运行。

另外,建立必要的机房规章制度,明确规定上述机房条件的设施,指定专人负责保养和维护。

按照工业安全规定执行,所有人员穿戴劳动保护用品。具体的工业安全准备需根据现场环境而确定,但基本的工业安全需要准备。所有人员必须佩戴安全帽、防砸鞋、工作服、手套等。检修场地使用警示带进行围栏,确保工作过程中无非工作人员进入。

1.6　配合人员准备

无。

1.7　场地准备

现场铺设白布用于摆放工器具;铺设橡胶板,合理分配场地,确保工具、设备的合理分布,方便检修;在场地外围布置警示带。

第二章　操作实施

2.1　操作实施 1　模拟量输入模件的更换

模拟量输入模件的更换见表 2-1。

表 2-1　模拟量输入模件的更换

序号	操作步骤	操作要求	工器具	测评标准
1	将基板电源连接线拔下，使基板断电	严格按照步骤进行操作，同组人员做好互检	无	遗漏步骤或工作小组未进行互检，扣 1 分
2	将模件、模件基板上的接线及模件基板全部拆除	严格按照步骤进行操作，同组人员做好互检	无	遗漏步骤或工作小组未进行互检，扣 1 分
3	用一字螺丝刀拧下基板上下侧螺丝，将基板从导轨上拆下	严格按照步骤进行操作，同组人员做好互检，正确使用操作工具	一字螺丝刀	遗漏步骤或工作小组未进行互检，扣 1 分
4	安装新的模件基板，恢复所有接线	严格按照步骤进行操作，同组人员做好互检	无	遗漏步骤或工作小组未进行互检，扣 1 分
5	设置基板拨码开关	严格按照步骤进行操作，同组人员做好互检	无	遗漏步骤或工作小组未进行互检，扣 1 分
6	安装模件安装基板到导轨上，固定	严格按照步骤进行操作，同组人员做好互检	无	遗漏步骤或工作小组未进行互检，扣 1 分
7	将模件、模件基板上的接线全部恢复	严格按照步骤进行操作，同组人员做好互检	无	遗漏步骤或工作小组未进行互检，扣 1 分
8	恢复基板电源连接线，使基板上电	严格按照步骤进行操作，同组人员做好互检	无	遗漏步骤或工作小组未进行互检，扣 1 分
9	查看 FBM 模件各通道状态是否正确	严格按照步骤进行操作，同组人员做好互检	无	遗漏步骤或工作小组未进行互检，扣 1 分

2.2　操作实施 2　模拟量输入模件的检查

模拟量输入模件的检查见表 2-2。

表 2-2　模拟量输入模件的检查

序号	操作步骤	操作要求	工器具	测评标准
1	在I/O柜中将所检查的模拟量输出通道接线端子接线断开，用绝缘胶布包扎防止短路	严格按照步骤进行操作，同组人员做好互检，注意包扎的完好性，防止短接	无	遗漏步骤或工作小组未进行互检，扣1分
2	如果被测通道是热电阻信号，在接线端子上，用电阻箱分别加上量程为10%、50%、90%的电阻信号	严格按照步骤进行操作，同组人员做好互检，注意电阻箱正确使用	电阻箱	遗漏步骤或工作小组未进行互检，扣1分
3	如果被测通道是热电偶信号，在接线端子上，用FLUKE744分别加上量程为 10%、50%、90%的热电偶信号	严格按照步骤进行操作，同组人员做好互检，注意FLUKE744正确使用	FLUKE744	遗漏步骤或工作小组未进行互检，扣1分
4	如果被测通道是电流信号，在接线端子上，用FLUKE744分别加上量程为10%、50%、90%的电流信号	严格按照步骤进行操作，同组人员做好互检，注意FLUKE744正确使用	FLUKE744	遗漏步骤或工作小组未进行互检，扣1分
5	如果被测通道是电压信号，在接线端子上，用FLUKE744分别加上量程为10%、50%、90%的电压信号	严格按照步骤进行操作，同组人员做好互检，注意FLUKE744正确使用	FLUKE744	遗漏步骤或工作小组未进行互检，扣1分
6	在工程师站上读取数据，记入测试表格，并计算通道精度	注意表格记录的完整性	无	遗漏步骤，表格填写不规范，扣1分

2.3　操作实施 3　模拟量输入模件的更换

模拟量输入模件的更换见表 2-3。

表 2-3　模拟量输入模件的更换

序号	操作步骤	操作要求	工器具	测评标准
1	将基板电源连接线拔下，使基板断电	严格按照步骤进行操作，同组人员做好互检	无	遗漏步骤或工作小组未进行互检，扣1分
2	将模件、模件基板上的接线及模件基板全部拆除	严格按照步骤进行操作，同组人员做好互检	无	遗漏步骤或工作小组未进行互检，扣1分
3	用一字螺丝刀拧下基板上下侧螺丝，将基板从导轨上拆下	严格按照步骤进行操作，同组人员做好互检，正确使用操作工具	一字螺丝刀	遗漏步骤或工作小组未进行互检，扣1分
4	安装新的模件基板，恢复所有接线	严格按照步骤进行操作，同组人员做好互检	无	遗漏步骤或工作小组未进行互检，扣1分

续表

序号	操作步骤	操作要求	工器具	测评标准
5	设置基板拨码开关	严格按照步骤进行操作,同组人员做好互检	无	遗漏步骤或工作小组未进行互检,扣1分
6	安装模件安装基板到导轨上,固定	严格按照步骤进行操作,同组人员做好互检	无	遗漏步骤或工作小组未进行互检,扣1分
7	将模件、模件基板上的接线全部恢复	严格按照步骤进行操作,同组人员做好互检	无	遗漏步骤或工作小组未进行互检,扣1分
8	恢复基板电源连接线,使基板上电	严格按照步骤进行操作,同组人员做好互检	无	遗漏步骤或工作小组未进行互检,扣1分

2.4 操作实施 4 CP 更换

CP 更换操作见表 2-4。

表 2-4 CP 更换

序号	操作步骤	操作要求	工器具	测评标准
1	拔掉该 CP 上 A/B 路通讯线	严格按照步骤进行操作,同组人员做好互检	无	遗漏步骤或工作小组未进行互检,扣1分
2	用 CP 专用内六角扳手将 CP 拔下	严格按照步骤进行操作,同组人员做好互检	专用内六角扳手	遗漏步骤或工作小组未进行互检,扣1分
3	更换新的 CP	严格按照步骤进行操作,同组人员做好互检	无	遗漏步骤或工作小组未进行互检,扣1分
4	插上该 CP 上 A/B 路通讯线	严格按照步骤进行操作,同组人员做好互检	无	遗漏步骤或工作小组未进行互检,扣1分
5	用 PDA(装有 LetterBug 配置器软件)对准红外传输接口读取该 CP 讯息,看是否正确	1. 打开 PDA 2. 点击 START—HPS Configurator 3. 选中 QINSHAN2.CSV 4. 在空白 ID 栏输入该新 CP 的串号(如:222DA1 等) 5. 点中 ID 栏 6. 将 PDA 红外口对准 CP 红外口 7. 点击软件底部工具条上的"S"按钮 8. 保持 PDA 位置,等待,新 CP 读取正常容错主 CP 相关信息 9. 弹出新窗口,首行显示 Status for "xxxxxx:yyyyyy",其中 xxxxxx 为CP的串号,yyyyyy 为 CP 的 LETTERBUG 号,确认 LETTERBUG 号正确,则设置成功	无	遗漏步骤或工作小组未进行互检,扣1分

续表

序号	操作步骤	操作要求	工器具	测评标准
6	从 SYSTEM MONITOR 里观察该对 CP 的 EQUIP INFO 信息，是否主副 CP 状态正常，正常则更换成功	严格按照步骤进行操作，同组人员做好互检	无	遗漏步骤或工作小组未进行互检，扣 1 分

2.5　操作实施 5　系统电源模块的更换

系统电源模块的更换见表 2-5。

表 2-5　系统电源模块的更换

序号	操作步骤	操作要求	工器具	测评标准
1	切断配电柜送来的 220 V AC	严格按照步骤进行操作，同组人员做好互检，严格核对电源开关编号是否正确	无	遗漏步骤或工作小组未进行互检，扣 1 分
2	拔掉 2 路进线 220 V AC(+/−)电源线 Input 插头	严格按照步骤进行操作，同组人员做好互检，严格核对线号是否正确	无	遗漏步骤或工作小组未进行互检，扣 1 分
3	拔掉 6 路出线 24 V DC 电源线 Output 插头	严格按照步骤进行操作，同组人员做好互检	无	遗漏步骤或工作小组未进行互检，扣 1 分
4	拔掉接地插头	严格按照步骤进行操作，同组人员做好互检	无	遗漏步骤或工作小组未进行互检，扣 1 分
5	更换电源模块	严格按照步骤进行操作，同组人员做好互检，严格核对电源模块型号	无	遗漏步骤或工作小组未进行互检，扣 1 分
6	插上 2 路进线 220 V AC(+/−)电源线 Input 插头	严格按照步骤进行操作，同组人员做好互检，严格核对线号是否正确	无	遗漏步骤或工作小组未进行互检，扣 1 分
7	插上 6 路出线 24 V DC 电源线 Output 插头	严格按照步骤进行操作，同组人员做好互检	无	遗漏步骤或工作小组未进行互检，扣 1 分
8	插上接地插头	严格按照步骤进行操作，同组人员做好互检	无	遗漏步骤或工作小组未进行互检，扣 1 分

2.6 操作实施 6 I/O 站断电、加电操作

断电、加电前的准备

—断电操作的原则 1:先停 I/O 柜 220 V AC 电源,再停配电柜对应电源,逐渐减少负荷。

—断电操作的原则 2:先停 I/O 站,再停操作员站、最后停打印站电源。

—断电操作的原则 3:先停外设电源,再停主机电源。

—加电操作的原则 1:先加配电柜电源,再加 I/O 柜 220 V AC 电源,逐渐增加负荷。

—加电操作的原则 2:先启动配电柜设备、再启动 I/O 站、操作员站、最后启动 I/O 站。

—加电操作的原则 3:先启动外设,再启动主机。

表 2-6 I/O 站断电、加电操作

序号	操作步骤	操作要求	工器具	测评标准
1	前提准备条件满足的情况下,开始断电	检验断电要求是否满足	无	遗漏步骤或工作小组未进行互检,扣 1 分
2	打开 I/O 柜顶部电源模块开关,检查底部电源转换模块是否红灯亮,同时机柜所有设备停止工作	严格按照步骤进行操作,同组人员做好互检	无	遗漏步骤或工作小组未进行互检,扣 1 分
3	依次打开其他 I/O 柜开关,依次检查	严格核对 I/O 开关编号	无	遗漏步骤或工作小组未进行互检,扣 1 分
4	打开配电柜各分开关	严格按照步骤进行操作,同组人员做好互检	无	遗漏步骤或工作小组未进行互检,扣 1 分
5	打开配电柜总开关	严格按照步骤进行操作,同组人员做好互检	无	遗漏步骤或工作小组未进行互检,扣 1 分
6	检查确认断电正常完毕	严格按照步骤进行操作,同组人员做好互检	无	遗漏步骤或工作小组未进行互检,扣 1 分

表 2-7 I/O 站加电操作

序号	操作步骤	操作要求	工器具	测评标准
1	前提准备条件满足的情况下,开始上电	检验上电要求是否满足	无	遗漏步骤或工作小组未进行互检,扣 1 分
2	合配电柜总开关后,检查各分开关进线是否带电	严格按照步骤进行操作,同组人员做好互检	无	遗漏步骤或工作小组未进行互检,扣 1 分
3	合分开关,检查进入 I/O 柜 220 VAC 端子是否带电	注意万用表表针接线位置正确,注意党委选择正确	万用表	遗漏步骤或工作小组未进行互检,扣 1 分
4	合分开关,检查进入 I/O 柜 220 VAC 端子是否带电	注意万用表表针接线位置正确,注意党委选择正确	万用表	遗漏步骤或工作小组未进行互检,扣 1 分

续表

序号	操作步骤	操作要求	工器具	测评标准
5	有 48 VDC 的 I/O 柜，检查 48 VDC 端子是否带电	注意万用表表针接线位置正确，注意党委选择正确	万用表	遗漏步骤或工作小组未进行互检，扣 1 分
6	依次合上其他开关，依次检查	严格按照步骤进行操作，同组人员做好互检	无	遗漏步骤或工作小组未进行互检，扣 1 分

2.7　操作员站及打印站断电、加电操作

操作员站及打印站断电、加电操作见表 2-8。

表 2-8　操作员站及打印站断电、加电操作

序号	操作步骤	操作要求	工器具	测评标准
1	操作员站、工程师站断电操作	□ 用 DCS 系统键盘钥匙把操作员站的权限置为工程师，退出 IA 应用程序（需进一步确认权限切换的实现方式） □ 点击“SftMnt”中“Shutdown”软按钮关闭计算机 □ 关掉显示器电源 □ 关掉主机电源	无	遗漏步骤或工作小组未进行互检，扣 1 分
2	操作员站、工程师站加电操作	□ 打开显示器电源 □ 打开主机电源 □ 确认 I/A 应用程序自动启动正常	无	遗漏步骤或工作小组未进行互检，扣 1 分
3	打印站加电操作	□ 打开打印机电源 □ 打开主机电源	无	遗漏步骤或工作小组未进行互检，扣 1 分

2.8　配电柜断电、加电操作

配电柜断电、加电操作见表 2-9。

表 2-9　配电柜断电、加电操作

序号	操作步骤	操作要求	工器具	测评标准
1	配电柜断电操作	注意：配电柜断电操作只在 LNQ 系统断电或对配电柜进行检修的情况下执行 □ 关掉 A 列电源开关 S1～S18 □ 关掉 B 列电源开关 S19～S36	无	遗漏步骤或工作小组未进行互检，扣 1 分
2	配电柜加电操作	□ 打开 A 列电源开关 S1～S18 □ 打开 B 列电源开关 S19～S36	无	遗漏步骤或工作小组未进行互检，扣 1 分

第三章　故障检查和处理

常见故障现象和判断方法检查和处理见表 3-1。

表 3-1　常见故障现象和判断方法检查和处理

序号	故障现象	故障原因分析
1	过程通道故障	过程通道故障出现最多的是 I/O 卡故障
2	球标操作不正常	一般是由于机械装置长期工作、老化、污染、点通断不可靠、电缆插件不牢等
3	控制操作失灵	是由于球标的操作信号没有正常改变过程通道的状态，造成操作失效，这是两个方面造成的，一个方面是软件缺陷，另一方面是硬件本身故障的状态针对这样的缺陷通常做法检查过程通道功能正常后，再检查操作远必要时进行重起初始操作
4	电源故障	电源故障问题较多，保险配置不合理，备用电源不能自投，电源波动引起保护误动及接插头接触不良易造成无电源
5	干扰造成的故障	对于干扰主要是接地问题，备用电源的切换和大功率的无线通信设备如手机、对讲机等。另外还有 DCS 系统的干扰信号可能由本身造成的。为了防止干扰信号串入系统，严格执行屏蔽和接地要求和方式，信号线远离干扰源，同时采取防电源波动措施。主/从过程处理机之间在机组运行时，除非万不得以，尽量不要人为切换，已防产生干扰，如必须切换，应采取措施，先将控制切手动，以免对机组运行工况产生影响。对电子设备间、工程师站等重点部位，应绝对禁止使用大功率无线电通信设备

第四章　操作结束

4.1　总结培训过程

通过对 DCS 硬件设备的讲解,希望使学员对 DCS 系统有初步的了解,完成对常规操作的训练,使新学员对于设备使用/用电安全/防人因失误工具的掌握有较为全面的认识。

4.2　评判

学员对解体过程进行阐述,并说明其中的关键点以及注意事项。教员对学员的陈述简要记录,根据阐述评判学员的掌握情况。教员指出学员阐述过程中的错误以及需要注意的事项,并且依据评判表,对学员的学习情况做出整体评判。

4.3　清理现场

工作结束后,做到工完料尽场地清。工具整理并与工具清单进行对比,确保工具无缺失,并检查工具的可用性,记录损坏情况并汇报。对更换的领料物资与领料单进行核实,确保所有可更换的物资已更换。清理工作过程中的耗材,进行分类处理,放置到对应的塑料袋中。清理现场的塑料布,橡胶板,必要时用白布清理现场。

4.4　工后会

工后会是对整个工作的过程的回顾以及必要的经验反馈。

回顾工作过程:工作许可证已归还,场地已清理,设备标牌完好,对检修任务进行评价,是否达到预期的目的,试验设备与工器具已经归还。

第五章　经验反馈

1. 状态描述

2019 年 1 月 30 日 13 时 38 分，主控巡检发现 KIT 和 KCO 鼠标点击都无法动作，历史库状态显示 Server#1/2health is BAD 报警，DCS、KIT、KCO 中参数均无法监视。检查一回路状态正常，一回路相关控制系统正常，立即通知仪控检查，停止 3、4 号机组所有操作。

13 时 49 分，主控出现高加/低加水位高低和抽气疏水阀故障报警，A 列 5/6/7 号高加紧急疏水阀全开，机组开始以 30 MW/min 速率降功率到 630 MW。

14 时，启动运行瞬态响应，生产待命整体启动。14 时 35 分，B 列 5/6/7 号高加紧急疏水阀全部开启，为防止超功率，机组开始以 30 MW/min 速率降功率到 550 MW。

15 时 28 分，现场检查 A/B 列高加和低加液位已经接近于排空，设工建议高加退出运行，机组开始以 5 MW/min 速率降功率。

16 时 25 分，机组降功率至 285 MW 功率平台后，由于 APA A 泵转速无法控制，导致蒸发器给水流量调节阀大幅波动，自动控制无法正常控制，停止降功率。

16 时 52 分，DCS"故障-恢复"状态循环切换，蒸汽发生器主给水流量调节阀自动控制大幅波动，蒸汽发生器水位随之大幅波动。

16 时 57 分，APA C 泵转速从 668 r/min 3 秒内上涨至 5 183 r/min，并大幅波动，蒸汽发生器水位从−0.26 m 快速上涨，约 10 秒后 1 号蒸汽发生器水位达到 0.84 m，与 P7 信号(核功率大于 10%P_n)相与，反应堆停堆，主控开始执行 DEC 规程，引导进入 I1 规程，稳定机组参数。

21 时 30 分，机组进入标准热停堆状态，机组状态稳定后，确认满足条件后，通知通讯员宣布退出整体生产待命。

2. 后果及潜在后果

4 号机组 KIT/KDO 失去控制无法监视，DCS 控制系统异常，高低加紧急疏水阀异常开启，APA 转速调节系统异常，最终导致机组停堆。

3. 已采取行动

通过多种手段严密监视电厂各个参数，加强现场巡检，将机组至于安全状态。

4. 直接原因

1) 网络风暴影响 CP 异常，导致主给水泵转速控制异常，出力大幅度波动，触发"蒸汽发生器水位高高"信号(0.84 m)动作，与"核功率大于 10%P_n"信号逻辑联锁，导致 4 号机组自动停堆。

2) 机组级交换机 3KIT11 故障。

5. 根本原因

1) 3KIT11 交换机故障，数据在 DCS 系统 MESH 网络环形链路中重复收发，产生网络风暴。

2）DCS 环形网络架构未设置阻断机制，造成网络风暴蔓延，导致 CP 控制器控制异常，引发主给水泵转速控制异常。

6. 事件后果

1）对核电厂运行的影响：

DCS 系统参数监测功能丧失，常规岛部分控制操作功能失效。

2）放射性后果：

无。

3）经济损失：

4 号机组停机停堆。

4）潜在后果：

无。

第六章　习　题

6.1　选择题(每题5分)

1. DCS(Disturbed Control System)是在那种控制系统基础上演变过来的(C)。

A. PLC　　B. FCS(Fieldbus Control System)

C. 集中式控制系统　　D. 嵌入式控制系统

2. DCS是由(A)和(C)组成的以通信网络为纽带的多级计算机系统。

A. 过程控制级　　B. 过程计算级　　C. 过程监控级　　D. 过程分析级

3. DCS的基本思想是分散控制、(B)、(D)、配置灵活以及组态方便。

A. 分散操作　　B. 集中操作　　C. 集中管理　　D. 分级管理

4. DCS的发展分为(B)个阶段。

A. 2　　B. 3　　C. 4　　D. 5

5. 分布式控制系统有(B)、灵活性、开放性、(C)、(E)、控制功能齐全6个特点。

A. 低可靠性　　B. 高可靠性　　C. 协调性　　D. 难于维护

E. 易于维护

6. 分布式控制系统分为(A)和(C)两种结构。

A. 紧密耦合　　B. 分散耦合　　C. 松散耦合　　D. 紧致耦合

6.2　判断题(每题4分)

1. 分布式系统内聚性是指每一个数据库分布节点高度自治,有本地的数据库管理系统。(√)

2. 在分布式数据库系统中,用户可以感觉到数据是分布的,即用户必须知道关系是否分割、有无副本、数据存于哪个站点以及事务在哪个站点上执行等。(×)

3. 在核电领域,DCS往往被称作数字化控制系统(Digital Control System),但其实质仍为分布式操作系统。(√)

4. 分布式控制系统中,各个计算机系统地位平等,除了受全系统的操作系统控制外,不存在主从控制和集中控制环节。(√)

5. FBM卡件上有红、绿二种灯,红绿灯同时亮时,表示机器发生故障,需要更换(×)

6.3　简答题(每题20分)

请简要叙述分布式控制系统(DCS)的特点(只需回答要点即可)。

答:

1) 高可靠性

由于DCS将系统控制功能分散在各台计算机上实现,系统结构采用容错设计,因此某一台计算机出现的故障不会导致系统其他功能的丧失。此外,由于系统中各台计算机所承担的任务比较单一,可以针对需要实现的功能采用具有特定结构和软件的专用计算机,从而使系统中每台计算机的可靠性也得到提高。

2) 开放性

DCS 采用开放式、标准化、模块化和系列化设计,系统中各台计算机采用局域网方式通信,实现信息传输,当需要改变或扩充系统功能时,可将新增计算机方便地连入系统通信网络或从网络中卸下,几乎不影响系统其他计算机的工作。

3) 灵活性

通过组态软件根据不同的流程应用对象进行软硬件组态,即确定测量与控制信号及相互间连接关系、从控制算法库选择适用的控制规律以及从图形库调用基本图形组成所需的各种监控和报警画面,从而方便地构成所需的控制系统。

4) 易于维护

功能单一的小型或微型专用计算机,具有维护简单、方便的特点,当某一局部或某个计算机出现故障时,可以在不影响整个系统运行的情况下在线更换,迅速排除故障。

5) 协调性

各工作站之间通过通信网络传送各种数据,整个系统信息共享,协调工作,以完成控制系统的总体功能和优化处理。

6) 控制功能齐全

控制算法丰富,集连续控制、顺序控制和批处理控制于一体,可实现串级、前馈、解耦、自适应和预测控制等先进控制,并可方便地加入所需的特殊控制算法。DCS 的构成方式十分灵活,可由专用的管理计算机站、操作员站、工程师站、记录站、现场控制站和数据采集站等组成,也可由通用的服务器、工业控制计算机和可编程控制器构成。处于底层的过程控制级一般由分散的现场控制站、数据采集站等就地实现数据采集和控制,并通过数据通信网络传送到生产监控级计算机。生产监控级对来自过程控制级的数据进行集中操作管理,如各种优化计算、统计报表、故障诊断、显示报警等。随着计算机技术的发展,DCS可以按照需要与更高性能的计算机设备通过网络连接来实现更高级的集中管理功能,如计划调度、仓储管理、能源管理等。

6.4 实操题

鉴定点:FBM 输入卡件的更换

试题 1:FBM 输入卡件的更换

1. 准备要求

考场准备:

(1) 试题名称:FBM 输入卡件的更换

(2) 本题分值:15

(3) 考核时间:20 min
(4) 考核形式:实操
(5) 设备设施准备:

序号	名称	规格	单位	数量	备注
1	模拟体		台	1	教学用模拟体一台
2	万用表	FLUKE179	把	1	测量端子的通断
3	信号发生器	FLUKE744			接线端子加模拟信号
4	专用内六角扳手				FBM卡件的拆卸和安装
5	一字/十字螺丝刀				端子接线的拆卸与恢复

考生准备:
(1) 试题名称:FBM输入卡件的更换
(2) 本题分值:15
(3) 考核时间:20 min
(4) 考核形式:实操
(5) 工具及其他准备:无
2. 考核要求
(1) 本题分值:15
(2) 考核时间:5 min
(3) 考核形式:实操
(4) 具体考核要求:根据FBM输入卡件的更换,熟悉其关键点,掌握工作过程大致步骤
(5) 否定项说明:无
3. 配分与评分标准

序号	考核内容	考核要点	配分	评分标准	扣分	得分
1	FBM输入卡件的更换前准备	确定做好必要保护措施,避免影响设备运行	1	未模拟检查隔离状态扣1分。	1	1
2	将该输入卡件的对应I/O功能块切换为手动	是否了该项任务的操作	2	未切换手动扣2分。	2	2
2	拆下需要更换的卡件	是否了解拆解的过程	4	1. 卡件拆卸错误扣2分。 2. 造成零部件损坏扣2分。	4	4
3	更换测试为正常的新卡件	了解更换步骤	2	未测试为正常的新卡件扣2分。	2	2
4	将已测试为正常的新卡件插入对应卡槽,确认卡件各通道正常	回装前需要注意的事项	3	1. 未说明零部件完好或已修复、更换。扣1分。 2. 未确认卡件各通道正常扣2分。	3	3

续表

序号	考核内容	考核要点	配分	评分标准	扣分	得分
5	在工程师站打开 I/A 控制系统，点击报警系统，在对应的 CP 中找到已更换的卡件，“DOWNLOAD”，确认该卡件故障产生的报警已经消除。	消除报警	3	1. 在工程师站打开 I/A 控制系统，点击报警系统，在对应的 CP 中找到已更换的卡件，“DOWNLOAD”扣 2 分。 2. 未确认该卡件故障产生的报警已经消除扣 1 分。	3	3
6	将该模拟量输入卡件的对应 I/O 功能块切自动	I/O 功能块切自动	1	未将该模拟量输入卡件的对应 IO 功能块切自动扣 1 分。	1	1

否定项：零部件损坏。

评分人：　　年　　月　　日　　　　　　　　　　　　核分人：　　年　　月　　日